U0275843

普通高等教育土建学科专业"十二五"规划教材
Autodesk 官方标准教程系列
建筑数字技术系列教材

数字化建筑设计概论（第二版）

《数字化建筑设计概论》编写组　编著

李建成　主编

中国建筑工业出版社

图书在版编目（CIP）数据

数字化建筑设计概论 / 李建成主编. —2版. —北京：中国建筑工业出版社，2012.5 （2024.8重印）

（普通高等教育土建学科专业"十二五"规划教材. Autodesk官方标准教程系列. 建筑数字技术系列教材）

ISBN 978-7-112-14369-6

Ⅰ.①数… Ⅱ.①李… Ⅲ.①数字技术 – 应用 – 建筑设计 – 高等学校 – 教材 Ⅳ.① TU201.4

中国版本图书馆 CIP 数据核字（2012）第 107955 号

本书是全国高等学校建筑学学科专业指导委员会及其所属的建筑数字技术教学工作委员会组织编写的建筑数字技术教育系列教材中的一本。本书以建筑学学生和建筑设计专业人员为主要阅读对象，深入浅出地介绍了数字化建筑设计的有关概念和相关知识，以及数字化建筑设计的相关软件、相关技术和相关方法。本教材内容广泛，并具有前瞻性，使读者在阅读和学习后对建筑数字技术的概貌有较为全面的了解。

全书共分8章，内容包括：绪论、数字化建筑设计相关软件简介、生成设计、参数化设计、建筑信息模型、建筑性能的模拟与分析、虚拟现实技术在建筑设计中的应用、数字化建筑设计智能化。

本书适用于建筑学及其相关专业本科生、研究生的教材，也可以作为相关课程参考书，同时也适宜于建筑设计人员、从事建筑数字技术工作的人员阅读、参考。

* * *

责任编辑：陈　桦
责任设计：赵明霞
责任校对：王誉欣　陈晶晶

普通高等教育土建学科专业"十二五"规划教材
Autodesk官方标准教程系列
建筑数字技术系列教材
数字化建筑设计概论（第二版）
《数字化建筑设计概论》编写组　编著
李建成　主编
*
中国建筑工业出版社出版、发行（北京西郊百万庄）
各地新华书店、建筑书店经销
北京嘉泰利德公司制版
北京凌奇印刷有限责任公司印刷
*
开本：787×1092毫米　1/16　印张：21¼　字数：517千字
2012年8月第二版　2024年8月第四次印刷
定价：42.00元
ISBN 978-7-112-14369-6
（22412）

本系列教材编委会

特邀顾问：潘云鹤　张钦楠　邹经宇

主　　任：李建成
副 主 任：（按姓氏笔画排序）
　　　　　卫兆骥　王　诂　王景阳　汤　众　钱敬平　曾旭东
委　　员：（按姓氏笔画排序）
　　　　　丁延辉　卫兆骥　云　朋　王　诂　土　朔　王景阳　尹朝晖
　　　　　孔黎明　邓元媛　朱宁克　孙红三　汤　众　吉国华　刘烈辉
　　　　　刘援朝　李文勃　李建成　李效军　李　飚　宋　刚　张三明
　　　　　张宇峰　张　帆　张红虎　张宏然　张晟鹏　陈利立　苏剑鸣
　　　　　杜　嵘　吴　杰　邹　越　宗德新　罗志华　俞传飞　饶金通
　　　　　倪伟桥　栾　蓉　顾景文　钱敬平　梅小妹　黄　涛　黄蔚欣
　　　　　曾旭东　董　靓　童滋雨　彭　冀　虞　刚　熊海滢

序　言

近年来，随着产业革命和信息技术的迅猛发展，数字技术的更新发展日新月异。在数字技术的推动下，各行各业的科技进步有力地促进了行业生产技术水平、劳动生产率水平和管理水平在不断提高。但是，相对于其他一些行业，我国的建筑业、建筑设计行业应用建筑数字技术的水平仍然不高。即使数字技术得到一些应用，但整个工作模式仍然停留在手工作业的模式上。这些状况，与建筑业是国民经济支柱产业的地位很不相称，也远远不能满足我国经济建设迅猛发展的要求。

在当前数字技术飞速发展的情况下，我们必须提高对建筑数字技术的认识。

纵观建筑发展的历史，每一次建筑的革命都是与设计手段的更新发展密不可分的。建筑设计既是一项艺术性很强的创作，同时也是一项技术性很强的工程设计。随着经济和建筑业的发展，建筑设计已经变成一项信息量很大、系统性和综合性很强的工作，涉及建筑物的使用功能、技术路线、经济指标、艺术形式等一系列且数量庞大的自然科学和社会科学的问题，十分需要采用一种能容纳大量信息的系统性方法和技术去进行运作。而数字技术有很强的能力去解决上述的问题。事实上，计算机动画、虚拟现实等数字技术已经为建筑设计增添了新的表现手段。同样，在建筑设计信息的采集、分类、存贮、检索、分析、传输等方面，建筑数字技术也都可以充分发挥其优势。近年来，计算机辅助建筑设计技术发展很快，为建筑设计提供了新的设计、表现、分析和建造的手段。这是当前国际、国内层出不穷的构思独特、造型新颖的建筑的技术支撑。没有数字技术，这些建筑的设计、表现乃至于建造，都是不可能的。

建筑数字技术包括的内容非常丰富，涉及建筑学、计算机、网络技术、人工智能等多个学科，不能简单地认为计算机绘图就是建筑数字技术，就是CAAD的全部。CAAD的"D"不应该仅仅是"Drawing"，而应该是"Design"。随着建筑数字技术越来越广泛的应用，建筑数字技术为建筑设计提供的并不只是一种新的绘图工具和表现手段，而且是一项能全面提高设计质量、工作效率、经济效益的先进技术。

建筑信息模型（Building Information Modeling，BIM）和建设工程生命周期管理（Building Lifecycle Management，BLM）是近年来在建筑数字技术中出现的新概念、新技术，BIM技术已成为当今建筑设计软件采用的主流技术。BLM 是一种以 BIM 为基础，创建信息、管理信息、共享信息的数字化方法，能够大大减少资产在建筑物整个生命期（从构思到拆除）中的无效行为和各种风险，是建设工程管理的最佳模式。

建筑设计是建设项目中各相关专业的龙头专业，其应用 BIM 技术的水平将直接影响到整个建设项目应用数字技术的水平。高等学校是培养高水平技术人才的地方，是传播先进文化的场所。在今天，我国高校建筑学专业培养的毕业生除了应具有良好的建筑设计专业素质外，还应当较好地掌握先进的建筑数字技术以及 BLM – BIM 的知识。

而当前的情况是，建筑数字技术教学已经滞后于建筑数字技术的发展，这将非常不利于学生毕业后在信息社会中的发展，不利于建筑数字技术在我国建筑设计行业应用的发展，因此我们必须加强认识、研究对策、迎头赶上。

有鉴于此，为了更好地推动建筑数字技术教育的发展，全国高等学校建筑学学科专业指导委员会在 2006 年 1 月成立了"建筑数字技术教学工作委员会"。该工作委员会是隶属于专业指导委员会的一个工作机构，负责建筑数字技术教育发展策略、课程建设的研究，向专业指导委员会提出建筑数字技术教育的意见或建议，统筹和协调教材建设、人员培训等的工作，并定期组织全国性的建筑数字技术教育的教学研讨会。

当前社会上有关建筑数字技术的书很多，但是由于技术更新太快，目前真正适合作为建筑院系建筑数字技术教学的教材却很少。因此，建筑数字技术教学工委会成立后，马上就在人员培训、教材建设方面开展了工作，并决定组织各高校教师携手协作，编写出版《建筑数字技术系列教材》。这是一件非常有意义的工作。

系列教材在选题的过程中，工作委员会对当前高校建筑学学科师生对普及建筑数字技术知识的需求作了大量的调查和分析。而在该系列教材的编写过程中，参加编写的教师能够结合建筑数字技术教学的规律和实践，结合建筑设计的特点和使用习惯来编写教材。各本教材的主编，都是富有建筑数字技术教学理论和经验的教师。相信该系列教材的出版，可以满足当前建筑数字技术教学的需求，并推动全国高等学校建筑数字技术教学的发展。同时，该系列教材将会随着建筑数字技术的不断发展，与时俱进，不断更新、完善和出版新的版本。

全国十几所高校 30 多名教师参加了《建筑数字技术系列教材》的编写，感谢所有参加编写的老师，没有他们的无私奉献，这套系列教材在如此紧迫的时间内是不可能完成的。教材的编写和出版得到欧特克软件（中国）有限公司和中国建筑工业出版社的大力支持，在此也表示衷心的感谢。

让我们共同努力，不断提高建筑数字技术的教学水平，促进我国的建筑设计在建筑数字技术的支撑下不断登上新的高度。

高等学校建筑学专业指导委员会主任委员　仲德崑
建筑数字技术教学工作委员会主任　李建成
2006 年 9 月

第二版前言

在 2006 年 1 月，全国高校建筑学学科专业指导委员会成立了"建筑数字技术教学工作委员会"（简称：教工委）。教工委成立伊始，就十分重视建筑数字技术教育发展策略的研究。针对当时建筑学专业学生有关建筑数字技术的知识面过窄的状况，教工委认为有必要对他们增加普及建筑数字技术知识的教育，扩展其视野，以利于学生未来在信息化社会中的发展。于是，教工委决定新增设"建筑数字技术概论"作为建筑数字技术教育的基本内容，并同时组织了教师编写《数字化建筑设计概论》作为相应的教材。从这几年的教学实践来看，当时这个决定是十分正确的，收效是明显的。

面对日新月异发展的数字技术，五年前出版的《数字化建筑设计概论》中的部分内容已经显得难以适应新形势了。为了使建筑数字技术教学与时俱进，现在对该教材进行修订，出版第二版，是完全必要的。

这次修订教材，对原来第一版的结构做了较大的改动。改动的原因是由于这几年建筑数字技术得到很大的发展，完全突破了传统意义上的计算机辅助建筑设计的范畴，已经能够覆盖建筑设计的全过程。出于这种考虑，现在教材第二版中各章的顺序安排就是按照建筑设计的进程来安排的，使前后有所呼应，内容也比较连贯。章节安排也从原来的十章压缩为现在的八章，使内容比较紧凑。

由于建筑数字技术发展很快，第二版对很多章节都作了很大的改动，有些章节几乎都是重新编写的，特别是对于这几年发展较快的建筑数字技术，例如生成设计、参数化设计、建筑信息模型等都花了较大的篇幅去介绍。值得注意的是近年来建筑信息模型技术的出现，使整个建筑行业的科技进步产生了质的飞跃。我们希望读者能够从中了解建筑数字技术的新发展，并努力将这些新技术与建筑设计结合起来。

参加本教材第二版编写的人员是来自全国 11 所高校建筑院系从事建筑数字技术教学的教师，他们当中大部分参加过第一版的编写工作。令人感到惋惜的是，对本教材第一版做出过很大贡献的卫兆骥教授和王诂教授以及部分参加过第一版编写工作的老师因为各种原因未能继续参加第二版的编写工作。我们衷心感谢这些老师在第一版编写过程中所作的贡献，正是他们出色的工作，为第二版的编写奠定了良好的基础。

本教材第二版继承了第一版的写作特点，内容广泛，文字深入浅出，既介绍了现在，也涉及未来。希望对读者掌握建筑数字技术的概貌、在建筑设计中提高建筑数字技术的应用水平有所帮助。

本教材编写的分工如下：

主　编　李建成（华南理工大学）

第 1 章　俞传飞（东南大学）

第 2 章　2.1　罗志华（广州大学）

　　　　　2.2　钱敬平（东南大学）

　　　　　2.3　彭冀（东南大学）

　　　　　2.4~2.6　李建成

　　　　　2.7、2.12　王景阳（重庆大学）

　　　　　2.8　宋刚（华南理工大学）、黄蔚欣（清华大学）

　　　　　2.9、2.10　宋刚

　　　　　2.11　曾旭东（重庆大学）

　　　　　2.13　孔黎明（西安建筑科技大学）

第 3 章　李飚（东南大学）

第 4 章　黄蔚欣

第 5 章　李建成

第 6 章　6.1　李建成

　　　　　6.2　张宏然（北方工业大学）、程珺（北方工业大学）

　　　　　6.3　张三明（浙江大学）、李效军（浙江大学）

　　　　　6.4　宗德新（重庆大学）

　　　　　6.5　吴杰（广西大学）、张宇峰（华南理工大学）

第 7 章　朱宁克（北京建筑工程学院）、邹越（北京建筑工程学院）、丁延辉（北京建筑工程学院）

第 8 章　苏剑鸣（合肥工业大学）、梅小妹（合肥工业大学）

全书由李建成负责统稿。

在本教材第二版编写的过程中，得到了多方面的支持和帮助。重庆大学的王大川先生、西安建筑科技大学的苏静老师对第 2 章的编写提供了帮助；清华大学徐卫国教授、XWG 工作室徐丰建筑师、北京市建筑设计院刘宇光主任建筑师、广州康逊贸易有限公司的卓刚执行董事、美国 Gensler 事务所彭武建筑师等专家对第 4 章的写作提供了帮助；华南理工大学研究生刘登伦同学参加了第 6.4 节 ENVI-met 部分的编写工作；欧特克软件（中国）有限公司、奔特力工程软件系统（中国）公司向我们提供了资料以及技术上的支持。中国建筑工业出版社为本教材的出版提供了很多支持与帮助。我们对以上个人及机构给予的帮助表示诚挚的感谢。

囿于编者的水平，书中不当之处甚至错漏在所难免，衷心希望各位读者给予批评指正。

编　者

2011 年 11 月

目　录

第1章 绪论

1.1 建筑数字技术及其发展概况[①]

1.1.1 CAAD 和建筑数字技术

从社会生产到个人生活，从文化娱乐到商务交流……当今的数字技术已经渗透到人类社会生活的方方面面，21 世纪人类已经进入了数字时代。

计算机辅助设计（Computer Aided Design，CAD）是数字技术在工程设计领域中的一种应用技术。计算机辅助建筑设计（Computer Aided Architectural Design，CAAD）技术是 CAD 技术的一个分支，是数字技术在建筑设计领域中的一种应用技术。CAAD 技术在当今的建筑设计界已是一项普遍采用的基本技术。CAAD 技术带来了设计工作的高质量和高效率，在建筑设计中，正发挥着越来越大的作用。

"数字技术"指的是运用 0 和 1 两位数字编码，通过电子计算机、光缆、通信卫星等设备来表达、传输和处理所有信息的技术。数字技术一般包括数字编码、数字压缩、数字传输与数字调制解调等技术。自 1998 年以来，国际上出现的"数字地球"、"数字城市"等提法就是以数字信息来描述地球或城市。在建筑领域内的"数字建筑"就是以二进制的数字信息来描述建筑，而相应的应用技术就称为"建筑数字技术"。

我们以往所用的 CAAD 技术就是一种建筑数字技术。而现在的"建筑数字技术"一词，就词义的涵盖范围而言，有了较大的拓展和延伸。CAAD 技术严格来讲只是局限在辅助工程设计的范围之内，而建筑数字技术还应包括：计算机辅助制造（CAM）、计算机辅助教学（CAI）、计算机辅助工程（CAE）、地理信息系统（GIS）、网络通信（Network）、虚拟现实（Virtual Reality）、智慧环境（Smart Environment）、产品数据管理（PDM），以及方兴未艾的建筑信息模型（BIM）等诸多方面的内容。而以上的这些数字技术，目前在建筑设计中正得到越来越广泛的应用。

在短短的半个世纪中，数字技术已经渗透到人类社会生活的方方面面，极大地改变了人们的社会生活，整个人类文明进入了一个崭新的数字时代。虽然目前我国的建筑数字技术水平还处于初级阶段，但是，我们已经看到所发生的巨大变化。在设计单位，传统的绘图桌被计算机所取代；资料档案存进计算机储存器；绘图仪代替了晒图机；建筑师的工作效率也有了很

[①] 作为本教材全篇的绪论引导，本节及后节的编写分别参照了前一版本卫兆骥老师和黄涛老师编写的相关章节内容，对其进行重新编排整理，并在此基础上进行了不同程度的更新，特此说明。

大的提高。建筑数字技术正在改变着建筑师的工作方式和思维方式。

目前，建筑数字技术已经从早期的初级辅助制图，逐步朝设计构思和全过程多方位的辅助发展；从提高制图效率与质量发展到创造新形象和提高工程的总体效益发展。

建筑数字技术的进步也可以实现在人的控制下生成人脑所难以构思的复杂形态，获得更高的效益，乃至更高的设计质量。例如盖里的设计是靠航天软件的辅助做出传统方法难以操控的多种复杂形态的方案，使他能够从中进行选择和深化。又如，英国未来系统设计所在 ZED 建筑中利用 CFD 软件优化壳体曲面，把风引导到壳体中央的风动发电机等。计算机的这些功能已经使辅助设计达到了更高的层次。近年在美国，贯穿设计与施工安装全过程的 BIM 虚拟模型的应用，也取得了相当的成就。

到今天，建筑数字技术的发展不仅给予了建筑师更为广阔的可发挥空间，同时还有力地推动着建筑领域对各种复杂现象的研究。建筑数字技术为建筑设计提供的不再只是一种新型的绘图工具和表现手段，而且是一项能将全部设计信息贯穿于建筑设计乃至整个建筑工程全生命周期，全面提高设计质量、工作效率、经济效益的先进技术。

1.1.2 建筑数字技术发展概况

1939 年至 1942 年，世界上第一台数字电子计算机 Antanasoff-Berry Computer（ABC）在美国艾奥瓦州立大学物理系大楼的地下室中诞生。它的创造者约翰·阿塔那索夫（John Atanasoff）和克利福德·贝利（Clifford Berry）被称为电子计算机之父。[1]

1946 年 2 月 ENIAC 计算机在美国宾西法尼亚大学诞生。尽管它体积庞大，共使用 19000 个电子管，耗电 20 千瓦，但功能却只相当于现在的袖珍计算器。

它们标志着一个全新的"E"时代的开始。这些以电子管和磁芯存储器为特征的计算机被称为第一代计算机。

1950 年第一台阴极射线管（Cathode Ray Tube，CRT）的图形显示器在美国麻省理工学院诞生。

1958 年，美国 Ellerbe Associates 建筑师事务所安装了一台 Bendix G15 电子计算机。虽然它主要是用于建筑结构的计算，但是，这是建筑设计学科与计算机学科相结合的第一次的尝试。

1958 年美国 CALCOMP 公司研制成功滚筒式绘图仪。GERBER 公司研制成功平板式绘图仪。

1959 年起，计算机中的电子管逐步被半导体晶体管所代替，运算速度提高 10 倍，而价格降低了 1000 倍。这是第二代电子计算机。

---

[1] 由于种种原因，ENIAC 被人们误以为是第一台数字电子计算机而获得绝大多数的荣誉，因为它曾首先获得数字计算设备的专利。但在 1973 年 10 月，美国的法院判处 ENIAC 的专利无效，并确认 ENIAC 的研制来源于约翰·阿塔纳索夫（John Vincent Atanasoff）在开发 Atanasoff-Berry Computer（ABC）计算机过程的研究，而阿塔纳索夫才是第一个电子计算机方案的提出者。经过澄清获得公认的事实是，Atanasoff-Berry Computer（ABC）计算机才是真正的第一台数字电子计算机。1990 年，美国总统布什在白宫授予阿塔纳索夫国家自然科学奖。详情可参见：http://www.cs.iastate.edu/jva/jva-archive.shtml

1962 年，美国麻省理工学院（MIT）的埃文·萨塞兰（Ivan E Sutherland）在他的博士论文中首次提出了人机交互的计算机图形理论和工作系统——SketchPad。首次使用了"Computer Graphics"这个术语。该系统于 1963 年被安装在该校林肯实验室的 TX-2 型计算机上。开创了计算机图形学的新时代，为计算机辅助绘图和设计奠定了基础。

1964 年以后，计算机使用了集成电路，几百个半导体器件被集成在一个微型芯片上。性能价格比得到了很大的提升。这是第三代电子计算机。

1964 年，美国的克里斯多夫·亚历山大（Christopher Alexander）出版了《Notes on the Synthesis of Form》（形式合成注释）一书。讨论了计算机在建筑设计中应用的基本方法和系统实用性等问题，在建筑界产生了较大的影响。

1964 年在波士顿建筑中心举办了第一次"建筑与计算机"学术会议，规模很大，有 600 人参加，影响也十分深远。

20 世纪 60 年代中期起，美国 SOM 等大型建筑事务所有的引进了 CAD 设备，建立了专门的计算机中心，有的则利用城市计算中心的设备，开始在大型工程项目中运用 CAD 技术或进行可行性论证，取得了很好的效益。SOM 建筑事务所内部成立了电子计算服务中心，从事 CAD 技术的开发、普及和服务事项，并积极参与重大工程项目的投标和设计的过程，积累了推广使用 CAD 技术的成功经验。

美国"建筑论坛（Forum）"等建筑杂志开辟专栏和圆桌会议，热烈讨论计算机与建筑设计的相关命题。对建筑界产生了很大的影响。

美国麻省理工学院成立了"建筑机器小组（Architecture Machine Group）"，开始进行 CAD 和人工智能的学术研究。

在 20 世纪 60 年代末至 70 年代初，CAAD 出现了一段相对的低潮时期，这是因为当时的 CAAD 技术的发展还处于比较低的水平，远未能满足建筑设计的工作需要；当时的 CAAD 软硬件设备相当昂贵，超出一般设计事务所的承受能力。同时，由于建筑设计的特殊性，当时大多数的建筑师对 CAAD 技术存有疑虑和不信任情绪。在建筑界，支持和反对 CAAD 之间的争论一直延续到 70 年代末期。

1968 年由美国耶鲁大学建筑学院（Yale School of Architecture）发起举行了一次关于建筑与设计的计算机图形会议。

随着 CAD 技术的不断发展，20 世纪 60 年代末期开始，CAD 在美国逐步成为一项新兴的高科技产业，蓬勃发展起来。1969 年 CV（Computer Vision）公司推出了第一个 CAD 系统。Calma 和 Applicon 公司随后开发了适用于电子行业的系统。

1970 年之后，计算机的软硬件技术实现了革命性的飞跃，计算机中使用了超大规模集成电路技术（VLSI）。成千上万个半导体器件被集成在一个微型芯片上，而且规模不断增加。计算机的性能价格比得到了进一步提高。价格每年下降 35%，而性能每 10 年提高 10 倍。这就是第四代电子计算机。

20 世纪 70 年代初，美国波士顿的佩里·丁·斯图尔联合建筑事务所开发成功 ARK-2 系统。它以 PDP15/20 计算机为基础，配备了两个 400/15 系列图形显示器、平板绘图仪、数字化仪和静电印刷机等硬件设备，可以进行建筑工程的可行性研究；规划和平面布局设计；建筑平面图、施工图设计；施工说明文件的编制等。该系统以绘制两维图形为主，也可以绘制三维的建筑透视图。该系统是第一个可供市场的、商品化的 CAAD 系统。它包括了工程数据库、图形绘制、数据分析、设计评价和设计合成等建筑应用软件。

20 世纪 70 年代初，Autotrol 软件公司首先打入了建筑工程设计领域。此后建筑 CAD（CAAD）系统便成为 CAD 系统的主要专业方向之一，当时的主要功能是建筑制图，建筑表现和数据分析。

在 CAD 的产业市场中，有的计算机公司生产制造 CAD 专用硬件设备——工作站（如 Apollo、Sun、HP、SGI 等公司）。有的软件公司（如 Autotrol、Calcomp、CV、Calma 等公司），为 CAD 工作站开发适合不同专业的应用软件。也有的计算机公司是软硬兼施，组合销售，生产专用的 CAD 工作站系统（如 Intergraph 等公司）。同时，计算机图形学取得了重要进展，新的 CAD 的输入输出设备层出不穷，CAD 技术有了长足的进步。

1973 年，美国国防部 DARPA 研究机构着手研究计算机网络之间通信连接的协议技术（TCP/IP）。1986 年美国国家科学基金会（NSF）创建了 NSF-NET。在此基础上，逐步形成今天庞大的因特网（Internet）。

1974 年，美国 ALTAIR 公司推出第一台具有微处理器 CPU 芯片的微型计算机。在此之前，微芯片只是计算机处理器的一种元件。从此，开始了计算机的微机时代，计算机才真正得以普及并进入普通人的工作和生活。

在随后的 20 多年中，微处理器 CPU 技术进入飞速发展时期。CPU 芯片从 8 位到 16 位，32 位到 64 位。微机的操作系统、系统软件和 CAD 应用软件也不断更新。早期的微机 CAD 系统的应用软件主要是从工作站的应用软件移植过来的，由于资源的限制，初期的微机 CAD 系统的软件功能比较不完善。随着微机性能的飞速提高，微机 CAD 系统性能有了很大的提高，随着微机 CAD 系统的功能日臻完善，而且出现了许多专为微机 CAD 系统开发的应用软件，系统的价格又越来越便宜。微机 CAD 技术开始真正进入并主导了工程设计行业。

1977 年美国计算机协会（ACM）首次制定了计算机图形系统规范—"核心图形系统（Core Graphics System）"，为 CAD 产业制定了统一的图形规范。

20 世纪 80 年代起，建筑数字技术已经形成了一个比较完整的技术门类。就 CAAD 系统而言，依旧存在工作站系统和微机系统两大类别。工作站系统更趋大型化和专业化，而且朝专项功能的专业系统发展。如：三维立体环境显示系统、虚拟现实系统等等。微机系统，依旧是工程设计单位的主要工作系统。随着微机软硬件技术的不断创新，它的系统功能和性能仍在不断地增强和完善之中。

20 世纪 80 年代以来，计算机网络通讯技术的飞速发展，因特网已经进入到各行各业和普通人们的生活，也在建筑数字技术方面开拓出一个新的天地——基于网络的协同设计。与此同时，虚拟现实技术在建筑数字技术方面也产生了新的应用技术——实境化设计。此外，建筑数字技术还在CAM、CAI、建筑数字建构的理论方法等方面都获得了很大的发展和应用。这个发展进程还正在进行之中。

1984年美国宇航局NASA的Ames研究中心在虚拟现实技术的研究方面取得了突破。在随后的上世纪90年代进一步完善了这项技术。

20世纪80年代之后计算机CAD应用软件空前繁荣。其主要的代表是1982年Autodesk公司推出的AutoCAD通用绘图软件，并不断升版完善，成为工程设计界进行CAD二维绘图的主要软件。1990年Autodesk公司又推出了适用于微机的3D Studio三维视觉造型软件，它是3ds Max软件的DOS版前身。它们与Adobe公司的Photoshop等系列图像处理软件一起，组成了计算机建筑制图和表现CAD系统的主流软件。

MicroStation则是和AutoCAD齐名的二维/三维CAD辅助绘图设计软件，最初由Bentley公司开发于20世纪80年代，MicroStation早期的版本从Intergraph公司的IGDS系统中得到了很多的借鉴，如今仍作为代表性的辅助设计工具被诸多专业设计人员使用。1998年问世的Revit系列软件（2002年被Autodesk公司收购并发展），则和Graphisoft公司更早开发的ArchiCAD软件类似，都是基于BIM建筑信息模型的建筑辅助设计软件，正在得到越来越广泛的应用。在2001年发布的MicroStation V8中也采用了建筑信息模型技术。

不同软件和系统操作处理的专业信息要想得以交流、共享，进行协同工作，必须建立一套统一的信息描述与交换的规范标准。与建筑数字技术发展相配套，还有建筑数字技术标准的研发制订，比较有代表性的标准有IGES、STEP、IFC等。

1.1.3　国内外主要相关研究组织及其发展概况

1）国际上主要的相关研究组织

1981年成立"北美计算机辅助建筑设计协会（Association of Computer Aided Design in Architecture，ACADIA）"。每年10月举行学术研讨会。

1985年"国际计算机辅助建筑设计未来研讨会（CAAD Futures）"首次在荷兰的台尔夫特（Delft）大学召开，以后每两年举行一次。这是世界范围内声誉和水平最高的CAAD学术研讨会。

1987年成立"欧洲计算机辅助建筑设计教育与研究协会（Education and research in Computer Aided Architectural Design in Europe，eCAADe）"。每年9月举行学术研讨会。

1995年成立"拉丁美洲数字图形协会（Sociedad Iberoamericana de Grafica Digital，SIGraDi）"，每年举行学术年会，参加者也包括建筑师、设计师和艺术家等。

1996年成立亚洲地区计算机辅助建筑设计研究协会（Computer

Aided Architectural Design Research in Asia, CAADRIA），主要是亚太地区一些大学的建筑院系自发组成的，每年四五月举行学术研讨年会。

以上 5 个组织在 2002 年联合组建了 Architectural Computing Organization，负责出版 International Journal of Architectural Computing（IJAC）。此外还有专门收集建筑数字技术论文的学术网站 CUMINCAD（http://cumincad.scix.net），里面收录的论文超过 10000 篇，最早是 20 世纪 60 年代发表的，其中包括上述 5 个学术组织和其他学术组织的历次年会的所有论文以及一些期刊论文。

2）我国的相关研究和学术组织概况

20 世纪 70 年代末，我国某些大学和研究单位已开始研究计算机图形学，并在设计工作中进行实践探索。

1982 年建设部在成都举行推广计算机技术会议时，主要是针对结构工程专业的，还没有涉及建筑设计专业。随后北京燕山石化设计院引进了 ComputerVision 系统，上海医药工业设计院引进 Calcomp 系统。开始了我国 CAD 事业的先声。

1983 年，由国家 8 个部委联合组织了 35 个单位组成联合研制组，着手研制"建筑工程设计软件包"，该软件包包括 6 个部分，51 个项目，其中包括建筑学中建筑物理部分的项目。

1984 年城乡建设保护部设计局在北京召开了"计算机在建筑设计中的应用座谈会"标志着我国建筑设计界的 CAD 事业正式揭开序幕。

1985 年建设部在北京大都饭店召开"建筑 CAD 技术应用交流会"，全国各大设计院，大专院校有 300 多人参加会议。会议邀请了国际上著名的建筑 CAD 专家作学术报告。他们有美国的米歇尔（William Mitchell）教授，日本的笹田刚史（Tsuyoshi Sasada）教授，英国的梅弗（Thomas Maver）教授和澳大利亚的捷罗（John Gero）教授。会上也有国内外建筑 CAD 成果的展示。

会议之后，建设部决定让建设部设计院、北京市建筑设计院和上海华东建筑设计院等单位组织引进建筑 CAD 工作站系统，开展研究和实践。同时，建设部又组织和支持建筑院校和研究单位进行微机建筑 CAD 软件的研究和开发。重点放在对住宅方案的 CAD 方法研究和开发。建设部还多次在北京和上海主持召开了建筑 CAD 成果汇报交流会。

20 世纪 80 年代末，建设部勘察设计司，在全国设计单位的 TQC 评估标准中明确提出对不同等级的设计单位在 CAD 方面的达标要求。有力地促进了我国建筑设计单位的 CAD 建设。同时，某些建筑科研单位和软件公司，也研制和开发了适合我国国情的微机 CAD 建筑应用软件。如 House、ABD、HiCAD 等。这些应用软件是在 AutoCAD 或 MicroStation 通用软件基础上进行二次开发的建筑软件。

1985 年东南大学成立了建筑 CAD 实验室，随后各建筑院校相继成立了 CAD 实验室。同时 CAAD 课也纳入到建筑学专业的教学计划和全国建筑学专业本科教育评估标准中。

图 1-1　司马贺

图 1-2　威廉·米歇尔

图 1-3　托马斯·梅弗

1996 年我国多所大学派代表到中国香港参加了 CAADRIA 首次学术会议,之后有两次 CAADRIA 的学术年会在我国内地举行,即 1999 的学术年会在上海同济大学召开,2007 年的学术年会在南京东南大学举行。

2006 年 1 月在全国高校建筑学学科专业指导委员会的领导下,首届全国高校建筑数字技术教学研讨会在广州华南理工大学举行。会上成立了专业指导委员会下属的"建筑数字技术教学工作委员会",以后每年都举行一届全国高校建筑数字技术教学研讨会,该研讨会影响日益扩大,业已发展成为国内有关建筑数字技术方面的专业性、前沿性、国际性、影响度及其规模成长兼备的重要学术年会。

1.1.4　建筑数字技术发展进程中的先驱人物

1）司马贺（Herbert Simon，1916–2001，图 1-1）

因仰慕中国文化而取有中文名司马贺,美国芝加哥大学经济学博士。早年曾在伊利诺理工学院建筑系任教都市规划,后任美国卡内基 – 梅隆大学计算机系和心理系教授,并曾任美国总统科学顾问委员会委员。1969 年他出版了"The Sciences of Artificial"一书,他被誉为"人工智能"之父。也是建筑界"人工智能"研究的先行者。因为他卓越的研究成果,1975 年获图灵奖,1978 年获诺贝尔经济学奖,1986 年获美国国家科学奖。1967 年被选为美国国家科学院院士,1994 年当选为中国科学院外籍院士。

2）威廉·米歇尔（William Mitchell，1944–2010，图 1-2）

1967 年澳大利亚墨尔本大学建筑系毕业,1969 年和 1977 年先后获美国耶鲁大学环境设计硕士和英国剑桥大学建筑学硕士,后在加州大学洛杉矶分校任教 16 年。其间,与伊斯曼（Charles Eastman）、史坦尼（George Stiny）等人从事建筑 CAD 研究。1977 年出版了《Computer-Aided Architectural Design》,这是第一本推广建筑 CAD 应用的专著,也是 CAAD 名称的由来。1986 年后在哈佛大学任教 6 年,其间著作甚丰,1989 年出版了《The Logic of Architecture》（建筑设计思考）,1991 年出版了《Digital Design Media》（数字设计媒体）。1989 年他与著名建筑师福兰克·盖里合作完成数字建筑标志性的实践项目——西班牙巴塞罗那的奥林匹克鱼雕工程。1992 年受聘担任麻省理工学院建筑与规划学院院长。1992 年出版了《Reconfigured Eye》,1995、1999、2003、2005 年先后出版了《City of Bits》《e-Topia》《Me++》《Placing Words》等一批著作。他是当代 CAAD 最重要的领导学者。

3）托马斯·梅弗（Thomas Maver，图 1-3）

1968 年英国斯特拉斯克拉特大学（Strathclyde Univ.）在梅弗教授领导下成立了"Architecture & Building Aids Computer Unit （ABACUS）"研究中心。数十年来坚持 CAAD 的研究方向,是世界上最早成立的 CAAD 研究中心之一。梅弗教授是著名学术组织 eCAADe 和 CAAD Future 的创建人之一,并担任了 eCAADe 的第一任会长。他长期从事建筑与城市的计算机建模以及虚拟现实的研究,是著名的 CAAD 先驱人物。

4）约翰 · 捷罗（John Gero，图1-4）

1968年澳大利亚悉尼大学在捷罗教授领导下成立了"Key Center of Design Computing and Cognition"（KCDCC，设计计算与认知重点研究中心），也是世界上最早成立的CAAD研究中心之一。他的CAAD研究可分为四个阶段：模拟（Simulation：1968–1975）、最佳化（Optimization：1972–1983）、人工智能及知识系统（AI and Knowledge-Based System：1980– ）、设计认知（Cognition：1992– ），先后发表过500多篇论文。他还担任美、英、法、瑞士等国多所著名大学的客座教授，是著名的CAAD先驱人物。

图1-4 约翰 · 捷罗

5）笹田刚史（Tsuyoshi Sasada，1941–2005，图1-5）

1964年毕业于日本京都大学建筑系，1966年和1968年分别在大阪大学和京都大学取得硕士和博士学位，1970年起任教于大阪大学，并成立了"笹田研究室"。他多年来致力于城市和建筑数字化的开发和研究，提出了许多见解和理论，并在实践中不断完善，是世界级的CAAD先驱人物。

图1-5 笹田刚史

6）查理斯 · 伊斯曼（Charles Eastman，图1-6）

1965年毕业于美国柏克莱大学（UC Berkeley）建筑系，两年后取得硕士学位。先后在多所大学任教，曾任乔治亚理工学院建筑系博士班主任，现为乔治亚理工学院建筑与计算学院教授、数字建造实验室主任。伊斯曼的研究包括设计认知与协作（Design Cognition and collaboration）、实体和参数化模型（solids and parametric modeling）、工程数据库（engineering databases）、产品模型和协同运作（product models and interoperability），以及建筑信息模型（BIM）等领域。当今最重要的建筑信息模型技术最早可追溯到他在上世纪70年代的开创性研究。他也是著名的CAAD先驱人物。[1]

图1-6 查理斯 · 伊斯曼

7）弗兰克 · 盖里（Frank Gehry，图1-7）

世界级著名建筑师。1929年生于加拿大多伦多，1947年迁居美国加州洛杉矶，毕业于南加州大学及哈佛设计学院研究所。1962年成立法兰克 · 盖里建筑师事务所至今。先后完成六百多项设计作品。1989年荣获建筑设计最高荣誉——建筑普立兹克奖。法兰克 · 盖里是一位勇于创新的建筑师，他虽然不是一位CAAD的专家，但是他采取积极地为我所用的合作态度。他从巴塞罗那的鱼雕工程开始，成功地应用CAD和CAM技术，突破了传统建筑的几何复杂程度和大尺度自由形体精确度的限制。在他的工程设计中确立了一套新的工作程序：初始草图、手工模型、数字扫描，最后获取设计造型的数字化几何信息。盖里惯用的旋转而扭动的曲面，借用为航天业研发的软件CATIA得以进行精确的材料构件加工制造和定位施工。他的最具代表性的设计作品包括：1997年完成的西班牙毕尔巴鄂古根汉姆美术馆、2003年完成的美国洛杉矶沃尔特迪斯尼音乐厅（图1-8），以及2007年完成的美国纽约IAC公

图1-7 弗兰克 · 盖里

① Charles Eastman （Chuck）个人网页 http://dcom.arch.gatech.edu/chuck/

图 1-8　位于美国洛杉矶的沃尔特迪斯尼音乐厅①

司总部大楼等。

8）其他重要人物

对 CAAD 的发展做出过较大贡献的学者或建筑师还有：尤里奇·傅雷明（Ulrich Flemming）、彼得·艾森曼（Peter Eisenman）、格雷·林（Greg Lynn）、本·凡·巴克尔 / UN 工作室（Ben Van Berkel / UN Studio）、内尔·德纳里（Neil Denari）等。

近年来，国际上涌现出一批从事建筑数字技术的新生力量，他们进行了卓有成效的研究和实践，为建筑数字技术的发展作出了重要的贡献。例如，上世纪末在英国 AA 学院（Architectural Association Graduate School）成立的"涌现与设计组（Emergence and Design Group）"等在复杂"形态生成（morphogenesis）"中取得了显著的成就。又如，日本的日建设计公司与林昌二建筑师等。

1.2　建筑数字技术在建筑设计中的应用

建筑设计方案是在建筑师的不断思考和表达的过程中逐渐生成的，而建筑数字技术的操作应用在这个过程中起着十分关键的作用。当前，随着各种数字技术的大量涌现，如何结合建筑师在不同的设计阶段的工作特点来选择合适的数字媒介工具，是值得研究和探讨的问题。下面主要围绕数字化建筑设计中几个较关键性的方面进行讨论。

1.2.1　三维信息模型与辅助设计

建筑方案的构思设计，大体上可划分为概念设计和方案发展两个阶段。由于建筑师这两个阶段的工作目标和思维表达的特点存在一些差异，因此，反映到数字媒体工具的应用上也会存在一些差别。

在概念设计阶段，建筑师主要是通过绘图、建模等媒体操作过程，将头脑中思考的内容转移、外化为一种媒体对象，即概念设计草图或模型，这样建筑师便可以从一个新的视点来反观他所思考并创造出来的事物，并从中获取到新的经验以促进下一轮的思维循环。在概念设计阶段中，建筑师的设计思维与表达主要表现为一种较强的开放性、跳跃性和探索性特征。为了寻求问题的最佳解答，建筑师总是希望尽量尝试多种可能的方案设计，以便于从这些变化的形式中不断获取更多有价值的经验、线索，并从中进行优选。为了能做到这些，建筑师需要借助于一些方便、快捷型的三维 CAD 建模工具（如

---

① 图片来源：http://en.wikipedia.org/wiki/File:Image-Disney_Concert_Hall_by_Carol_Highsmith_edit.jpg

SketchUp 等）以支持该阶段建筑师的这种开放、跳跃和探索性的思维。

方案发展阶段是在概念设计基础上的自然延续。在这个阶段的前期和中期，建筑师的设计思维与表达在探索中渐趋明确，体现出对建筑空间、功能、建筑造型与整体环境等问题的深度思考和比较性研究特征。在该阶段的后期，则侧重于以图纸或多媒体演示的方式，来充分表现这些思考和研究的内容。根据概念设计阶段中建筑师所使用的媒体类型、设计深度、项目规模或复杂度以及建筑师个人的喜好等特点，建筑师目前在方案发展阶段大体上有三种可选择的数字化设计方法和策略：以三维模型为核心的策略；以建筑信息模型（基于建筑信息模型的建筑设计软件有 ArchiCAD、Bentley Architecture、Revit Architecture、Digital Project 等）为核心的策略；从三维模型到建筑信息模型的策略。但从总的发展趋势看，最终都会采用以建筑信息模型为核心的策略。

1）传统建筑数字技术的设计应用

（1）可行性分析与规划设计

数字技术强大的数据处理能力已用于进行重大工程项目的可行性分析和研究，提高了工程决策的效率和科学性。

在规划设计中运用 GIS 技术进行控制规划、旧城改造和历史遗产的保护等方面。并在建筑群体和单体的概念设计中运用 SketchUp，3ds Max 等软件进行体量分析和研究。

（2）方案设计与工程制图

主要是运用 AutoCAD、3ds Max 等软件及其二次开发软件进行辅助绘图。

设计辅助：体量设计，造型审视，专项分析

工程制图：施工制图，文档编制，经济概算

对很多小型的建筑工程，目前还都在应用这些传统的方法。

（3）建筑表现与三维动画

计算机建筑表现大多是作为最后的结果展示，尚未真正成为方案设计过程的辅助手段。

静态建模渲染（如 AutoCAD + 3ds Max + Photoshop）

动画影像剪辑（如 3ds Max + Premiere 等）

实时漫游观察（如 AutoCAD + Multigen Creator / Vega、VRML）

（4）多媒演示与网络展示

讲稿演示（如 Windows 系统下的 Ms Office PowerPoint 等）

平面设计（如 Adobe Illustrator, InDesign 等）

网页展示（如 Dream Weaver、FrontPage、Flash 等）

2）面向三维模型的概念设计

最初应用建筑数字技术建立三维模型主要应用 3ds Max、FormZ、Piranesi 这类专门用于建筑三维建模和渲染的软件，以表达设计的体量、造型、立面和外部空间。但是这种三维模型，仅仅是建筑物的一个表面模型，没有建筑物内部空间的划分。

随着像 SketchUp 等这类快速三维建模软件的相继推出，在计算机上直接创建建筑概念设计模型已经变成一件非常简单容易的事情。计算机三维模型能为建筑师进行各种可能的尝试提供最大的便利，它能帮助建筑师快速地将设想概念化、形象化。建筑师在概念设计研究中，不仅可以通过三维概念模型来研究建筑的空间、形式、功能等设计要素，而且也可以涉及建筑的材料、表面的质感及色彩、建筑光影的模拟等研究。因此，这种面向计算机三维模型的建筑构思设计方法，都是传统的手绘草图方法无法比拟的。SketchUp 界面简洁，命令极少，操作如同徒手铅笔绘图和制作实物模型那般的自由等特点，非常适合于建筑师进行方案阶段的构思与设计表达（图 1-9）。

图 1-9 SketchUp 的快速三维建模流程

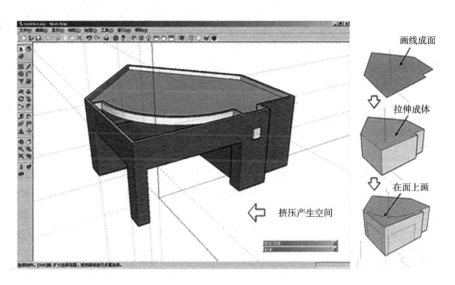

大多数三维 CAD 设计工具，基本上都提供了任意视点、动态视点的观察，以及日照阴影模拟功能，这种功能帮助建筑师对他所做的各种尝试性设计迅速作出评估和判断。SketchUp 允许用户设定模型所在的地理位置、太阳方位角、日期和时间参数，并自动生成阴影。通过使用时间滑标，用户还可以动态地观察日照阴影在全天中的移动轨迹（图 1-10）。不仅如此，

图 1-10 在 SketchUp 中改变观察视点和时间
（a）上午 7：37 分；（b）上午 11：00

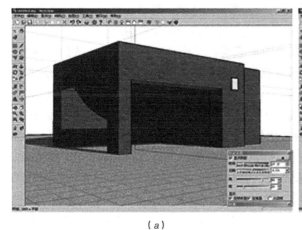

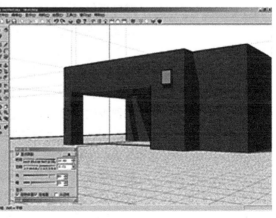

（a）   （b）

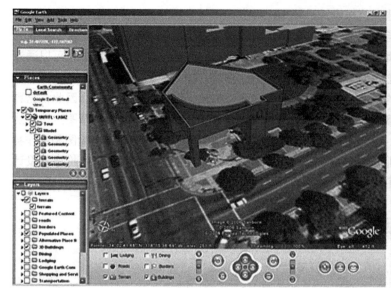

图 1-11 将概念模型放置在
Google Earth 现场（美国洛
杉矶市）中观察

SketchUp 通过与 Google Earth 的整合，使建筑师现在获得了一种能将概念设计模型快速地放置于 Google Earth 所提供的"现场"环境中进行检验和模拟的便利方法。图 1-11 所示的场景，是将图 1-10 的 SketchUp 模型通过 SketchUp 的 Google Earth 插件放置在 Google Earth 中的美国洛杉矶市某一个街区现场后看到的情形。应当说，SketchUp 的上述功能对于推敲和验证建筑设计造型以及空间特征，都是很有帮助的。

这两年才初露头角的 bonzai3d 也是一种快速三维建模软件，它的最大特点是在 NURBS 曲面建模方面有其独到之处。与 SketchUp 类似的是，bonzai3d 也可以把它建立的概念模型放置到 Google Earth 中，也可以生成三维的剖切视图。它与 SketchUp 的最大区别是它是实体建模软件，而 SketchUp 则是以面为基础的。

3）以三维模型为核心的方案发展策略

这种策略使用的软件主要包括 SketchUp、3ds Max、3ds Max Design、AutoCAD 等，也包括以 AutoCAD 为平台开发的建筑设计软件 TArch（天正）、AutoCAD Architecture 等。适合于建筑规模比较小，复杂程度一般或较低的设计项目。从支持方案发展阶段建筑师思维和表达的特点方面看，上述软件都各有其优势，可根据它们的特点分阶段应用。

（1）SketchUp：其特色首先表现在它比较侧重于方案生成的快捷性。首先，SketchUp 模型只涉及空间几何数据和纹理、色彩信息，技术方面约束较少，可以让建筑师较自由地围绕建筑空间、造型、材料及色彩、环境配置等这些最关心的主题进行研究和探索。当概念设计也是采用 SketchUp 方法时，在方案发展阶段采用相同的工具可以更好地保持建筑师设计思维与表达的连贯性。其次，SketchUp 有多种方便灵活的观察方式，如剖视、透明观察、任意视点及漫游等，能对方案设计阶段中的建筑师创新设计思维形成有力的帮助和支持。图 1-12 是一些用于设计过程中的各种三维模型视图，几乎无须后期处理即可达到方案设计提交文件中表现图的要求。

图 1-12 SketchUp 几 种 不同的观察方式[①]
(a) 剖视图观察；(b) 透明视图观察；(c)、(d) 透视图观察

SketchUp 上述两方面的特点，体现出它是一种与建筑师传统思维与表达习惯最接近的方法。

SketchUp 虽然能较好地支持方案阶段建筑师的创作过程，不过，从它对方案设计后续阶段的衔接与支持性来看，SketchUp 也有其局限性，主要有两点：首先，SketchUp 在产生符合现行规范中所要求的方案设计二维图纸文件的能力并不强，需要通过 AutoCAD 补充绘制；其次，SketchUp 模型实体所记录的信息较单纯（只包括空间几何、纹理、色彩信息），所以它无法提供方案设计审批所要求的有关技术经济指标、投资估算等方面的统计数据，这些都只能依靠手工来补充完成。

（2）AutoCAD：也包括以 AutoCAD 为平台的 TArch（天正）、AutoCAD Architecture 等软件。一直以来，AutoCAD 主要应用在设计方案二维图纸文件的绘制上，特别是 TArch、AutoCAD Architecture 等建筑专业性 CAD 软件，不仅能方便地绘制出符合专业规范要求的图纸，而且也能生成出一定量的方案审批所需统计数据，也可以作为 SketchUp 的补充。

（3）3ds Max、3ds Max Design：其特色主要体现对建筑方案设计所产生的视觉效果的逼真性表现方面，适合于建筑方案设计后期建筑效果图或动画的制作。

4）以建筑信息模型（BIM）为核心的方案发展策略

以 BIM 为核心的方法策略，适用于各类建筑设计项目，而对于建筑规模较大、或复杂程度较高的设计项目，应以该策略为首选。基于 BIM 技术

---

① 模型及图片来源：http://sketchup.google.com/3dwarehouse/ 和 http://www.sketchup.com.cn

的软件有 ArchiCAD、Bentley Architecture、Revit Architecture、Digital Project 等。这种方法策略有以下优点：

（1）设计就是建立信息化的三维模型

基于 BIM 技术的建筑设计软件系统所建立的三维模型是由包含了空间几何、材料、构造、造价等全信息的虚拟建筑构件（图 1-13）构成，因而模型是信息化的，所有构件的有关数据都存放在统一的数据库中，而且数据是互相关联的，实现了信息的集成。其设计成果所包含的信息能对后续设计过程乃至建筑全生命周期形成强有力的支持。当建筑师使用这些构件创造建筑空间或型体时，这些与建造经济、技术等有关的因素自然而然地被一并考虑在内。

图 1-13 BIM 中的虚拟建筑构件（Autodesk Revit Architecture 2011）[1]

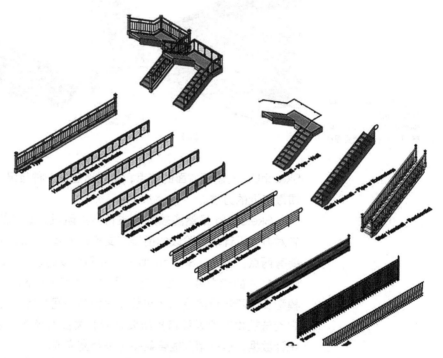

（2）建筑信息模型中的数据是互相关联的

所有的设计图纸、表格都由模型直接生成。因此各种图纸文档仅仅作为设计的副产品而已（图 1-14），这样，建筑师画施工图的时间大大缩短，从而有更多的时间专注于他的核心业务，即构思设计。由于生成的各种图纸都是来源于同一个建筑模型，因此所有的图纸和图表都是相互关联变化、智能联动的，在任何图纸上对设计做出的任何更改，就等同对模型的修改，都可以马上在其他图纸和图表上反映出来。例如在立面图上修改了门的宽度，相关的平面图、剖视图、门窗表上这个门的宽度马上就同步变更。这就从根本上避免了不同视图之间出现的不一致现象。因此，应用 BIM 最大的好处之一就是提高设计效率，保障设计质量。

---

① 图片来源：http://revitinfo.com/Portals/4/Autodesk%20Revit%20Railings%20Screenshot.JPG

图 1-14 图纸文档只作为
BIM 模型的副产品[①]

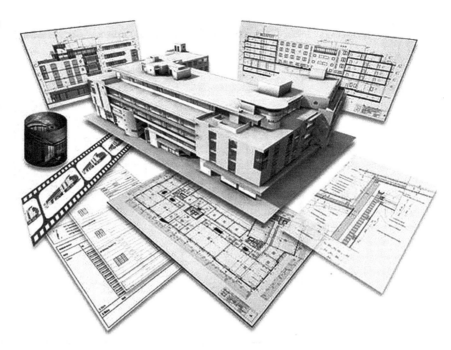

（3）提供可视化的设计环境，以及功能强大的三维设计功能

一项设计方案的确定往往需要经过多个建筑师、多个不同专业的设计人员共同努力，也往往因为沟通不足会造成设计方案的不协调问题。应用 BIM 技术后，应用可视化设计手段就可以通过碰撞检测发现上述的设计不协调问题，设计人员之间通过可视化方式很方便进行沟通和协商，对发现不协调的地方和错误进行改正。

BIM 所提供的可视化设计环境所提供的观察方式方便灵活，例如可生成任意高度、位置的平面、剖面视图，任意方位的立面和轴测图，任意视点的色彩或线框透视图等。这些都可形成对方案设计阶段建筑师设计思维的有力支持（图 1-15）。在可视化的设计环境下，设计人员还可以对所设计的建筑模型在设计的各个阶段通过可视化分析对造型、体量、视觉效果等进行推敲，比起以往要到设计后期才用 3ds Max 建立模型，实在要方便得多。

（4）支持各种建筑性能分析

建筑信息模型中的数据库包含了用于建筑性能分析的各种数据，为分析计算提供了很便利的条件，只要将模型中的数据输入到结构分析、造价分析、日照分析、节能分析……的分析软件中，很快就得到相关的结果。以前这些分析，都是在设计方案确定后进行的。而现在在 BIM 的支持下，则可以在方案的构思过程中就进行，这些分析结果，将对设计方案的最终确定产生积极的影响。

以 BIM 为核心的方案发展策略的优点还不仅仅限于上述这些，还在协同设计、支持建筑工程全生命周期……多个方面 BIM 还有出色的表现。

---

① 图片引自：.Graphisoft 公司，ArchiCAD 参考指南。

图 1-15　BIM 模型的观察方式
（Autodesk Revit Architecture
2010）[①]

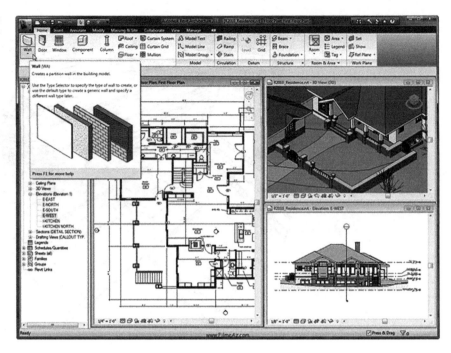

5）从三维模型到建筑信息模型的方案发展策略

现在能用于建模的软件很多，常用的有 SketchUp 和 bonzai3d，较传统的有 3ds Max 和 FormZ，较新的有 Rhinoceros 和 Maya。它们的共同特点是造型能力比较强，很适合做概念设计。而目前基于 BIM 技术的建筑设计软件还在不断发展完善之中，概念设计能力还不如前者。因此，在建筑方案设计阶段，有些建筑师认为较合理的方法是将一般三维模型和建筑信息模型两者结合起来，以发挥两者的综合优势。例如，当采用 SketchUp 模型完成的方案设计在主题空间形态、空间序列关系以及建筑造型等方面的内容已较明确时，作为对后续过程的支持，以及尽量减少不必要的技术性操作，可适时终止更深入的 SketchUp 模型设计，而将已有的 SketchUp 模型传入到 ArchiCAD、Bentley Architecture 或 Revit Architecture 中进一步深化。

1.2.2　参数化建模与生成设计

1）数字化建构（Digital Architecture）理论方法

有关数字化建构理论方法的内容日新月异，繁杂众多；尤以参数化建模和生成设计成为当今数字化建筑设计的重要方向。但是严格来说，关于参数化建模和生成设计，到目前为止还没有一个权威的、公认的定义。

其中的生成设计（Generative Design），可以看作是一种通过计算机编程的方法，凭借计算机编码以"自组织"（self-organization）的方式，将相关设计因素和设计概念转换为丰富多样的复杂形态的设计方法。生成设计方法用某种全新的方式整合多种学科的方法和资源。这种以编程运算

---

① 图片来源：http://www.filmeaz.com/wp-content/uploads/2009/07/3b02_8rvocoz5sodmporjhd72.jpg

为基础的智能化设计方法，需要设计者为某项工程的某个设计专题编写专门的演算程序来辅助方案的设计构思。

2）生成设计和参数化设计

在 20 世纪八九十年代就有人研究生成设计（Generative Design），当时曾译为"衍生式设计"。它借助于遗传算法、元胞自动机以及其他的一些算法，并在结合给定的约束条件通过编码转换成计算机程序，在计算机程序运算的过程中，产生各种各样的设计形态。建筑生成设计引进非完全随机和非简单迭代的程序进化机制，并以动态和自组织方式让程序完成建筑方案的自身优化，进而提炼并转化建筑设计相关进化规则。建筑师可以在通过计算机运算生成的众多的设计形态中，为自己的建筑创作挑选适合的设计形态。

参数化设计（parametric design），最早应用在工业设计上。在最近十几年发展到建筑设计上。在 CAAD 的研究中也从研究参数化模型发展到参数化设计的研究。

格雷·林（Greg Lynn）在 1998 年曾指出，"计算机辅助设计构成的形体是调整参数并做出决定的结果。"他将参数化设计不仅仅看作是对几何形体的调整，而且看作是对环境因素的调整，比如温度、重力或其他力。他还说："各种数据参数会形成关键帧，同时通过表达式产生动态联系，最后改变最终的形体。"[①]

因此，参数化设计就是使用参数工具来控制设计形态，通过改变一个或多个参数使设计形态产生变化。建筑师可以通过生成设计法生成建筑设计的初始模型，也可以根据自己构思的设计意图在计算机上建立起设计的初始模型。通过在对各参数关系研究的基础上，找到联结各个参数的规则，进而建立起模型内部各种参数之间的约束关系以及相应的计算机程序。在计算机上运行程序，通过改变模型参数的数值，就可以获得多种具有动态性的设计方案，生成可灵活调控的建筑设计模型。

参数化设计是一种以计算机技术为基础的建筑设计方法和设计思想，它试图基于计算机技术寻找与设计问题相适应的算法逻辑或者约束关系，建立起从设计条件到设计结果之间的联系；在这种联系中，算法是设计的核心，它们能够接受作为输入参数的设计条件，并动态的生成较优的设计结果。

从技术上来讲，生成设计和参数化设计都需要建立计算机模型、确定算法，这些是它们的共同点。它们的不同点就是：生成设计采用动态和自组织方式让程序完成建筑方案的自身优化，而参数化设计是使用参数工具来控制设计形态，通过改变一个或多个参数使设计形态产生变化最后达至优化。

但是近年来，有关专业人员在生成建筑设计时，已经采用参数调控，所以有观点认为生成设计其实是参数化设计的一部分。更有人认为，生成

---

① 参见：Lynn G．Animate Form[M]．New York：Princeton Architectural Press, 1998.

设计和参数化设计是一回事。但实际上，在很多参数化设计中，其参数化原型并不是由生成设计得来，而是由建筑师自己构思得来，因此，生成设计和参数化设计应当是有区别的。

目前常用的参数化建模软件除了具有代表性的 Rhino 外挂 Grasshopper 插件外，还有诸多具有参数化设计功能的软件，如 Bentley 公司的 GenerativeComponent、Autodesk 公司的 Maya、Gehry Technologies 公司在 CATIA 基础上发展的 Digital Project 等。

本书将在第 3 章"生成设计"中，主要介绍程序算法模型和生成设计特征，以及相关生成设计的案例分析。而第 4 章则重点介绍"参数化设计"的发展概况，同时介绍参数化设计与相关概念的关系，然后再侧重介绍有了初始模型之后的参数化设计，数控加工与数字化建造，并在最后介绍一些参数化设计的实例。

1.2.3 建筑信息模型与协同设计

1）信息集成与建筑信息模型

建筑师在方案设计前期阶段中的主要的工作是收集、检索与分析与项目有关的文件资料，其思维和表达主要体现为一种发散性、记录性、相对随意性和分析性的特征。由于建筑问题的复杂性，决定了建筑师不会将设计问题仅仅局限于设计任务书等文件所提及的范畴，而是立足于要设计的建筑所在地区的经济、社会、文化、历史、环境等视域中去分析考察问题。要建立这样的视域，大量收集、检索与分析与项目有关的背景资料是必不可少的。

随着因特网上功能强大的搜索引擎的出现，因特网现在已成为人们获取信息的重要渠道，不仅可以使建筑师方便地获取与建设项目当地的社会经济、文化习俗、环境资源等有关的信息，而且也可以得到能直接支持方案设计的专业数据。这些对于拓展建筑师的思维，以及帮助他们迅速捕获有助于方案构思的兴趣主题都是很有效的。

与此同时，近年来，建筑工程的规模和复杂程度飞速增长，其中需要处理的工程项目信息也呈指数增加。而传统建筑设计流程中，各设计阶段、各设计部门之间的信息共享程度相对较低，存在大量的"信息孤岛"。即使在应用了大量计算机辅助绘图和设计工具之后，也还存在不同专业应用程序、设计软件之间的数据格式兼容问题。从设计到施工的各个环节存在着种种信息沟通、共享和交流的问题，直接限制了建筑设计的效率，甚至影响了设计质量。

解决上述问题的有效途径，就是在建筑信息模型技术支持下实现信息集成。与之相关的技术有：建筑信息模型的建立与应用；信息交换标准；设计产品数据管理；协同设计等。

2）面向过程管理与知识创新的协同设计

建筑设计是一种牵涉面广、系统性很强的活动，其中包括了多种层次交流与协作的需求，例如，设计团队内部不同专业、不同职责的建筑师、工程师之间的交流与协作；设计团队与房地产开发商、业主、市场营销人员、市政规划及勘察部门等之间的交流与协作等。特别是当项目进行到初步设计和施工图设计阶段，这种交流与协作就变得更为频繁和重要。因为只有通过广泛、深入的交流和信息沟通，才能将参与项目的多方人员的知识和智慧综合在一起，并最终形成可组织实施的项目施工图文件。而所谓协同设计，正是为促进人们这些积极有效的交流、互动和知识重构而发展出来的先进设计模式。随着建筑领域数字技术的应用发展，基于网络的协同设计必将成为今后建筑设计部门必然选择的工作模式，因为只有这种工作模式才能真正符合信息社会人们在建筑设计与建造活动中所表现出来的群体性、交互性、分布性、协作性，以及共享信息基础上的知识创新等基本特征。

在网络应用的早期，可以利用一些现成的网络技术进行协同设计，这些技术包括现在非常普及的电子邮件和网上聊天室，还有：超文本技术、Web3D、网上视频会议等。

为了满足建筑领域协同设计的需求，目前，国外一些著名 CAD 软件商纷纷推出了相应的建筑协同设计 CAD 解决方案。目前的一些软件，如 Autodesk 公司的 Revit Architecture、Graphisoft 公司的 ArchiCAD，以及 Bentley 公司的 Bentley Architecture 等，都可以满足基于 LAN（局域网）环境的建筑设计专业人员间的协同设计需求。

但从长远看，在基于 BIM 的建筑信息管理平台上进行的协同设计，才是完全意义上的协同设计。如 Autodesk 公司的 Buzzsaw，Bentley 公司的 ProjectWise 等，就是这一类建筑信息管理平台，可以在因特网环境下满足项目参与各方的跨部门、跨企业的协同工作需求。在这一类平台上，是给设计人员提供一个信息化的三维实体模型，同时还提供了一个信息量丰富的数据库，为各个专业利用这些信息进行各种计算分析提供了方便，使设计做得更为深入，提高了建筑协同设计的水平。

目前在国外建筑业出现了 IPD（Integrated Project Delivery，一体化项目交付）模式。这是在 BIM 应用的条件下协同设计、协同工作的新模式。这种模式能够让建筑工程在所有阶段有效地优化项目、减少浪费并最大限度提高效率。

以上内容将在本书第 5 章详细介绍。

1.2.4　面向建筑生命周期的建筑性能评估与设计

随着人们对于生态、节能、环保以及服务等意识的不断加强，面向建筑生命周期的设计现在成为建筑学术界、设计界广为接受的建筑设计理念。而各种支持建筑产品生命周期建筑性能模拟与分析的数字化工具的不断出现，以及国家有关绿色建筑、建筑节能法规和政策的相继出台，这些新型的数字化工具与方法更成为建筑师们在其建筑设计实践中不可或缺的重要工具。

以下简要介绍一些在面向建筑生命周期建筑性能评估与设计方面可能涉及的数字化工具和方法。对于建筑师而言，全方位地了解、甚至掌握其中某些工具和方法的应用，不仅可以有效地帮助建筑师从建筑的造型、空间、构造及材料、设备配置等各方面来研究、改善建筑设计性能，同时也可以在可持续发展建筑观指导下帮助建筑师有效地提高他的设计团队协同设计的水平。

1）建筑生态性能模拟与分析

有关生态建筑、绿色建筑的研究，在近十余年来一直是建筑学领域里的讨论热点。随着一系列面向建筑生态设计分析的实用性工具的推出，生态建筑、绿色建筑也从理论性研究逐步向实际工程中的应用研究方向转变。这里尤其值得一提的 Autodesk Ecotect Analysis[①]，实际上这是目前唯一的由建筑师研发、为建筑师所用，并且被其他相关专业的工程师和环保人士所接受认可的建筑性能分析软件。Ecotect Analysis 主要用于方案设计阶段中，可以帮助建筑师在确定建筑方案之前依据一些简单的概念模型进行不同的方案生态性能测试，且整个过程通过交互式方法迅速完成。关于 Ecotect Analysis 更深入的讨论，可参阅第 6 章内容。

2）建筑声学性能模拟与分析

在建筑设计中，需要对建筑声环境可能产生的结果进行预测，如观演建筑音质设计会有怎样的效果，临街住宅建成后的环境噪声大小，建筑师需要根据预测的结果采取相应的建筑设计措施以改善声环境。

在建筑声学性能设计方面，现在有非常多的分析的工具出现，对于从事观演建筑设计的建筑师而言，它们也是值得了解的设计工具。这些工具主要有：由丹麦科技大学声学系开发的 ODEON，主要用于房间建筑声学模拟；德国 ADA 公司开发的高级声学工程模拟软件 EASE，重点在于扩声系统的声场模拟；国际上比较著名的比利时 LMS 公司开发的 RAYNOISE，既用于建筑声学也用于扩声系统的模拟；美国 BOSE 公司开发的声学设计与仿真软件 BOSE Modeler / Auditioner；瑞典哥德堡（Gothenburg）技术大学应用声学系开发的 CATT-Acoustic 等。影响较大的室外噪声评估方面的软件有 CadnaA、EIAN、soundplan、lima 等，其中 CadnaA 主要用于计算、显示、评估及预测噪声影响和空气污染影响。

3）建筑光环境的模拟与分析

建筑光环境包括自然采光和人工照明环境两方面，为建筑用户创造良好的光环境也是建筑师的责任之一。经过多年的发展，目前光环境模拟软件已日臻成熟，除了在建筑设计方面得到广泛的应用之外，还在建筑全生命周期内包括建造、维护和管理等各阶段都有卓有成效的应用。

静态光环境模拟软件是光环境模拟软件中的主流，比较常用的有 Desktop Radiance、Radiance、Ecotect Analysis、AGi32 和 Dialux 等。这类软件可以模拟某一时间点上的自然采光和人工照明环境的静态亮度图像和光学指标数据，还具有强大的渲染功能。而动态光环境模拟软件可根据全年气象数据动态计算工作平面的逐时自然采光照度，并在上述照度数据的基础上根据照明控制策略进一步计算全年的人工照明能耗。这类软件

---

① Autodesk Ecotect Analysis 原名 Ecotect，最初由英国 Square One 公司开发的生态建筑性能分析软件，2008 年被 Autodesk 公司收购。

的代表是 Daysim。

4）建筑日照性能模拟与分析

在建筑日照设计方面，目前国内已陆续推出了多种以建筑日照现行国家及地方标准为参照的实用型分析评估工具，这些工具主要为满足规划主管部门对建筑方案、初步设计进行审批的需要，当然，作为建筑设计部门也可以将之应用于控制建筑设计的日照性能，根据建筑日照的技术标准辅助建筑设计方案的生成。这些工具主要有：由洛阳众智软件有限公司和国内众多规划局联合开发的 SUN[①]；由北京天正公司推出的 TSun；由清华大学开发的建筑日照软件；由中国建筑科学研究院建筑工程软件研究所开发的 Sunlight[②]；由上海鸿业同行信息科技有限公司开发的 HYSUN；由杭州飞时达软件有限公司开发的 FastSUN。

有些建筑设计软件如 Revit Architecture、ArchiCAD 等，已经将日照分析功能集成到软件中，为设计人员带来了方便。

5）建筑节能性能模拟与分析

建筑节能问题，毫无疑问是生态建筑、绿色建筑研究中必须首先面对的问题。过去由于缺乏必要和有效的分析工具，因此有关该领域里的研究基本上停留在一种定性的、甚至是一种十分模糊的阶段。而现在，随着越来越多功能强大的专业型节能分析工具的出现，许多有志于生态建筑、绿色建筑研究的建筑学专业人士纷纷将这些在过去看来可能是非建筑师所用的工具应用于他们的研究和实践中来。

在已推出的软件中，尤其是以美国能源部财政支持、劳伦斯伯克力国家实验室研发的 DOE-2 最具有权威性，它是目前能耗计算方面事实上通用的标准软件，并且该软件是免费软件，目前国内不少建筑学专业的研究生都较普遍地运用该工具开展有关建筑节能设计方面的研究。当然，对于大多数普通建筑师而言，DOE-2 也许显得太过于复杂和专业，不过，现在也有一些基于 DOE-2、但比 DOE-2 界面更好、更容易操作的建筑能耗模拟软件出现，如 VisualDOE、eQUEST 和 PowerDOE 等。此外，美国劳伦斯伯克力国家实验室现在还推出另一种新一代的建筑能耗模拟分析程序 EnergyPlus[③]，还有这几年新出现的 IES<VE>、ENVI-met 等，对于有志于绿色建筑或生态建筑应用实践的建筑学专业的人士来说，上述这些软件都是很值得尝试的。

除上述国外软件产品之外，现在国内也有不少商业化的建筑节能分析工具被陆续推出，如清华大学的 DeST，天正公司的 TBEC，斯维尔节能设计软件 BECH，中国建筑科学研究院建研科技股份有限公司开发的 HEC、CHEC、WHEC 和 PBEC 等。这些软件都是以现行国家建筑节能设计标准为参照的实用型分析软件，主要用于建筑设计部门以及规划主管部门对建筑方案及初步设计中有关建筑节能的性能进行控制和评估。

① SUN 于 2003 年由建设部发文推广，后被列入国家"重点新产品计划"和国家"火炬计划"。
② Sunlight 是建立在完全自主版权的纯中文三维图形平台之上，是 2004 年国家 863 重点科研课题技术成果之一。
③ 这也是一个免费软件（下载网址 http://www.energyplus.gov/）。

6）建筑风环境性能模拟与分析

建筑风环境研究主要依赖各种计算流体力学（Computational Fluid Dynamics，CFD）分析工具。目前已有相当多的可用于建筑风环境研究的CFD分析工具，主要有：英国 CHAM 公司的 PHOENICS；美国 Fluent 公司的 FLUENT；比利时 NUMECA 公司的 FINE 系列软件；法国 CEDRAT 公司的 FLUX 等，美国 ANSYS 公司的有限元分析软件 ANSYS 也可以用来计算建筑风环境。

上述诸多相关专业软件，在第 6 章中将有更深入的讨论。

1.2.5 虚拟现实

虚拟现实是一种由计算机生成的虚拟世界，是由计算机软硬件构筑的人工多维信息环境，它以模拟方式为用户获得与现实一样的感觉的一个特定范围的虚拟环境，用户可以如在现实世界一样地体验和操纵这个环境，与系统进行实时模拟和实时交互。

体验建筑的最佳方式无疑是亲自到建筑物现场去走走看看，而虚拟现实技术则提供了一种可让人们"进入"、并在其中"漫游"的真实场景（图1-16）。利用虚拟现实场景，观察者可以更真切地体验到人流或车流如何从街道进入到建筑的场地，可以了解到虚拟建筑的空间、造型及其环境是如何产生步移景异的视觉连续变化等。虚拟现实技术与建筑场景漫游相结合，既可以应用于方案设计过程中的评估，也可以应用于方案设计后期进行的方案设计的演示和论证。

图 1-16　从 IE / VRML 浏览器中看到的虚拟建筑场景

虚拟现实具有对一个纯粹想象所产生的世界进行"真实"模拟的能力，这也是它最为迷人的诸多概念之一。虚拟世界不必恪守那些管制着我们物质世界的物理法则。对我们通常的空间经验（通常的感受）而言所存在的理论的矛盾性可以在虚拟环境中轻易做到。建筑物不必遵守重力法则或物理材料特性；冲突可能会，也可能不会发生；你可以穿越墙壁；轮廓线的联系可以交错；你甚至可以同时出现在两个或更多地点。在虚拟环境中进行设计可以使人们在交互的过程中发现全新的空间感受。

心理学家简·皮亚杰（Jean Piaget）所指的形成最初空间感受的一系列拓扑学联系，诸如临近、分离、序列、开放、闭合以及连续性，都可以在虚拟现实中进行转变。在虚拟世界中，我们变得像孩子一样不断发现新的感受，不断学习以新的方式定位自身。

这些虚拟世界中的东西之所以仍可以称为建筑，是因为他们符合建筑最基本的特性之一：空间的创造。这些空间能够被用来栖息，可以围护着我们，可以据此进行修订，可以通过定义其边界创造内外。我们能从中体验到闭合与开敞，感受比例，并对不同的比例做出反应——总而言之，所有与建筑空间相联系的特性。

本教材将在第 7 章，详细介绍虚拟现实技术的概念和特性，历史和发展状况，技术要点；并结合具体实例，探讨虚拟现实技术在建筑设计中的影响和应用。

1.2.6 专家系统与建筑设计的智能化

一个建筑项目的完成，需要相关专业人员对建筑、结构、设备、施工、管理等多阶段多层次多方面的知识、信息和条件进行分析、综合、处理。建筑数字技术在其中的作用，已经渐渐从单纯对信息搜集、制图处理的效率提升，转向对设计概念、信息协调等方面的创造性促进，或者说逐渐为建筑师的设计思考提供有效支援。建筑设计的专家系统和智能化研发应运而生。

建筑设计的智能化，在很大程度上就是在建筑设计的过程中，运用相关的数字技术和软硬件系统，帮助设计者和专业人员在建筑方案的自动生成、设计问题的多种解答的自动探索，以及多方案的自动评价、比较和优化等方面，为设计者提供有效的支持和帮助。自 20 世纪 60 年代以来，利用计算机系统的不断强大的信息储存和数字运算能力，在建筑设计型专家系统、建筑形态生成系统、建筑技术模拟系统等方面均不断取得新的研究成果。

专家系统依靠的是大量的知识（knowledge-based）和一定的规则（rule-based），据此建立针对问题的推理机制（inference engine）。一个专家系统是一种知识信息的加工处理系统，一般由环境模型（又称动态数据库、工作存储器），知识库（或规则存储器、定理集）和控制策略（或解释系统、推理机）三个基本部分组成。建筑设计与管理专家系统，将有关建筑的标准、规范及各种技术性、知识性的要求集成在相关软件之中。

本书将在最后一章，对建筑设计的智能化研究应用，以及在此基础上形成的专家系统，进行专门的介绍。相关内容既包括建筑设计智能化技术的发展与现状，建筑领域中的主要专家系统等；也包括建筑设计型专家系统的知识库和知识推理器的探讨，如其中对设计过程的描述与问题的定义、知识推理的规则、优化算法、评价条件等等。也是对未来发展的一些展望。

1.3 建筑数字技术对建筑设计的影响

1.3.1 从传统媒介到数字媒介

1）设计媒介与建筑

（1）媒介与媒体

媒介和媒体（medium/media），常指表达、传递信息的方法与手段，在不同的学科领域具有不同的内涵和界定。为方便大家认识和理解，首先有必要区别一下媒介和媒体这两个常用概念。

在传播学领域，媒介一般是指电视、广播、报纸杂志、网络等人类传播活动所采用的介质技术体系，此概念常用来从宏观方面讨论与技术形式有关的传播学问题。一般而言，常认为媒介的发展经历了四个主要阶段：语言媒介、文字媒介、印刷媒介和电子媒介。而媒体则是专指电视台、广播台、报社、杂志社、网站等这些以一定技术体系为基础的传播机构或组织形式。

在计算机应用领域，媒介一般是指磁盘、光盘、数据线、监视器等这些直接用来存储、传输、显示信息的一系列介质材料或设备，常指数字媒介；而媒体则是指以计算机软硬件为基础产生出来的电脑图形、文字、声音、数据等较具体的信息表现形式，常称数字媒体。

综合以上不同领域的主要界定分类，一般说来，媒介泛指某种物理介质及相应的技术形式，其功能是承载和传播信息；而媒体则专指那些与媒介直接有关的内容和不同类型的具体承载形式。随着电脑、网络等数字化技术的发展，当前的数字媒介成为电子媒介之后新的媒介类型，而数字媒体也可以说是在计算机技术发展下产生出来的新媒体类型。

（2）建筑设计中的媒介系统

建筑，作为"石头的史书"，也往往承载着其所处时代的社会、技术等多方面的信息。建筑的发展演变过程，从某种意义上说，也可以看作其作为信息载体意义上的演进变化。虽然随着媒介技术的更新交替，印刷、电子媒介的信息承载、传播功能大大超过了建筑本身；但与此同时，不同阶段和种类的信息媒介，作为设计媒介（design media）在建筑的设计生成过程中与建筑发生的互动作用，也越来越受到专业设计人员的重视。

通过设计媒介的使用，建筑师可以发现问题、认识问题、思考问题、产生形式、交流结果。在设计过程中，设计媒介是思考和解决问题的工具和"窗口"，使用设计媒介的不同也影响到建筑师的作品。（Ron Kellett,1990）①

参照前述媒介的主要发展阶段和相关分类，在建筑创作的过程中，也包括传统意义上的设计媒介，如建筑专业术语、图纸上的专业图形、实体模型等；以及当前方兴未艾的以一系列计算机软硬件系统为代表的数字设

---

① 参见：Ron Kellett, *Le Corbusier's design for the Carpenter Center: a documentary analysis of design media in architecture,* Design Studies, Vol 11, No.3, July. 1990。转引自白静，建筑设计媒介的发展及其影响，导师：秦佑国，清华大学博士学位论文，2002，p14。

计媒介。前者在建筑设计与建造的历史中源远流长，发展沿用至今，这里我们统称为建筑设计中的传统媒介；建筑数字媒介则泛指当前应用于建筑设计中的诸多数字技术方法与手段。

不同媒介在信息传达的能力、清晰性和便捷性，以及表现维度等方面存在程度不同的差异。不同的建筑设计媒介在建筑从设计到建造的过程中，均发挥着不同的作用，也影响着设计的过程和最终结果。以下主要就当前主要的设计媒介——传统设计媒介和数字设计媒介，进行具体的对比讨论。

2）传统设计媒介及其特点

（1）传统设计媒介的分类与组成

如前所述，传统建筑设计媒介通常包括专业术语文字、图形图纸和实体模型。

自古以来，那些口口相传，继而以语言文字为载体的专业术语可能是历史最为久远的设计交流与表达手段。一方面，语言文字媒介对建筑形制和构件进行了"模式化"和"标准化"，形成一套高度集成的"信息模块"。[1]在西方是以柱式等模块为基础的砖石体系，在中国则是以斗口为基础的木构体系为代表。另一方面，由于其自身固有条件的制约，语言文字本身具有模糊性、冗余性和离散性等特征，它对其再现对象进行了极大的概括、提炼和简化。

建筑图形媒介通常以图纸等二维平面材料为载体，通过平面图、立面图、剖面图，以及轴测、透视图等形式进行设计内容的表达和交流。图1-17这套二维图纸系统大量运用以欧几里得几何为主要基础的投影几何图示语言。由于尺规等绘图工具等手段的限制，其生成的建筑形态也多以理性主义的横平竖直为主，强调的是韵律、节奏、比例、均衡等美学法则。比起建筑语言文字媒介高度精炼概括的模块范式，它所承载的设计信息更加直观、丰富，也更为精确。在这种系统下出现的设计图与施工图，其实是一套隐含着许多生产知识的图示符号。这种建筑专业图示符号已使用了数百年。

建筑模型媒介通常以纸板、木材、塑料、金属甚至复合材料等多种原料为载体，按照一定的比例关系，以三维实体形式供建筑师在设计过程中对设计对象进行分析、推敲和相对直观的展现。它常常和图形媒介相互结合。相对

图1-17 圆厅别墅的平立剖面综合图[2]

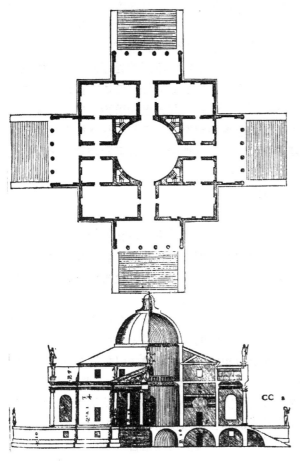

---

① 参见：秦佑国、周榕.建筑信息中介系统与设计范式的演变.建筑学报，2001-6.

② 帕拉第奥.建筑四书.

于图纸上不同抽象程度的二维图示，实体模型往往更为具象。虽然实体模型媒介的直观便利在设计过程中所发挥的辅助作用仍然不可或缺，但它仍然受到来自尺度、规模和材料制作细节等等诸多方面的限制。

（2）传统设计媒介的应用与特点

上述传统设计媒介通常在建筑设计的过程中被综合运用。设计初期，快捷便利的草图勾画，简略模型的推敲，使建筑师能够快速建立对于设计对象的整体把握，并通过图示、语言等方式的交流，与建筑业主、甲方及相关专业进行初步的沟通。但是，随着设计的不断深入和细化，传统设计媒介在表现和传达专业建筑信息方面的成本迅速提高，各类图纸的绘制修改、精细模型的制作，往往需要耗费设计者的大量时间和精力。同时，也由于二维图纸、实体模型等传统媒介本身在表现方式、材料工具等方面所固有的限制，使得建筑专业信息被割裂固化为各自为政的不同方面——各类图纸模型之间的设计信息往往难于直接关联，完全需要人工对照和复核，以致成本高昂，效率效益低下。

虽然传统媒介有其自身优势，但如前所述，由于图形绘制工具、模型加工和制作的设备材料特性，及其表现方式的固有属性，也存在着种种局限：如信息容量的有限性和简单化，信息传递的复杂性和间接性，以及交流过程中由于编解码标准的模糊性而带来的不同程度的信息损耗等。

它们对设计对象的表达和分析都只能针对不同的处理对象和阶段性任务的需要，从某一个或几个角度进行各自独立的信息传达，描述建筑对象某一些方面的属性特征内容。而且，这些不同角度和阶段的内容，又往往充满中间环节，各自独立。从构思草图到设计施工图，从透视表现到三维实体模型，出于不同的需要，设计环节的种种分割甚至影响着建筑师们的设计思维。

3）数字设计媒介及其特点

（1）数字设计媒介的分类与组成

当代数字化技术的突飞猛进，为建筑师提供了日新月异的数字设计方法和手段。此类新型的信息媒介也为我们提供了建筑设计的新媒介——数字设计媒介。它涉及许多具体的数字媒体类型，以及建筑设计的不同阶段所涉及的具体代表性软硬件系统。

按照具体的媒体格式划分，数字媒体包括计算机图形图像的格式、音频视频的种类、数字信息模型和多媒体的具体构成等。如，传统图示在数字媒介中有其对等物——点阵像素构成的位图图像，以数学方式描述的精确的矢量图形等；实体模型在虚拟世界中也有其替代品——各类线框模型、面模型，乃至具备各种物理属性的实体信息模型等；当然更有传统媒介难于想象的集成了可运算专业数据的综合信息模型，以及内含多种音频、视频信息的多媒体数字文档，由多种超级链接的数据合成的交互式网络共享信息和虚拟现实模型等。

按照设计应用阶段的不同划分，数字媒介包括建筑设计的信息收集与处理、方案的生成与表达、分析与评估以及设计建造过程的协同、集成和管理等不同方面不同数字媒介的具体软硬件系统。除了各具特色、不断升级换代的个人电脑、网络设备和相关数字加工制造设备等硬件系统，和建筑设计过程直接相关的各类辅助设计软件程序更是林林总总。目前用于方案概念生成、编程运算、脚本编制的工具，有基于 Java 语言的 Processing、Grasshopper，以及嵌入 Mel 语言的 Maya 等；适用于传统早期方案构思与推敲的有 SketchUp；通用的绘图、建模、渲染表现程序有 AutoCAD、TArch（天正建筑）、3ds Max、FormZ 等；建筑分析与评估软件有 Ecotect Analysis 等各类建筑日照、声、光、热分析程序；建筑信息集成管理平台有 Buzzsaw、ProjectWise 等；当然还有以综合建筑信息模型为核心的 Revit Architecture、Bentley Architecture、ArchiCAD 等，和用于建筑虚拟现实、多媒体、网络协同、专家系统等方面的数字技术应用、开发技术和工具系统。

（2）数字设计媒介的应用与特点

从林林总总的各类电脑辅助绘图程序到真正意义上的辅助设计软件，从不断更新换代的个人电脑到不断蔓延扩展无孔不入的网络系统，从各种以计算机数控技术（Computer Numerically Controlled, CNC）为基础的建筑材料构件加工生产制造设备到现场装配施工的组织系统，数字设计媒介的组成所包含的相关软硬件系统，拓展甚至改变着建筑师们的设计手段和方法。数字媒介一方面改善增强着传统媒介的表现内容，另一方面正越来越多地扩充着传统媒介所难于承载的专业信息内容。

上个世纪中后期，计算机辅助绘图系统逐步完全取代了正式建筑图纸的传统手绘方式。近期，随着建筑信息模型（Building Information Modeling, BIM）等新兴数字技术和方法的提出和推广，建筑设计中的数字媒介已经（或将要）给建筑设计媒介，及其相关的设计方法和过程，带来质的改变。与此同时，数字媒介强大的编程计算和空间造型能力，也在不断拓展着建筑空间的新的形式生成和美学概念。

除了比传统媒介更为精确直观、丰富多样的视觉表现方式，数字媒介还将设计过程的研究分析拓展到三向空间维度之外的范畴，如建筑声、光、热、电各方面的专业仿真模拟，建筑设计各方的网络协作，建筑材料构件制造加工和现场建造的信息集成等。

正因为如此，以建筑信息模型为代表的不断成熟的数字设计媒介有可能从本质上改变传统设计媒介长久以来的不足。数字媒介以其信息上的广泛性和复杂性，传输上的便捷性和可扩散性，编解码标准的统一性和信息交流的准确性等等，具备了传统媒介所无法比拟的优势。

从理论上讲，这种包含几乎所有各类专业信息的一体化建筑信息媒介，不仅极大地提高了设计活动的精确性和效率，而且可以让包括建筑师在内的相关专业人员在设计初始就建立统一的设计信息文件，在一个完备的设计信息系统中开展各自的设计工作，满足从设计到建造，甚至建筑运营管理等各个阶段的不同需要。它既可以在构思阶段以更为灵活的交互方式表现和研究前所未有的灵活的空间形式，也可以在设计分析与评价阶段通过不同专业的无缝链接和横向合作修改完善建筑方案的各类问题，生成所需的传统图纸文件，还可以通过高度集成的信息系统完成加工建造阶段的统计、调配和管理。

4）传统设计媒介与数字设计媒介的特点比较

数字设计媒介与传统设计媒介虽然有一定的相似之处，但是，由于数字媒体所采用的特殊介质系统，使这种新的设计媒介在信息处理的方式、工具性能、操作方法等诸多方面，都表现出与传统设计媒介迥异的特性。那么，数字设计媒介系统到底有何特殊性呢？为方便说明，我们不妨在分述了各自的特点之后，具体比较一下这前后两类设计媒介系统的特点。

（1）对于图形图纸和实物模型这两种传统设计媒介而言，其介质系统有这样一些共同的特点：

简单和直接性：即通过简单、直接地利用介质材料原始的视觉属性实现，所有的介质的材料都同时兼具了存储和显示信息这两项基本的功能，信息的显示状态直接反映其存储的状态。

固定和一次性：即介质材料都是以组合、固化的方式来产生可长期保存的"视觉化"的媒体信息，固化后的介质材料不易修改，更不可将其分解并重新用来表示其他的信息。

独立性：即介质材料固化后便直接成为可独立使用的媒体，而不再依赖于操作媒体的工具或系统。

（2）与图纸和实物模型两种传统设计媒介相比较，数字设计媒介的介质系统则有这样一些特点：

复杂性和间接性：数字媒介的功能是依赖于电能的驱动以及基于复杂的电磁原理的计算机系统来实现的，人对于数字媒介所有操控都只能通过计算机系统的输入设备（如鼠标）间接地完成。数字媒介信息（或数据）并不能像图纸媒介那样，能直接从保存它的介质（如硬盘、U盘）上呈现并为人所感知，而只有当这些信息或数据"流经"到另一种介质设备——监视器之后，才会被人识别。

功能的多样性、灵活性：数字媒介的介质系统是由一些在物理和功能上独立、在系统上又彼此依赖的多种介质（设备）构成的。包括：存储介质（如硬盘、U盘），传输介质（如总线、网线），计算和控制介质（如CPU），显示介质（监视器、投影仪）四大类型。这种复杂介质系统不仅使数字媒介具有存储和显示信息这两项基本的功能，还具有可自动计算、识别和传输数据等功能。

信息的可流动性、共享性：数字媒介系统的可自动计算、识别和传输数据功能，决定了不同的信息或数据之间能够通过系统自动地建立起关联，而且这些信息或数据在介质系统中的存储地址都不会是永久固定的，数据可以在不同的介质之间传输、转移、复制或者删除。这些特性使得数字媒体信息以及介质设备资源皆可能得到最大限度的共享。

系统与能源的依赖性：数字媒介系统，是一种依赖于计算机系统整体以及电能源驱动的系统，缺少了其中任何一个环节，其介质系统中的任何介质材料（设备）都不可能单独发挥出各自的功能作用。数字媒介系统的这种特性，也是十分值得我们注意的。

1.3.2 数字技术对建筑设计思维模式的影响

长期以来，建筑空间的设计与表达均以图示信息作为主要媒介，它在建筑方案的构思形成、分析，及专业表达过程中，起着重要而不可替代的作用。而用以承载种种专业图示信息的技术手段和工具，往往成为设计思维的重要影响因素。不同的技术发展水平带来的设计工具，也常常影响甚至决定了不同的设计思维模式。

建筑设计的思维模式，同样受到不同设计媒介所使用的具体技术手段的制约和影响。从由来已久的以纸笔为主要工具的二维图示手段，到当前日渐推广的数字技术辅助下的设计媒介，建筑设计的思维模式也受到相应的影响，进行着相应的转变。

传统的图示思维方式作为借助草图勾画、模型制作搭建、图纸生成与修改等一系列环节中贯穿始终的专业思维模式，使得建筑设计的内容对象和专业设计信息紧密联系。计算机辅助数字技术在建筑设计过程中的推广和应用，不可避免地影响了空间图示的方式方法，也同样改变着我们的专业思维方式，但它究竟是如何改变的呢？这一点在很大程度上是以思维模式本身在数字化时代所具有的特征及其可能发生的转变为基础的。所以我们也同样需要回溯思维本身在数字化时代的变化。

1）设计思维的演化与分类

人类思维结构和模式的发展，随着社会的演变、科学技术的进步，历经历史长河，逐步形成各种现代思维体系。从原始的拟人化思维结构，到古典哲学中混沌整体的自发性辩证思维；从近代三大科学发现（能量守恒与转化定理、细胞学说、进化论），到"旧三论"（系统论、信息论、控制论）到"新三论"（耗散结构理论、突变论、协同论），及至当代信息数字技术的全面发展，人类的思维模式也不断发生着质的飞跃。

与其复杂的演变过程相对照，思维活动依其分类标准的不同，也有着众多不同的类型模式。按照思维探索方向的不同，可分为聚合思维与扩散思维；按照思维结构的方式方法，又可分为抽象（逻辑）思维、形象（直觉）思维和灵感（顿悟）思维等。

思维的主体也从以个人为主，到以个人与集体、团体协作为主；以人脑为主，到以人脑 – 计算机相互配合，发生着重大变化。现代辩证思维一方面仍然将归纳与演绎、分析与综合、逻辑与历史相统一，以及比较、概括、抽象作为自己的基本方法；另一方面，又在现代科技的飞跃中发展出系统思维、模型方法、黑箱方法等一系列新的思维方式。

视觉形象的处理历来与思维密切相关，并对思维过程具有重要的影响。"视觉形式是创造性思维的主要媒介"。视觉思维（Visual Thinking）[1]概念的提出，使我们认识到视觉形象和观察活动不仅仅是"感知"的过程，它

---

① 鲁道夫·阿恩海姆（Rudolph Arnheim）.

帮助我们在设计和创作过程中充分利用我们的视觉优势和观看的思维性功能。视觉交流的作用在人类生活中日益增强。而图示思维就是一种创造性视觉思维。在纷繁复杂的人类思维结构体系中，它既有其作为思维活动的普遍性规律，又有其自身独特的专业特点。

2）传统建筑设计中的图示思维及其局限

从某种意义上说，建筑的视觉形式和空间形态，既可作为建筑设计意愿的起点，也往往成为设计追求的最终目标之一。建筑设计的思维过程，也是以视觉思维为主导的多种思维方法综合运用的过程。这一活动，往往是建筑师运用包括草图在内的视觉形式，与自己或他人进行思考交流的过程中进行的。建筑设计过程，自始至终贯穿着思维活动与图示表达同步进行的方式。建筑师通过图示思维方法，将设计概念转化为图示信息，并通过视觉交流反复推敲验证，从而发展设计。

传统的图示思维设计模式，通常凭借手绘草图、实体模型和二维图纸（平、立、剖面图，透视、轴测图等）实现设计内容的交流与表达。从某种意义上讲，图示思维模式，也正是这些传统的媒介工具，及其承载的图示信息所产生的一种必然结果。

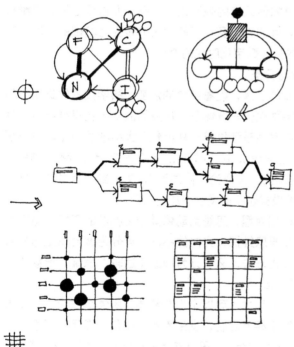

图1-18 图解语言语法图（保罗·拉索），气泡图、网络图、矩阵图（来自数学、系统分析、工程和制图学科的借鉴）

这些经过千百年发展演变而来的图示媒介系统和方法，及其支持下的设计思维模式，有其自身独特的语言体系和特征（图1-18）。保罗·拉索在其关于图示思维的著作《图解思考》（Graphic Thinking）一书中，将图解语言的语法归纳为气泡图、网络和矩阵三种类型。图解语言的语汇从理论上讲并无一定之规，从本体、相互关系及修辞等方面可以排列出大量简洁、实用的符号体系，同时也可从数学、系统分析、工程和制图学科借鉴许多实用的符号。每个建筑师都可以根据具体情况及自己的喜好，发展出一套有效的图解方式。

但是不可否认，传统的图示思维方式也存在一些局限。比如由于缺乏经验或技巧，使萌芽状态的新设想夭折；虚饰、美化某个设计思想；遮掩设计理念中应该显露的不足；甚至错误地将图示形象理解为二维平面空间的对等物，而非三维（多维）空间的二维表达与分析，等等。这些局限，在一定程度上，也源于传统图示思维及其工具本身所固有的缺憾——人工绘制的专业图示和符号在精确性和灵活性上的欠缺、不同图纸之间过多的对照转换环节带来的效率低下，常常在抽象的设计图示与具体现实的设计内容之间产生疏漏和差异。

3）从图示思维到"数字化思维"

新的数字技术的大量应用改变了建筑师的工作方式，也将直接影响到我们的专业思维模式。传统的图示思维模式借助徒手草图将思维活动形象地描述出来，并通过纸面上的二维视觉形象反复验证，以达到刺激方案的生成与发展的目的。以计算机辅助设计为代表的诸多数字专业技术则有可能将这一过程转换到虚拟的三维数字化世界中进行——我们暂且用"数字化思维"①这个词来描述这一状况。

在将一个想法概念化时，某些媒体的特性允许它迅速反馈到单个设计者的想法中。传统设计思维过程中，它们常常是"餐巾纸上的速写"和建筑师的黏土模型。这些"直觉"的媒介能在设计者和媒体之间构成一个严密的反馈回路，就好像在它们所表达的概念那里媒体成为透明的了。其中的关键就在于直接性和迅速反馈的能力。

在其技术发展的早期阶段，数字技术常常只是被用来对已经发展完备的概念进行精确的描绘、提炼和归档。如今，数字技术使我们拥有诸如更为灵活直观的交互界面和实时链接的信息模型等实质性进步之后，数字设计媒介也同样为我们提供了一个足够迅速的反馈回路。数字技术条件下的思维方式终于有可能挑战传统的图示思维方式。

众所周知，数字媒介为我们提供了精确性、高效性、集成化和智能化等诸多优点。数字技术介入传统的空间图示方法，除了使建筑师抽象思维的表现更为直观和接近现实之外，其更重要的潜质在于可以突破由于表现方法的局限而形成的习惯性的设计戒律，从而真正使建筑师在技术上有可能发现诗意的造型追求，使建筑空间的构思能有雕塑般的自由和随意。与此同时，它更提供了设计思维与方法更新的可能性——整体集成的建筑数字信息模型，以及以此为基础的设计过程的动态参与及广泛的横向合作等。这种新型多维化的设计思维模式，长期以来一直被绘图桌上的丁字尺和三角板所扼制。

现代主义建筑理论针对古典形式主义的弊端，曾经提出"形式服从功能"这样的口号，以"由内而外"的设计模式替代片面追求形式塑造的"由外而内"的单项线性思维模式，在纳入社会、环境、技术等因素的同时，将建筑设计视为一个"从内到外"和"从外到内"双向运作的过程。这些从单向到双向的设计思维模式，在数字技术的支持下——如更大范围的信息共享、一体化的专业信息模型、多方位的网络协作等——将有可能克服传统图示思维的局限，向着更为多元、多维的设计思维模式转换。

1.3.3　数字技术对建筑设计过程的影响

1）传统建筑设计的方法过程及主要特点

建筑设计的构思发展过程通常包括分析、综合、评价等典型的创造性阶段。以图示信息为主的传统设计方式针对不同设计阶段、不同的具体对象，存在着不同程度的抽象化。它们分别对应于不同的设计阶段，具有各自的特点。

---

① 有关"数字化思维"概念的提出，以及本节相关内容的讨论，可参见：俞传飞.布尔逻辑与数字化思维——试论数字化条件下建筑设计思维特征的转化.新建筑，2005年第3期。

设计初期，人们往往要对设计文件（如任务书、设计合同）进行读解，也就是基本信息的输入，并对其进行分类、定义、判断等活动，以便从中筛选出重要、关键的信息，以此找到解决方案的突破口。这一阶段的设计图示往往抽象性较强，有着更多的不定性，形式也多为非特定形状的二维分析图，如"气泡图"，以避免对解决设计问题的实质形式有任何过早的主观臆断。

在利用图示信息进行设计创作的准备及酝酿阶段，信息经过充分的收集、分类、整理之后，逐渐趋于饱和。逻辑清晰的具象思维会和相对模糊的抽象思维相互作用。设计者利用图示中的开敞式形象对各路信息进行综合处理，经过不同的形象组合与取舍调整，使各种"信息板块"达到最佳和谐，最后形成一个紧凑的整体，建立起一个完整的"视知觉逻辑结构"。这一过程可能持续反复，直至设计问题得到了满意的解决，初步的设计概念被迅速以图示方式记录在案，以便进一步予以验证。

随着方案的逐渐明朗化，表达也逐渐趋于清晰。同时为了不断对想法进行验证和推敲，具有更为严谨精确的尺寸要素的二维视图，如平、立、剖面图；更为形象生动的透视图、轴测图；更为直观、易于操作的实体模型，也较多地出现在建筑师的设计过程中。

传统图示设计在检验与评价中的实用性则在于把设计意图从抽象形象转化为较完善、具体的形象。一方面它使方案设计中的抽象概念图解变成更为具体和实在的图像，特别是空间的形象，如从特定方位"观察"到的建筑空间透视草图等。从这个意义上来说，方案最终的表现效果图也可算作一个检验与评价的环节。不论何种类型的图示，它对设计中提出的构思不同形象的草图技艺的要求也就根据抽象或具体、松弛或谨慎的不同而有所变化。另一方面，利用图解语言中的网络和矩阵等语法，还可以用量化的概念对设计予以检验和评价。这一点似乎又同行为建筑学中运用理论和量化方法从个人、集体、决策部门等各方面对建筑设计进行的详尽理性的评价体系颇为类似。同时，这也提醒我们，即使在方案提交之后，建筑设计的过程仍未结束。房屋建成之后，人们（尤其是使用者）的信息反馈常常被忽视，当那些信息被以图解（图表）的方式记录在案之后，也可以直接、或间接地影响到建筑师的下一次创作。

遗憾的是，传统设计方法由于以"图纸"为代表的二维媒介的限制，只能将三维设计对象表征于二维之中进行。平、立、剖面，乃至轴测、透视这些专业图示语言深深影响着设计的过程方法与表达方式。而如果应用了建筑信息模型（BIM）技术，在三维的环境下确定好设计方案，再从三维模型生成平立剖图，将大大节省修改成本。从构思阶段的手绘草图到后期的施工图纸，历经不同设计阶段，这一进程通常沿着一条严格的线性路径单向运行。这套步骤分明的过程和按部就班的方法，使得其中任何环节的修改反复都显得成本不菲，困难重重——因为不同环节的设计工作都是相对割裂各自为政的，信息的搜集和使用、图纸的编绘整理、相关专业的配合反馈等等，常常因此耗费设计过程中的大量时间和精力。

2）数字技术对建筑设计方法与过程的影响

凭借当前强大的数字建模技术、通用集成模型、网络协作等手段，数字技术为建筑师提供了新的起点。尽管纸张作为主要信息媒介之一仍将延续相当长时间，但数字技术可以使设计真正回归三维空间和整体性的信息模型之中。也只有在这个层次上，数字技术才能真正做到辅助设计（Aided Design）而非辅助表现（Aided Presentation）。

就像计算机科技大量而迅速地改变人类的日常生活一样，数字技术在建筑设计上的发展也经历了相对短暂却令人叹为观止的变化并逐渐趋于成熟。

20世纪60年代计算机在建筑领域还只是停留于对材料、结构、法规及物理环境数据的简单计算与分析，即所谓P策略（Power），注重解决"数"和"量"的问题。70年代，电脑进入二维图纸绘制阶段；80年代电脑已可建立相应的建筑模型并进行一定程度的环境模拟；早期的数字技术必须依靠其准确的坐标体系去做完美而清晰的接合（Joint）——而抽象性和模糊性在设计初期创作者的创作思维过程中又是必不可少的。早期的三维动态设计更大程度上来说是对传统实物模型的替代。进入90年代，人们已不再满足于数字技术对传统媒介的直接取代，而将目标转向了全球网络资源共享及多媒体动态空间的演示乃至虚拟现实（Virtual Reality）技术。这时，数字技术已采用了K策略（Knowledge），即着眼于人工智能的发展以达到辅助设计的目的。短短几十年中，数字技术在建筑设计中所扮演的角色不断改变。所有这些都依赖于构成电脑系统软、硬件的飞速发展。数字可视化技术（Visualization）也成为建筑师和开发商必不可少的工具。

数字技术在建筑设计中的应用，从早期的方案设计图及施工图的绘制到三维建模和影像处理，到动画和虚拟现实，再到建筑信息模型的建立，其强大潜力不是要削弱建筑师的创造性活动，其目的恰恰在于以数字技术的优越性把富有创造才能的建筑师真正从大量繁琐的重复工作中解脱出来，以便使我们利用这些新技术更好地从事于建筑创作。

这一方向上走在最前面的先驱是F·盖里和P·艾森曼这样的建筑师。数字技术不仅在被采纳到他们的设计过程中，而且正戏剧性地改变了它。在他们那里，以电脑图示为表象的CAAD技术踏入了设计的核心地带。他们虽然也用笔和纸勾画自己的原始构思，但出现在图示中的空间实体却已经真正摆脱了传统方式的束缚，并充分发挥着电脑图示中前所未有的造型能力。盖里作品的那些空间形式有些已很难用传统的平、立、剖面图加以表现了。项目小组只能手持数字化扫描仪对原始模型进行数据采样，扫描仪另一端所连接的电脑中生成的是拥有无痕曲线的匀质建筑。艾森曼则扬弃了早期作品中以语言学的深层结构作为其建筑的理论基础而转向数字虚拟空间中的生成设计。超级立方体（Hyper cube 卡内基梅隆大学研究中心）、DNA（法兰克福生物中心）、自相似性（哥伦布市市民中心）与垒叠（Super position 辛辛那提大学设计与艺术中心）等手法都在数字技术的辅助下得以实现。

由此可见，新兴的数字技术在许多方面正以不可阻挡之势改变着传统的设计方法和过程。

以建筑信息模型（Building Information Modeling， BIM）为核心的一系列相关行业设计程序系统，以建筑设计的标准化、集成化、三维化、智能化[1]等为目标，为我们提供了更高的工作效率、更深的设计视野，以及前所未有的专业协调性和附加的设计功能——环境分析、声光热电等能源分析、结构分析与设计、建筑施工和运营等多方面多环节的科学计算、分析评估、组织管理等。

数字技术支持下的网络通讯系统，则在消除空间距离障碍、扩大设计者之间交流的同时，为我们带来了信息资源的极大共享。设计者在创作过程中所需要的大量专业和相关信息由于网络这一庞大共享资料库的建立得以几近无限的扩充。多媒体信息技术与网络通信技术还将为异地建筑师的协作以及让建筑业主、建筑的使用者参与设计过程提供更为广泛的可能性。

建筑设计因此成为一个"全生命周期"的多元互动过程。如前所述，这个漫长的过程由于传统图示媒介的固有特点和种种限制，通常呈现为一种单向线性的方式。设计方法与过程的更新一方面保持着传统方式的延续与结合，另一方面又以虚拟的数字信息模型中新的设计方法发展着新的设计过程，开拓着新的设计领域。

1.3.4 数字技术对建筑设计与建造的影响

1）传统设计与建造中的问题

长期以来，建筑设计与建造施工的关系在设计过程中往往没有得到应有的重视。建筑师在考虑设计过程与结果的时候，却常常错误地认为建造只是设计完成之后的工作。实际上，与设计紧密相关的建造环节，正是保证设计意图得以实现的重要阶段；从建筑材料结构的选择、制造加工，到施工现场的装配建造，更在事实上直接决定了建筑的最终质量。

而在过去很长一段时间里，建筑设计建造行业的生产效率和质量的提高也总是举步维艰，其原因有很多：各自为政的行业板块；设计与施工单位的割裂甚至对立；专业信息交流的混乱等。

离散的产业结构形式和按专业需求进行的弹性组合，使建设工程项目实施过程中产生的信息来自众多参与方，形成多个工程数据源。由于跨企业和跨专业的组织结构不同、管理模式各异、信息系统相互孤立以及对工程建设的不同专业理解、对相同的信息内容的不同表达形式等，导致了大量分布式异构工程数据难以交流、无法共享，造成各参与方之间信息交互的种种困难，以致阻碍了建筑业生产效率的提高。[2]

不难看出，造成以上种种状况的重要因素之一，正是专业设计信息的生成和交流，由于传统设计媒介的掣肘导致的结果。而数字技术，尤其是计算机辅助下的信息集成系统，则有望给长久以来设计与建造之间存在的问题带来极大的改观。

---

① 参见：赵红红 主编．信息化建筑设计——Autodesk Revit. 北京：中国建筑工业出版社，2005。建筑设计信息化技术发展概况部分。
② 张建平 主编．信息化土木工程设计——Autodesk Civil 3D．北京：中国建筑工业出版社，2005，17.

2）数字技术对建筑设计与建造关系的影响

无论是覆盖整个建筑全生命周期的建筑信息模型（Building Information Modeling, BIM），还是建造施工阶段的土木工程信息模型（Civil Information Modeling – CIM）[①]，作为数字技术在建筑专业领域的典型应用和发展方向，都是试图通过建立高度集成的专业信息系统，统一专业信息交流的规范和标准，连通从设计到建造过程中不同阶段不同相关专业（结构、设备、施工等）之间的信息断层。

具体而言，数字化技术支持下的集成信息系统、强大的科学计算能力，对计算机集成制造系统（Computer Integrated Manufacturing System, CIMS）的借鉴等等新的方法和手段，将给我们带来建筑材料结构构件的柔性制造加工工艺、新型构造和结构体系、经过数字化仿真模拟精确计算的智能化设备控制，甚至现场施工过程的物流调配和"虚拟建造"。

当然，数字技术对设计之外的建造等阶段的有力支持，同样会反过来影响和改变我们的设计过程。而"建设工程生命周期管理"（Building Life-Cycle Management, BLM）[②]等新理念的引入和实施，更使建筑师们对设计和建造的关注面向建设项目的整个生命周期，包括从规划、设计、施工、运营和维护，甚至拆除和重建的全过程，对信息、过程和资源进行协同管理，实现物资流、信息流、价值流的集成和优化运行，实现对能源利用、材料土地资源、环境保护等可持续发展方面的长远效益和整体利益的考虑。[③]而材料、构造、施工等不同专业工种如果在方案阶段就提前参与协同设计，很多建筑师不了解或难以预料的相关专业问题都可以事先得到妥善解决。

3）数字技术对设计与建造中建筑美学意义的影响

在数字技术的应用与影响下，建筑美学领域的变化虽然显而易见，但却复杂微妙，难以一概而论。传统审美中的形式法则，包括均衡、对称、韵律等，其适用范围已经悄然发生着变化。工业文明以来的机器美学直接来源于大工业生产的结果——简洁、实用、高效等形象特征。后工业时代以来审美意义的重构，在表现性心理机制方面更多地呈现为多元并置的状态：既有文艺复兴式的物体直觉，又有工业社会的抽象完形，更有无主导知觉方式的知觉把握——看似自由随意的多序混杂（图1-19）。

一方面，建筑作品在美学（哲学）意义层面的艺术（审美）涵义，似乎已经超越了现实符号本身的意义。但在这一层面上，建筑意义常常是匮乏甚至缺失的。现实符号的所指被消解，取而代之的是观察者对建筑的一种整体把握。建筑设计中逻辑推理的线性思维方式被更为直观的感受所打破。建筑审美中的"纯洁性"被广泛接受的功利性和多元化目的（价值取向与评价维度的多元化）所取代。原本作为手段运用的技术、技巧等常常升华为创作表现的目的本身，技术和结构的表现直接走向前台。

而在更为具体的制造和建造领域，数字技术和信息媒介支持下的设计

---

① http://pubsindex.trb.org/view.aspx?id=935545

② 据称，BLM 的应用可使建设项目总体周期缩短 5%，其中沟通时间节省 30%~60%，信息搜索时间节省 50%，成本减少 5%。

③ 参见：张建平 主编. 信息化土木工程设计——Autodesk Civil 3D. 北京：中国建筑工业出版社，2005.

图 1–19 墨尔本联邦广场建筑立面效果（Lab Architecture Studio，澳大利亚，墨尔本）
通过数字技术付诸实现的分形几何之类的图案，继经典的黄金分割之后不断拓展着新的形式规律。

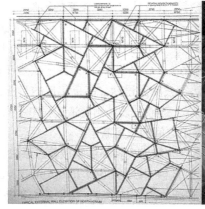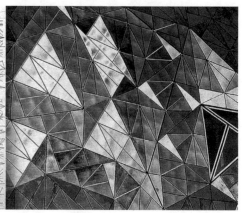

和建造，将为上世纪初现代建筑的机器美学带来新的延伸，是人们在工业生产的高校中有可能重新找到新的个性美学。这种新的美学将在前工业的手工自然和工业化的人工制造之间呈现出一种新方向。从功能主义的单一标准，到拉斯维加斯那令人眼花缭乱的霓虹灯和发光二极管幕墙；在充斥着不同符号和沟通渠道的信息单元中，美学表象从稳定走向了动荡，从匀质走向了非匀质，从实实在在的本体走向了飘忽不定的客体。

建筑意义的重构，也包含着观察方式和阐释模式的转换。它们早已不再是从表象的形式构图或简单的功能满足等方面寻求外象的处理，而是通过数字技术等手段的支持，以绿色生态、环保节能等诉求为前提，从文脉、场所、社会、生活等更为恒久的品质因素中找寻形式的几点。基于此，建筑不再追求单纯的形式愉悦，或是直白的意义承载；而是代之以没有明确意义的表现，重新成为建筑自身，一种多元化的信息载体。其功能和美学的意义来自设计者，更取决于观赏和体验者的诠释。

参考文献

[1] 卫兆骥，古国华，童滋雨. CAD 在建筑设计中的应用 [M]. 北京：中国建筑工业出版社，2010.

[2] 俞传飞. 数字化信息集成下的建筑. 设计与建造 [M]. 北京：中国建筑工业出版社，2008.

[3] 保罗·拉索. 图解思考 [M]. 邱贤丰，刘宇光，郭建青译. 北京：中国建筑工业出版社，2002.

[4] 邱茂林. 数字建筑发展 [M]. 台北：田园城市文化事业有限公司，2003.

[5] 赵红红主编. 信息化建筑设计 [M]. 北京：中国建筑工业出版社，2005.

[6] 张建平主编. 信息化土木工程设计 [M]. 北京：中国建筑工业出版社，2005.

[7] 秦佑国，周榕. 建筑信息中介系统与设计范式的演变 [J]. 建筑学报，2001（6）：28～31.

[8] 黄涛. 建筑协同设计与 Internet 的潜力 [J]. 新建筑，2004（2）：66～68.

[9] 俞传飞. 布尔逻辑与数字化思维——试论数字化条件下建筑设计思维特征的转化 [J]. 新建筑, 2005（3）: 50 ~ 52.

[10] 白静. 建筑设计媒介的发展及其影响 [D]. 导师：秦佑国. 北京：清华大学博士学位论文，2002.

[11] Bertol D. Designing Digital Space: An Architect's Guide to Virtual Reality[M]. New York: John Wiley and Sons, 1996.

[12] Lynn G. Animate Form[M]. New York：Princeton Architectural Press, 1998.

[13] Steele J. Architecture and Computers：Action and Reaction in the Digital Design Revolution [M]. London：Laurence King Publishing，2001.

[14] http://www.autodesk.com.cn/adsk/servlet/pc/index?id=15163075&siteID=1170359

[15] http://www.archicad.cn/ArchiCAD/index.asp

[16] http://www.bentley.com/en-US/Products/microstation+product+line/

[17] http://www.tangent.com.cn

第2章 数字化建筑设计相关软件简介

随着建筑数字技术的飞速发展，优秀的数字化建筑设计软件不断涌现，现在，这些软件已经能够覆盖建筑设计的全过程，应用在建筑设计的各个阶段中。它们可分别应用于：概念设计、方案设计、施工图设计、建筑性能分析、建筑表现等的阶段。除了建筑性能分析阶段所用的软件放在第6章介绍外，下面介绍的软件都是针对不同阶段、不同用途，特点鲜明的一些最常用的数字化建筑设计软件。

2.1 SketchUp

SketchUp 是由美国 @LastSoftware 公司开发的建筑草图设计软件，首个版本发布于 2000 年，并在首次商业展示中获得美国 Community Choice 大奖。在 2005 年，发布了 SketchUp 5.0，该版本的功能已经相当全面和完整。2006 年 3 月 14 日，美国 Google 公司宣布收购 @LastSoftware 公司及其 SketchUp 软件，并应用于其重要产品 Google Earth。在 2007 年，Google 公司发布了 Google SketchUp 6.0。目前它的最新的版本为 Google SketchUp 8.0 和专业版 Google SketchUp Pro 8.0（图 2-1）。在国内，由于我国的代理商上海曼恒信息技术有限公司获得了 Google 公司的授权，在 SketchUp 的基础上开发出面向中国用户使用特点

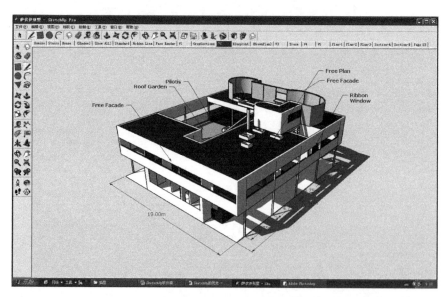

图 2-1 SketchUp8.0 的软件界面

的软件增值版，目前最新版本为 SketchUp 7.0（G）。SketchUp 作为三维建模软件，由于其直观性和易用性的特点受到设计行业的广泛关注和应用，在建筑行业已经成为了建筑师常用的辅助设计构思和表达工具，被建筑师称为"草图设计大师"。

2.1.1 软件功能特色

SketchUp 软件功能特色明显，它打破了以往建筑师在应用二维的计算机辅助设计技术进行构思时所受到的束缚，给建筑师带来边构思边表现的体验，利用该软件可快速形成便于交流和沟通的建筑模型，适用于建筑方案设计阶段的工作。

SketchUp 提供了一种实质上可以视为"计算机草图"的手段，它吸收了"手绘草图"加"工作模型"这两种传统的设计构思手段的特点，并充分发挥了数字技术的优点。该软件的功能特色主要表现为以下四个方面：

（1）形体构思

SketchUp 可以快速创建三维建筑环境模型，并在其上推敲设计方案。利用其强大的视图控制和分析工具从多个角度动态观察环境空间特征，有利于建筑师触发创作灵感。SketchUp 的建模操作简单直接，易于修改，顺应建筑师推敲方案的工作思路，尊重他们的工作习惯。SketchUp 配备了视点实时变换的功能，可从多角度观察对象，对于重要的场景，还可以存储为"页面"，方便以后比较抉择。可以以各种比例放大缩小建筑模型的细部，推敲设计细节，这些均是传统工作模型所无法比拟的。

（2）环境模拟

SketchUp 拥有丰富的环境素材图库，如人、树、车等模型，它们均以对象的真实尺度构建，因此可以作为准确尺度的环境参照物在建筑体量推敲中使用。另外，SketchUp 还可以模拟在特定城市经纬度和时间段下的日照阴影效果。因此，建筑师借助上述这些软件的特色功能，可以随心所欲地在相对准确而真实的虚拟环境中进行设计创作构思，从而使设计决策更加合理、科学，方案构思更具说服力。

（3）空间分析

SketchUp 提供了空间分析的特色功能，可以在虚拟场景中从任意角度和剖切面上浏览建筑外观、内部空间以及建筑细部，分析各种空间节点，可以自定义虚拟漫游路线，以身临其境的方式观察设计作品的建成效果，从而获得更逼真生动的空间体验。另外，SketchUp 能根据需要方便快捷地生成各种空间分析剖面透视图，甚至可以生成空间剖切动画，表达建筑空间概念以及营造过程。这无疑提供了一种方便快捷而又相对准确的空间分析手段。

（4）成果表达

SketchUp 直接面向设计构思过程，可以在任何阶段生成各种三维表现成果。SketchUp 提供了高效而低成本的设计表现技术。针对方案设计各阶段（方案设计概念构思阶段、深化设计阶段和最终成果表达阶段），提供不同的表现成果。

在软件的最新版 SketchUp 8.0 中，在以下方面进行了改进：

① 增强了 Google Maps 及地理位置显示功能，可以直接在 SketchUp 中内建地图；

② 增强了彩色地形匹配功能；

③ 照片匹配功能更加快捷方便，可以更加方便的依据一张或多张照片来建立模型；

④ SketchUp 与 Google Building Maker[①]工具的相互精确匹配，可以更加简化地在 SketchUp 中开启和调整 Google Building Maker 工具。

软件还加强了一些功能，例如增强了布尔运算功能和专业版本的布局 LayOut 功能。

2.1.2 SketchUp 辅助建筑设计构思应用技术特点

SketchUp 从产品研发之初已定位为"为了探索意念以及合成信息所专门设计的一种媒介"，由于 SketchUp 直接面向设计而不是渲染成品，与建筑师手工绘制构思草图的过程很相似，因此可以认为，SketchUp 的目标是建筑师做设计而不是绘图员作图。

SketchUp 辅助建筑设计思想最重要的一点是试图使建筑师在设计的全过程均可使用该软件，从设计构思到表现的各个环节，它克服了当前存在的设计与计算机表现脱节的弊病（即方案设计与效果图制作分为不同工种进行），让建筑师回归到设计与表现连贯进行的传统工作模式上来，具体表现在以下几个方面：

1）顺应建筑师的工作习惯，软件操作如使用传统纸笔

SketchUp 界面简洁，易学易用。它集成了简洁紧凑却功能强大的命令系统，只需反复使用为数不多的命令即可实现强大的辅助构思与表现功能，过程轻松流畅。初学者通过简单学习就能够快速、动态而实时的在三维造型、材质、光影等多方面进行设计构思、调整和研究。

SketchUp 为了顺应建筑师的工作习惯，在建模过程中有意使光标以铅笔的形象示人，实际的软件操作犹如在纸上画草图、勾画方案，正如它的开发者所描述的："它是建筑师的电子铅笔，辅助设计的利器。"与传统手绘图缺乏精准相比，SketchUp 拥有智能导引系统，"灵活快速"和"精准"两方面均兼顾良好。其独特的"智能绘图参考"功能，使在三维场景中建模犹如使用了传统的丁字尺和三角板，整个操作过程精确而高效。由此可见，传统铅笔的优雅自如，现代数字科技的速度、严谨和多向选择，在这里得到了很好的结合。

建筑设计是一个从模糊到清晰，从整体到局部的过程。建筑师习惯一开始就撇开形体的具体尺寸而整体思考，随着思路的推进逐步添加细节。SketchUp 可以在粗略的作图以及精准地确定尺寸这两种工作方式之间随时切换。所提供的修改工具可以方便地解决整个设计过程中出现的各种修改。这对方案的深化十分重要。

---

① Google Building Maker 是一种在 Google Earth 中在线添加建筑的 3D 建模工具，应用它能够简洁迅速地制作 3D 地图。

2）设计与表现一体化，所见即为所得

建筑设计的启端可能是个想法，而不一定是具体的事物，建筑师的努力是把这种抽象的思维概念转换为直观可视的具象图形。SketchUp 在探索如何促进设计与表现的有效互动，进而实现设计与表现一体化的方面作出了努力，体现在以下几个方面：

（1）基于三维的创作环境

设计对象在实际生活中以三维的形象示人，因此基于三维的互动创作环境无疑是设计师的首选，SketchUp 顺应这种特点，整个建模操作过程就是在三维场景中进行的。

（2）实时渲染的场景，所见即为所得

由于 SketchUp 把场景的关联材质、组件和图像副本合成到文件中，因此在异地设计交流时，收发 SketchUp 文件的任何一方均可看到完全相同的屏幕画面，避免了由于文件链接方面的问题而出现显示的误差。在建模过程中，SketchUp 实时渲染场景，因此场景显示的效果与最后渲染输出的图片效果可以保持一致，这更能体现设计与表现的一体化。

（3）强大的实时表现工具

这方面的工具如关于视图操作的照相机工具，能够从不同角度和显示比例浏览建筑形体和空间效果；SketchUp 还有多种模型显示模式：线框模式、消隐线模式、着色模式、X 光透视模式等，这些模式特点鲜明，可以根据建筑方案设计的不同阶段和习惯进行设置。

3）辅助设计功能强大，为设计工作开辟坦途

SketchUp 软件的开发者对建筑设计有深刻的理解："建筑设计本身是一种模糊性设计，前期并不需要严格的定性定量，而且，美学问题是无法用定量的方法来描述的"，SketchUp 的设计开发充分考虑了这方面的特点，主要体现在以下几个方面：

（1）特殊的几何体引擎

SketchUp 取得专利的几何体引擎是特别为辅助设计构思而开发的，具有相当的延展性和灵活性，这种几何体是由线在三维空间中互相连接、组合成面的，相互连接的线与面始终关联着，而且也保持着对周边几何体的识别关联，因此与其他简单的 CAD 系统相比显然更加智能和灵活。

（2）材质的推敲

SketchUp 的材质纹理和颜色的变换功能与其他 CAD 系统相比有较大的差别，主要体现在它能够将形体与材质的关系调整实现可视化、实时化，如同设计者在现场直接更换材质，效果非常直观。

（3）光影分析

SketchUp 具备强大的光影分析功能，可以模拟建筑在特定时间和地域下的日照阴影效果，实时互动地分析阴影。该投影特性使设计者能更准确地把握模型尺度，控制造型和立面的光影效果。另外，它还可用于评估一幢建筑的各项日照技术指标。

（4）剖切空间及虚拟漫游

剖切透视不但可表现竖向和横向这两个方向的空间结构，还可以直观准确地表现纵深的空间关系。SketchUp 能按建筑师的要求方便快捷地生成各种空间剖切透视图（图 2-2），让设计者可以观察模型的内部空间，并在其中进行设计创作，另外，还可以把剖切面导出到矢量图软件中，进一步制作成图表、图释、表现图等。

图 2-2 SketchUp 的剖切视图有助于建筑设计的辅助构思

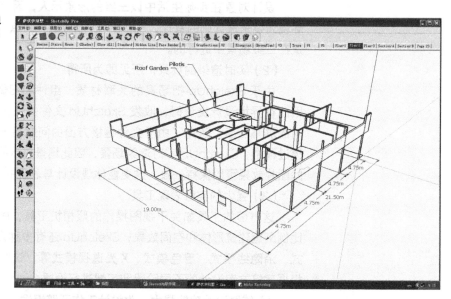

SketchUp 提供了虚拟漫游功能，可自定义人的视高以及在空间中的行走路线，将建筑未来的建成状况以身临其境的方式体验。

（5）页面的使用

SketchUp 提出了"页面"的概念，页面的形式类似一般软件界面中的选项卡。通过选项卡标签的选取，能在同一视口中进行多个页面视图的比较，这对设计对象的多角度分析和评价是相当有利的。页面的使用特点就像滤镜一样，每一个页面可自定义需要保留的属性，如阴影、视点、显示模式等，这些属性将会在图像显示中体现。因此，可以根据每个页面表现的侧重点进行设置，通过切换页面，可有效地在设计过程中推敲方案各方面的特点，有利于成果的展示。

4）分阶段的多元化表现手法，最大限度地满足设计表达的需要

SketchUp 可以针对方案设计各阶段的表现特点，生成各种形式的三维表现成品，这些形式有如概念草图的，有清新脱俗而充满艺术感的，也有朴实无华、忠于设计对象实景效果的，如能结合其他软件（如 Photoshop、Piranesi）的后期处理，其表现形式将会更加丰富。因此建筑师可以在设计全程根据表达需要使用 SketchUp 分阶段表现设计对象，为业主提供理想的表现成果。

使用 SketchUp 全程表现设计对象并非排斥当前常用的计算机表现形式（如使用 AutoCAD 绘制的工程图，3dsMax 和 Photoshop 绘制的表现图等），而是在一定程度上与之兼容互补。首先从分工的角度看，使用 SketchUp 应更偏重设计构思过程的表现，而其他软件则更侧重后期严谨的工程图和仿真效果图的制作。当然，需要说明的是，随着技术的发展，SketchUp 结合 Vray 渲染器也可制作出高度仿真的效果图。因此具体使用哪些工具可由设计师选择；其次，从软件兼容性角度看，SketchUp 的模型数据能转换为 AutoCAD、3ds Max、Revit Architecture、ArchiCAD 等软件能兼容的文件格式，因此在 SketchUp 中的成果完全可与其他软件共享。

SketchUp 还可以通过工具直接把建筑模型从 SketchUp 中导出到 Google Earth 中去，和卫星地图进行比对，同时也可以在建筑上设定标签。随着 Google Earth 为我国提供越来越多的地理信息，这将大大地方便 SketchUp 的用户（图 2-3）。

图 2-3 SketchUp 所建的建筑模型与 Google Earth 的连接

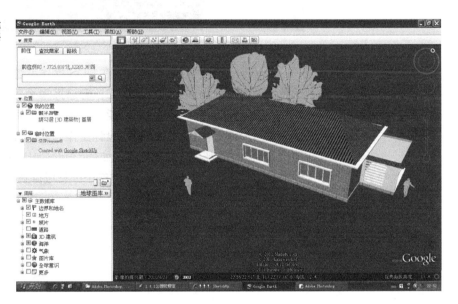

2.2 AutoCAD 与 AutoCAD Architecture

美国 Autodesk 公司成立于 1982 年，总部设在美国加州圣拉斐尔。AutoCAD 是该公司开发研制的一种通用计算机辅助设计软件包，30 年来，它在设计、绘图和相互协作方面展示了强大的功能；而 AutoCAD Architecture 则是 Autodesk 公司自 1998 年开始推出，基于 AutoCAD 平台，专门应用于建筑设计的 CAD 软件。

2.2.1 AutoCAD

在二十多年的时间里，AutoCAD 产品在不断适应计算机软硬件发展的同时，自身功能也日益增强且趋于完善；由于其具有易于学习、使用方便、体系结构开放等优点，因而深受广大工程技术人员的喜爱。目前最新版本是 AutoCAD 2012。图 2-4 是 AutoCAD 2011 的界面。

图 2-4 AutoCAD 2011 软件
界面

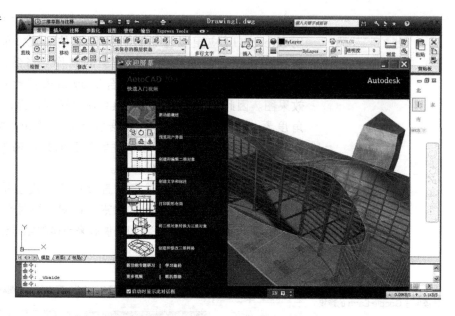

AutoCAD 早期的版本是只能在 DOS 操作系统下绘制二维图形的简单
工具，画图过程也非常慢。到现在，它已经集平面作图、三维造型、数据
库管理、渲染着色、互联网等功能于一体，并提供了丰富的工具集。所有
这些使用户能够轻松快捷地进行设计工作，还能方便地复用各种已有的数
据，从而极大地提高了设计效率。如今，AutoCAD 在机械、建筑（图 2-5）、
土木工程、电子、服装、地理、航空……领域得到了广泛的使用。

图 2-5 住宅平面图

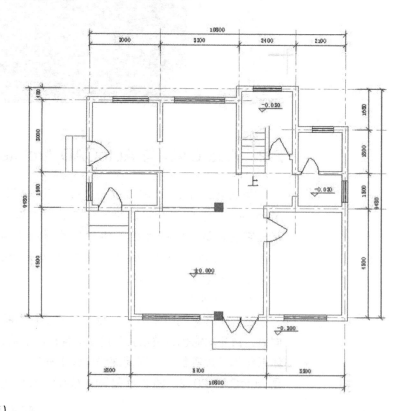

AutoCAD 在全世界 150 多个国家和地区广为流行，占据了近 75% 的国际 CAD 市场。此外，全球现有 1500 多家 AutoCAD 授权培训中心，有 3000 多家独立的增值开发商以及 5000 多种基于 AutoCAD 的各类专业应用软件。很多人都把 AutoCAD 作为微机 CAD 系统的首选软件，而 AutoCAD 的 DWG 格式已成为工程设计界应用最广泛的图形文件格式。

1）AutoCAD 软件的发展大体可划分为如下 5 个阶段

（1）第一阶段：AutoCAD1.0 ~ AutoCAD2.0（1982.11 ~ 1984.10），这是初创阶段；

（2）第二阶段：AutoCAD2.17 ~ AutoCAD9.03（1985.5 ~ 1987.9），在这个阶段，二维功能得到了完善；

（3）第三阶段：AutoCAD10.0 ~ AutoCAD12.0（1988.11 ~ 1992.6），进入了三维作图阶段；

（4）第四阶段：AutoCAD13 ~ AutoCAD2000i（1994.11 ~ 2000.8），软件的三维作图功能得到完善，并开始支持互联网；

（5）第五阶段：AutoCAD2002 ~ AutoCAD2012（2001.6 ~ 2011.4），软件的功能进一步得到完善与发展。

2）AutoCAD 软件的特点

（1）与 Microsoft Office 相仿的 Ribbon 式用户界面，键盘、菜单、图标及对话框等易于使用的命令；

（2）多样的绘图方式，可以通过交互方式绘图，也可通过编程自动绘图；

（3）配备有多种友好的用户接口，可以访问外部数据库，支持多种操作平台；

（4）开放式体系：支持用户定制，还为用户提供了多种的二次开发工具；

（5）全面支持因特网的各项技术。

3）AutoCAD 软件的主要功能

（1）平面绘图

① 可以绘制不同颜色、不同线形、不同粗细的二维直线、折线、多股平行线、弧线、样条曲线，以及圆、椭圆、正多边形等几何图形，还可以用预定义的或自定义的图案填充指定区域；

② 提供了正交、对象捕捉、极轴追踪、捕捉追踪等绘图辅助工具：正交功能使用户可以很方便地绘制水平、竖直直线，对象捕捉可帮助拾取几何对象上的特殊点，而追踪功能使画斜线及沿不同方向定位点变得更加容易；

③ 标注尺寸：可以创建多种类型尺寸，标注外观可以自行设定；

④ 创建表格：可以创建各种表格，如说明图例、门窗部件及型号价格等表格；

⑤ 书写文字：能轻易在图形的任何位置、沿任何方向书写文字，可设定文字字体、倾斜角度及宽度缩放比例等属性，具有与标准的 Windows 系统下的文字处理软件工作方式相同的多行文字编辑器；

⑥ 数据库操作方便且功能完善。

（2）编辑图形

AutoCAD 具有强大的编辑功能，包括：

① 几何变换：可以移动、复制、旋转、阵列、拉伸、延长、修剪、缩放对象等；

② 对光栅图像和矢量图形进行混合编辑；

③ 图层管理：图形对象都位于某一图层上，可设定图层颜色、线型、线宽等特性。

上述平面绘图与编辑图形功能可以满足建筑设计各个不同阶段（如方案设计、施工图等）不同深度要求的图纸绘制。

（3）三维绘图

除了可以创建、编辑 3D 实体的各种基本几何体，还可以通过布尔运算或其他的编辑功能，组合成复杂的形体。同时，可以对模型附着材质特性，渲染出具有照片真实感的图像。这些功能极大地方便了建筑设计几何空间分析与效果表现的需要（图 2-6）。另外，自 AutoCAD 2007 开始，软件在概念设计方面得到了很大的加强，增加了面、边缘、顶点操作和约束推断，以及动态坐标系、三维多段线（Polysolid）等，并可以通过拉伸、旋转、扫掠、放样等命令，直接生成各种复杂的曲面三维模型，有利于建筑概念设计的应用。

（4）协同设计

可以通过计算机网络与其他人和组织协同工作。

① 为了保障项目的安全，可以对图形实施保护和签名，即使用密码和数字签名进行设计工程协作。如果图形受密码保护，不输入密码便无法查看该图形。如果对图形进行了签名，签名将通过数字 ID （证书）识别个人

图 2-6　住宅三维模型

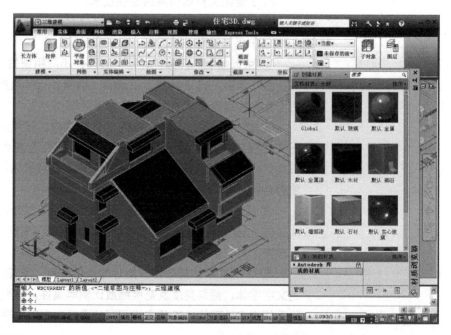

或组织。

②　用户可以使用 Internet 共享图形，即访问和存储 Internet 上的图形以及相关文件。(用户需要安装 Microsoft Internet Explorer 6.1 Service Pack 1 或更高版本，并拥有访问 Internet 或 intranet 的权限。)

③　用户可以将图形文件存为 DWF 格式，以方便设计人员共享工程设计数据，使设计人员能方便地与其他人员交流设计信息和构想。当设计处于最后阶段时，可以使用用于设计检查的标记，发布要检查的图形，并通过网络方式接收更正和注释。然后可以针对这些注释进行相应处理和响应，并重新发布图形。通过网络方式完成这些工作可以简化交流过程、缩短检查周期并提高设计过程的效率。

(5) 数据交换：AutoCAD 提供了多种图形图像数据交换格式及相应命令，以方便同其他图形软件共享图形文件，也可以通过 DXF 文件和高级语言程序进行连接或与其他图形软件交换图形。

(6) 开放的体系结构：AutoCAD 不仅具有丰富的命令和工具集，而且允许用户定制菜单和工具栏，同时为用户和其他 CAD 软件开发商提供了多元化的二次开发工具。用户可以选择 Autolisp、ActiveX、VBA 以及 ObjectARX 等进行二次开发，以满足用户的特殊需要。我国自 1989 年开始出现的 House、ABD、建筑之星、Dowell-ADE、Arch-T、天正等建筑设计软件都是以 AutoCAD 为平台进行二次开发推出的。Autodesk 公司也在 AutoCAD 上开发出专用的建筑设计软件 AutoCAD Architecture。

此外，有许多用于建筑物理环境分析的软件与 AutoCAD 具有很好的交互性，如用于建筑声环境分析的 ODEON、EASE，可以直接对 AutoCAD 上建立的建筑模型进行分析，而用于建筑热环境分析的 DeST 则是直接以 AutoCAD 为平台进行二次开发的软件。

AutoCAD 2011 对旧版本做了很多改进：特别在三维作图和编辑方面的功能有很大增强，特别是加入了建立、编辑程序曲面和 NURBS 曲面的功能，改善了网面造型和实体造型的功能，将有利于三维对象的创建与编辑；新增的点云支持功能，可以方便地将三维激光扫描图导入到 AutoCAD 中；还可以实现照片级真实感的渲染效果，使创建图像更为出色……新版本大大拓展了 AutoCAD 的应用。

2.2.2　AutoCAD Architecture

1) Auto CAD Architecture 的发展

AutoCAD Architecture (ACA) 是 Autodesk 公司基于 AutoCAD 平台开发的专门应用于建筑设计的 CAD 软件。

1998 年，Autodesk 公司在 AutoCAD R14 的平台上，采用面向对象技术，首次开发出 AutoCAD Architecture Desktop，简称 ADT。2007 年之后，软件名称规范化为 AutoCAD Architecture，简称 ACA。它是专门为建筑师量身定做的 CAD 软件，它以建筑对象为基本图元，可以使繁琐的绘图任务大为简化，从而减少错误并提高效率。特别对于熟悉 AutoCAD 操作的建筑师，只需要稍加培训就能使用 AutoCAD Architecture 软件快速创建工程

图 2-7　AutoCAD Architecture 2011 软件界面

图、文档和明细表。该软件已通过 IFC2×3[①]的认证，很方便地与其他通过 IFC 2×3 认证程序的结构设计、电气设计和管道设计的软件轻松共享设计数据文件。

该软件的版本有：ADT 1（1998.10）、ADT 2（1999.7）、ADT 3（2000.7）、ADT 4（2000.12）、ADT 5（2001.6）、ADT 6（2003.3）、ADT 7（2004.4）、ADT 8（2005.4）、ADT 9（2006.4）、ACA 2008（2007.3）、ACA 2009（2008.3）、ACA 2010（2009.3）、ACA 2011（2010.3）。目前最新版本是 AutoCAD Architecture 2011（图 2-7）。

在 ACA 中，建筑物的不同构件（对象）是互相关联的，例如，窗口依存于它所在的墙壁：如果您移动或删除墙壁，窗口相应地被移动或被删除。建筑对象既可以是 2D 也可以是 3D 的形式出现。另外，这些智能的建筑对象与其他技术文献之间可以维持着动态连接，从而使工程项目的设计、施工、造价更加准确。例如当某人删除或修改门时，可以自动地更新门窗表。当某些部件被改变时，空间和面积也会随之被自动更新。

2）AutoCAD Architecture 软件的特点

（1）熟悉的用户环境：ACA 采用与 AutoCAD 相同风格的用户界面。用户界面的简化安排，可以让用户更快地找到最需要的工具和命令，找出较少使用的工具，并能够更轻松地找到相关新功能。这样一来，您可以缩短用于搜索菜单和工具栏的时间，将更多时间用在设计上。

① IFC 是 Industry Foundation Classes（工业基础类）的缩写，是开放的建筑产品数据表达与交换的国际标准。有关 IFC 的详细介绍请参看本书第 5 章。

图 2-8 用 AutoCAD Archit-ecture 创建建筑模型

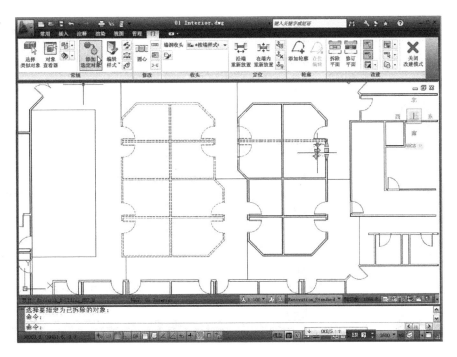

（2）自动关联的建筑构件：利用建筑构件之间的自动关联，使得设计图的创建非常方便，更使设计图的修改工作同步地进行，避免不同图纸之间（平、立、剖）的不一致。

（3）标准化、自动化的流程：利用构件库和标准工具库，ACA 使得详图创建、尺寸标注及明细表创建标准化、自动化。

3）AutoCAD Architecture 软件的主要功能

（1）创建、改建建筑模型及各种设计图（图 2-8）。

ACA 是以建筑对象来绘制并保存常见的建筑构件，实现设计、建立、完成建筑的三维模型以及平、立、剖、施工详图或明细表等。ACA 提供 AutoCAD 的所有功能，以及专门为建筑绘图、设计以及文档制作开发的工具，从而快速提高工作效率。其绘图工作还有如下特点：

① 墙、门、窗等建筑对象自动关联：门或窗都与包含它的墙壁建立起关联关系。如果移动或删除墙，门或窗会作出相应的反应，即跟随移动或删除。可通过调整构件来修改墙壁及其边缘条件，帮助用户更轻松地处理常见的墙连接条件，例如直角、三角或交叉消防墙。精确地自动插入并放置门或窗。

② 智能建筑对象保持与施工文件的动态链接：例如，当有人删除或修改一个门，门明细表可以自动更新。如果房间边界发生变化，可以轻松地更新空间以及相关的标签和面积，确保图档的准确性。

③ 建筑自动标注功能：ACA 可以为您提供更大的灵活性，可以根据自己的尺寸标准标注任何一面墙及其所有建筑构件，包括立柱的中心线和面。而且因为尺寸是相互关联的，所以设计变更时它们会自动更新，从而

图 2-9　创建详图

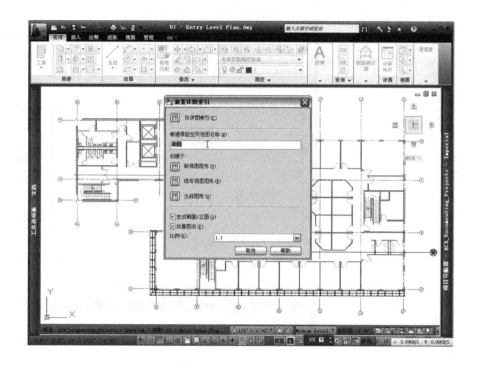

消除了很多手动更新的烦恼。

④ 详图创建流程自动化（图 2-9）：ACA 软件包括一整套详图构件和标准工具库。软件可以让详图创建流程实现全面自动化，确保标注恰当并且一致，让您彻底摆脱费时又费力的文档创建和设计标注工作。

⑤ 创建明细表功能：用户可以轻松地修改最初的明细表样式，使其符合公司的标准，或重新创建带有所需数据的新明细表。由于明细表与设计直接关联，用户点击按钮就可以更新明细表，使其反映所有设计变更。

⑥ 自动生成任意指定的剖面图和立面图：使用材料填充功能直接从平面图生成二维剖面图和立面图。如果对设计进行了修改，软件将生成全新的剖面图和立面图，并保存图层、颜色、线型和其他属性。

（2）渲染功能：利用集成渲染功能在每个设计阶段创建生动的客户演示。这种优化的可视化功能完全集成到 ACA 的工作流中。通过可视化手段传达更加丰富的设计信息，可显著提高设计图纸的质量。使用 FBX 文件格式还可进一步增强渲染功能，将设计导出至建模和动画软件（如 Autodesk 3ds Max Design）中。

（3）改造文档功能：借助改造文档工具，用户可通过正确的表现方法来表达现有的、新的和拆除规划图，以提高改造工程的设计和生产速度。ACA 改造文档工具支持将对象分配至不同的改造类别中，此后还可随时调整这些对象的类别。使用一张翻修平面图可让您在改造、拆除和翻修平面图之间快速切换，且无须创建并维护冗余数据集。

2.3 天正建筑软件 TArch

2.3.1 天正建筑软件的发展历程

天正建筑软件 TArch 是北京天正工程软件有限公司自 1994 年开始在 AutoCAD 图形平台上开发的一系列建筑、暖通、电气等专业的商业化建筑软件。十多年来，天正公司的建筑系列软件在全国范围内取得了极大的成功。国内的建筑设计单位，很多都使用天正建筑软件。可是现在在建筑设计行业使用起来得心应手的天正建筑软件在发展初期并没有像现在这样高的市场占有率。

20 世纪 90 年代初是我国建筑业加速发展的时期，大量的房地产开发项目对建筑设计行业的工作效率提出了急迫要求，传统的手绘施工图显然无法应付新形势下对建筑绘图的要求。当时 CAD 建筑绘图软件对大多数设计人员来说还是十分陌生的新鲜事物，更不要说在此基础上进行二次开发的建筑专业绘图软件了。当时国家建设部鼓励各个设计院用计算机出图，采用计算机辅助绘图软件进行建筑绘图的设计院越来越多，但主要还是使用 AutoCAD 绘图软件。随着建筑市场的不断扩大以及建筑档次的不断提高，建筑设计行业对专业绘图软件的呼声也越来越高。巨大的市场吸引了不少软件开发公司进入到专业建筑绘图软件的开发行列中来。早期除了天正公司的天正 1.0 以外，比较有影响的还有建研院的 ABD2.0、蓝天正华公司的建筑之星等。天正公司顶住了竞争的压力，不仅自己开发了 AutoCAD R12 平台的显示驱动和汉字输入环境 ACE，而且与天正软件和 AutoCAD 平台的兼容性上取得了成功。这样不仅可以让用户调用天正的命令，而且可以同时保留用户使用 AutoCAD 自身命令的便捷性。之后，微软推出了划时代的操作系统 Windows，AutoCAD R12 也推出了支持 Windows 版本的 CAD 软件，天正公司也紧接其后推出了基于 AutoCAD R12 Windows 版本的天正建筑软件，并顺应潮流地采用了图标、屏幕菜单和快捷键相结合的操作方式，大大提高了绘图的效率，得到了广大设计工作者的青睐，从此逐渐走到了中文专业化的建筑绘图设计软件的首席位置。

2.3.2 天正建筑软件与 AutoCAD 平台的兼容性问题

众所周知，二次开发的专业软件同所采用的平台之间的兼容性问题十分重要。不仅它们之间，所采用平台的不同版本之间以及二次开发软件自身的不同版本也存在兼容性问题。天正建筑软件与 AutoCAD 平台不同版本的兼容性如表 2-1 所示。

由于天正 TArch 8.0 早于 AutoCAD 2011 推出，原先并不支持 AutoCAD 2011，最近天正公司发布了天正 TArch8.0 对 AutoCAD 2011 的补丁，使得天正 TArch8.0 终于可以支持最新的 AutoCAD 2011 了。目前天正 TArch8.0 已更新至 8.2 版本（图 2-10）。

天正建筑软件与 AutoCAD 平台不同版本的兼容性对照表　　　　　　表 2-1

AutoCAD 平台	R12	R14	2000	2002	2004	2005	2006	2007	2008	2009	2010	2011
DWG 版本 天正版本	R12		R14		R15		R16		R17		R18	
1.0–1.8	支持	—	—	—	—	—	—	—	—	—	—	—
3.0–3.52	—	支持	—	—	—	—	—	—	—	—	—	—
3.6	—	支持	支持	支持								
3.8	—	支持	支持	支持	支持	支持						
5.0	—	—	支持	支持								
5.5	—	—	支持	支持								
6.0	—	—	支持	支持	支持	支持	支持					
6.5	—	—	支持	支持	支持	支持	支持	—				
7.0	—	—	支持	支持	支持	支持	支持	支持	支持	支持		
7.5	—	—	支持	支持	支持	支持	支持	支持	支持	支持		
8.0	—	—	支持	支持	支持	支持	支持	支持	支持	支持	支持	支持

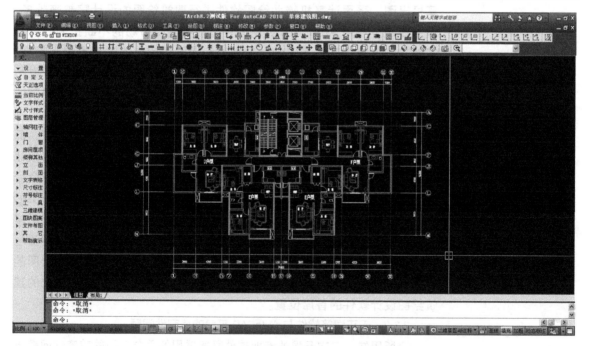

图 2-10　天正建筑 8.2 for AutoCAD2010 使用界面图

另外，天正建筑和操作系统之间也有兼容问题。目前 64 位 windows7 操作系统逐渐被大家所接受，使用者也越来越多。Autodesk 公司在 AutoCAD 2008 以后针对不同的系统操作平台也推出对应 32 位和 64 位的版本。随后，天正建筑在 TArch8.0 之后也推出了 TArch8.2 SP1 补丁支持 32 位和 64 位的操作系统，使得天正建筑 8 也能够在 64 位系统中安装运行，但必须在管理员权限下安装使用。

众所周知，AutoCAD 在中国工程设计行业的占有率超过 90%。而 AutoCAD 的图形文件由其点、线、圆等基本图元对象构成。后来人们发现使用基本图元对象绘图效率太低，而 AutoCAD 从 R14 版本以后满足这个市场需求，提供了扩充图元类型的开发技术 ObjectARX（其前身为 R13 版本的 ARX）。天正公司从 TArch5.0 版本开始，就是利用这个特性，定义了数十种专门针对建筑设计的图形对象。其中部分对象代表建筑构件，如墙体、柱子和门窗等，这些对象在程序实现的时候，就在其中预设了许多智能特征，例如门窗碰到墙，墙就自动开洞并装入门窗。另有部分对象代表图纸标注，包括文字、符号和尺寸标注，预设了图纸的比例和制图标准。还有部分作为几何形状，如矩形、平板、路径曲面，供用户自己使用。经过扩展后的天正建筑对象功能大大提高，建筑构件的编辑功能可以使用 AutoCAD 通用的编辑机制，包括基本编辑命令、夹点编辑、对象编辑、对象特性编辑、特性匹配（格式刷）进行操控。但由于建筑对象的导入，产生了图纸交流的问题，普通 AutoCAD 不能观察与操作图档中的天正对象。

为了保持紧凑的文件容量，天正建筑软件默认关闭了代理对象的显示，使得在 AutoCAD 中无法显示这些图形对象。天正为了实现图档的相互兼容提供了解决方案，如表 2-2 所示。

天正平台与 AutoCAD 接收文件版本兼容解决方案对照表　　　　　　　　表 2-2

AutoCAD 平台 ＼ 天正平台	R14 （R14）	R15 （2000—2002）	R16 （2004—2006）	R17 （2007—2009）	R18 （2010—2011）
R14	直接保存	另存 T3	另存 T3 再另存 R14	图形导出 T3	图形导出 T3
20×× 平台无插件	直接保存	另存 T3	另存 T3	图形导出 T3	图形导出 T3
20×× 平台安装 T8.2 插件	直接保存	直接保存	直接保存	直接保存	直接保存

T8 插件是由天正公司免费向公众发行的可以安装在 AutoCAD 平台上的天正对象解释器，可以通过天正网站 http://www.tangent.com.cn 下载天正最新版本插件 TPlugin8.2.exe。

2.3.3　天正建筑软件的设计流程

有些行业人士认为天正建筑软件过分地求大求全，在具体的功能运用上不如其他专业丰富和方便。其实每个专业软件在软件开发的开始就制定了开发软件的目标定位，不同的软件实现的开发目标是不同的。再者，每个软件都有自己的思路，如果能适应它的思路，那一定会觉得它的人性化的地方。天正建筑从 1994 年以来到现在沿用了一贯的开发思路，逐步提高和完善天正建筑的实用性。如果真正习惯了天正建筑软件的思路，就会体会到它在建筑设计和绘图方面的强大实力。

业内人士都知道，建筑设计包括建筑方案设计、扩大初步设计和施工图设计三个阶段。不同的设计阶段对专业软件的要求是不一样的。在很多领域里，一般的做法是结合不同的专业在不同阶段运用最为方便有利的专业软件，但随之带来的是不同专业软件之间的兼容性问题。而天正建筑软件则为广大建筑专业用户提供了一套整体运用的方案，无须在不同专业软件之间相互转换。这也就是为什么天正建筑软件求大求全的原因。另外，整体方案的开发有利于软件设计思路的统一，方便专业用户对软件的适应。当然，这也对天正软件公司提出了更高的要求，需要该公司具有很强的开发实力和强大的开发团队。

天正建筑软件没有将功能模块分为建筑方案、扩大初步设计和施工图设计三个部分，而是让用户选择合适的功能命令，达到什么设计深度，完全取决于用户自己制定的设计任务。下面分别针对不同的设计阶段介绍天正建筑软件的设计流程。

图2-11是天正建筑TArch8.2常用屏幕菜单命令。

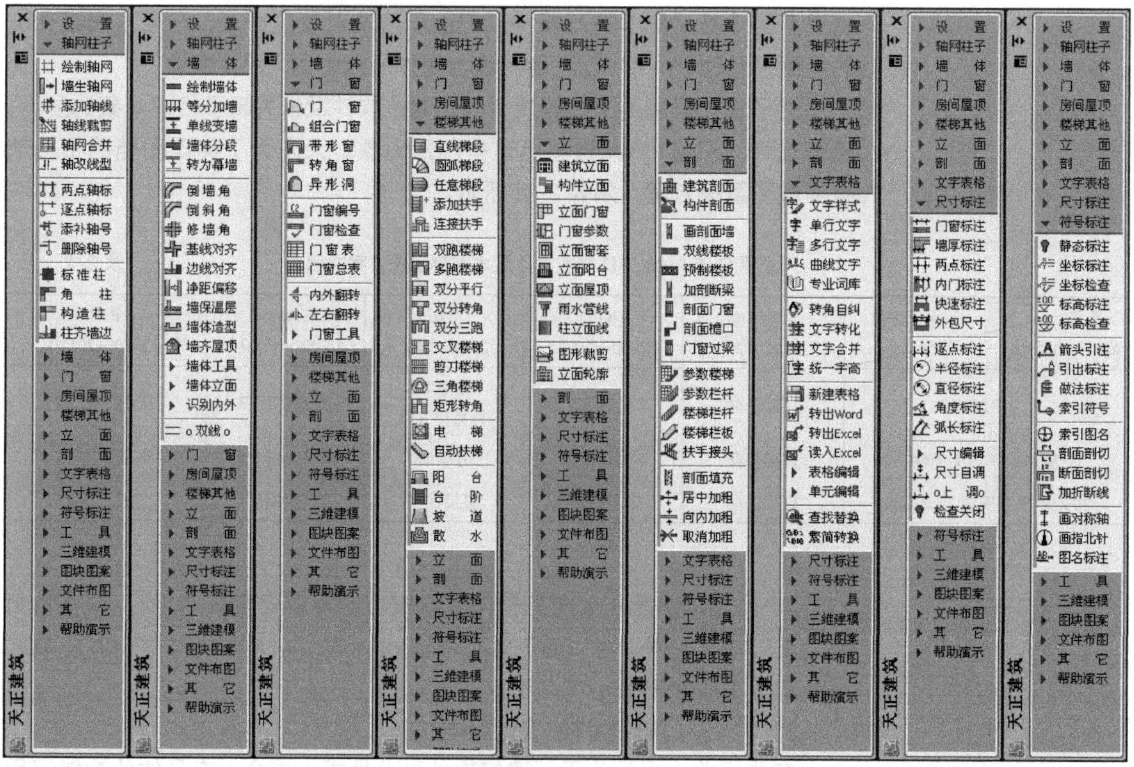

图2-11 天正建筑TArch8.2常用屏幕菜单（边菜单）命令

1）建筑方案设计

为了符合建筑设计的规律和习惯，天正建筑软件的方案设计阶段也是从平面图的设计绘制开始的。用户可以通过天正命令【绘制轴网】来布置平面的轴线网再通过多种的柱子绘制命令和【绘制墙体】来布置柱子和墙体。然后用户可以通过天正的门窗命令在墙体上开不同尺寸和形式的建筑门窗。如果是非一层的建筑，还需通过【楼梯其他】里的天正命令来绘制楼梯和电梯等不同形式的建筑楼梯。之后利用图库图案来进行室内家具洁具以及不同铺地的布置。最后通过【两点轴标】进行建筑轴线尺寸的标注。这样建筑平面图就绘制完成了。如果是非一层的建筑，其他层平面图可以复制之后利用天正的各种命令修改调整成所需的平面图。

立面图和剖面图的绘制首先需要通过天正命令【工程管理】建立数据

库文件夹和楼层表，再通过【建筑立面】和【建筑剖面】命令来生成立面和剖面，之后通过天正立面和剖面的各种命令来调整修改形成最终的建筑立面图和建筑剖面图。可能有些用户认为天正建筑软件的立面和剖面的生成比较麻烦，不太愿意使用它们，不过这要和以前的版本比起来已经完善了很多。目前还是有很多用户采用 AutoCAD 自身的命令来"硬画"建筑立面图和剖面图，看来天正建筑软件在这方面还有待进一步提高和完善。

由于天正建筑软件使用自定义建筑专业对象构建图形，因此用户绘制的各层平面图本身就具备单层三维模型的完整信息，只需要进行各楼层的组合就可得到整个建筑的三维模型。但由于天正建筑软件所使用的 AutoCAD 软件平台本身的不足，在天正建筑软件里生成的三维模型更多的是用来辅助生成建筑立面和剖面以及方案研究，而在建筑效果图方面目前大多数用户还是到建筑效果图公司利用 3ds Max 软件进行渲染，在 Photoshop 软件里进行后期制作。

2）建筑初步设计

建筑专业用户一个最大的体会就是使用天正建筑软件在不同的设计阶段可同时共享设计成果，初步设计完全可以在方案图的基础之上进行深化设计绘图。初步设计不需要生成三维模型，而更多需要标注功能。而这正是天正建筑软件的强项。

3）建筑施工图设计

建筑施工图的三大核心问题是"尺寸"、"做法"、"统计"。天正建筑软件强大的【文字表格】、【尺寸标注】和【符号标注】为广大用户提供了方便高效的标注命令，使得以前施工图制图头疼的标注规范化问题得到很好的解决。在施工图阶段，除了完成与初步设计类似的绘图工作以外，还要经常绘制建筑详图大样。天正建筑软件【门窗表】等强大的统计工具可以为用户方便地生成各种统计表格，大大节约了绘图工作量，提高用户的工作效率。

2.3.4　天正建筑最新版本 TArch 8.2 主要新增功能和改进功能

1）主要新增功能

（1）全面支持 AutoCAD2011。

（2）提供启动选择界面，启动时可选择运行 AutoCAD 平台，可根据当前安装的平台版本自动更新列表。

（3）右键菜单支持慢击操作，快击重复上一命令、慢击提供右键菜单。

（4）增加墙体倒斜角功能。

（5）新增消重图元功能，支持墙体、柱子、房间等对象的重叠检查。

（6）新增墙体分段命令，可改变墙体局部的厚度和材料。

（7）新增图层工具中的图层全开功能。

2）主要改进功能

（1）绘制墙体改进，对话框中添加了模数开关，界面调整。

（2）墙体对象编辑功能扩充，加预览，可设置保温。

（3）尺寸区间合并功能改进，支持框选。

（4）新增自动扶梯对象，提供参数化设计功能，可支持自动步道、自动坡道等复杂样式，提供对象编辑功能。

（5）双跑楼梯功能改进，增加标注箭头功能，平台自由调整，绘制命令使用无模式对话框。

（6）洁具布置功能改进，支持沿弧墙布置，符合《民用建筑设计通则》的规定。

（7）折断线功能改进：增加出头功能。

（8）标高标注功能改进：增加了"总图"标高标注的功能，包括：圆点样式的地坪标高，基线下方可标注相对标高或注释。

（9）符号标注文字和标注对象绘制在同一图层，仅需关闭该图层即可隐藏符号标注和文字。

（10）更新二维和三维门窗库。

2.3.5 天正建筑软件的日照分析功能

在建筑方案设计的过程中，随着国家相关技术规范对建筑日照的要求越加严格，如何搞好建筑设计中的日照和节能问题显得十分突出。天正建筑软件的日照分析功能为用户在设计阶段对方案有关日照方面的分析提供了强大的技术支持。

天正建筑软件为用户提供不同标高下的一整天满窗日照累计时间数据，并在相应位置直接显示累计日照时间。天正建筑的多点分析计算精度可精确到分钟，计算网格也可以自定，大大提高了日照分析的可靠性。其日照仿真功能可将有效日照时间带（用户也可自己设定）中任何时刻的日照情况通过三维模型直接展示出来，供设计者参考，调整建筑设计方案以满足日照要求（图2-12）。

图2-12 天正建筑计算出的多点日照分析图

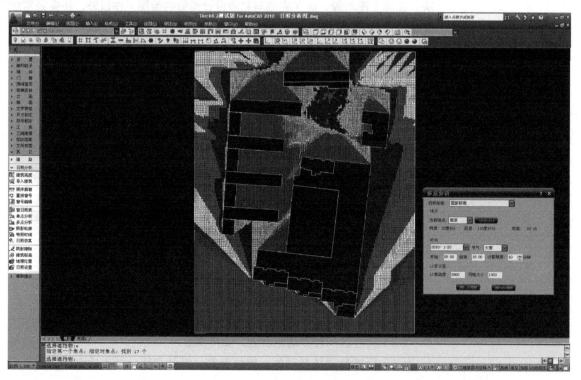

2.4 Revit Architecture

2.4.1 Revit Architecture 概述

Autodesk Revit Architecture 的前身是美国 Revit Technology 公司开发的一个参数化的建筑设计软件 Revit。2002 年 Revit Technology 公司被 Autodesk 公司收购后，Revit 就成为 Autodesk 的系列产品之一。从 2002 年发布的 Autodesk Revit 4.5 到 2005 年的 Autodesk Revit 8.1，其基本功能都在建筑设计方面。在 2006 年，Revit 的新版本 Revit Building 9.0 发布。同年 Autodesk 公司开发出用于结构设计的 Autodesk Revit Structure 1.0，接着开发出用于给排水、采暖、空调、电气设计的 Autodesk Revit Systems 1.0。从 2008 版开始，上述三大模块的名字分别改称为 Revit Architecture、Revit Structure 和 Revit MEP。Autodesk 公司根据其以 BLM-BIM 的理论[①]为指导开发工程软件的战略思想，经过不断的努力，把 Revit 发展成为一个包括 Revit Architecture、Revit Structure 和 Revit MEP 三大模块（图 2-13）共同构成的、完整的、基于建筑信息模型的设计体系。在这个体系中，各个专业可以共享同一个建筑信息模型，从而实现了不同专业信息的共享与交叉链接，为实现协同设计提供了一个良好的平台。

图 2-13　Revit 的体系结构

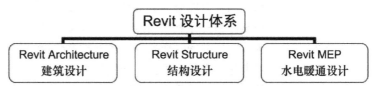

目前 Revit Architecture 最新的版本是 Autodesk Revit Architecture 2012。图 2-14 是 Revit Architecture 2011 版的工作界面。

图 2-14　Revit Architecture 2011 中文版的界面

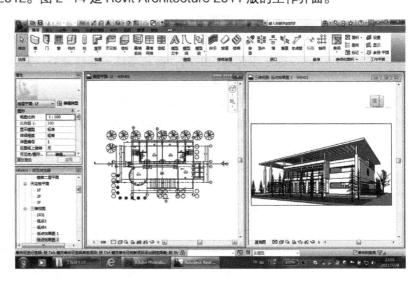

---

① BLM 是 Building Lifecycle Management（建设工程生命周期管理）的缩写，BIM 是 Building Information Modeling（建筑信息模型）的缩写，BLM-BIM 是先进的建设工程管理思想，它以 BIM 为核心，实现在整个建设工程生命周期中的信息共享，大大减少差错与返工，提高生产率，减低成本。有关 BIM 的介绍请参看本书第 5 章。

2.4.2 Revit Architecture 的主要特点

1）以建筑构件为基本图元，构建完全集成化、信息化的建筑模型

这是基于建筑信息模型的设计软件的特征，也是 Revit Architecture 与传统的绘制 CAD 图的软件最根本区别的地方。

在 Revit Architecture 中，其基本图元不再是直线、点、圆这些简单的几何图元，而是墙、门、窗、楼梯这些基本的建筑构件对象。应用 Revit Architecture 进行建筑设计的基本过程是建立建筑信息模型的过程。同时也建成这个模型的数据库，所有构件的各种属性都以数字化的形式保存在数据库中。所有图纸将直接从建筑模型生成，图纸上的信息直接与数据库双向关联。从而保证了模型与图纸的关系是同步协调的。

2）参数化设计方法

参数化设计方法体现在两个方面：参数化建筑图元和参数化修改引擎。

参数化建筑图元是 Revit Architecture 的核心。Revit Architecture 已经提供了许多在设计中可以立刻启用的图元，这些图元以建筑构件的形式出现，同一类构件的不同类型通过参数的调整反映出来，例如不同厚度的砖墙、不同宽度的双开门。

参数化修改引擎提供的参数更改技术，使用户对建筑设计或文档任何部分的更改能够自动实现关联变更，从而大幅度提高工作效率和设计成果质量。每一个构件都通过一个变更传播引擎实现相互关联，构件的位移、删除、尺寸的改变所引起的参数变化会引起相关构件的参数同步产生关联的变化；在任一视图下所发生的变更都能双向同步传播到所有视图及相关的表格，以保证所有图纸的一致性。

3）设计数据的关联变更、智能互动

在上述两点中都提到了 Revit Architecture 中设计数据的双向关联机制，而且这种关联互动是实时的，无须用人工方式对每个视图、表格进行逐一修改。关联变更还表现在各个构件之间的智能关联。例如墙体的移动除了引起墙上的门、窗和墙体一起移动外，还会引起与该墙体连接的墙的几何尺寸发生变化。

在 Revit Architecture 中的各个建筑设计视图（平、立、剖视图），都是由建筑模型直接产生的，因此视图的生成非常快捷方便，而且这些视图与模型存在关联关系。设计人员对任何视图的修改，就是对建筑模型的修改，因此其他视图相关的地方也同时被修改，不会存在各视图之间不一致的问题。

4）基于同一个模型的协同设计

Revit Architecture 内嵌的大型数据库支持多名设计人员通过网络在同一个信息化建筑模型上进行建筑设计，从而实现真正意义上的协同设计。不同的设计人员可以通过建立各自的工作集（这些工作集之间互不重叠），在同一个模型中同时工作，通过不同的工作集可以使他们的工作既有分工，同时又是完全协调的，既提高了工作效率，又保证了完成质量。

5）自定义族

族（family）是 Revit Architecture 中构件的分类方式，众多的构件分别属于不同的族。Revit Architecture 中配备了大量的族类型。为了满足建筑师的创新要求，Revit Architecture 还可以让用户直接设计自己的建筑构件，建立起自定义的族。族类型创建后可直接载入到项目中。

6）可支持多种有关设计的分析

由于在数据库中储存着建筑模型中所有构件十分丰富的信息，如构件的几何数据（构件的几何尺寸、位置坐标等）、物理数据（重量、传热系数、隔声系数、防火等级等）、构造数据（组成材料、功能分类等）、经济数据（价格、安装人工费等）、技术数据（技术标准、施工说明、类型编号等），其他数据（制造商、供货周期等）。这就为结构分析、节能分析、造价分析……提供了条件。同时 Revit Architecture 三维可视化的表现方式，也为建筑设计的空间分析、体量分析、日照分析、效果图分析……带来了方便。

7）支持多种数据表达方式与信息传输方式

Revit Architecture 可以导出的文件格式非常丰富，包含：DWG、DXF、DGN、SAT 等图形格式，FBX 三维格式，AVI 等影片格式，ODBC 数据库格式，图像格式，IFC 格式。还有 gbXML 格式。此外，还能够实时输出工程量、建筑、结构构件等各种明细表，以及房间 / 面积报告。

Revit Architecture 具有很好的开放性和互操作性。可以导入 AutoCAD 的 DWG 和 DXF 文件，MicroStation 的 DGN 文件。支持将模型发布为二维或三维 DWF 格式，用户利用这一功能，可以实现高效率、动态地交换设计信息。Revit Architecture 的三维文档可以导入到 Autodesk 3ds Max 中去，创建具有照片效果的室内外渲染效果图。Revit Architecture 还支持 IFC 国际标准，实现了 IFC 格式的导入与导出，这样就更好地支持与其他软件进行信息交换。

Revit Architecture 2011 版对旧版本做了很多很好的改进，重点在易用性、分析和可视化、大型团队工作流程和效率方面，新增了很多新的功能，从而使 Revit Architecture 变得更易用、更具效率。例如：大大加强了概念设计的功能，使生成各种异型体量更加容易；新增的太阳轨迹仿真功能，使日照分析更加方便；显著提升了协同设计的性能，使设计团队的工作效率大为提高。类似的改进还有很多。

目前 Revit Architecture 以及 Revit 系列软件在全球得到广泛的应用，成为应用建筑信息模型最好的软件之一。不少超高层建筑，例如美国在纽约"9·11"事件废墟上兴建的 1776 英尺（541m）高的 Freedom Tower（自由塔），我国上海在建的高达 632m 的上海中心大厦，这些大厦的设计都采用了 Revit 系列软件。我国在兴建 2010 年上海世博会的国家电力馆、德国馆……多个展览馆中，也采用了 Revit 系列软件进行设计。设计创意为"水上丝绸"的天津港国际邮轮码头（图 2-15），造型和结构都很复杂，由于该项目采用 Revit 系列软件进行设计，使很多问题迎刃而解。天津港国际邮轮码头的设计获得了由中国建筑学会与欧特克公司联合举办的首届 BIM 建筑设计大赛"最佳建筑设计的一等奖"。

图 2-15 设计创意为"水上丝绸"的天津港国际邮轮码头的设计方案

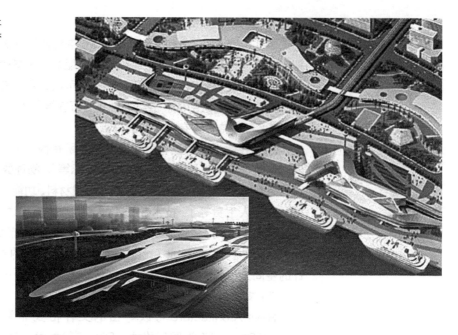

2.5 MicroStation

2.5.1 MicroStation 概述

MicroStation 是美国 Bentley 公司开发的工程软件平台。1984 年，Bentley 公司成立并发表了 MicroStation 第一个版本，这是一个基于 PC 的 CAD 软件。MicroStation 早期的版本从 Intergraph 公司的 IGDS（Interactive Graphic Design System，一个在工作站上运行的 CAD 系统）中得到了很多的借鉴。其后陆续开发出在 PC、Mac、UNIX 等各种平台上的版本。在 1998 年发布的 MicroStation/J，就开始应用实体建模技术并引入了工程配置的概念。Bentley 公司把工程配置作为 MicroStation/J 的扩展，它以 MicroStation/J 为平台，开发出一系列的应用软件，为建筑工程、地理工程、土木市政工程和工厂设计等领域提供了专业的应用内容。进入 21 世纪伊始，Bentley 公司提出了集成化项目模型（Integrated Project Model，IPM）以及全信息建筑模型（Single Building Model，SBM）的概念，并在 2001 年发布的 MicroStation V8 中，应用了这些新概念。其实，IPM 和 SBM 的实质，就是现在的 BLM 和 BIM。随后在 2004 年发布了 MicroStation V8 XM。到了 2008 年，Bentley 公司决定将产品整合，往数据互通互用、形成整体解决方案的方向发展，发布了新的版本 MicroStation V8i，调整了 Bentley 系列产品的体系和架构（图 2-16）。从此 MicroStation 进入了新的发展阶段。

MicroStation V8i 的发布使得在 MicroStation 平台上，可以统一管理所有格式的工程文档，使软件具有数据互用性，从而节省大量的格式转换时间。对用户来说，如果没有数据互用性，就会产生很多重复性的操作，造成无谓的浪费。

	Building 建筑工程	Plant 工厂系统	Civil 土木工程	Geospatial 地理空间
O & M 运行与维护管理工具层	Bentley Facilities	ProjectWise LifeCycle Server	ARPS, ROW, LDM Optram, SUPERLOAD	Bentley GeoWeb Publisher Bentley Geospatial Server
Applications 专业信息创建工具层	Bentley Architecture Bentley Structure RAM STAAD Bentley Building Mechanical Systems Bentley Building Electrical Systems Speedikon ProSteel Hevacomp Tas	PlantSpace AutoPlant AutoPipe AXSYS PlantWise Design++ Promis*e OpenPlant PowerPID ConstructSim OnSite	GEOPAK InRoads Bentley Rail Bentley MX Bentley Rebar RM Bridge LEAP	Bentley Map Descartes I/RAS B Bentley Electric Bentley Water Bentley Sewer Bentley Copper Bentley Fiber Bentley Coax Bentley Inside Plant CADscript sisNET Haestad Methods Solutions Bentley Expert Designer
Power Products 专业增强层			PowerSurvey PowerCivil Power Rebar	PowerMap PowerMap Field
Platform 平台层	图形 MicroStation		GenerativeComponents MicroStation PowerDraft Bentley View Bentley Redline	
	管理 ProjectWise		ProjectWise StartPoint Bentley Navigator ProjectWise InterPlot ProjectWise Integration Server	

图 2-16 Bentley 的产品整体体系与架构

MicroStation 及 Bentley 系列软件生成的文件格式为 DGN 格式。

现在，MicroStation 已发展成为一个面向建筑工程、土木工程、交通运输、工厂系统、地理空间……多个专业解决方案的核心，也是适用于设计和工程项目的信息和工作流程的集成平台和 CAD 互操作平台。在各个专业软件上创建的信息，都可以通过 MicroStation 这个平台进行交流、进行管理，因此，有很强的处理大型工程的能力，屡屡被应用在全球很多著名的工程项目中，其用户多为高端用户。

2.5.2 MicroStation 的功能和特点

MicroStation V8i（图 2-17）给人全新的体现，不仅具有强大的图形绘制、编辑功能，而且在各个方面都性能突出：

1）直观的设计建模

使用 V8i 中直观的设计建模工具，项目团队可以在同一软件环境中将设计从概念轻松变成现实。可直接建立真三维实体模型；利用概念设计工

图 2-17 在 MicroStationV8i 的界面可以同时打开 8 个视图窗口

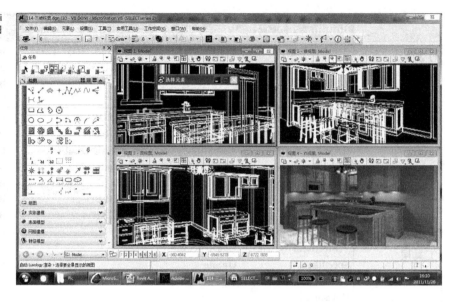

具可以基于一个个体通过拉升、挤压创建 3D 实体模型，进行可视化的概念设计，可以更轻松地直观塑造实体和表面；其支持三维打印可将复杂模型轻松转换成可打印的三维格式。

这些设计建模工具结合在一起，几乎没有任何信息转换障碍，顺利实现从设计建模到可视化的过渡，可帮助项目团队提高设计工作效率，改进信息质量。

2）迭代式 Luxology 渲染

MicroStation V8i 中采用了全新的 Luxology 渲染引擎技术，可为常用的设计应用程序提供近乎实时的渲染，加快设计可视化过程。通过近乎实时的 Luxology 渲染能节省时间并渲染更多图像，提高渲染图像的质量，通过功能强大的动画和生动的屏幕预览提高真实感。

3）交互式动态视图

交互式动态视图使用户可以在二维或三维视图中工作，并且可动态查看两种视图的更新内容。利用交互式动态视图，用户可以简化三维建模体验，拖放平面图、立面图和剖面图以创建文档，提高交付成果的质量。项目团队还可以动态更新所有链接的批注，减少准备和协调二维视图文档所需的时间，提高集成文档包的质量。

4）特有的地理坐标系

利用 MicroStation V8i 中特有的地理坐标系，用户可以使用常用坐标系从空间上协调众多来源的信息。用户可以利用真实背景从空间上定位文件，以便在 Google Earth 中进行可视化审查，还可以在工作流中发布和引用地理信息 PDF 文件。该地理坐标系完全涵盖所有类型的 GIS 和土木工程信息，使所有项目业主均能在更广范围内重复使用。

5）深入的设计审查工具

设计审查工具可帮助用户收集和审查多个设计文件，以协调和分析设计决策，并实时添加项目设计评价。可以在发布到三维模型之前轻松跟踪评价，以便有关人员能够参与交互式审查。使用户可以审查速度，降低设计审查的成本，提高设计信息和最终项目的质量水平。

6）支持数据的互用性

支持 DGN、DWG、DXF、STL 等文件格式和 STEP、IGES 等所有主要的行业标准；可参考 SHP、MIF、MID、TAB 文件格式以简化工作流；可以从 SketchUp、Rhino、OBJ、3DS 和 Google Earth 中导入三维数据；与 ProjectWise 集成以扩展项目功能。

MicroStation 的 PDF 发布工具使用户可以将 PDF 文件作为参考文件附加到现有的 DGN 和 DWG 文件中，完成整个设计和评估过程。

7）对文件变更的管理和统计能力

项目的 DGN 文件的全部历史都被作为每一个 DGN 文件的一个完整的组成部分。它的历史日志可以跟踪一个设计所做的任何修改，包括改了什么，修改的日期和时间，谁做的修改和为什么进行修改等的内容。用户可以返回到给定设计的某一历史时刻，所做的处理可以被"撤消"，并且一个设计以前的情况可以被恢复。

8）宽泛的平台性能

作为一个平台软件，必须有很宽泛的适应性和很强大的可扩展性。MicroStation 提供了多种高级应用开发工具，包括 MicroStation 自带的 MDL 开发语言（和 MicroStation 无缝集成的机器编程环境）、MicroStation VBA、C、C++ 和 Java 等。MicroStation 还可以直接连接或通过 ODBC 连接 Oracle。

除上述以外，MicroStation 采用了包括数字权限、数字签名在内的多种安全技术；MicroStation V8i 还提供备受青睐的 GenerativeComponents Extension，这是一款关联参数建模系统，建筑师和工程师用它使得设计流程自动化和加大设计速度。

应用 MicroStation 的工程项目遍布全球。比较著名的项目有：澳大利亚悉尼奥运会主场馆、美国夏威夷 H-3 洲际公路、法国米洛大桥、阿联酋迪拜国际机场、我国北京首都机场 3 号航站楼（图 2-18）等。

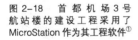

图 2-18 首都机场 3 号航站楼的建设工程采用了 MicroStation 作为其工程软件[①]

① 图片来源：http://www.96908.net/content/news_html/12918570022343750.html

2.6　Bentley Architecture

2.6.1　Bentley Architecture 软件概述

正如上一节所介绍的那样，MicroStation 是 Bentley 公司系列软件的公共平台，从 1998 年的 MicroStation/J 开始，Bentley 公司就开始应用实体建模技术并引入了工程配置的概念，开发了建筑工程扩展应用模块 TriForma，之后发展为建筑工程系列软件的应用平台。在 TriForma 平台上 Bentley 公司开发了 Bentley Architecture 以及建筑工程多个专业软件模块，这些模块涵盖了建筑、结构、设备、电气、管道多方面的需求。随着 2008 年 MicroStation V8i 的发布，Bentley 公司调整了其系列产品的体系和架构。为了进行产品整合，加速数据互通互用，将中间模块的功能转移到相应的软件中，这样，原来 TriForma 的一些功能就被转移到 Bentley Architecture 中。因此，现在最新版本的 Bentley Architecture V8i 的功能比以前更加强大了，其界面如图 2-19 所示。

图 2-19　Bentley Architecture V8i 的界面

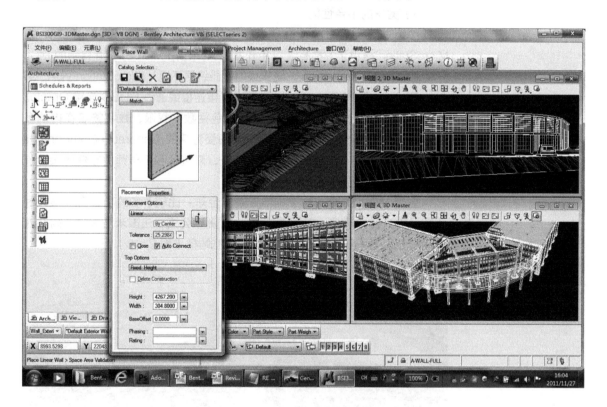

随着建筑信息模型技术的深入发展，Bentley Architecture 已经成为 Bentley BIM 应用程序集成套件的一部分，可针对建筑的整个生命周期提供设计、工程管理、分析、施工与运营之间的无缝集成。该软件可在一个管理环境中为跨领域的团队在全球范围内提供支持，使之能够进行一体化建造，特别适用于规模庞大且极为复杂的建筑工程项目。

2.6.2 Bentley Architecture 的功能和特点

运行在 MicroStation 平台上的 Bentley Architecture，具有 MicroStation 的全部功能，而且还有以下的功能和特点：

1）基于建筑信息模型的设计软件

建筑信息模型技术贯穿 Bentley Architecture 工作流程的始终，可以创建真实的三维建筑模型。该软件采用智能化构件，实现建筑模型的 2D 与 3D 关联变化和建筑构件的智能联动，利用建筑元素之间的关系和关联迅速完成设计变更。其所建立的模型对建筑整个生命周期提供全面的项目交付过程支持。Bentley Architecture 支持各种行业标准，并将设计与工程相集成，在促进多领域协作的同时，允许分布式团队在一个可控信息环境中实现一体化建造。使用户能如期提供更好的建筑设计产品，降低成本并增加收益。

2）简单易用，可创建几乎任何形式的设计

Bentley Architecture 提供了墙体、楼板、柱、梁、门、窗、屋顶、楼梯、家具等 3D 实体，用户可随意进行以参数化的尺寸驱动方式创建和修改建筑组件。支持创建几乎任何类型的建筑对象和组件，包括各种开口、凹槽和凸起。特别其 NURBS[①] 自由造型模块功能非常强大，可以轻松创建几乎任何形式的设计，生成有别于传统造型以外的新的造型，这为建筑师提供了一个广阔的自由创作空间以及数字化创作工具。

3）实时的可视化操作与表达

Bentley Architecture 提供了即时可视化操作与表达功能，无缝集成了多种强大的设计可视化工具，其中包括光线和粒子跟踪、放射、动画、照明以及相机控制等，制作出高水平的渲染与动画。Bentley Architecture 还支持 PDF 格式，还可以往 PDF 文件添加嵌入式三维模型。可以将 DGN 和 DWG 格式的二维和三维模型直接发布到 Google Earth 环境中，在丰富的地理影像背景下查看建筑设施及周边，还可以通过嵌入式链接查看关联内容，例如平面图、剖面图、立面图、详图、一览表、渲染图像或网页等。

4）缩短施工文档的制作时间

全部经过协调的平面图、剖面图和立面图、各种报告、材料表都能毫不费力地从建筑信息模型中生成。并遵循用户可定义的绘图标准。所有文档都动态地链接到建筑信息模型，所以模型的任何变化都能快速地反映到相应的文档去。还可以由模型中自动产生楼板的使用面积计算、建材数量计算报表、门窗表、规范等。这样既省时又减少了出错的可能性。Bentley Architecture 的预算控制系统可以基于模型分析备用材料所发生的费用变化。

5）与建筑工程、分析和设施管理等应用程序之间良好的互操作性

Bentley Architecture 可 与 其 他 Bentley 应 用 程 序 充 分 集 成，例 如 GenerativeComponents、Bentley Structural、Bentley Building

---

① NURBS 是 Non-Uniform Rational B-Spline（非一致有理 B 样条曲线）的缩写，NURBS 方法是 20 世纪 70 年代出现的一种现代曲面造型的方法，它可以用统一的数学形式表达规则曲面和自由曲面。它可以用来精确描述 2D 曲线，以及通过 2D 曲线来精确描述 3D 曲面和 3D 实体。国际标准化组织（ISO）于 1991 年颁布了关于工业产品数据表达与交换的 STEP 国际标准，将 NURBS 方法作为定义工业产品几何形状的唯一数学描述方法，从而使 NURBS 方法成为曲面造型技术发展趋势中最重要的基础。

Mechanical Systems、Bentley Building Electrical Systems、Bentley Facilities 和 Bentley Navigator，从而为团队协作与协调提供真正意义上共享的多领域协作环境。Bentley Architecture 还全面支持 IFC 2x 标准。

此外，Bentley Architecture 在与管理环境集成、预测性能、数量和成本等方面都有很强的功能。

Bentley Architecture 有很多成功的案例。例如我国的北京奥运会场馆之一的国家游泳馆（"水立方"）、上海环球金融中心、美国旧金山联邦办公大厦、英国伦敦市政厅、英国伦敦温布利大球场（图 2-20）等。

图 2-20 伦敦温布利大球场的设计方案 2008 年获得了英国皇家建筑师学会颁发的奖项①

2.7 ArchiCAD

2.7.1 软件功能与特色

ArchiCAD 是匈牙利 Graphisoft 公司推出的虚拟建筑设计软件，30 年来一直致力于"虚拟建筑"（virtual building）的技术研发。Graphisoft 公司成立于 1982 年，总部位于匈牙利的布达佩斯。虚拟建筑的核心是利用软件生成一个真实建筑的数字模型，将所有的相关信息存储在一个工程文件中，这实际上也是建筑信息模型技术的应用。设计师通过使用楼板、墙、屋顶、门、窗、楼梯和其他构件等建筑元素的组合来构建一幢建筑。虚拟建筑中的每一个物体都是具有建筑元素特征和智能化属性的建筑构件。目前最新的版本是 ArchiCAD15。图 2-21 是 ArchiCAD14 的工作界面。

在这样一个真实的智能模型中，设计者可以任意地转换输出平面、剖面、立面，以及各种细部大样、预算报表、建筑材料、门窗表，甚至施工进度，建筑设计表现所需要的渲染、动画，虚拟现实的效果更是包含在基本功能里面了。一个 3D 虚拟模型——所有需要的文档和图片都自动生成。

---

① 图片来源：http://www.architecturelist.com/2008/05/30/foster-partners-got-two-riba-awards/

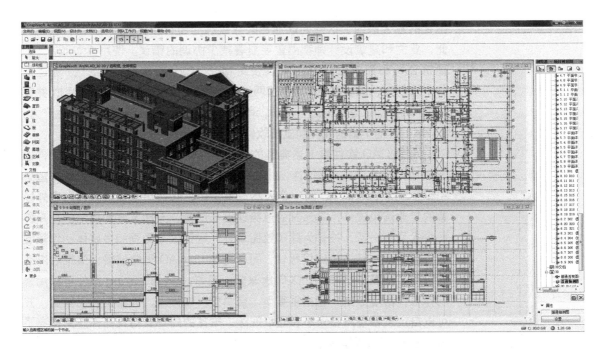

图 2-21　ArchiCAD14 工作界面

基于模型的任何 3D 视图创建带关联标注、注释和 2D 绘图元素的文档，帮助设计者与其用户之间进行有效的沟通。

不仅如此，虚拟建筑可以轻松实现建筑、结构、水暖电等各工种之间的协调。各工种工作在单一的数字建筑模型中协调进行，各种需求与变更能够实时地表现与传递，从而避免了传统绘图设计中的重复劳动、信息滞后以及不协调的过程。

ArchiCAD 除具有 BIM 软件的特性外还有如下的一些特点：

1）设计早期介入节能分析

与建筑节能有关的设计决策 80% 发生在设计阶段的早期。为帮助建筑设计师了解不同设计方案的能量性能来优化设计，ArchiCAD 的插件应用程序 EcoDesigner 允许设计师依靠建筑的几何尺寸、建筑物所在位置逐时的气象资料，通过用户的直接输入，就可对建筑物进行能耗估算。其计算引擎可执行动态的建筑能耗评估，提供项目的年度能耗、碳足迹及月度能量平衡的信息，可在设计早期提供快速、精确的估算而实现建筑节能设计优化。在 ArchiCAD 里可以评估的能源还包括使用绿色能源、太阳能、热泵等，并且能够在不同设计的解决方案之间进行比较。

2）照片级的虚拟场景模拟

Graphisoft 的 VBE（Virtual Building Explorer）插件可以将 ArchiCAD 项目模型导出并建立照片级的虚拟追踪模型。该模型可以保存为独立的可执行文件，包括预先定义的动画和实时漫游的虚拟建筑场景。VBE 提供了多种模型光照效果，包括真实的全局照明以及特别的立体显示模式等，将复杂的虚拟现实场景建立和浏览变得简单易用。

3）管网与建筑设计的协调

不同专业之间很差的协调是造成建筑设计错误、建筑预算超标、时间拖延的最大原因。这些问题通常会导致总的项目预算超出 2% ~ 4%。因此，业主和建筑设计师都渴望能显著减少协调的错误。使用 ArchiCAD 的建筑公司和建筑设计部门可以使用 MEP Modeler（机械/电气/管道插件）来创建、编辑和导入 3D 管网设施（暖通、给排水和电缆桥架），并在 ArchiCAD 虚拟建筑里进行协调，消除冲突，帮助建筑师获得高效的生产力。

4）其他丰富的插件和支持软件

ArchiCAD 软件除上述典型的外部插件外，还包括本身自带的插件以及其他第三方软件。例如：法国 Advent 公司出品的 Artlantis 重量级渲染引擎，就是 ArchiCAD 的一个天然渲染伴侣，它是用于建筑室内和室外场景的专业渲染软件，其超凡的渲染速度与质量，无比友好和简洁的用户界面令人耳目一新，被誉为建筑绘图场景、建筑效果图画和多媒体制作领域的一场革命，其渲染速度极快，可以与 ArchiCAD 无缝链接，渲染后所有的绘图与动画影像表现让人印象深刻。又如：ArchiGlazing 插件可以用来制作各种幕墙形式，包括垂直型、自由型、锥体型、天窗型和温室型，并可以自定义幕墙网格大小和竖挺间距。丰富的外部支持及插件应用提高了 ArchiCAD 的扩展能力。

5）内建的参数化程序设计语言 GDL[①]

GDL 是智能构件的基础，用来描绘三维空间的实体和对应于平面图上的二维符号。把模型的二维信息独立描述，使二维和三维统一在一个数据库，所有信息采集于同一数据库。ArchiCAD 本身几乎可以满足设计的大部分需求，但是一些更复杂或专门性构件则可利用 GDL 来创建。

6）协同工作

在建筑设计内部协作上，ArchiCAD 可以通过其 Graphisoft BIM 服务器共享设计文件，使不同规模的团队可以在办公室内部或通过互联网按需管理访问权限，并按需访问项目。ArchiCAD 14 将 IFC 技术转化为成熟的工作流解决方案。无论是哪个专业的工程师使用什么软件、什么版本，建筑师都可以与之协同工作。这些工作流解决方案能够在建筑师和不同专业的工程师之间，满足各自的不同需求，在 BIM 模型上为他们搭起一座桥梁。内置的变更管理功能使得协同变成一个流畅的、自动的过程。通过不同专业之间智能化的、基于模型的工作流，协同工作的错误可以降低到几乎为零。

在外部协作上，通过 IFC 文件标准，ArchiCAD 可以实现和结构、设备、施工、物业管理等其他专业软件及几乎所有相关文件格式的数据传输。

7）性能优化

ArchiCAD 不仅支持多处理器，也支持 64 位 Windows 操作系统，确保了在 ArchiCAD 中大型建筑项目的运行速度。根据项目大小和复杂性有关的各种处理中，可以提高速度 15% ~ 500%。ArchiCAD 的协作环境运用 Delta 服务器这一领先的技术显著地缓解了网络拥堵，使团队成员可以

---

① GDL 是 Geometric Description Language（几何描述语言）的缩写，是智能化参数驱动构件的基础。1982 年开发以来一直是 Graphisoft 公司所开发的 ArchiCAD 的技术支持。

图 2-22　北京奥运会电视转
播塔（玲珑塔）

图 2-23　上海世博会匈牙利
馆内景

实时地协作于 BIM 模型。该技术实现了在全球任何地方，通过标准互联网连接对 BIM 项目进行访问。

2.7.2　成功案例

ArchiCAD 在世界建筑设计行业广泛运用，拥有许多成功的应用案例。

紧邻北京国家体育场（"鸟巢"），高度为 132m 的奥运转播塔是奥林匹克公园内最高的建筑，也是奥运核心区三大标志性建筑之一。它在北京 2008 年奥运会期间负责向全世界传输奥运赛场实时信号。该塔就是由中国建筑设计院崔凯工作室利用 ArchiCAD 完成的设计，从 2007 年 5 月开始，仅仅历时 3 个月完成全部设计。在整个设计过程中，ArchiCAD 模型为其独具匠心的菱形体结构的体型和定位作出了巨大的贡献，而基于模型的图纸自动生成更是为如此短的时间完成设计提供了帮助。图 2-22 是北京奥运会电视转播塔，又称玲珑塔的效果图。

2010 年上海世博会匈牙利馆是由设计师 Tamas Levai 用 ArchiCAD 设计，它从哲学的角度诠释了世博会的主旨。为了突出匈牙利的创造性，展馆的设计没有用大量的展示物品愉悦观众，而是展示了一个独特的视角元素冈布茨（Gomboc）。冈布茨是由匈牙利两位工程师 Gabor Domokos 和 Peter Varkonyi 发明的，它是世界上第一个能够自我修复的对象。Gomboc 协调的运动就像是律动的城市，这个特征通过展馆的结构不断地放大，纵向构件的动态运动，同时创造出不同的密度。悬垂的木杆让人们时而觉得畅游在茂密的森林，时而觉得游走在稀疏的林间空地和城市广场。这些木质结构同时也构成了一组乐器，近 600 个移动的音响创造出一个跳动的音乐空间。如图 2-23 所示是上海世博会匈牙利馆室内效果。

2.8　Digital Project

2.8.1　软件发展史

说到 Digital Project（DP），不得不提及美国建筑师弗兰克·盖里（Frank Gehry）。盖里的作品以设计造型大胆的非常规形式著称，充满想象力。他的建筑无法用传统的纸质文件进行记录和提供项目建造的信息，要完成盖里的这些非常规的形式需要另辟蹊径，付出巨大的努力和做好技术的准备，特别是采用高度准确的建筑施工技术后需要设计和施工团队间的协助以及对复杂施工数据的集成和整合。

我们最终看到盖里的每件作品完成度很高，这得益于他较早地意识到建筑数字技术在项目团队协作、项目数据集成以及支持完成他异形建筑方面的巨大优势。他和他的团队从 1992 年开始，就选择 CATIA 作为整合从建筑设计到施工全过程的三维数字化工具，这就是 DP 的前身 CATIA。CATIA 是法国著名三维软件设计开发商达索系统（Dassault Systems S.A.[①]）所开发的三维 CAD/CAE/CAM 一体化软件，最早应用于飞机、汽车、电子制造等高端工业。由于盖里以及其团队的积极探索，CATIA 才开始应用于建筑设计行业中。

盖里建筑师事务所在早期采用 CATIA 作为建筑形式深化、数据整合以及团队协作的标准软件，随着设计研究的深入，盖里和他的团队在其实践中，突破了传统图纸的束缚，成功地将数字化技术引入到建筑设计和建造中，在 CATIA 的基础上去掉了与建筑无关的部分，优化扩展与建筑相关的部分，开发出了 Digital Project 软件。盖里在 2002 年创办了铿利科技公司（Gehry Technologies），汇集了一大批建筑师、工程师、施工队伍、计算机专家和管理顾问组成了公司的专业技术团队。DP 作为铿利科技开发的三维建筑信息模型（BIM）的建模和管理工具，是全新的数字化建筑软件平台，从设计、项目管理到施工现场，为工程项目提供完整的生命周期数字化环境。目前 DP 正在越来越广泛地应用在建筑设计实践以及教学中。

Digital Project 目前的最新版本是 Digital Project V1R4（图 2-24）。

2.8.2　Digital Project 功能介绍

1）概述

由于建立在功能强大的 CATIA 软件基础之上，并且整合了铿利科技十几年的经验，这使得 Digital Project 具有大规模数据管理能力，可以进行建筑创作，多专业协同设计，施工管理，支持复杂的几何形式建模，并且具有业界最强大的参数化和自动化功能。DP 将这些功能集成在一起，为世界上最复杂建筑形式的建造和基础设施项目提供了解决方案。

---

① 达索系统是达索工业集团旗下的公司，在 1981 年由达索航空公司创立。创立达索系统的目的是开发面向航空工业飞机设计的 CAD 软件 CATIA。之后，达索系统一路发展壮大，在欧洲、美国、日本、以色列等国家扩展了自己的业务。如今，达索系统已成为世界领先的产品生命周期管理软件供应商，为世界 500 强内的大多数客服提供服务。

图 2-24 Digital Project 工作界面①

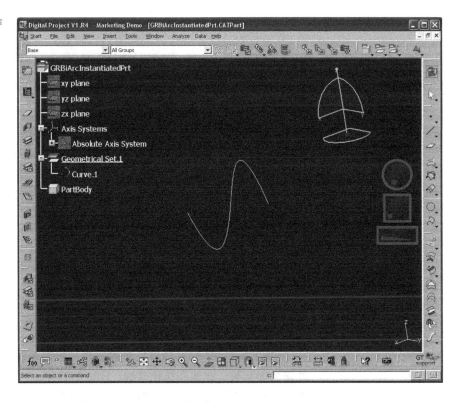

Digital Project 具备强大的曲面和实体几何建模能力；能够进行准确的数字取样和检测，包括模型管理、三维批注和对造型进行实时逼真的可视化模拟。在参数化几何建模方面，DP 的功能也非常强大，能够根据各种参数和需求模式进行建模；可以设置各种不同约束的参数；可以基于建造进行参数化建模；可以在 API②接口之上进行开发。DP 能够进行建筑构件功能化建模，能够很轻松的查阅建筑构件属性。在项目管理上，DP 能够简便的收集项目管理数据，并且建立标准数据集，生成数据表和 Excel 表；能够进行成本和数量提取，4D 模拟，并且具备与项目管理软件 Primavera 和 MS Project 的交互功能。DP 在图纸生成上也有很大的优势，能够从三维模型自动提取二维图纸，并且在团队协作中能够进行交互式图纸生成。

DP 模型能够很方便的转换为 DWG、DXF、IFC、CIS/2、SDNF、IGES、STEP 等格式，这使得 DP 具有很好的兼容性。

2）具体功能介绍

Digital Project 其实是个软件包，软件包包含两个基础产品：Viewer 和 Designer，以及几个附加产品：Primavera Integration、MEP/Systems Routing、Imagine & Shape、Specialized Translators、Knowledgeware 和 Photo Studio 等。Digital Project 附加产品允许用户扩展 Viewer 和 Designer 的功能。Designer 和 Viewer 可以独立应用（图 2-25）。

---

① 图片来源：http://www.gtwiki.org

② API 是 Application Programming Interface（应用程序接口）的缩写。

图 2-25　Digital Project 软件
包组成[1]

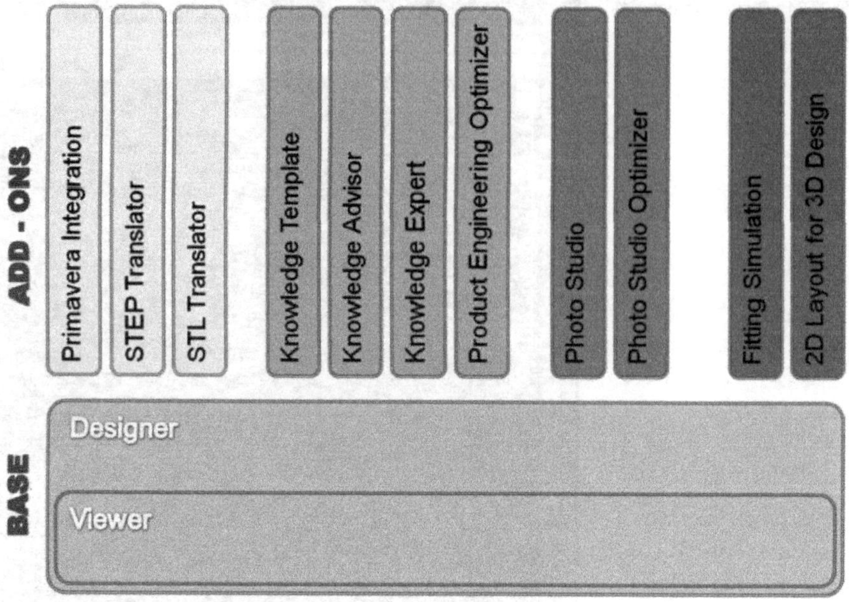

DP Designer 配置具有全面的建模、数据管理和项目管理能力，以及高端曲面建模、建筑和结构建模、BIM 的转化、自动生成图纸和 4D/5D 建模等功能。DP Designer 能够给用户提供全面的工具，用于进行三维建模和建筑信息模型的管理，适用于建筑全生命周期。DP Designer 是一个高性能的三维建模工具，可用于建筑设计和工程施工。DP Designer 可以提供建筑全生命周期中建筑建模和信息管理的各项工具。值得一提的是，可以在 DP Designer 中进行参数化的三维曲面和实体建模，可以进行非常规自由形体的曲面建模，能够进行基于线框的建模以及实体曲面混合建模。

DP Viewer 在模型轻量化的基础上提供显示、导航、测量、建筑信息模型管理、4D 模拟、协同工作等强大功能。DP Viewer 配置了适合于设计师进行协同工作时的审查、数据管理等的功能。DP Viewer 具有易于使用的审查和信息管理界面，面向项目经理、估算和施工人员。该配置支持完整的项目属性编辑，并提供必要的工具，用于对项目数据库的访问和质量控制检测。可以在浏览的同时从项目数据库提取各种关键信息。除 DP Designer 和 DP Viewer 外，Digital Project 另外还有一些专门的附加产品支持各种专业工作，形成完整的产品组合。

建筑师使用 Digital Project 主要集中在两个阶段：一个是设计前期阶段的方案推敲，一个是后期的与各个工种配合进行施工图设计。对于前一个阶段，DP 则更像一个性能优越全面的参数化软件，主要的流程与其他参数化软件类似，通过在软件中设置参数和定义几何形式参数之间的联系，对几何形式进行描述。DP 系统层级清晰的几何系统能够很好地帮助建筑师定义建筑几何形式的关系，实现复杂几何形式的建模；但是也正因为几何

---

① 　图片来源：http://www.gehrytechnologies.com/

系统需要清晰而准确的定义，所以不如 Grasshopper 这样的软件便捷和快速。施工图阶段的应用才是 DP 性能体现最全面的阶段。在这个阶段，建筑师可以通过使用 DP 对建筑各个系统进行综合建模和信息管理，便于系统化集成和纠错优化，后面介绍的两个案例就很好地体现了建筑师在施工图阶段应用 DP 的优势。

2.8.3　Digital Project 在建筑设计中的应用

1）广州太古汇

太古汇项目是位于广州市天河区商业中心的一个 45 万 m² 的大型项目。项目由两座办公楼、塔楼、商场和文化中心组成。太古汇的这个项目总共有 40 名铿利科技的工作人员参与数字施工模型的整合和管理工作。所有的人都在同一模型上进行工作。通过这种方式，用 Digital Project 建立的 BIM 模型为设备工程协调提供交互的平台。设计师很容易在模型中发现设计的错误，并且提供有价值的修改反馈。据介绍，铿利科技为太古汇项目提供咨询的团队应用 DP 建立起太古汇的建筑信息模型，找到了不少设计失误，并对大量设计进行了优化，节约了不少建设成本（图 2-26、图 2-27）。

图 2-26　太古汇效果图[①]（左）
图 2-27　应用 Digital Project 创建的太古汇各种管道的模型图的局部[②]（右）

 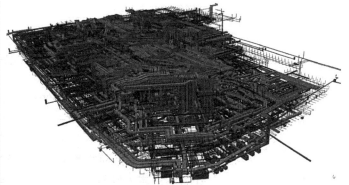

2）北京国家体育场

2008 年夏季奥运会体育场的建造是展现 DP 建模和项目管理能力的一个重要实例。体育场的设计方是瑞士建筑师赫尔佐格和德梅隆、奥雅纳（Arup）工程顾问公司和中国建筑设计研究院组成的联合体。该项目最引人注目和最复杂的特点是"编织"形式的双弧形屋顶网架。清楚地描述和定义这个无论在几何上和结构上都是十分复杂的系统，是项目成功的关键。铿利科技项目团队与负责结构的奥雅纳团队在前期工作的基础上，成立了一个体育场屋顶网架的数字模型团队，在 Digital Project 里面，从屋顶的线框模型开始，加入各种关联性的构架。然后，通过计算各种钢结构几何形式在三维空间中的变形，确定最终采用的结构形式。同时为了降低工程造价，团队随后使用 DP 的三维数字化工程模型，简化体育场屋顶结构和

① 图片来源：http://www.gehrytechnologies.com/
② 图片来源：http://www.gehrytechnologies.com/

图 2-28　应用 Digital Project 创建的北京国家体育场（"鸟巢"）钢构架的模型图[1]

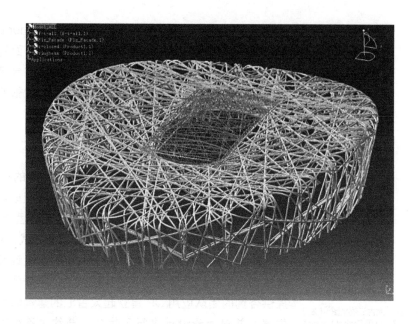

减少钢材数量。DP 参数化建模使得像"鸟巢"这样复杂的结构得以变成现实（图 2-28）。

2.9　GenerativeComponents

2.9.1　GenerativeComponents 发展历史与特点

GenerativeComponents 简称为 GC，是由 Bentley 公司开发的一款参数化生成设计软件（图 2-29）。与单纯的参数化设计软件不同，它重点在于捕捉构件之间的逻辑关系，通过调整控制逻辑关系的参数，来表达设计意图，属于智能几何（Smart Geometry）的范畴。GC 早在 2003 年就被 Bentley 公司推出，并于 2005 年年初开始在伦敦的一些建筑事务所进行实际工程上的应用。2007 年 11 月 GC 的商业版正式推出。虽然近年来有关智能几何的软件比较多，但是 GC 更专注于工程设计，所以 GC 一直拥有较为稳定的用户群。这还在于 GC 能够很好地捕捉设计意图，而且有 Bentley 公司三维设计平台 MicroStation 作为支持。由于最近日渐流行各类自由曲面和不规则几何造型，使得设计师不得不掌握参数化的设计思路和工作模式，并且能够对生成的自由形式进行控制，这就要求设计师要找到能够准确描述一系列几何元素的空间逻辑关系的软件。GC 这个软件能够对形式系统进行丰富的拓扑变形，这些变形能够为设计师提供各种多样化的参考，同时在方案确定后，还要为施工图的制作提供精准的定位。像 KPF、Foster、Morphosis、Arup 等一些著名的建筑师事务所，在伦敦的设计事务所流行应用 GC 后，出于处理复杂的建筑造型的需要都先后使用

①　图片来源：http://www.gehrytechnologies.com/

图 2-29 Generative Components 的建模过程[①]

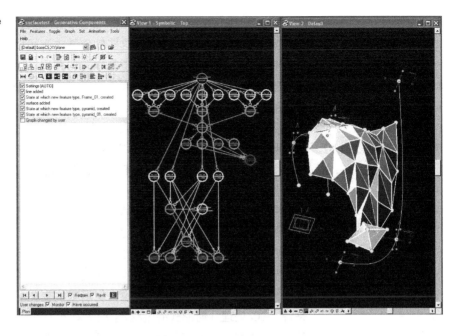

了 GC。GC 应该是目前应用最为广泛的参数化生成设计工具之一。

GenerativeComponents 的一个重要的特点是根据复杂建筑形式的需要进行设计。用户有好几个途径可以和软件之间进行交互：可以直接用 GC 进行动态建模，或者直接在 GC 界面中操纵调整几何形式，也可以运用和捕捉模型元素之间关系的规则，通过抽象的算法定义复杂的形式和系统。换句话说，GC 扩展了我们的设计思路，更充分的表达我们的设计思维。作为在建筑中的应用，与 Grasshopper 相比，GC 具备了非常好的与建筑信息模型系统以及建筑性能分析软件的结合性。可以将建筑信息模型构件作为基本的组件，描述构件之间的拓扑逻辑关系。这不但使 GC 成为一个好的工程软件，而且能够整合到建筑性能的分析过程中，使得建筑设计过程能够通过参数化的过程控制，较为方便快速的优化建筑设计结果。由于 GC 描述的是形式系统之间的逻辑，而不是最终的成果，这使得最后的文件非常小。而如果要得到一个模型，只需运行脚本文件就可以，从而方便文件交付和整合。

2.9.2　GenerativeComponents 与其他参数化软件的对比

从某种意义上讲，许多 CAD 应用软件都是参数化的，这些程序通常使用离散元素或者组件，而无法描述构件之间的逻辑关系，或者描述的深度不够，从而无法确切的表达设计，而调整的过程也十分困难。在这些应用程序中，通过直接调用相应组件就可以实现单个构件快速参数化建模。但是这类软件参数值的更新是孤立的，组件之间并没有逻辑上的关联。一个元素的修改不能够扩散到其他元素，因此这些软件并非严格意义上的参数化。

---

① 图片来源：http://www.stress-free.co.nz/

而在 SolidEdge、SolidWorks、Inventor 这些工业设计软件中，比较好的实现了组件之间的关联，这些软件基本上可以称为参数化软件。在这些软件中，复杂的功能树代替了基本几何图元，通过功能树，将基本几何图元之间的运算关系，如交集和差集等布尔操作一一建立。通过功能树的数据结构，可以清晰地定义和实现联动式的参数化建模。

GenerativeComponents 和以上的软件类似，通过图形化描述的部件和它们之间的逻辑关系，从而实现高效的建模，在修改时，无须手动重建，能够为新的场景模式提供快速有效的更新和模拟。GC 让设计师的设计逻辑完全图形化，通过结合逻辑图形、脚本和编程，设计师还可以探索新形式的可能性。该软件有已发布的 API，并使用简单的脚本语言，允许和许多不同的软件工具进行整合，并创建用户自定义程序。在一般的 CAD 软件中，经常是开始建模很容易，但是当你要修改调整设计时，会越改越难，有时甚至要设计师重建整个模型，才能调整模型的组件。用 GC 建模，则需要花费大量时间在确定模型的阶段，但后来的变化可以很轻松地修改。一般来说，GC 处理几何形式的过程是: 描述基本的图元和图元之间的逻辑关系。例如: 首先取一些点; 其次使用它们来控制曲线; 接着再使用曲线控制表面; 最后就使用曲面控制实体。图 2-30 为 GenerativeComponents 及其所建模型的形式。

图 2-30 Generative Components 及其所建模型的形式①

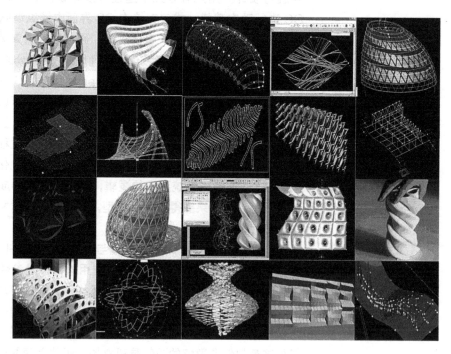

另外一个非常重要的特点，与现在正在风行的 Grasshopper 这样的参数化软件相比，GenerativeComponents 与 BIM 的结合非常好，这是前者

---

① 图片来源: http://communities.bentley.com/products/

无法比拟的。GC 建立在 Bentley 公司开发的 Microstation 的平台上，是作为一整套从规划、设计、建造施工以及后期的运营管理的参数化设计系统而开发的，不但可以应用在前期，通过图形化的逻辑关系呈现建筑形式组件之间的关系，而且可以通过预估造价和输出建造图纸，使得设计能够拓展其实施的可能性。

2.9.3　GenerativeComponents 在建筑设计中的应用

1）实际项目应用

这个项目是新加坡的一个横跨港湾的步行桥（图 2-31）。在开始阶段，Arup 进行了大量研究。通过设计研究，他们发现，如果采用 DNA[①]式的结构，能大大减少建造桥梁的钢梁，甚至不到常规桥梁耗钢量的五分之一。由于这种桥梁需要考虑人行过桥、风荷载等诸多因素，设计条件比较复杂，所以要找到一个软件能够通过在力学分析和图纸输出之间交互，才能很好地解决设计问题。桥的几何形式需要考虑三个目标：桥下的净高空间；需要和邻近的车行桥相连，并要留出步行通道；桥的支架必须和现有桥的支架靠近，以减小对出入滨海湾轮船的影响。

设计团队通过使用 GC，先在 Bentley 开发的 InRoads 这样的软件中确定中心线，然后将其导入 GC 中，将其与几何结构相关联。然后将 GC 的几何线框图导入 Bentley Structural 中，作为施工图设计的基础，并且开始进行结构分析计算。在绘制施工图时，由于所需几何结构是由管弯半径稍有不同的数百个构件组成，因此 MicroStation Visual Basic 的宏功能被应用生成构件的数据表格。在数据表格的基础上，进行构件的整合优化，使得构件的成本显著节约。结构的最终优化成果仍然以 Excel 表格的形式导出，用于承包商的招标。另外 GC 和 Microstation 的几个 BIM 软件的配合使用在解决结构问题的基础上，还帮助优化了桥梁顶棚的光嵌板。总之在这个项目中，GC 很好地解决了复杂形式的建模问题，解决了复杂形式

图 2-31　新加坡人行桥的效果图[②]

---

① DNA,脱氧核糖核酸,是一种分子,可组成遗传指令,以引导生物发育与生命机能运作。主要功能是长期性的资讯储存,可比喻为"蓝图"或"食谱"。其形式为双螺旋状。

② 图片来源：http://www.arup.com/

的施工图绘制问题，在结构、表皮的优化，以及成本核算上都对设计师有非常大的帮助。

可以看到，GC 在实际工程上的运用非常方便，能快速进行复杂形式的建模，同时能很好地和实际工程的要求结合。这个优势确实是其他参数化软件，如 Grasshopper 所不能比拟的。

2）建筑学教育和研究中的 GC 应用

在高校中，在 Grasshopper 大量使用前，有部分高校的设计课已经尝试使用 GC 这个软件帮助学生开展基于性能（performance）的设计。比如美国康奈尔大学的设计课，有些教师就教 GC，让学生们采用这个软件和 Ecotect 结合，优化建筑的热学性能。他们其中一个设计名称叫做 Component Arcologies，主要是探索单体系统（component-system）中单体的参数化变化，通过这个参数化变化，形成一个系统的结构，来回应环境因子（图 2-32）。当然这样的设计概念不用 GC 也可以使用，但是 GC 的运用能够很好地完成这个环境的优化过程。

图 2-32 Component-Arcologies 作业[1]

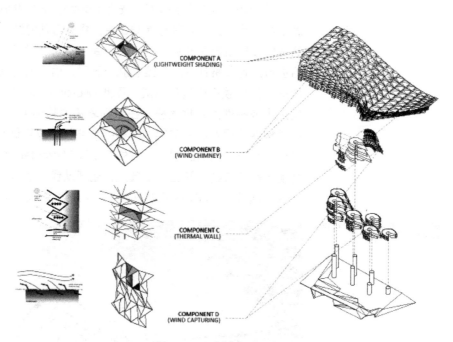

国内高校建筑系尚没有关于 GC 系统应用尝试。由于 GC 的工程性特点，GC 应该是比较好的作为其他简便参数化工具 Grasshopper 的补充。同时 GC 在教学上的应用，能够很清楚的教育建筑系学生：建筑师要从传统的机械的画图中解放出来，更加有效率的进行创造性的工作；同时建筑师与工程师，甚至电脑程序员可以有效地组织起来，协同创作。从这个角度上讲，国内建筑高校应该大力推进 GC 教学。

---

① 图片来源：http://www.epiphyte-lab.com/index.php?/academic/projecta001/

2.10 Maya

2.10.1 软件发展史

Autodesk Maya 的前身是加拿大的 Alias/Wavefront 公司开发的三维动画软件 Alias，在多年研发的基础上，新一代三维特技软件 Maya 于 1998 年正式发布首个版本。《星球大战》这些影片就是使用 Maya 制作特效的。2001 年 Square 公司使用 Maya 作为唯一软件制作了全三维电影《Final Fantasy》。同年 Maya 在 Mac OSX 和 Linux 平台上的新版本发布。由于 Maya 在动画特技方面有特别出色的效果，所以发展很快，一跃成为世界顶级的三维动画软件。2003 年，Maya 获得奥斯卡科学技术贡献奖。而开发这个软件的 Alias/Wavefront 公司在 2003 年更名为 Alias 公司，2005 年被美国 Autodesk 公司收购，Maya 也就成了 Autodesk 公司的产品。由于 Maya 功能十分强大而且完善，操作也相当灵活，制作效率极高，渲染真实感极强，所以在各个领域都有应用。目前其最新的版本是 Autodesk Maya 2012。图 2-33 是 Autodesk Maya 2011 的工作界面。

图 2-33　Maya 的操作界面[①]

Maya 相对其他软件而言较为高阶并且复杂，但是由于其性能强大，所以在各个行业都有广泛应用，特别是在电影、电视、广告、电脑游戏、平面设计、广告制作、医学整形等诸多领域。其中 Maya 能够提供完美的 3D 建模 / 动画 / 特效和高效的渲染功能，所以 Maya 特别受到三维设计人员的青睐，主要使用者包括设计师、广告人、影视制作人、游戏开发者、视觉艺术家和网站开发人员。建筑设计师使用 3ds Max 和 Maya 主要是利用其建模和渲染效果，进行建筑效果的模拟。最近很多建筑师将兴趣转移到使用 Maya 进行建筑设计创作研究，可以说 Maya 在建筑设计中的应用也方兴未艾。

---

① 图片来源：http://www.softsalad.com/software/autodesk-maya-2012.html

2.10.2　Maya 功能介绍与建模方法

1）功能介绍

Maya 的功能组织是以模块为主构架而成的。Maya 所含模块非常清晰，各个模块的功能强大。下面以 Autodesk Maya 2012 版本为主介绍几个模块：

（1）建模（Modeling）：这个包括最主要的几个建模工具，比如 Polygon、Nurbs 和 Subdivion 工具。通过这几个建模工具之间的配合基本上可以完成大部分模型的建模工作。

（2）动画（Animation）：Maya 的动画编辑器非常强大，通过采用逆向动力学的运算工具，以及强大的角色皮肤连接功能，能够创造丰富的动画效果，是 Maya 中最重要的一个模块。使用动画模块，设计师能够很细致全面地模拟各种动画场景。

（3）画笔特效（Paint Effects）：画笔特效是 Maya 中一个非常独特的技术，让设计师能够非常容易创造最复杂、细致、真实的场景。

（4）动力学（Dynamics）：Maya 的灵魂模块，其动力学工具通过模拟动力学的物理场，编辑全真的外部物理环境，与完整的粒子系统的结合可以创造逼真的现实效果。

（5）渲染（Rendering）：Maya 的诸多渲染器，能够进行具有照片质量效果的交互式渲染，提供一流视觉效果。

（6）脚本（Script）：Maya 拥有非常强大的脚本工具。脚本主要是帮助 Maya 使用者通过一些简单的编程拓展其建模、动画、渲染的运算能力。主要的脚本语言包括 MEL、Python、Pymel。

除了包含有上述的各个模块外，Maya 还包含一些个性化定制的模块，如布料、毛发等。

2）建模方法

前面说过，Maya 主要建模方法是 Polygon、Nurbs 和 Subdivison 三种，这三种方法各有特点。一般来说，Maya 能够塑造各种丰富的角色是和这样三种建模方法的结合分不开的。

（1）多边形建模（Polygon）

Polygon 建模是目前三维软件中比较流行的建模方法之一，在其他建模软件中，Polygon 建模的缺点是多边形没有办法精确表示曲面，为了实现较好的效果必须使用大量的多边形进行近似，但是 Maya 中 Polygon 建模在这方面做得比较完善。

（2）曲面建模（Nurbs）

Nurbs 的建模原理是由线组成面，面的结构由线上的点来组成，Nurbs 曲面模型的线是主要的组成部分，由于线由点组成，曲线有曲率，所以建模十分精确。

（3）细分建模（Subdivison）

Subdivion 是指基于 Patch 面片的建模方法，细分曲面定义为一个无穷细分过程的极限，最基本的概念是细化，经过反复细化初始的多边形网格，生成一系列网格趋向于最终的细分曲面，每个新的子分步骤可以生成新的更多多边形并且光滑的网格。Maya 的核心建模工具就是细分建模工具。

可以说 Maya 是主要三维建模软件中各种建模方法最为完备的一种，不同建模方法得到的模型之间的交互也比较好。目前建筑设计中使用 Maya 建模都需要用这三个方法的有机结合。

2.10.3　Maya MEL 介绍

Maya MEL 是 Maya 的嵌入式个性化脚本语言，MEL 主要基于 C++ 和 JavaScript。几乎 Maya 界面上的每个命令都是建立在 MEL 指令和脚本程序上的，通过使用 MEL，使用者可以进一步开发 Maya 使其成为使用者独特而创新的环境。MEL 为 Maya 拓展其建模能力提供了基础。基于此，目前 MEL 在建筑设计研究中的应用正不断发展。

如果使用者稍有编程基础的话，可以很容易掌握 MEL。在 Maya 软件中，除了部分插件以外，所有的建模、渲染等操作都可在 Script Editor 窗口中找到对应的脚本语言进行操作。通过一些基本的逻辑语言将这些脚本组织起来，就可以灵活定制 Maya 使用的新方法了。同时由于 MEL 具有更多的运算能力，因此对于一些生成式建筑设计，也可以通过 MEL 来获得新的形式。MEL 的一些简单应用主要是让用户无须依赖 Maya 的操作界面，并且很快地使用某些快捷键进行建模和运算，准确地设置一些参数值。而对于比较高阶的用户，可以通过编写 MEL 脚本来执行用户建模、动画、动态和渲染任务。

对于使用 Maya 的建筑师来说，并不需要精通 MEL，应用 MEL 并不一定需要太多的编程基础。但是，熟悉 MEL 可以加深使用者应用 Maya 的专业能力。对于建筑师，有时采用一些成熟的 MEL 脚本，通过修改其参数和一些局部的语句，可以收到事半功倍的效果。

2.10.4　Maya 在建筑设计中的应用

Maya 在建筑设计中的应用目前非常普遍，世界上的一些先锋建筑事务所，都使用 Maya 进行大量的建筑创作，这些事务所有 Biothing（图 2-34）、

图 2-34　Biothing 应用 Maya 创作的建筑作品[①]

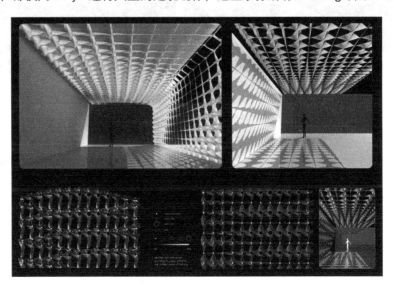

① 图片来源：http://www.biothing.org/

Herman Diaz Alonso、Kokkugia 等。这些事务所利用 Maya 主要是因为
Maya 的塑形能力特别强，能够又快又好地创建出非线性的模型。当然
Maya 毕竟作为一个动画软件，和建筑工程实践需求没有合适的接口，使
用这个软件的主要还是做一些形式研究。

阿根廷建筑师 Herman Diaz Alonso 认为传统建筑的需要是满足确定
的设计要求以达到其形式的美学原则，但是新的数字工具能够让我们探索
材料本身的组织方式。他认为很多时候材料自身的组织逻辑都会把形式组织
推向"过度"的极端；这种"过度"的极端，强化了计算机条件下新形式
内容上的过程"真实"，具有非常重要的启发意义。因此他使用 Maya 进行
建模。在图 2-35 这个例子，他大量的使用了 Maya 的 曲面制作工具，这些
曲面相互缠绕，形成扭曲孔洞的空间效果，创造了类似未来派的效果。

而澳大利亚 Kokkugia 建筑师事务所则着重在他们的设计中探索结构、
装饰与空间关系，希望通过整合这三者之间的关系创造丰富的建筑形象。
使用 Maya 建模是最为方便的工具。在下面这个例子，Kokkugia 事务所使
用 MEL 脚本生成了类似于褶皱的空间结构，这些空间结构之间的建模关系
和真实世界中材料的组织类似，同时 MEL 将结构之间的力学关系编程到实
际建模过程中。因此可以说 Maya 这样的软件工具，很好的帮助事务所表
达其核心设计观念：即空间的形成形态与材料组织是结合的，在这里结构
即是装饰，装饰即是结构，如图 2-36 所示。

图 2-35 Herman Diaz
Alonso 建筑渲染图[1]（左）
图 2-36 Kokkugia 建筑作品
渲染图[2]（右）

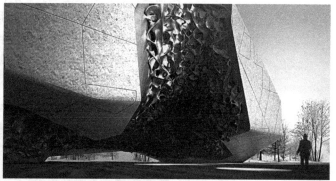

另外，国外一些主要的建筑学院都要求学生使用 Maya 作为主要的建
模工具，这些学校包括英国伦敦的建筑联盟学院（Architectural Association
School of Architecture，AA）、美国的南加州建筑学院、宾夕法尼亚大学等。
学生入学一般会要求进行数周的 Maya 培训。学生使用 Maya 主要在两个
方面：一个是学习基本的 Maya 建模功能，一个是利用 Maya 的一些特效
工具，进行形式创作。在国内一些院校的 Maya 训练中也着重强调 Maya
的建模工具的深化运用。在图 2-37 这个例子中，学生通过灵活使用 Maya
中的细分建模工具，创造了一个丰富的高层建筑的视觉形象。

① 图片来源：http://www.xefirotarch.com/
② 图片来源：http://www.kokkugia.com/

图 2-37　华南理工大学学生
的 Maya 训练作业

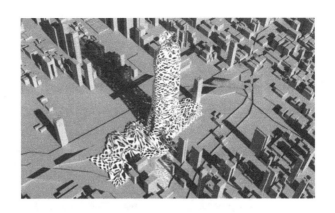

总之，Maya 在建筑设计中的应用日趋广泛，而且随着目前建筑创作方法的多元化，Maya 的应用也会越来越普遍，对 Maya 深层次的应用也更加多，使用 Maya 的建筑师也会越来越多。

2.11　Rhino 与 Grasshopper

2.11.1　Rhinoceros

1）软件发展历史概述

Rhinoceros（以下简称 Rhino）是美国 Robert McNeel & Assoc 公司于 1998 年 8 月正式推出的基于 PC 平台的强大 3D 造型软件。Rhino 的出现在 3D 软件业界具有革新意义，它是第一款将 NURBS 建模引入 Windows 系统的计算机辅助工业设计软件，它对低配置硬件设备和 Windows 系统的良好兼容性、其自身功能的完善性以及低廉的价格使全世界 3D 产品使用者脱离了过去昂贵的 3D CAD、CAID 软件系统和要求苛刻的硬件设备的梦魇，广大 3D 爱好者都有机会在个人 PC 平台上实现自己的创作梦想，Rhino 对 3D 软件行业的发展有很大的推动作用。

Rhino 产品的原始定位是辅助工业产品造型与生产的计算机辅助工业设计软件，它能帮助设计师完成工业产品的构思、造型以及提供与计算机辅助制造软件接口用于产品的最后生产的整套流程。Rhino 发展至今十余年已经成为了一个完善的计算机辅助设计软件，1998 年发售版本为 1.0 版，目前最新正式版本为 Rhino4.0 SR9 版，Rhino 的下一个版本 Rhino5.0 的开发预览版：Rhino 5.0 WIP（Work In Progress）也正在公开测试中，最新版同时支持 Windows 和 MAC 系统。Rhino 软件目前广泛应用于：三维动画制作、科学研究、工业制造、机械设计以及建筑设计相关领域当中。图 2-38 是 Rhinoceros4.0 的工作界面。

2）Rhinoceros 在建筑领域的应用概述

Rhino 近几年在建筑领域被广泛应用，这主要得益于 Rhino 新版本强大的造型能力适合当代建筑外观的设计要求以及其丰富的专业建筑设计

图 2-38 Rhinoceros 4.0 的
工作界面

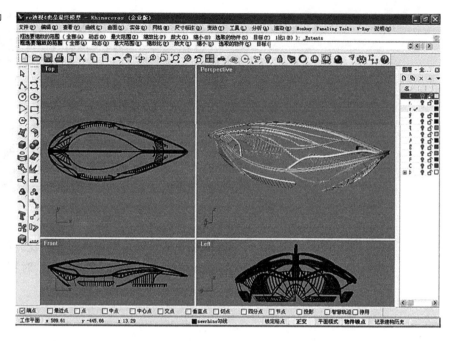

扩展插件。Rhino 上目前有众多专门用于辅助建筑设计的专业插件，例如
VisualARQ、参数化插件 Grasshopper、BIM 插件程序 RhinoBIM（测试版）等。

　　使用 Rhino 辅助建筑设计最初源于国外一些建筑院校在建筑教学上的
实践，例如英国伦敦的建筑联盟学院、美国的哥伦比亚大学和麻省理工学
院等。Rhino 优秀的曲面造型能力和 RhinoScript 参数化设计平台对于新建
筑形式的表达是一个强有力的软件支持。伦敦的一些建筑师和建筑师事务
所（London-based architects）例如扎哈·哈迪德（Zaha Hadid）、彼
得·库克（Peter Cook）、HOK Sport 和福斯特及合伙人事务所（Foster +
Partners）对 Rhino 在建筑实践上的应用做了一些尝试（图 2-39），这些

图 2-39 彼得·库克在 2003
年设计奥地利格拉茨新艺术中
心时应用了 Rhinoceros[①]

　　① 图片来源：http://www.musica-mundi.com.cn/news/view.asp?id=59

使用 Rhino 辅助设计出来的许多建筑实例因其独特的造型和高超的结构技术而获得了广泛的赞誉。目前 Rhino 已经在建筑设计行业得到日益广泛的应用，国内一些建筑院校已经将 Rhino 引入到其课程设计当中，国内最新的一些建筑设计方案也都使用到了 Rhino 辅助设计，例如接近完工的上海东方体育中心、正在修建的高度超过 600m 的上海中心大厦都使用 Rhino 和 Grasshopper 设计造型。

3）Rhinoceros 与参数化设计

当前在建筑设计领域刚刚起步的参数化设计在工业设计领域已有二十余年历史，早期的建筑参数化设计发展碍于当时的参数化设计软件基于脚本编程的复杂特性，需要非常专业的人士来从事这一工作。Rhino 本身长期以来并不是一个主流的设计软件，自从加入了 Grasshopper 这款直观、容易上手的参数化设计插件后，Rhino 就成为了一个强大的参数化概念设计平台。Rhino 因为结合 Rhinoscript 和 Grasshopper 等插件进行应用，很快就成为了最受欢迎和易于使用的参数化建筑设计工具。

Rhino 的建筑设计潜力还在进一步被挖掘，新兴的 Rhino 参数化插件 RhinoParametrics 和 Rhino 在下一个版本中将加入的 Python 脚本语言已经在它们刚刚崭露头角的时候显示出了强大的功能。毫无疑问，Rhino 将是未来建筑设计和参数化建筑设计领域中一个十分重要的平台。

4）Rhinoceros 的主要功能与特点

（1）基于 NURBS 的精确和强大建模功能

NURBS 模型是唯一适用于计算机辅助制造业的建模标准。Rhino 是基于 NURBS 技术的 CAD 软件，因此 Rhino 建立的模型是精准的，是适合工业制造的，Rhino 生成的模型能直接输入到数控机床进行生产而不必重新建模，这特别有利于异型化建筑构件的制造。Rhino 的 CAD 特性也使它能与当前流行的其他建筑设计软件如 AutoCAD、ArchiCAD 等能进行良好的交互操作。

同时，Rhino 提供了如扫掠、放样、旋转、布尔运算、可视化拉伸、控制点调节等各种 3D 建模工具，可不受约束地创建 NURBS 曲线、曲面和实体的自由造型，可以用之建立任何可以想象的造型而且所得模型不受复杂度、阶数以及尺寸的限制。因此在熟练掌握 Rhino 建模的情况下，使用 Rhino 建模往往比使用其他 3D 建模软件更为快速。Rhino 的曲面特性能够精确表达在其他建筑软件中很难实现的复杂造型。其界面亲切，类似于 AutoCAD 的命令行建模方式，对于从事建筑专业相关人士也很容易上手。

（2）快速修改

Rhino 不但具有强大的建模工具，它也提供了如匹配、延伸、合并、连接、剪切、几何连续、挤压、调整阶数等对曲线、曲面和实体进行编辑的工具，用户可以不受任何限制自由编辑任何要修改的地方。Rhino 本身自带的历史记录工具和参数化插件还能实现某一构件发生改变而且其他相关构件也随之自动修改的关联式修改，并重新生成平、立、剖面等 2D 图纸。其优异的层、组等模型项目管理功能更是优于现有的其他 CAD 软件，使项目的管理和运作更为高效、快捷。

（3）支持各种模型格式

Rhino 自带了一套强大的 2D 或 3D 的图形或模型的转换程序。提供与现在大部分主流 3D 软件的接口。包括 IGES、DWG、DXF、3DS、LOW、VRML、STL、OBJ、WMF、RIP、BMP、TGA、JPG 以及 A1 档的格式。使用 Rhino 与其他软件配合设计是一件很方便的事情。

（4）模型表现

模型表现是 Rhino 新版本中逐渐加强的功能，很多人之前不愿意选用 Rhino 是因为 Rhino 不带有很强的表现功能。现在 Rhino 中有多种与之配套的高级渲染器以及动画插件，例如 McNeel 自己开发的 Penguin 和 Flamingo，以及 Vray、Brazil 等当今渲染领域的高级软件渲染器在 Rhino 中都有插件。另外 Rhino5.0 将支持 64 位系统也为解决复杂的大型项目模型的表现提供了有力的支持。

（5）参数化及扩展平台

这也是 Rhino 最具魅力的特性。Rhino 与 RhinoScript 和 Grasshopper 参数化插件相互协作使 Rhino 平台已成为目前参数化设计的主力平台。Grasshopper 和 RhinoParametrics 等动态直观的可视化参数化编程工具对参数化领域而言具有革新意义，设计师们摆脱了枯燥繁复的计算机代码的限制，开始可以以一种直观、友好、互动的方式来进行参数化建筑设计的探索。并且得益于架构在 Rhino 底层的出色扩展平台，更多优秀的、有创意的插件也正在凸显和被完善中。

5）小结

Rhinoceros 经历了十余年的发展，已经从最初的计算机辅助工业设计软件发展成为一个全方位的计算机辅助设计软件。Rhino 因其在造型能力和参数化设计能力上具有强大的功能和简单易用的特点在当今的建筑设计领域已被日益广泛使用。可以预见，Rhino 在未来的建筑设计行业中将成为不可或缺的主力数字化平台之一。

2.11.2　Grasshopper

1）软件发展背景

Grasshopper 是 Rhinoceros 软件的一款新兴的编程插件，它借鉴了 Quest3D 等虚拟现实开发软件的可视化编程方式，为用户提供了以计算机程序的逻辑来组织模型创建和调控操作。它产生于参数化设计潮流下 Rhino 用户对于编程功能与性能方面的需求，也极大地推动了 Rhino 乃至参数化设计技术与理论的普及。

在技术与理论的互动作用下，当今的形体设计观念有了新的发展，设计从业者在形态创造上有了新的追求与方法，新兴的设计过程中所涉及的信息量也已经远远超过了基于设计者视觉控制上的建模模式所能承受的极限，而基于数据操作的计算机代码逐渐扛起了在设计中处理庞大信息量的重任，这一个过程在最初主要体现在各种 3D 建模软件为用户提供的脚本编写功能上。3D 建模软件的脚本编写功能将各种软件中已有的基础几何命令以一些计算机高级语言（如 Visual Basic、C++、C#、Python 等）的结构与形式组织起来，计算机程序的循环结构和分支结构实现了对数量庞大、复杂度高的设计信息的高速处理，由此具有更高形体创造需求的人们在三维软件中不再只是在图形与思维的交互中发展自己的模型，他们开始编制脚本以代替手工和人脑来做一些不太常规的工作，这些工作大多伴随着不同条件下相同简单逻辑的多次执行而产生出极其复杂的执行结果，使得脚本编写成为寻求形体设计突破的有效途径。

Rhino 同样也为用户开放了脚本编写功能，其脚本称为 RhinoScript。得益于 Rhino 软件本身复杂高超的非标准形体建模能力，其用户群中存在着相对于同类软件而言更多的"狂热分子"，他们对脚本语言进行掌握与探索，以追求达到更高超的形体创造力，这推动了 RhinoScript 在用户群中的普及，同时也提升了 Rhino 用户群的整体计算机语言水平，于是 Rhino 的用户群越来越向以计算机语言以及算法思维为核心的参数化设计方面靠拢。

然而，脚本的编写并不简单，并且对于非计算机专业人员来说也相当枯燥，上手不易。为了解决这一问题，Robert McNeel & Assoc 公司开发了一款名为"Grasshopper"的可视化节点式的编程插件，意图使普通用户能够通过简单的插件界面与可视化的操作轻松地完成脚本编写中绝大部分的建模功能，让设计人员更为容易、方便地使用算法来进行建模。Grasshopper 一经问世便广受好评，它降低了运用算法进行复杂的、逻辑性的形体设计过程的技术门槛，成为当今最热门的参数化设计工具之一。

2）Grasshopper 的主要功能和特点

（1）节点式可视化数据操作

Grasshopper 最显著的特点便是由它所带的功能全面的运算器所提供的节点式可视化编程操作，这些运算器的功能包括数值运算、数组与树状数据操作、各种输入输出操作以及 Rhino 中各种几何类型的分析、创建和变动等，它们如同计算机语言的函数一样，有着带有规则要求的输入项和输出项，运算器间的数值传递由直观的连线所表现，代替了繁琐的命令行中的数据传递操作，让使用者能够更为清楚地把握与驾驭自己的复杂设计思维，通过节点与连线的方式组织自己的算法与几何操作（图 2-40）。

图 2-40 Grasshopper 工作界面

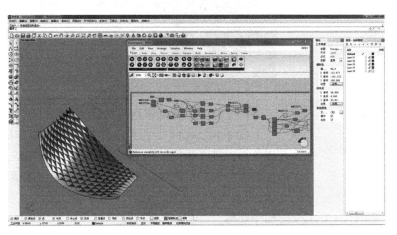

（2）动态实时的成果展示

不同于脚本编写之后执行的模式，Grasshopper 的每个运算器在识别到有输入项输入或者发生变动的时候都会自动以最新的输入数据再次运行自己内部的程序，形成运行结果的实时展示，并且为用户提供了各式的数值滑动条提供简便快捷的重赋值操作，成为模型动态变化的发起者，使得用户在调整与揣摩设计成果的时候能够具有更大的自由和更细致的观察力，得到更全面的测试反馈。

（3）严谨的数据化建模操作

Grasshopper 中的操作均以数据为依据，这由其可视化编程的工作本质所决定的。因此 Grasshopper 的操作也获得了计算机语言的高效性和精确性，更加获得了计算机语言的无限可能性。只要将建模思路转译成数学表达，即算法，就能利用 Grasshopper 通过各种基础的运算器进行连接组织来实现复杂模型的创建，并且通过算法中某些参数的变化（图 2-41），可以快速达到模型调控的目的。在建模与调控过程中，图形只起到监视程序编写状态的作用，这对于大多数迎合当今参数化设计思潮的建模思路的实现相当有利。

图 2-41　使用 Grasshopper 在不同参数控制下模型的变化

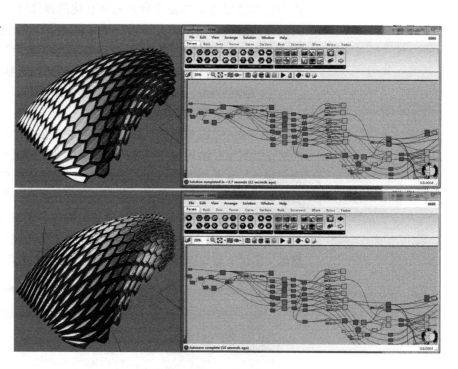

（4）完整的数据保存与反馈

Grasshopper 所创造的形体在用户操作层面就强调了严谨的数据传递关系，并在建模过程中完整地由运算器将这些数据保存了下来；另一方面，各个过程所产生的图形都可以被相应的运算器化解为数据。因此，建模的过程与结果中任何一步可能被用于生产的数据都能在 Grasshopper 当中获得。

（5）开放的用户自定义与开发

Grasshopper 是用高级语言开发的插件，因此具有极大的开放性，允许用户利用高级语言进行广泛的插件自定义功能拓展。在插件内部，Grasshopper 提供了 .NET 框架下的 C# 与 VB 编程运算器，使用户可以开发出自己的 Grasshopper 运算器，并且保存为用户自定义运算器，永久使用。另外，也可以直接在 Microsoft 开发的 Visual Studio 中编写完整的用于生成自定义运算器的程序，另一方面，作为 Grasshopper 的插件，Visual Studio 所提供的 .NET 开发平台的广泛普及度也决定了 Grasshopper 的插件资源的前景将会非常远大。

3）小结

Grasshopper 是先进设计思潮下应运而生的产物，符合了设计人员对软件"功能强大灵活、技术门槛低"的要求，尚在开发阶段就凭借极强的迎合力而使 Rhino 成为普及度最高的参数化设计平台之一。其简易而直观，严谨而开放的性能特点与 Rhino 突出的几何造型功能相得益彰，为 Rhino 在参数化设计领域上开创了广阔的新局面。

2.12 Autodesk 3ds Max

3ds Max，原称为 3D Studio Max，其前身是美国 Autodesk 公司在 1990 年推出的、基于 DOS 操作系统的 3D Studio 三维动画设计软件。1996 年 4 月，Autodesk 公司发布了 3D Studio MAX 1.0，这是 3D Studio 系列的第一个 Windows 版本。2000 年起软件改称为 3ds Max，目前最新版本是 3ds Max 2012。3ds Max 广泛应用于广告、影视、工业设计、建筑设计、多媒体制作、游戏、辅助教学以及工程可视化等领域。随着 PC 机的高速发展，Autodesk 不断更新更高级的版本，逐步完善了灯光、材质渲染，模型和动画制作。同时 3ds Max 提供了与高级渲染器的连接，比如 mental ray 和 Vray 等，来产生更好渲染效果及分布式渲染。图 2-42 所示是 Autodesk 3ds Max 2011 的工作界面。

图 2-42 Autodesk 3ds Max2011 工作界面

图 2-43 3ds Max 制作的计算机游戏角色

2.12.1 3ds Max 主要功能

作为一个三维软件，3ds Max 是一个集建模、材质、灯光、动画、渲染和各项扩展功能于一身的软件系统，功能很强大：

1）在建模方面，3ds Max 拥有大量多边形工具，通过历次改进，已经实现了低精度和高精度的模型制作。

2）在材质方面，3ds Max 使用材质编辑器，可以方便地模拟出任意复杂的材质，通过对 UVW 坐标的控制能够精确地将纹理匹配到模型上，还可以制作出具有真实尺寸的建筑材质。

3）在灯光方面，3ds Max 使用了多种灯光模型，可以方便地模拟各种灯光效果。目前还支持光能传递功能，能够在场景里制作出逼真的光照效果。

4）在动画方面，3ds Max 中几乎所有的参数都可以制作为动画。除此之外，可以对来自不同 3ds Max 动画的动作进行混合、编辑和转场操作。可以将标准的运动捕捉格式直接导入给已设计的骨架。拥有角色开发工具、布料和头发模拟系统以及动力学系统，可以制作出高质量的角色动画。如图 2-43 所示的是 3ds Max 制作的计算机游戏角色。

5）在渲染方面，3ds Max 近年来极力弥补原来的不足，增加了一系列不同的渲染器。可以渲染出高质量的静态图片或动态图片序列。

6）在扩展功能方面，3ds Max 通过制作 Max Script 脚本，可以在工具集中添加各种功能，从而扩展用户的 3ds Max 工具集，或是优化工作流程。同时，3ds Max 还拥有软件开发工具包 SDK，可以用编程的方法直接创建出高性能的定制工具。

2.12.2 软件主要特点

3ds Max 的首要特点是方便的图形界面控制体系，它很好地继承了 Windows 的图形化的操作界面，在同一窗口内可以非常方便地访问对象的属性、材质、控制器、修改器、层级结构等。

作为建筑行业广泛采用的三维软件之一，3ds Max 的另一个特点就是它的参数化控制。在 3ds Max 里，所有网格模型及二维图形上的点都有一个空间坐标，坐标数值可以通过输入具体参数来控制。能够通过数值精确定位，这一点在建筑应用上尤为重要。除此之外，3ds Max 还可以和 Auto CAD 实现无缝连接，两种软件在交换文件时，可以做到尺寸和单位的高度统一；采用新的 Autodesk FBX[①]格式，2011 版可以接收并管理 Autodesk Revit Architecture 的档案信息，当设计被更改后，智能化的 Autodesk FBX 格式可以选择重新加载并针对模型、日光系统、材质进行设定，不再

---

① Autodesk FBX 是 Autodesk 公司出品的一款用于跨平台的免费三维创作与交换格式的软件，通过 FBX 用户能访问大多数三维软件供应商的三维文件。FBX 文件格式支持所有主要的三维数据元素以及二维、音频和视频媒体元素。

像以往在设计被更改后只能重新导入。这样的工作流程可以让 Autodesk Revit Architecture 与 Autodesk 3ds Max 间的结合更加紧密，设计师可以选择最适合的工具来完成作品。

3ds Max 的另一个特点就是它推出时所极力推崇的功能——即时显示，即"所见即所得"。在配置相对较低的电脑上，对于对象所作的修改操作都可以在窗口中实时地看到结果。在配置更加高级的机器上，一些高级属性的修改如环境中的雾效，材质的反射及凹凸也可以实时地看到，同时也更加接近渲染后的最终效果。这一特性对于实际制作过程而言是非常重要的。相对于很多交互性不是很强的三维软件来说，3ds Max 显然比前者在设计上更加直观和方便。由于贴图在 3ds Max 里的调整结果是实时显示的，也不需要每次都要渲染一下才能看得到，工作效率得到极大的提高。

3ds Max 还有个特点是它几乎无穷无尽的扩展性。可以说 3ds Max 能够发展到今天这样一个具有强大功能的软件，是和吸收众多第三方软件作为其内置程序分不开的。从早期的 3ds Max 4.0 开始，就出现了为它所写的特效外挂程序 IPAS 软件包，专门处理类似粒子系统、特殊变形效果、复杂模型生成等一系列难以在 3ds Max 中实现的功能。在 3ds Max 的历次版本进化的过程中，许多功能也是从无到有，由弱变强，在这个过程中外部插件的发展起着至关重要的作用。

2.12.3　软件在建筑表现中的应用

根据不同行业的应用特点对 3ds Max 的要求不同，建筑方面的应用相对来说要简单一些。过去，3ds Max 首先被用于制作单幅的静态建筑效果图,尽管它是一款动画制作软件。在建筑设计与建筑表现的关系中可以看到，建筑设计过程中需要不断地把建筑设计人员头脑中想象的建筑设计方案用通俗易懂的直观方式表达出来，从而方便与非建筑专业的人士进行交流。对于普通公众，一张或一系列建筑建成以后的图片是最容易理解的。同时，静态图像也是很容易通过大众媒体传播，可以在更广大的范围内进行信息的交流。因此，目前几乎所有建设项目实施之前都会制作一张或一系列静态的计算机渲染效果图，对建筑设计方案进行逼真的表现。图2-44所示是 3ds Max 制作的静态渲染图。

图 2-44　3ds Max 制作的静态表现效果图

同时，3ds Max 更是一款功能较为完善的三维动画软件。在对制作静态渲染图的建筑模型进行完善和优化以后，很容易通过进一步的调整，设置多幅关键画面，最后由计算机渲染出连续的画面形成动画。除了通过改变摄影机的位置、镜头等产生行进在建筑空间之中的游览动画以外，3ds Max 软件也能同时调整照明灯光，产生动态的光影变化以观察建筑在不同照明条件下的状态和对周围环境的影响。需要的时候，甚至建筑模型和材质也可以在动画过程中进行变化，用来表现建筑的建设或改造过程。

3ds Max 还可以以 HTML 格式导出模型，成为一个初级的虚拟现实软件。另外，通过一些第三方软件或插件，利用 3ds Max 的模型、材质、灯光等，也能产生可以交互浏览的虚拟现实场景。很多专业的虚拟现实软件也会接受 3ds 格式的模型作为进一步制作虚拟现实的基础。

2.13　Photoshop

2.13.1　发展历史及不同版本介绍

Photoshop 的前身是美国 Thomas Knoll 和 John Knoll 兄弟在 1987 ~ 1989 年期间编写的处理数字图像的小程序 Display，后来 Display 更名为 Photoshop。1989 年 Adobe Systems 公司获得了 Photoshop 的发行权并于次年正式推出 1.0 版本，于 1995 年购入 Photoshop 全部版权。发展至今 Adobe Systems 公司已经成为数字图像设计、网页设计、文档处理等领域最具竞争力的公司。Photoshop 软件也借助公司强大的技术平台和优良的数据交换模式，发展成为当前功能最强大、使用最普及的专业图像处理软件，广泛地应用于平面设计、广告、摄影、建筑设计、影像创意等领域。目前最新版本为 Photoshop CS5（图 2-45）。

图 2-45　Photoshop CS5 工作界面

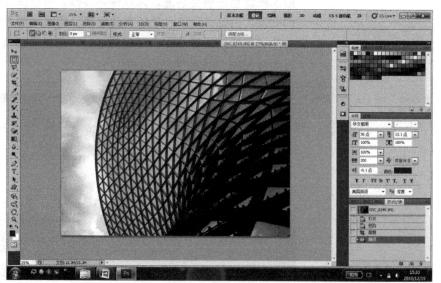

在 20 年的发展历程中，Photoshop 比较重大的改进和变化有：Photoshop3.0 增加了图层（layer）工具，使得图像的管理更加方便；5.0 版本引入了历史（history）的概念，可以记录用户的多次操作；7.0 版本开始增加了和数码相片相关的功能，如支持 EXIF 数据[①]和修复画笔工具。8.0 的官方版本是 CS（CS 是 Creative Suite 的缩写，代表"创作套装"），将 Photoshop 和 Illustrator、Indesign 等软件整合为一个统一的设计环境，从 CS 到 CS4 主要是增强了对数码相片的支持,如镜头模糊滤镜、红眼工具、支持高动态范围成像等,也增强了图层和滤镜等工具，并简化了工作流程和提高设计效率。

目前最新的 Photoshop 分为 Photoshop CS5 和 Photoshop CS5 Extended 两个版本，CS5 Extended 版本包括了 CS5 版本的所有功能，其更强大之处体现在用于创建和编辑 3D 以及基于动画内容的编辑工具，例如通过预览和调整景深范围，尝试 3D 场景中的不同焦点的 3D 景深功能；还有借助 Adobe Repoussé 技术，轻松地利用 2D 图形创建具有 3D 效果的徽标、Web 按钮和图稿，并可进行扭转、选择和膨胀等编辑。

2.13.2 主要功能

Photoshop 的专长主要对已有多种格式的位图进行图像处理，包括图像编辑、图像合成、颜色和色调调整、特效制作等。

图像编辑包括对图像进行如裁剪、缩放、旋转、斜切、自由变换等的操作，这些都是 Photoshop 最基本的功能，通过快捷方便的选择工具选取所需编辑的图像内容，进行所需的几何变换。Photoshop 也提供了一些更加自由和智能的变形工具，例如"内容识别缩放"可在不更改重要可视内容（如人物、建筑、动物等）的情况下调整图像大小，"液化"滤镜可用于推、拉、旋转、反射、折叠和膨胀图像的任意区域。图像编辑包括校正图像扭曲、修饰和修复图像、减少图像杂色、锐化图像等功能，主要应用于照片的后期处理。

图像合成是将多幅图片和文字通过图层工具整合到一起，再利用相关工具进行艺术加工得到所需效果的图像。图像合成给设计人员带来了无限可能和创意灵感，各种素材通过巧妙的组织、处理、修饰、融合得到新的设计作品。合成功能广泛地应用于制作广告海报、插画、壁纸等图像创作。

颜色和色调调整是指增强、修复和校正图像中的颜色和色调（亮度、暗度和对比度）。Photoshop 提供了相关功能强大的工具,例如可以使用"色阶"工具通过调整图像的阴影、中间调和高光的强度级别，从而校正图像的色调范围和色彩平衡。还有功能更加强大的"曲线"工具可以调整全局或局部的颜色和色调。同时，Photoshop 也可以将图片在不同的颜色模式之间进行转换（如 RGB 颜色模式转换为 CMYK 颜色模式[②]），以满足图像在不同领域如网页设计、印刷、平面设计等方面的应用。

---

① EXIF,是英文 Exchangeable Image File（可交换图像文件）的缩写,数码相机均使用 EXIF 格式来存储各种摄影数据,如摄影日期,曝光数据等。
② RGB 颜色模式是由 Red（红）、Green（绿）、Blue（蓝）三种颜色为基色进行叠加而模拟出大自然色彩的组合模式。如彩色电脑显示器就是使用这种颜色模式。CMYK 颜色模式则是 Cyan（青）、Magenta（品红）、Yellow（黄）、Black（黑）通过减色混合来生成颜色，这是印刷上使用比较普遍的颜色模式。

特效制作主要通过 Photoshop 的滤镜工具配合其他操作对图像或文字进行特殊艺术效果的处理。Photoshop 强大的滤镜库可以模仿自然效果如木刻、底纹、涂抹棒等，也可以给图像添加水彩、炭笔、壁画等传统绘画风格。广泛应用于广告、游戏和网页的设计。

2.13.3 建筑设计及表达过程中的应用

Photoshop 并不是专门针对建筑设计开发的软件，但是凭借其强大的图像处理功能和通用的数据接口得到了越来越多建筑设计师的青睐，尤其是在建筑方案的概念设计阶段和表达过程中成为必不可少的工具之一。

1）照片的处理

设计前期调研拍摄的照片通常用 Photoshop 进行简单的处理，比如裁剪、调整亮度对比度等；还有部分大尺度的扫描图片和卫星图片的拼接和融合可以利用 Photoshop 的图层、自由变换等工具完成。如果需要表达基地周边的整体环境，还可以利用"Photomerge"工具将多张照片组合成一个连续的图像或制作全景图。随着软件数码摄影后期处理的功能越来越强大，在整个设计过程中对 Photoshop 的照片处理应用也更加广泛和灵活。

2）建筑效果图后期处理

建筑效果图是建筑设计方案阶段的主要成果之一，用于表达建筑的外部景观、外观造型、室内空间等，包括室内效果图、室外透视图、鸟瞰图和局部透视图等（图 2-46）。制作方法通常是在三维建模软件中配置好相机、灯光、材质等，通过渲染器渲染出半成品的图像再导入 Photoshop 中进行后期的处理。具体的处理内容包括添加人物、绿化、小品、车辆等各类配景；调整玻璃的透光与反射；调整建筑的受光、背光及反光面的明暗层次；各材质色调的调整等。还可模拟制作不同时间，如清晨、上午、黄昏和不同天气，如晴天、雨天、雪天的各种效果。Photoshop 完全可以弥补前面渲染器渲染的不足，并使整个画面更加饱满动人。也有设计师只是将建筑体块模型进行渲染，材质和细节都是在 Photoshop 中填充和绘制（可以配合"消失点"滤镜进行操作），操作思路就更接近于手绘的方式，最后的效果也可以模拟彩铅、水彩等手绘的艺术风格。总的来说效果图的后期处理是对 Photoshop 软件的综合使用，也是对设计者美术功底的全面检验。

图 2-46 Photoshop 用于效果图表达

3）建筑平、立面图制作

建筑总平面图通常包含建筑物、道路、绿化、水景、停车位等多项信息，如果仅用单色的线绘图很难把这些信息表达清楚，表现力和感染力也显得不够。所以通常会将 AutoCAD 等软件绘制的总平面图通过虚拟打印的方式导入 Photoshop 进行平面的渲染。通过填充颜色、材质、纹理以及增加树木、灌木和车辆等配景使得画面饱满而丰富；通过给建筑物、构筑物、树木添加阴影使得画面更有层次并有一定的立体感，再对整体色调和效果进行调整得到表达清晰美观的总平面图。建筑方案的各层平面图也可以导入 Photoshop 中进行填色和修饰，不同的功能配以不同的颜色，使得交通空间、辅助用房、主要功能用房一目了然，图面效果也更好。如果在其他软件中已经建立了方案的三维模型，可以直接通过渲染器渲染得到建筑立面，然后在 Photoshop 中进行颜色和色调的调整，添加配景等后期处理。如果只有单色的线绘立面图也可以导入 Photoshop 中进行填充颜色、材质、纹理及添加阴影等操作，完成立面的彩色渲染。

4）贴图的制作处理

建筑数字模型中很多部分是通过材质的方式表达材料的质感，如砖墙、水泥瓦屋面、花岗石铺地等。材质包括透明度、高光、漫反射等很多设置，但通常首先需要一张合适的贴图。Photoshop 可以将一些现状照片进行颜色调整、对比图调整、自由变换、局部修饰等操作得到所需的贴图。比如需要在大场景中重复拼接的"无缝贴图"就可以利用 Photoshop 的"位移"滤镜、修补工具、色彩平衡等操作来制作完成。

5）设计分析图和图册

设计表达中经常需要制作交通流线、景观、功能分区等分析图，通过在已有底图（如总平面图、一层平面图）上绘制带颜色的点、线、面等图例来表达设计意图。Photoshop 的选取、填充、图层样式等工具可以完成这些分析图的制作。虽然 Photoshop 绘制虚线的曲线不太方便，但可以将其他矢量图软件如 Adobe Illustrator 绘制的图形导入进一步处理。图册的封面和封底可以利用 Photoshop 的滤镜工具将效果图转换为具有艺术效果的底图，再配合文字和图案的编排来制作完成。图册的排版并不是 Photoshop 的强项，但是因为不少设计师对 Photoshop 很熟悉，一些简单的排版工作也会通过标尺、参考线等辅助工具在 Photoshop 中完成。Photoshop 和 Adobe 公司 CS 系列的另两款软件：矢量绘图软件 Illustrator 和排版设计软件 Indesign 有着很好的接口，所以图册的相关工作可以综合应用这三款软件的各自优势来完成。

2.13.4　Photoshop CS5 部分新增功能

Photoshop CS5 较上一版本又增加一些新的功能和增强改进了部分原有功能，特别是在选择、绘画、操纵变形等方面有更加智能的改进，下面简单介绍一下针对设计师影响较大的几个主要新增功能。

1）智能选区技术

Photoshop CS5 增加了智能选区技术，帮助更快且更准确地从背景中抽出主体，从而创建逼真的复合图像。这项技术主要是在粗略的选择图像后通过"调整选区边缘"面板的工具来进一步的调整选取的范围，通过参数的调整使得选区的边缘更加准确。像毛发、植物、云朵等图像边缘的提取在以往版本都是很麻烦的，在 CS5 版本中将变得相对容易。

2）内容感知型填充

内容感知型填充可以轻松删除图像元素并用周边内容替换，与其周边环境天衣无缝地融合在一起。这项功能在处理建筑材质的贴图时很方便。例如以往处理贴图时，经常需要一点点地把石材纹理上遮挡的树枝替换掉，现在只需大致选择要去除的图像，通过"填充"命令的"内容识别"选项，填充会随机合成和背景相似的图像内容，更加智能和方便。

3）出众的绘画效果

新版本在模拟真实绘画方面有了很大增强，一方面是增加了"硬毛刷笔尖"，通过设定笔刷的形状、浓密、长度、粗细等参数来模拟画笔的效果，接近真实运笔的感觉。另一方面增加了"混合器画笔工具"，可以将载入的画笔颜色和图像上已有颜色混合，并通过设置"潮湿"、"混合"等参数来调整混色的效果，再配合"硬毛刷笔尖"就能够更加真实的模拟绘画技术了。

4）操纵变形

"操控变形"功能提供了一种可视的网格，借助该网格可以随意地扭曲特定图像区域的同时保持其他区域不变。比如可以使用它来调整人物的表情和发型，或重新定位手臂或下肢的位置。"操纵变形"提供了比"自由变换"更加自由的操纵图像变形的方式。

参考文献

[1] 罗志华主编. SketchUp 标准实例教程 [M]. 北京：人民邮电出版社，2008.

[2] 钱敬平，倪伟桥，栾蓉. AutoCAD 建筑制图教程（第二版)[M]. 北京：中国建筑工业出版社，2011.

[3] Autodesk Inc 主编. Autodesk Revit Architecture 2011 官方标准教程 [M]. 北京：人民邮电出版社，2011.

[4] 王景阳，汤众，邓元媛. 3ds Max 建筑表现教程 [M]. 北京：中国建筑工业出版社，2006.

[5] 汤众，栾蓉，刘烈辉等. MicroStation 工程设计应用教程（制图篇）[M]. 北京：中国建筑工业出版社，2008.

[6] 汤众，刘烈辉，栾蓉等. MicroStation 工程设计应用教程（表现篇）[M]. 北京：中国建筑工业出版社，2008.

[7] 曾旭东，陈利立，王景阳. ArchiCAD 虚拟建筑设计教程 [M]. 北京：中国建筑工业出版社，2007.

[8] 曾旭东，王大川，陈辉. Rhinoceros & Grasshopper 参数化建模 [M]. 武汉：华中科技大学出版社，2011.

[9] Bentley Institute. GenerativeComponents V8i Essentials 08.11.08 – Bentley Institute Course Guide.

[10] http://www.autodesk.com/

[11] http://www.bentley.com/

[12] http://sketchup.google.com/

[13] http://www.tangent.com.cn/

[14] http://www.graphisoft.com/

[15] http://www.archicad.cn/

[16] http://www.gehrytechnologies.com/

[17] http://www.bentley.com/en-US/Promo/Generative+Components/In+Practice.htm

[18] http://www.biothing.org/wiki/doku.php?id=tobiasschwinn

[19] http://www.rhino3d.com/

[20] http://www.adobe.com/cn

[21] http://www.photoshop20anniversary.com/

[22] http://www.abbs.com.cn/

第3章 生成设计

伴随计算机辅助设计的发展，建筑生成设计逐渐从传统的计算机辅助建筑设计中分化成独立的研究体系。追溯其发展根源，诸多外因起着关键性作用，如：强大的个人计算机功能、计算机图学的发展、人工智能认知系统的研究等。早在 1977 年，威廉·米契尔（William J. Mitchell）便在所著的《计算机辅助建筑设计》中对计算机的设计角色与能力做出展望，尽管当时的计算机软、硬件功能还不能理想地处理图像，但这并没有阻碍计算机图学的研究步伐，经典图学理论同时也推动计算机软、硬件及计算机辅助设计的不断发展和重新定义。随着计算机运算能力的大幅提高，建筑设计中各种难以名状的复杂进程逐渐可以转化为可执行的计算机程序代码，该转化过程需要计算机系统模型方法的辅助，并据此简化建筑设计过程中原本需要长时间演绎或多次重复的复杂进程。

3.1 生成设计概述

计算机辅助建筑设计已从狭义的辅助绘图发展为广义的辅助建筑设计过程，包括运用程序算法对建筑设计过程的可行性分析、概念发展、替选方案评估及建筑原型定义与生成等。生成设计至今不过短短数十年的发展史，在建筑界还没有得到广泛认可和准确的界定。生成设计作为一种新的设计方法，它与传统设计方法的区别在于：不直接设计最终结果，而是通过设计一系列演变规则，生成大量可能的答案，最后从中选择最优结果。

对于许多建筑设计从业者来说，"生成设计"还是个模糊和陌生的概念，人们很难一提起"生成设计"便联想到某位建筑师或具体的建筑作品，建筑师也没有将"生成设计"方法与传统的各种建筑设计方法相提并论，这正是"生成设计"不成熟、不完善的典型标志。如今，国内外从事并将"生成设计"运用于实际工程研究的研究者已为数不少，但关于这种全新的建筑设计方法的不同意见及其互相争论依然时时可见，无论争论结论如何，人们均不能否认一个基本事实，即以计算机数字模型和程序逻辑为基础的生成设计正在催生着一种全新的建筑设计方法。

建筑设计包含诸多密不可分、彼此关联的系统因素，如：建筑环境及文脉、建筑功能与建筑空间、建筑营造技术及成本控制、形式创造等，并通过彼此互动关联构成建筑设计复杂适应系统（CAS，Complex Adaptive System）的总体行为特征，其中任何单一元素均不能体现建筑设计总体特征，建筑设计过程无法通过简单数据方程作线性分析。生成设计借鉴并提取建筑学固有概念和某些传统建筑设计的审美情趣，从这一点看，生成设计与传统建筑创作手法相辅相成。但另一方面，建筑生成设计包括运用程序算法对建筑设计过程的可行性分析、概念发展、替选方案评估及建筑原型生成等，建筑生成设计基于既定规则自动生成建筑、规划方案并使之不断优化完善，是一个自行从简单向复杂、从粗糙向精细不断提高自身复杂度和精细度，并逐步提高设计主体有序度的过程。这一点与传统方法的过程和结果均大相径庭，建筑设计元素的自组织优化组合将激发设计者获得借助传统方法不易产生的灵感与思想，生成设计在某种意义上实现了CAAd（Computer Aided Architectural drawing） 到 CAAD（Computer Aided Architectural Design）的巨大飞跃。

建筑设计基于"创造性"，并在"模糊性"中得到了充分的体现，而客观上对 "建筑创造性"本身一直就难以明确的定义。计算机沉默寡言，它只会按照人们所编制的程序执行，因此，最初人们对于生成设计能否为建筑创作提供支撑平台抱有疑问。生成设计法在某种程度上有别于其他设计方法，在此过程中，设计者通过计算机程序代码及生成系统促进设计者的逻辑思维及建筑创作能力，并促使设计领域内更多的探索成为可能。生成建筑设计通过非传统的方法整合多学科思维模式，与之相关的学术领域有：计算几何学、计算机科学、离散数学及图论、计算机算法、复杂适应系统等，它们都是计算机科学的派生物。与之相关的生成算法规则涉及人工生命系统、不规则图像、突现行为等。

计算机系统模型、数理知识及计算机编程是建筑生成设计技术的三大基本要素。不言而喻，除了数理知识与计算机编程之外，它涵盖与建筑原型问题相对应的任何可能存在的学术领域，计算机图形学、线性代数、微积分等便是其中的重要子集。借助计算机模型和程序工具可以梳理与建筑原型相对应的各种数理逻辑关系，通过针对模型问题的多次程序代码调试及反馈，进而完成从简单模型到复杂系统模型的逐步提升。

3.1.1 计算机程序与生成结果

成果是过程的自然产物。尽管人们都知道这个基本道理，但在建筑设计领域，许多人依旧试图绕过理性过程而直达设计的结果。这种长期存在的危机再次在新的技术背景下更加尖锐地表现出来。在数字化设计中，设计的进程更多地表现为程序的编制过程。程序工具和其他设计工具并没有本质区别，但它比一般工具更难驾驭，需要运用多个学科的知识背景，一个真正的建筑数字技术研究者离不开大量的计算机编程工作。随着数字技术的发展，建筑设计方法自身也正处于一种不断变迁的状态，革命性的理论及其技术手段使得该过程新颖独特，不仅限于其产品，那些方法同样正在产生变革。就建筑设计层面而言，建筑设计融入形式的视觉化过程及其各种元素的变形。这是一个进化的过程，而且经常被反复推敲或者在候选方案中来回游弋。并非每一位建筑师都需要或能够成为一名计算机程序高手，然而，善于运用新技术的艺术家和建筑师却越来越喜欢并且懂得根据新的方法改善其设计途径。建筑生成设计可以充分发挥人、机各自优势。计算机机械而刻板，它只能依据建模者设计的程序指令执行流程。但在人类碰到关系复杂并具有多种可行性选择时，计算机强大的储存功能、高速的运算能力可以同时顾及建筑原型的方方面面，通过计算机工具对建筑原型科学建模、优化决策便成为可能；与此相对，人类思维方式直观且灵活多变，在寻求复杂因果关系时可以忽略许多细节，从而敏锐地提出框架性模型构思。不过，当人类思维涉及动态演化的诸多因素时，人们很难同时考虑和跟踪原型系统变化着的诸多细节。经人类思维提炼的计算机模型将人类直觉思维及推理过程构建成与之相关的各种程序模块，并借此驱动计算机程序代码实现预设目标。建筑数字技术越来越多地利用这些工具，其系统方法及赋予计算机程序工具所体现的强大功能使建筑学与数理运算之间出现新的学科契合点。

3.1.2 建筑原型提炼

原型作为建筑生成设计研究初始基础，对原初类型、形式或例证提供预设，建筑生成设计可以将不同的建筑原型问题扩展到各类形式和内容迥异的建筑设计课题。以建筑采光问题为例，一套系统严密的用于建筑采光设计的生成设计程序包可以映射到内涵各异的建筑设计应用中，如：基于居住区规划规则的日照计算及平面布局的自生成、基于建筑室内采光及节能控制的建筑形体自生成、与建筑内部功能同步的建筑立面生成等。这些从建筑设计角度看似不同的设计问题均可以由同样的基础程序包予以解决。通常，建筑原型的挖掘往往比构建程序本身更为重要，完善的建筑原型程序包为建筑生成设计奠定必要的基础工作。计算机建模是程序工具对原型系统的同态构建，是数学、系统科学、人工智能等学科密切的、实用性技术综合，需要计算机编程知识和相关研究实体的专业知识支持。计算机可以表征人类思维和创造过程，建筑生成设计是人类知识向计算机运算的转化过程，将计算机建模运用于建筑设计领域可以引发建筑设计生成方法深层次算法的探索。

复杂网络、多智能体系统、元胞自动机[①]等模型系统为建筑生成设计提供了大量与生成设计相关的建模方法，借助必要的程序算法（如遗传算法）便可以进行各种建筑设计原型问题研究。建筑生成技术涉及诸多复杂系统建模方法，不同学科对复杂性的观点及概念不尽相同，但具有共同的研究特征。这就是它们均试图从不同的角度，使各学科概念与直觉的复杂性概念相符合，力图用精确的手段（如程序编码）解释这些直觉上的复杂性概念。正是因为复杂性具有这种学科概念的差异性特征，所以，研究复杂性概念往往从学科的常识性概念开始，并由此导出复杂性概念与特定学科之间互相关联。与"参数化设计"不同，建筑生成设计引进非完全随机和非简单迭代的程序进化机制，并以动态和自组织方式让程序完成建筑方案的自身优化，进而提炼并转化建筑设计相关进化规则成为建筑师更为重要的工作。

---

① 元胞自动机（cellular automata）的介绍请参看第 8 章.

3.2 算法模型与生成设计特征

人类从对客观世界认识的形成到对客观世界的建模是一个从原始静态抽象模型到高度抽象和形式化的数理模型解析过程，如今的各种计算机程序的建模方式已发展为动态模型表征。模型通常运用主体及其相互作用或演化结构来描述，人们对世界的认识过程就是对世界不断建立模型的过程；同时，建立模型的过程反过来又可以不断提高人类对世界的认识。模型是对相关领域信息和行为的某种形式描述，是关于真实对象及其互相关系中某种特性的抽象与简化。

3.2.1 模型与计算机建模

模型是人们对认识对象所做的一种简化描述，事物对象的认识原型可形成与之相对应的模型提炼，如下等式可表示计算机模型内涵：

计算机模型 = 概念模式（含公共、专业知识）+ 个体观察 + 提取和筛选 +
程序架 + 修订

对上述公式可分解如下：

- 概念模式：构建模型前必须具备的预设知识，相关公共与专业知识确保模型可以在一定范围内讨论，它们是建立模型的理论基础。
- 个体观察：建模者根据公共、专业知识的信息收集及个人概念对模型对象的操作过程。
- 提取与筛选：根据建模的目的、数据及建模手段等对信息的分析过程，并在此基础上建立可行计划。
- 程序架构：建模者具体化模型的过程，通常通过计算机程序完成现实观测到模型空间的选择性映射。
- 修订：将程序模型运行结果与实际系统比较，从而调整模型参数、程序结构以达到建模者预先的模型计划。

建立计算机模型是每一个程序开发必备的工作过程，模型的建立不是对原型的复制，而是按研究目的实际需要及其侧重面的信息提炼，从而取得便于进行系统研究的"替身"。建模者根据对原型系统规律的认识建立计算模型，与此同时，人们也可以从该过程中挖掘新规律。模型一般比原型系统更简单，建模过程需要对原型系统简化，从系统属性中寻找典型性指标，再根据系统原型逐步加入其他算法以达到程序系统与实际需要之间的最大程度逼近，以此简化传统方法很难或需要长时间解决的问题。以东南大学建筑学院教学中曾用过的小型生成工具"HighDensityGenerator"（以下简称：HDG）为例阐述计算机建模及其特征如下：

HDG 是一个算法简单的生成工具实例，原型从板式住宅剖面入手，探索如何控制各住宅剖面形态以达到正南正北朝向的矩形正交基地中行列板式住宅最高容积率的目的。程序界面如图 3-1 所示，界面顶部为程序生成侧立面简图，左侧显示平面大致布局（包含建筑层数信息），中间窗口显示当前程序的极优解，右侧为用户初始化输入数据。HDG 将寻求解空间的进

图 3-1 HDG 不同初始条件
的剖面生成结果

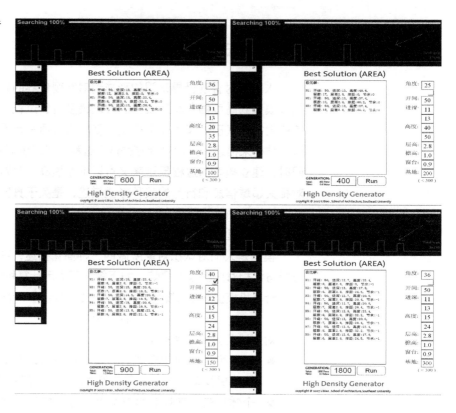

程交给计算机。从建筑设计的角度看，在既定矩形正交基地上布置矩形正交多层住宅单体（倘若层数控制在六层以下）。根据日照间距来控制住宅单体布局，并非将所有单体层数设置到极值（六层）就可以获得总体规划的最大容积率。为了实现这一目标，可能需要将不同层数、不同进深的单体合理组合才可能"求得"特定基地中建筑容积率最大化，应用一定的程序算法（如遗传算法、多智能体系统方法），把不同住宅单体选型与"拼装"工作交给计算机，HDG 生成工具便可以在数分钟内搜索出容积率极值的规划方案。

　　其实，从提出 HDG 程序目标开始，建模的相关手法已经参与到该生成工具中。"概念模式"构建前必须了解居住区类建筑日照间距相关的理论知识，并从中抽象出需要实现的学科课题，它们是建立 HDG 模型的基础，理想的概念模式选题是强大程序工具的前提；"个体观察"涉及"概念模式"建立所需的众多知识信息，并与日后程序功能设计密切相关。例如，如果需要在 HDG 工具中加入点式高层住宅并满足其采光需求，那么"个体观察"中便需要收集更多与居住类建筑规划相关的信息，如：点式高层影域对其他住宅单体的采光影响、交通流线组织方式及景观控制因素等；"提取与筛选"过程需要对"个体观察"过程中收集的信息提炼，从而形成程序概念模式实现的目标。"个体观察"过程收集的信息可能很多，但在程序操作，即程序架构前，建模者需要确定明确的程序目标，对个体观察信息适当取舍。HDG 程序目标较为简单，只涉及特定正交基地中建筑容积率的最大化目的；

"程序架构"涉及计算机科学、数学等学科，它是模型实现具体化的程序操作过程。程序架构不仅仅是程序编码的计算机录入，更需要相关算法的支撑，算法也是程序运行的核心。如果将算法探讨过程和建筑方案构思过程比拟，那么程序编码则相当于建筑设计作品的计算机图形输入，"程序架构"与"概念模式"相互促进、相互依存。如图3-1为HDG四种不同的初始化输入条件生成结果；"修订工作"通常在程序架构调试过程中进行，也包括程序开发后期通过市场试用来收集各方面有益信息，从而修正程序对原型模拟的逼近程度。

原型系统与模型之间互动，且彼此间信息"反馈"，如图3-2所示，建模者根据对原型系统规律的认识建立计算机模型。同时，通过模型所进行的实验过程又可以发现许多新规律，并在此基础上建立更丰富的原型系统。由此可见，模型形态的变化是一个逐级从简单到复杂的升级过程，它从最初原始的思维意向模型发展到借用外部工具搭建出各种复杂模型。

图3-2　原型与模型

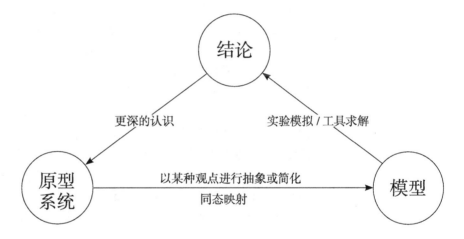

3.2.2　模型分类与生成设计特点

模型存在物质模型与思维模型两大类。物质模型以自然或人造模型实体再现原型，它是诸多学科模拟实验赖以进行的物质手段；思维模型则通过人类创造性的思维结果，并使之应用于思维过程进行数学演算、逻辑推理。思维模型又分为形象模型和符号模型，形象模型以想象的、理想的形态去近似地反映客体。广义上讲，用于表达建筑形体关系的效果图、建筑三维动画、虚拟现实（VR）等均属于形象模型空间范畴；符号模型借助于专门的符号、线条，并按一定的形式组合去描述客体。思维模型是建筑设计生成方法研究中主要研究手段，在建筑设计与生成结果之间形成数理运算逻辑的同构关系。建筑生成方法的模型通常是一种逻辑演算，或者体现为抽象的数学公式，也会通过形象模型反馈、验证思维模型运算结果。

建模者对同一研究客体模型的研究会随着理解的逐渐深入发生建模动机的变化，根据建模动机及其类型的不同可分为以下四个不同层次，它是人类认识事物逐渐加深和逼近实际的过程：

（1）解释与理解：用于解释既存事物及现象背后的运行机制，如，用于解释太阳系结构的天体模型；建筑透视效果图、建筑实体模型对建筑设计方案的表达等。

（2）科学预测：在解释、理解事物规律的基础上，对事物的发展进行预测以达到趋利避害的目的，并根据预测决策人类行为。如，天气预报、地震灾害预报等。

（3）实践控制：在理解及预测的基础上对事物发展过程进行干预及控制，以此达到改造自然的目的。

（4）理性技术和工具的创造：建模者对事物发展机理深入理解、并在完全控制的基础上有意识地创造工具。如，仿造事物机理，发明自主控制的生产工具；模仿建筑师设计思路，可以创造有效的建筑设计生成工具。

建筑设计生成方法建模与计算机模型相同，具有如下类似的特点：

（1）计算机模型不必追究其变动机理，只需从实际数据、直观感觉出发模仿原型系统。建筑生成设计程序开发往往都从最简单的数据模仿开始，然后逐步求精，最终达到满足原型需求的生成系统。

（2）计算机用离散的数值模拟现实现象，其丰富的数据结构可以方便地描述系统各瞬时状态，并通过图像直观显示。计算机程序提供的数值计算能力、逻辑判断能力可以灵活描述各种复杂进程。除此之外，建筑生成设计方法中大量采用计算机程序具备的随机、模糊变量功能成为其模拟、逼近建筑师思维特征的基础。一旦明确原型问题的数据特征后，生成工具开发者便可以用计算机程序直接模拟建筑设计中某些复杂现象。

（3）计算机模型具有广泛的应用空间。可以涉及各种专业领域，如调度、规划、设计及决策等。尽管由于建筑学的专业特征，计算机建模应用于建筑设计领域尚是近几年的事，这恰恰意味着建筑设计生成方法广阔的探索空间。

（4）计算机模型充分发挥人、机各自优势。计算机模型本身来自人类思维提炼，它将人类直觉思维和推理过程构建成程序模块，并以此驱动程序流程，成功的计算机模型可以充分发挥人、机各自优势。

（5）灵活多样的计算机模型实现手段。对于相同的原型通常仁者见仁、智者见智，不同建模者的建模方式常常因人而异。不同的模型也可以反映同一原型的不同侧面，但只要其结论不矛盾便可以算成功的模型，模型正确与否的最终衡量标准必须通过程序编写的客观实践。

（6）计算机模型智能化发展方向。计算机模型结合人机优势，以解决传统数学、物理方法不易解决的复杂系统认识问题。人工智能原理集成人脑处理问题模式及计算机数理算法规则，所以现代计算机模型必然需要利用人工智能已经取得的各种成果。建筑设计生成方法需要应用到分布式人工智能（DAI）许多算法，如：遗传进化算法、多智能体系统方法等。

尽管计算机建模方法具有科学性、安全性及预见性等诸多优势，但计算机建模方法也有一定的局限性。任何模型均基于建模者对本专业认知水平及观察能力的主观结果，观测事实及观测目标的取舍都留有建模者主观设定的种种痕迹，从而模型模拟的可信度缺乏统一的衡量标准。因此，计算机建模方法和其他方法一样容易引起别人的质疑。但计算机模型相对于其他模型简明易懂，其假设通常也非常直观，这就可以提供专业人士共同探讨的客观平台。

3.3　遗传算法、简单遗传算法与多智能体系统模型

遗传算法（Genetic Algorithms，GA）的研究最早产生于 20 世纪 60 年代末，是美国密歇根大学（University of Michigan）约翰·霍兰德（John Holland）及其同事和学生在对元胞自动机的研究过程中形成的一套完整的理论方法。20 世纪 80 年代中期之前，对于遗传算法的研究还仅仅限于理论方面。1985 年在美国的卡耐基·梅隆大学（Carnegie Mellon University）召开了第一届世界遗传算法大会（ICGA ' 85）[1]，随着计算机计算能力的发展和实际应用需求的增多，遗传算法逐渐进入实际应用阶段。1989 年，纽约时报撰稿人约翰·马科夫（John Markoff）写了一篇文章描述第一个商业用途的遗传算法——进化者（Evolver）。之后，越来越多种类的遗传算法出现，并被用于许多领域研究中。

3.3.1　遗传算法

自然界是人类灵感的重要来源。如，仿生学模仿生物界的现象和原理，在工程上实现并有效地应用生物功能，而控制论、人工神经网络、模拟退火算法、元胞自动机、遗传算法等则起源于对自然现象或其发展过程的模拟。早在 20 世纪 50 年代，尽管缺乏普遍的编码方法，但已有将进化原理应用于计算机科学的初步尝试。60 年代初，霍兰德开始应用模拟遗传算子研究适应性。经过十几年的潜心研究，1975 年霍兰德出版了开创性著作《自然和人工系统中的适应性》，它成为遗传算法历史上的经典文献，其后，霍兰德等学者将该算法应用到优化及机器学习中，并正式定名为遗传算法。遗传算法的基本理论和方法，证明了在遗传算子选择、交叉和变异的作用下，平均适应度高于群体平均适应度的个体群，在子代进化中其适应度可能以指数增长的遗传特征。

遗传算法借鉴达尔文生物进化理论（适者生存，优胜劣汰遗传机制）并由此演化而来的随机优化搜索方法。生命的基本特征包括生长、繁殖、新陈代谢和遗传与变异，生存斗争贯穿生命个体成长的全程，这种斗争包括种内、种间以及生物与环境之间的关系三个方面。在生存斗争中，具有不利基因特征的个体容易被淘汰，产生后代的机会逐步减少；有利变异的个体容易存活下来，它们具备更多的机会将优良基因传给后代，并在生存斗争中具有更强的环境适应性。达尔文（1859 年）把这种在生存斗争中适者生存，不适者淘汰的过程叫做"自然选择（natural selection）"。其中，

---

[1]　Proceedings of the First International Conference on Genetic Algorithms and Their Applications

遗传和变异是决定生物进化的内在因素，它与自然界中的多种生物彼此之间通过适应环境得以存在，其生存状态与进化、遗传和变异等生命现象密不可分。生物的遗传特性基于固有染色体，并以此保持生物物种的相对稳定。而生物的变异特性使生物个体产生新的性状，以至于形成新物种，从而推动了生物的进化和发展。达尔文用自然选择来解释物种的起源和生物的进化，其自然选择学说主要包括繁殖（reproduction）、遗传（heredity）、变异（mutation）和适者生存（survival of the fittest）四方面。

引用达尔文生物进化理论的描述算法基本思想，遗传算法最初借鉴进化生物学中的一些现象发展而来，这些现象包括遗传、突变、自然选择以及杂交等。GA 是计算数学中用于解决最优化搜索算法、进化算法的一种。从代表问题潜在解集的种群开始，该种群由经过基因编码（gene coding）的一定数量的个体组成。各个体染色体（chromosome）为带有一定特征的实体，染色体作为遗传物质的主要载体，即多个基因的集合，其内部表现（即基因型）是某种基因组合，它决定个体形状的外部表现。初始种群产生之后，按照适者生存和优胜劣汰的原理，逐代（generation）演化产生出越来越理想的近似解。在每一代，根据问题域中个体适应度（fitness）选择个体，并借助于自然遗传学的遗传算子（genetic operators）进行组合交叉和变异，产生出代表新解集的种群。这个过程将生成与自然进化类似的后生代种群，它们比前一代具有更强的环境适应性，末代种群中的最优个体经过解码（decoding），可以作为特定问题的近似最优解。

20 世纪 80 年代后，遗传算法得到了迅速发展，越来越多地应用于实际领域中。1983 年，霍兰德的学生戈德伯格（David E Goldberg）运用遗传算法理论理想地解决管道煤气系统的复杂优化问题。1989 年，戈德伯格出版了《搜索、优化和机器学习中的遗传算法》一书，该书为这一领域奠定了坚实的科学基础。80 年代中期，阿克塞尔罗德（Axelrod）与福雷斯特（Forrest）合作，采用遗传算法研究了博弈论中的经典问题——"囚徒困境"。在机器学习方面，霍兰德在提出遗传算法的基本理论后就致力于研究分类器系统（classifier system），分类器系统将某一条件是否为真与字符串的某一位相对应，从而将系统中的规则编码改为二进制字符串，这样就可以应用遗传算法来进行演化。

遗传算法用参数列表表征优化问题解的个体，即染色体（或者基因串）。染色体通常为简单的字符或数字串表达，也可用其他表示方法。初始种群运用随机函数生成的一定数量的个体种群，操作者也可以对该随机过程进行干预，从而生成已局部优化的种子。在逐代进化的过程中，每个个体都被评价，并通过适应度函数获得它们的适应度数值，种群中的个体被按照适应度高低排序。遗传算法的流程见图 3-3。

在遗传算法中，优化问题的解被称为个体，它可以转译为一组参数列表，叫做染色体或者基因串。染色体一般被表达为简单的字符串或数字串，或其他表示方法。遗传算法通过以下几个主要步骤完成：

随机生成一定数量的个体。有时候操作者也可以对这个随机过程进行

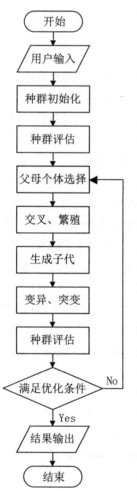

图 3-3　遗传算法流程图

干预，生成已经部分优化的种子。在各代中，每一个个体都被评价，并通过计算适应度函数得到一个适应度数值。种群中的各个体被按照适应度排序，适应度高的排在前面。

生成下一代个体并组成新种群。该过程通过选择和繁殖完成，其中繁殖的过程包括杂交和突变。选择则根据新个体的适应度进行的，适应度越高，被选择的机会越高，相反，被选择的机会更低。初始的数据可以通过这一选择过程组成一个相对更优化的群体。

（1）被选择的个体进入杂交过程。需要确定一个选择概率参数（其范围一般为0.6~1），该数值反映两个被选中个体进行杂交的概率。例如，杂交率为0.8，则80%的"夫妻"会生成后代。每两个个体通过杂交产生两个新个体，代替原先的父个体，不参与杂交的个体则保持不变。确定杂交点，杂交父母的染色体相互交错，从而产生两个新染色体，它们分别截取父母染色体局部片断。对个体交叉过程涉及对其编码方法，对个体进行编码是GA重要步骤之一，常见的编码方式有二进制编码和实值编码两种。

（2）变异：通过突变产生新的"子"个体。GA确定一个固定的突变常数代表突变发生的概率，通常是0.01或者更小。根据这个概率，新个体的染色体将随机发生突变，通常就是改变染色体的一个数位的值（如：0变到1，或者1变到0）。

（3）经过一系列选择、杂交和突变的过程，种群逐代向增加整体适应度的方向进化，由于优秀的个体具有更多被选择机会，适应度低的个体逐渐被淘汰掉。这样的"进化"过程不断重复：各个体被评价，计算出适应度，两个个体杂交，然后突变，产生第三代。周而复始，直到满足终止条件。

（4）确定程序终止条件

一般终止条件有以下几种：

● 耗费的计算机资源限制，如计算时间、计算占用的内存等；
● 某个体已满足适应度条件，即最佳适应度个体已经找到；
● 进化次数；
● 适应度已经达到预期极值，继续进化不会造成适应度更好的个体；
● 人为干预；
● 以及以上多种条件的组合。

选择、交叉、变异是遗传算法逐代进化过程的关键步骤，其目标函数（goal function）的输出值，即适应度所表征的结果将引导遗传算法的进化方向。根据各领域具体课题需求不同，选择、交叉、变异及目标函数的设定区别很大。遗传算法构建出求解复杂系统优化问题的通用框架，遗传算法用于解决最优化的搜索算法，擅长解决的问题是全局最优化问题。对不同领域形态各异的课题研究具有很强的鲁棒性[①]，被广泛应用于很多学科问题的解决，例如解决复杂工程时序安排问题等，遗传算法也经常被用于解

---

① 鲁棒性（robustness）就是系统的健壮性。它表示当一个控制系统中的参数发生摄动时系统能否保持正常工作的一种特性或属性。它是在异常和危险情况下系统生存的关键。

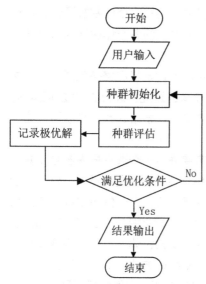

图 3-4 简单进化模型流程图

决实际工程问题。随着计算软、硬件及相关算法的发展，GA已被人们广泛地应用于组合优化、生产调度优化、自动控制、机器人智能控制、图像处理和模式识别、人工生命、机器学习等领域。它是现代有关智能计算中的关键技术之一。GA与模糊数学、人工神经网络一起被称为"软计算"或者"智能计算"，给人以新方法、新思路。

工程设计（例如工业工程设计、建筑设计）中复杂的优化问题可以利用遗传算法的并行性和全局搜索的特点进行工程设计的优化解答。即便如此，遗传算法在应用于特定领域的时候，需要结合学科特点及具体需求，从而解决专业遗传算法的特定课题。遗传算法集成多学科综合知识，如，数学模式定理等，它涉及遗传算法运用于数值优化、机器学习、智能控制及图像处理等各种领域。遗传算法在应用于特定专业课题时还需要对其算法作适当改进，如：分层遗传算法、自适应遗传算法、混合遗传算法等。

3.3.2 简单进化模型

对于解空间很大的专业课题，运用上述遗传算法可以在很短的时间内搜索出极优解。遗传算法在算法机理方面具有搜索过程和优化机制等属性，其中需要运用大量数学方法，如，模式定理、构造块假设等。特定的专业课题需要建立特殊的数学模型，为此，一些具有普遍意义的通用数学方法被数学家不断研究出来。在国内，遗传算法研究尚刚刚起步。建筑学问题的计算机搜索空间巨大，但通过遗传算法搜索建筑设计解空间，并建立相应的数学模型，需要多学科人才的共同探索。简单进化模型算法建模简单，在一定程度可以有效解决建筑学相关实际需求，开发者只需理解遗传算法基本技巧及其程序机制便可迅速寻找到理想的极优解。

如图 3-4 所示，简单进化模型去掉遗传算法中选择、交叉、变异及复杂的数学建模过程，通过简单的随机搜索、建立符合专业需要的目标函数，剩下的工作便可以交给计算机完成。

从简单进化模型流程与遗传算法流程比较来看，简单进化模型并没有真正意义上的进化，其"进化"完全依赖初始种群的随机生成及"试错法"程序得以实现，流程强调对极优化解的记录。该极优解根据目标函数的返回值与初始化种群各个体相比较。程序将极优解与预定目标相比较并判断是否满足条件，根据返回结果判断程序是否继续搜索运行。

简单进化模型通常有以下几个主要步骤：

（1）种群初始化。根据课题建立符合专业需求的初始化种群，该初始化种群的各个体均符合具体条件的专业设定，它基于随机函数生成。初始化种群是建立简单进化模型的基础，该种群不一定具备最优解所具备的极值属性。

（2）记录极优解。程序记录从各轮种群中筛选出的极优评估值，同时记录构成该极优值的数据解集。

（3）种群评估。建立相应课题的目标函数，该目标函数将返回代表个体方案适应度的数值。目标函数可以为单一目标或多个目标加权构成。种群评估可以控制程序"进化"目标。

（4）条件判断。将极优解与预先设定的专业目标比较，如果极优解已满足专业目标则将生成结果输出，否则调用随机函数重新生成种群的全部或部分初始化。

简单进化模型略去了遗传算法中选择、交叉及变异的核心部分，简单进化模型算不上真正的进化算法，但在搜索解空间不大的情况下，简单进化模型却可以很有效地解决生成方法中某类具体问题。

3.3.3 多智能体系统模型

多智能体系统（Multi-Agent Systems，MAS）的发展源自人工智能科学的"分布式人工智能"（Distributed Artificial Intelligent, DAI）。在人工智能领域中，多智能体系统是由多个智能体（agent）[①]组成的集合，智能体一般具备多个属性特征值，并具有修改自我特征值的能力；各智能体间通过信息交换使得系统呈现出某种宏观特征，充分体现从底层构件设计进而架构出全局系统的"自下而上"（bottom up）行为模式，活动主体与环境之间具备交互、适应性。在多智能体系统中通常既有表征活动主体的智能体，同时也有表征限定条件的环境与资源。

多智能体系统解决问题的方法是将问题分解成多个程序片段或智能体，各智能体具有各自独立的属性及处理问题的方法，通过联合与群集的方式，一群智能体能够找到单个智能体无法实现的解决策略。

对于自然界智能体的定义仍存在争议，有时被解释为"自治"（autonomy）。如：弱势群体采用群聚方式抵御外来入侵等。另一种解释是：在实践中，所有的智能体均在人类的主动监控之下工作。而且，越重要的智能体活动指令来自人类，它们就受到越多的监管。事实上，"自治"极少可以实现，反而需要相互依赖。MAS也可以解释为人类代理。人类组织和常规的社会活动也可以认为是多智能体系统的一个实例。MAS可以显示为"自组织"复杂行为，即便所有智能单体的行动规则都很简单。多智能体系统的"自组织"行为趋向于系统中各个体在不受外界因素"干涉"的情况下发现最佳的解决问题之道。

运用多智能体系统对不同学科复杂系统的动态模型研究方法称为基于多智能体系统的建模方法，该系统模型即为多智能体系统模型（Multi-Agent Model）。国内外对于MAS课题的研究大多体现在对生物、生态和社会、经济等复杂系统的动态仿真，主要包括：

● 信仰、愿望和意图（beliefs, desires, and intentions，BDD）；

---

① 智能体是人工智能领域中一个很重要的概念。以前也有把智能体称为"代理"、"智能代理"、"智能主体"的。在人工智能领域，能够通过传感器感知其环境，并借助于执行器作用于该环境的任何事物都可以看作是智能体，它既可以是硬件（例如机器人），也可以是软件。总之，任何独立的能够思想并可以同环境交互的实体都可以抽象为智能体。

- 协同学（synergetics）；
- 组织（organization）；
- 分布式问题解决（distributed problem solving）；
- 多智能体学习（multi-agent learning）；
- 科学群落（scientific communities）；
- 可靠性与容错性（dependability and fault-tolerance）。

对于多智能体系统运用于建筑设计模型的研究近几年出现在国外，多智能体建筑设计模型将类型多样、数量巨大的建筑要素抽象为体现复杂系统特征的智能体集合，设计大多体现为各智能体结构主体之间不断组合、分解的进化过程。各智能体无意识、自私的行为体现多智能体系统行为特征，多个建筑要素间相互作用表现出单个要素所不具备的总体特征，系统整体产生新特征的过程即为"涌现"，其整体表现优于个体的简单叠加，体现出"非线性"特征。作为一种新的研究方法，多智能体系统建模方法在建筑学领域中的研究越来越广泛。MAS 模型是最令人着迷的建模方式之一，通过直观互动行为或抽象思维逻辑控制屏幕中动态演化的智能体，融合各种信息的智能单体，在适当互动原则构成的智能体活动规则作用下，纷纷寻找各自局部平衡和整体优化。

多智能体系统在建筑设计方面有诸多应用，例如大型建筑的人流疏散问题。其能够对建筑物实际环境建模采用精细网格划分和人工智能的方法来处理，而在疏散仿真过程中采用多智能体作为计算框架，可以很好地模拟人的行为特征，包括个体行为和群体行为特征。在动态计算疏散人员运动方面，可以采用基于 PSO[①]的个人移动模型，在计算效率和拟真度方面都获得令人满意的效果。

多智能体系统需要思维方式的转变，计算机相关算法及程序运算在此过程中承担了大部分研究角色。

3.4 "notchSpace" 遗传算法生成设计案例

就建筑设计计算机生成方法研究本质来看，并不需要形成统一划一的研究模式或特定的模型框架，与该方法所涉足的跨学科研究特征相关。而在生成方法的实际操作与其研究过程，以及解决"生成什么？"与"如何生成？"两大疑问时，计算机生成方法往往首先选择"如何生成？"作为操作出发点。必要的系统模型可以使特定的专业课题在"山重水复"之时，顿有"柳暗花明"之感。总结建筑生成设计技术及其与建筑设计操作流程关系的略图如图 3-5 所示。本节结合建筑空间剖分和组合问题，以"notchSpace"生成工具为例，详细介绍遗传算法的生成设计具体运用。

---

① PSO 是 Particle Swarm Optimization（粒子群优化算法）的缩写，该算法模拟鸟群飞行捕食的行为，鸟与鸟之间通过集体协作使群体达到最优目的。PSO 同遗传算法类似，是一种基于迭代的优化工具，但没有遗传算法中的交叉及变异，而是粒子在解空间追随最优的粒子进行搜索。同遗传算法比较，PSO 的优势在于简单、容易实现，并且没有许多参数需要调整。目前已广泛应用于人工智能中相关的领域。

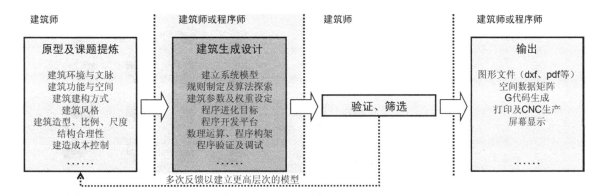

图 3-5　建筑设计与生成设计操作流程关系

3.4.1　"notchSpace" 简介

"notchSpace" 开发灵感源自于"孔明锁"（图 3-6），也有资料称之为"鲁班锁"或"六木同根"。"孔明锁"构造看似简单，只要找到了关键的"插销"就能拆开，但是内部的凹凸部分啮合，十分巧妙。"孔明锁"通常作为木结构建筑的精妙木构造研究实例之一，"notchSpace"则从另一个角度审视并分析"孔明锁"：将其中间相交部分理解为对相同实体的不同空间划分；同时，制定相应的程序规则，使其满足建筑内部空间的适当三维剖分。

不同建筑师对于建筑空间剖分具有各自不同的思维方式，但不可否认，每个建筑师均存在自己思维模式的缺陷。"notchSpace"基于遗传算法的随机搜索及其建筑元素编码，优化固有建筑空间的剖分方式。由于"notchSpace"不是简单的随机搜索，它需要对建筑原型课题进行适当的程序编码，但其搜索优化进程比简单进化算法效率更高。

如图 3-7(*a*) 所示，"notchSpace"以"九宫格"为基本原型，将其中间单元设为建筑交通空间，周边剩下的 8 个单元空间为"notchSpace"需要剖分的原型基础。"notchSpace"将单元剖分变成上、下层三维空间，这使单元"升级"至如图 3-7*b* 所示的 16 个单元交错空间不同剖分求解（中间单元均为垂直交通空间）。"notchSpace"预设由 1 至 4 个随机数单元方

图 3-6　孔明锁

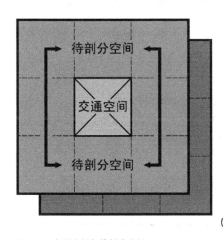

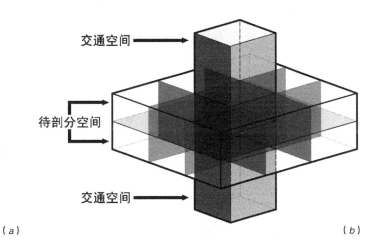

图 3-7　交通空间与待剖分空间
（*a*）一层有 8 个待剖分空间；（*b*）上下两层有 16 个待剖分空间

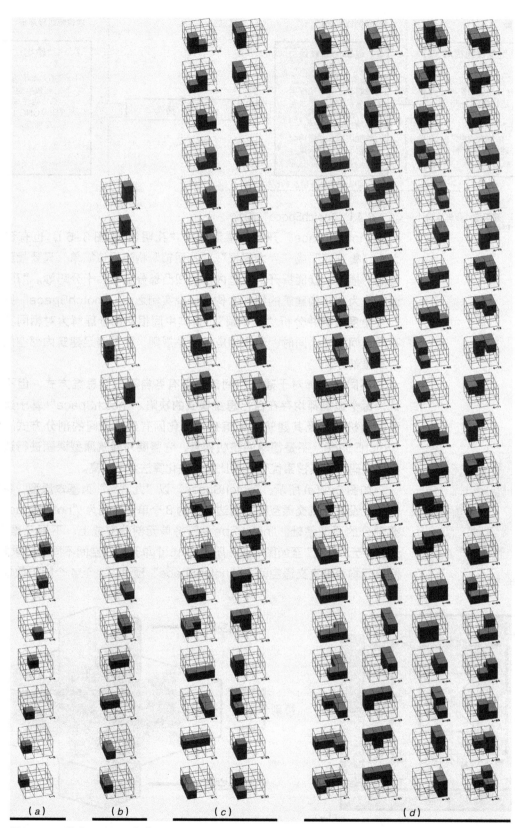

图 3-8 144 种 "notchSpace" 基因
（a）1 个单元空间；（b）2 个单元空间；（c）3 个单元空间；（d）4 个单元空间

单元空间	1 个单元空间	2 个单元空间	3 个单元空间	4 个单元空间
可能的数量	8 种	16 种	40 种	80 种
对应图形	图 3-8（a）	图 3-8（b）	图 3-8（c）	图 3-8（d）
数量总计	计 144 种（基因）			

格构成建筑功能空间（如办公空间等）。考虑该空间可形成上、下两层的跃层空间情形，那么，建筑空间构成可能情况共 144 种。图 3-8 罗列出所有 144 种可能，具体数量及参考图索引见表 3-1。

正如前述，遗传算法首先需要抽象出遗传基因基本码。在 "notchSpace" 程序开发中，图 3-8 所呈现的 144 种可能便构成其逐代进化构成的基本基因编码，该 144 种基因码是 "notchSpace" 交叉及变异进程中的基本生成控制单元。

在 "notchSpace" 演化过程需要加入符合建筑设计需求的适当规则，"notchSpace" 提取八个空间方位（南向、东向、西向、北向、西南向、东南向、东北向及西北向）作为遗传进化目标。

综合上述分析，"notchSpace" 构成以下建筑设计规则及程序设计法则：

（1）"notchSpace" 以上述如图 3-8b 所示的 16 个单元的不同空间剖分及预设遗传规则为进化目标。为了动态显示进化过程，"notchSpace" 提供三维图像即时可视化界面。在该界面中，提供必要的输入参数控制选项，如进化所需优化朝向。同时提供必要的输出数据显示，如程序运行进程中建筑空间剖分现状、图像及各建筑空间分配状况显示、当前进化年代及适应度值等。

（2）空间剖分形成的建筑功能空间可由 1 至 4 个单元方格构成，并形成丰富的建筑室内空间构成，避免形成简单的平面化传统剖分。从而使各建筑空间形成上、下跃层空间。

（3）对于固有建筑形体的空间剖分，"notchSpace" 运行可在连续平面单元方格及相连楼上、楼下空间中进行。但构成建筑空间的单元方格必须控制在 4 个以下（包括 4 个），"notchSpace" 还提供空间生成数据的文本输出。

（4）建筑师可从上述八个空间方位中任选一两个方位作为 "notchSpace" 遗传进化方位。遗传成果需要使所有建筑功能空间剖分至少有一个方格单元朝向指定的进化方位，在遗传进程中不一定能完全满足该要求，但力求使其最优化。

（5）"notchSpace" 遗传算法相关参数设置在后台调试中进行，程序界面不必提供更多的输入参数，"notchSpace" 将建筑参数作为主要遗传进化设计目标，遗传参数在程序调试过程中确定，其数值大小根据建筑楼层数动态变化。

图 3-9 "notchSpace" 程序
界面

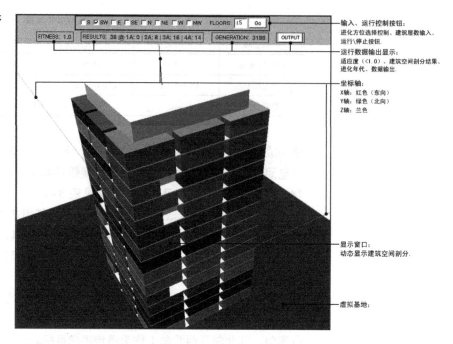

输入、运行控制按钮：
进化方位选择控制、建筑层数输入、
运行/停止按钮.

运行数据输出显示：
适应度（＜1.0）、建筑空间剖分结果、
进化年代、数据输出.

坐标轴：
X轴：红色（东向）
Y轴：绿色（北向）
Z轴：兰色

显示窗口：
动态显示建筑空间剖分.

虚拟基地：

3.4.2 "notchSpace" 及其遗传算法具体步骤

"notchSpace" 程序界面较为简单，见图 3-9。主要由以下几部分组成：

（1）输入运行参数控制：建筑空间剖分的方位由界面顶部复选框控制，由南向（S）、西南向（SW）、东向（E）、东南向（SE）、北向（N）、东北向（NE）、西向（W）和西北向（NW）八个方位组成。建筑设计者可以选择该八个方位中任意两个，当选择项为单一方位时，其余复选框均为可选状态（如图 3-10a，上部选择东南向"SE"，而下部选择西南向"SW"）；当设计者选择两项时，其余方位被自动设为不可选择状态（如图 3-10b，上部选择北向"N"和东北"NE"，而下部选择南向"S"和东南"SE"）。方位的选择从程序后台操控"notchSpace"遗传优化方向，也是程序运行适应度（fitness）的评价标准。输入窗口"FLOORS"控制建筑楼层数量。确认以上输入参数后便可以启动"notchSpace"运行按钮"Go"，在运行

图 3-10 "notchSpace" 中剖
分空间的方位选择
（a）只选了一个方位，其他复
选框仍可选；（b）选择了两个
方位，其余复选框就不可选

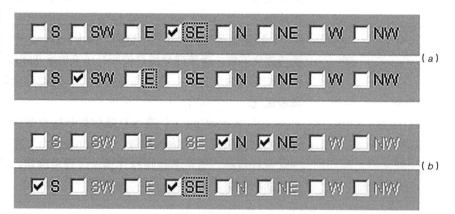

（a）

（b）

过程中，该按钮转变成"Stop"状态，使用者可以根据软件进化结果随时终止程序运行。

（2）运行数据部分即时显示当前程序运行状态。如图3-11所示，"FITNESS"显示当前进化结果具备的适应度最佳解，"notchSpace"规定该适应度数值为0至1之间的数值，当适应度为1（100%）时，表明程序已找到符合前述方位设定的最佳建筑空间剖分，各剖分空间至少有一个方格单元面向该方位。"RESULT"部分显示程序对建筑空间剖分的当前状况：如图3-11所示，"@"之前（41）显示建筑共被剖分的建筑分区数量；其后为空间剖分构成："1A：4"表示41个建筑分区中有4个建筑分区由一个单元分格构成；"2A：10"表示41个建筑分区中有10个建筑分区由两个单元分格构成，"3A：12"及"4A：15"意义类似。"GENERATION"为动态显示当前进化到哪一代，当"FITNESS"达到"1"时，"notchSpace"程序便停止运行，进化年代也固定在某数值。"OUTPUT"用于输出程序运行的最佳解。

图 3-11 "notchSpace" 的运行数据

FITNESS: 0.92   RESULTS: 41 @ 1A: 4 | 2A: 10 | 3A: 12 | 4A: 15   GENERATION: 1444   OUTPUT

"notchSpace"主窗口动态显示程序运行的优化结果，用户可以用鼠标拖动观察多方位程序进化视角。该窗口虚拟基地中有红、绿、蓝3个空间坐标轴，分别指向东、北、上三个不同方位，这有助于使用者观察程序演化结果与预设方位之间的关系。建筑空间的剖分结果用相同的颜色表示同一建筑功能空间，不同的建筑功能空间用不同颜色的单元方格表示，如图3-10所示。

3.4.3 "notchSpace"种群设置、染色体、选择、交叉、变异及适应度设置

程序基因控制单元由144个建筑空间布局形态构成，见图3-8。通过有约束条件的基因串构成单个染色体，长方体方格单元是构成染色体的最小单元。整个染色体链由长方体方格单元、基本基因构成（144个）建筑功能空间、建筑主体逐级构成。"notchSpace"种群由符合基本基因约束需求的数百个建筑主体组成。根据程序使用者所确定的建筑朝向，运用程序语言转换成建筑单体具有的适应度"FITNESS"（0至1之间的数值），该适应度值通过目标函数计算获得。目标函数确定"notchSpace"进化方向，同时也确定程序对种群个体的选择过程，选择过程采取"轮盘赌"方式。"notchSpace"在种群交叉的同时也改变了建筑主体的基本"基因"构成，所以种群的交叉、变异在程序运行中一气呵成。下面以8层建筑为例说明"notchSpace"遗传算法的染色体构成、适应度设置、选择、交叉、变异方法。

1）"染色体"构成

对染色体结构生成之前，首先需要对各长方体方格单元编号。对于各建筑主体中，每个方格单元都具有唯一的索引号，程序中设为该方格的 ID

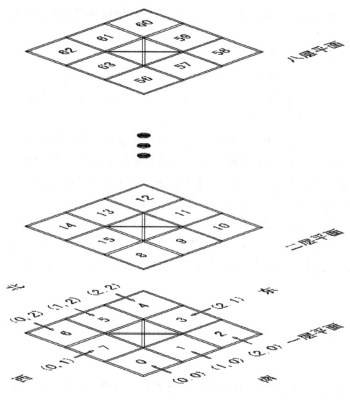

图 3-12　方格单元编号

（identification）号码。"notchSpace" 将建筑第一层西南角的方格单元设为 0 号，按逆时针方向编写，每隔序号 8 便上移一层，八层建筑主体便需要对 64 个单元方格编号（由于从 0 号开始，所以最后单元的 ID 号为 63），见图 3-12。由此，可以形成方格单元空间位置与序号 0 至 63 之间唯一映射关系，如 0 表示建筑主体的第一层平面的西南角方格单元；63 表示建筑第八层的正西中间方格单元；12 表示建筑第二层的东北角方格单元等。除此以外，如何通过数据表示单元方格的方位，程序还需要对各层单元方格进行坐标编号，平面方位编号方式见图 3-12 第一层平面所示。再加上方格的空间楼层定位，程序可以得到完整的 ID 号码与空间位置的映射关系。单元方格的 ID 序号与其在建筑物中的空间方位可以通过数学计算直接获得，其运算见表 3-2。

通过单元方格计算其空间方位坐标[①]　　　　　　　　表 3-2

单元方位	程序表达式	举例
西南向	如果 $i = 0$， 则为西南向（0，0，Z）	ID = 16 时：Z = 16/8+1 = 3；i = 16%8 = 0 则 "16" 与（0，0，3）映射关联
正南向	如果 $i = 1$， 则为正南向（1，0，Z）	ID = 1 时：Z = 1/8+1 = 1；i = 1%8 = 1 则 "1" 与（1，0，1）映射关联
东南向	如果 $i = 2$， 则为东南向（2，0，Z）	ID = 34 时：Z = 34/8+1 = 5；i = 34%8 = 2 则 "34" 与（2，0，5）映射关联
正东向	如果 $i = 3$， 则为正东向（2，1，Z）	ID = 27 时：Z = 27/8+1 = 4；i = 27%8 = 3 则 "34" 与（2，1，4）映射关联
东北向	如果 $i = 4$， 则为东北向（2，2，Z）	ID = 20 时：Z = 20/8+1 = 3；i = 20%8 = 4 则 "20" 与（2，2，3）映射关联
正北向	如果 $i = 5$， 则为正北向（1，2，Z）	ID = 29 时：Z = 29/8+1 = 4；i = 29%8 = 5 则 "20" 与（1，2，4）映射关联
西北向	如果 $i = 6$， 则为西北向（0，2，Z）	ID = 14 时：Z = 14/8+1 = 2；i = 14%8 = 6 则 "14" 与（0，2，2）映射关联
正西向	如果 $i = 7$， 则为正西向（0，1，Z）	ID = 7 时：Z = 7/8+1 = 1；i = 7%8 = 7 则 "7" 与（0，1，1）映射关联

其中"i = ID 对 8 求余：求得 ID 号除以 8 后所取得的余数，根据该余数数值确定单元方格空间方位"；"Z = ID 对 8 取整 +1：ID 号除以 8 后取整数后加 1，可得到该单元方格所在建筑楼层"。

---

① 表格中"举例"这一栏的运算中分别用运算符"/"和"%"表示取整运算和求余运算。

相反在已知方格空间位置（X，Y，Z）的情况下，程序也可以通过简单的流程判断获取该方格的 ID 索引号。

在确定单元方格的编号方式后，运用随机函数生成总和为 64（所有单元方格数量），且每组数据总和为 8（同一楼层），各数值介乎于 1 至 4 之间的随机数。该步骤用于形成"notchSpace"染色体雏形，其生成结果与以下表达式类似：

64 =（2+3+3）+（1+4+2+1）+（3+2+1+2）+（2+2+3+1）+（2+1+2+1+2）+（4+1+3）+（4+1+2+1）+（2+1+2+1+2）

以上等式共分 8 组，对应于八层建筑的各层平面；每组数据总和为 8，对应于建筑各层的八个单元方格。以第一、二组（2+3+3）+（1+4+2+1），即第一、二层建筑单元组成为例，可通过表 3-3 看出建筑一、二层初步建筑功能空间剖分状况，其他各层与此类似。上述关于八层建筑的数学表达式所对应的建筑各层空间剖分见图 3-13（其中图（a）为西南角轴侧图，图（b）为东北角轴侧图），单元方格紧密相邻为同一建筑功能空间。

通过以上操作，形成"notchSpace"染色体雏形，即初步建筑功能空间剖分，但只是在同一平面层中展开。为了得到上下贯通的建筑空间，需要对功能区逐一向楼上探测，视其是否可以和楼上功能区合并，规则为单

一层建筑"2+3+4"对应的空间剖分   表 3-3

一层随机数组成（和为 8）	单元方格的 ID 号	建筑功能空间初步剖分（单元方格方位坐标）
2	0、1	（0，0，1）、（1，0，1）
3	2、3、4	（2，0，1）、（2，1，1）、（2，2，1）
3	5、6、7	（1，2，1）、（0，2，1）、（0，1，1）
二层随机数组成（和为 8）		
1	8	（0，0，2）
4	9、10、11、12	（1，0，2）、（2，0，2）、（2，1，2）、（2，2，2）
2	13、14	（1，2，2）、（0，2，2）
1	15	（0，1，2）
……	……	……

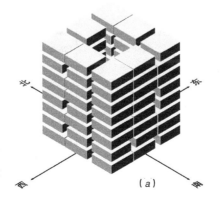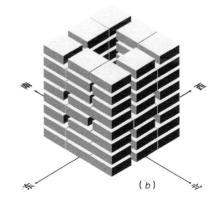

图 3-13 初步建筑功能空间剖分——染色体雏形
（a）西南角轴测图；（b）东北角轴测图

（a）　　　　　　　　　（b）

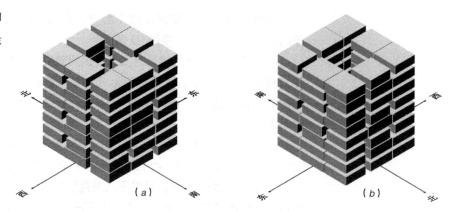

图 3-14　建筑功能空间剖分——染色体
（a）西南角轴测图；（b）东北角轴测图

元方格总数小于或等于 4，直到倒数第二层（本例为第七层）。该过程有助于形成"楼中楼"的贯通空间，丰富建筑室内空间效果。通过该探测过程可以形成图 3-14 的生成结果，单元方格上下紧密相邻为同一建筑功能空间。

　　"notchSpace"的染色体结构较为抽象，不易通过简单的数学表达式直观表现，通过表 3-4 可以看出，在建筑上下楼层之间"探测"并适当结合建筑功能空间的染色体前后数据有很大变化。此前，空间剖分均在相同平面中进行；此后，空间剖分出现了贯通情况（表中斜字体所示功能空间）。对照表 3-4 和图 3-14 可以发现相同的结果。

建筑上、下楼层"探测"前后"染色体"数据变化　　　　　　　　　表 3-4

序列	"探测"前"染色体"数据结构	"探测"后"染色体"数据结构
1	UN=2:（0,0,1）、（1,0,0）	*UN=3:（0,0,1）、（1,0,1）、（0,0,2）*
2	UN=3:（2,0,1）、（2,1,1）、（2,2,1）	UN=3:（2,0,1）、（2,1,1）、（2,2,1）
3	UN=3:（1,2,1）、（0,2,1）、（0,1,1）	*UN=4:（1,2,1）、（0,2,1）、（0,1,1）、（0,1,2）*
4	UN=1:（0,0,2）	*UN=4:（1,0,2）、（2,0,2）、（2,1,2）、（2,2,2）*
5	UN=4:（1,0,2）、（2,0,2）、（2,1,2）、（2,2,2）	*UN=3:（1,2,2）、（0,2,2）、（1,2,3）*
6	UN=2:（1,2,2）、（0,2,2）	UN=3:（0,0,3）、（1,0,3）、（2,0,3）
7	UN=1:（0,1,2）	*UN=4:（2,1,3）、（2,2,3）、（2,0,4）、（2,1,4）*
8	UN=3:（0,0,3）、（1,0,3）、（2,0,3）	*UN=3:（0,2,3）、（0,1,3）、（0,1,4）*
9	UN=2:（2,1,3）、（2,2,3）	*UN=4:（0,0,4）、（1,0,4）、（0,0,5）、（1,0,5）*
10	UN=1:（1,2,3）	*UN=4:（2,2,4）、（1,2,4）、（0,2,4）、（1,2,5）*
11	UN=2:（0,2,3）、（0,1,3）	UN=1:（2,0,5）
12	UN=2:（0,0,4）、（1,0,4）	*UN=3:（2,1,5）、（2,2,5）、（2,2,6）*
13	UN=2:（2,0,4）、（2,1,4）	UN=2:（0,0,5）、（0,1,5）
14	UN=3:（2,2,4）、（1,2,4）、（0,2,4）	UN=4:（0,0,6）、（1,0,6）、（2,0,6）、（2,1,6）
15	UN=1:（0,1,4）	*UN=4:（1,2,6）、（0,2,6）、（0,1,6）、（0,1,7）*
16	UN=2:（0,0,5）、（1,0,5）	UN=4:（0,0,7）、（1,0,7）、（2,0,7）、（2,1,7）
17	UN=1:（2,0,5）	*UN=3:（2,2,7）、（2,1,8）、（2,2,8）*
18	UN=2:（2,1,5）、（2,2,5）	*UN=3:（1,2,7）、（0,2,7）、（1,2,8）*
19	UN=1:（1,2,5）	UN=2:（0,0,8）、（1,0,8）
20	UN=2:（0,2,5）、（0,1,5）	UN=1:（2,0,8）

序列	"探测"前"染色体"数据结构	"探测"后"染色体"数据结构
21	UN=4:（0,0,6）（1,0,6）（2,0,6）（2,1,6）	UN=2:（0,2,8）（0,1,8）
22	UN=1:（2,2,6）	————
23	UN=3:（1,2,6）、（0,2,6）、（0,1,6）	————
24	UN=4:（0,0,7）（1,0,7）（2,0,7）（2,1,7）	————
25	UN=1:（2,2,7）	————
26	UN=2:（1,2,7）（0,2,7）	————
27	UN=1:（0,1,7）	————
28	UN=2:（0,0,8）（1,0,8）	————
29	UN=1:（2,0,8）	————
30	UN=2:（2,1,8）（2,2,8）	————
31	UN=1:（1,2,8）	————
32	UN=2:（0,2,8）（0,1,8）	————

（注：表中"UN"为构成建筑功能空间的单元方格数量）

2）适应度设置及选择

适应度的确定指导程序进化的方向，"notchSpace"适应度根据建筑理想的朝向决定。当建筑功能空间中有一个单元方格朝向指定的方位便认为满足条件，反之则为不满足要求的空间剖分。所以设定以下适应度公式：

$$适应度（Fitness）=\frac{满足要求的功能剖分空间总数量}{功能剖分空间总数}\quad（0\leqslant 适应度\leqslant 1）$$

以上述图 3-13 为例说明该建筑的适应度：建筑被剖分为 21 个功能空间（见表 3-4 右），根据不同的理想朝向其适应度值并不一定相同，见表 3-5。适应度函数所返回的数值也代表了该"种子"在交叉过程中被选择的机会。

适应度随指定理想朝向变化   表 3-5

理想朝向	满足要求的功能剖分空间数量	剖分空间总数	适应度
西南向	19	21	19/21 = 0.90
正南向	12	21	12/21 = 0.57
东南向	15	21	15/21 = 0.71
正东向	11	21	11/21 = 0.52
东北向	17	21	17/21 = 0.81
正北向	12	21	12/21 = 0.57
西北向	19	21	19/21 = 0.90
正西向	14	21	14/21 = 0.67

3）交叉及变异

交叉过程需要在程序中不断调试，并通过程序进化效果、输出数据等分析。种群的交叉、变异至少需要在两个独立个体中进行，为此，根据上述"染色体"构成方法生成另一个体，其数据结构见表3-6，直观的轴侧图见图3-14。

个体1（如图3-14所示）与个体2（如图3-15所示）的交叉过程用的是简单实值交叉方法，但实值交叉方法却可以提供有效的程序思路。众所周知，个体间可能交叉的首要条件是其染色体长度必须相同，上述两个体中唯一相同的参数是它们单元方格数量均为64，这成为个体交叉的基础。notchSpace采用随机函数产生一个介于0至63之间的随机整数，以下以该随机数为"28"为例阐述"notchSpace"交叉方式，见图3-16，共分四步完成。

个体2的"染色体"数据结构　　　　　　　　　　　　　　　表3-6

序列	"染色体"数据结构	序列	"染色体"数据结构
1	UN=4:（0,0,1）（0,0,2）（1,0,2）（2,0,2）	12	UN=3:（0,0,5）（0,0,6）（1,0,6）
2	UN=1:（1,0,1）	13	UN=1:（1,0,5）
3	UN=4:（2,0,1）（2,1,1）（2,2,1）（1,2,1）	14	UN=3:（2,2,5）（2,2,6）（1,2,6）
4	UN=3:（0,2,1）（0,2,2）（0,1,2）	15	UN=4:（1,2,5）（0,2,5）（0,1,5）（0,2,6）
5	UN=1:（0,1,1）	16	UN=4:（2,0,6）（2,1,6）（2,0,7）（2,1,7）
6	UN=4:（2,1,2）（2,2,2）（2,0,3）（2,1,3）	17	UN=4:（0,1,6）（1,2,7）（0,2,7）（0,1,7）
7	UN=3:（1,2,2）（2,2,3）（1,2,3）	18	UN=3:（0,0,7）（0,0,8）（1,0,8）
8	UN=4:（0,0,3）（1,0,3）（0,0,4）（1,0,4）	19	UN=1:（1,0,7）
9	UN=4:（0,2,3）（0,1,3）（0,2,4）（0,1,4）	20	UN=3:（2,2,7）（2,1,8）（2,2,8）
10	UN=2:（2,0,4）（2,0,5）	21	UN=1:（2,0,8）
11	UN=4:（2,1,4）（2,2,4）（1,2,4）（2,1,5）	22	UN=3:（1,2,8）（0,2,8）（0,1,8）

图3-15　建筑功能空间剖分——个体2染色体结构
（a）西南角轴测图；（b）东北角轴测图

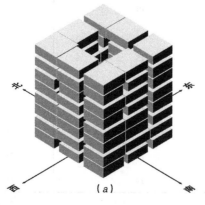
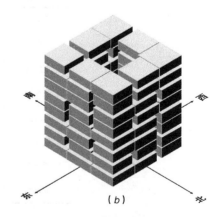

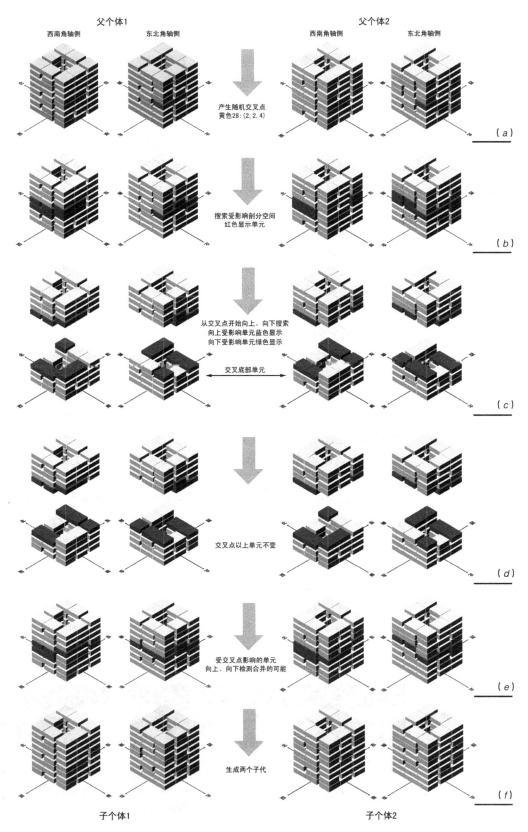

父个体1

西南角轴侧　　　东北角轴侧

父个体2

西南角轴侧　　　东北角轴侧

产生随机交叉点
黄色28：(2, 2, 4)

(a)

搜索受影响剖分空间
红色显示单元

(b)

从交叉点开始向上、向下搜索
向上受影响单元蓝色显示
向下受影响单元绿色显示

交叉底部单元

(c)

交叉点以上单元不变

(d)

受交叉点影响的单元
向上、向下检测合并的可能

(e)

生成两个子代

(f)

子个体1　　　　　　　　　　　子个体2

图 3-16　种群交叉流程

（1）生成交叉点：产生随机交叉点，交叉点为建筑方格单元规模范围的一个随机数，如"28"；对应于该整数的方格单元空间映射方位为（2，2，4），见图3-16a的黄色单元方格。此单元方格将建筑分为上（ID自28至63单元）、下（ID为0至27单元）两部分。

（2）搜索并记录被影响的剖分空间：由于两父个体在染色体中均存在上、下层贯通的空间结构，所以，当从交叉点向两端搜寻各方格单元的时候，程序首先需要记录被交叉点影响的建筑剖分空间，为其后方格单元重组准备必要的条件。图3-16b中的红色方格单元为被交叉点影响的空间剖分，在整个染色体链中，这些单元将在交叉后与另一父个体的部分染色体重构。

（3）交叉染色体：从交叉点处将两父个体一分为二，保持其上部染色体不变，交换两父个体下部染色体。如图3-16c及图3-16d所示，上部及下部受交叉点影响的剖分空间分别为蓝色和绿色。由于两个父个体的染色体长度和交叉位置相同，在它们交叉后依然保持染色体长度不变。但在交叉点附近会出现明显的"切痕"，它会将剖分空间演变得越来越小。所以，必须将它们与其他剖分空间重组。

（4）检测、重组子个体染色体：被交叉点影响的空间单元分属于两个子个体中，构成它们的方格单元采用和"元胞自动机"相类似的方式，检测其周围的方格单元所在的剖分空间，根据具体情况确定是否可以与它们重组。可以重组的条件是该方格单元所在的剖分空间与相邻剖分空间的总方格单元数量小于4（包括4）。子个体染色体的重组保证建筑空间剖分均衡进化，避免出现程序迅速收敛为"病态的"生成结果。

程序实现之后，需要对生成工具进行反复调试。在确定"notchSpace"遗传算法适合的初始种群之后，将其设置为随预设建筑楼层数量变动的变量；种群选择率、交叉率也在调试中确定下来。这些遗传参数被设置成程序运行的预设条件，并具有一定自调整能力。

以12层建筑为例，西南向被设定成"notchSpace"遗传进化目标方位。程序进化28秒后，其"FITNESS"为1.0，即运行达到优化结果。在图3-17中，分图a和分图b分别为西南角和东北角的三维透视。从直观的图形显示可以发现该"设计成果"空间剖分的各建筑

图3-17 "notchSpace" 实验优化结果
（a）西南角的三维透视图；
（b）东北角的三维透视图

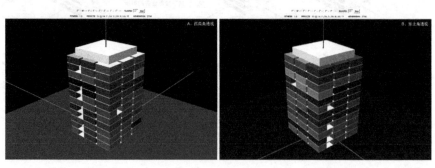

（a） （b）

优化后"染色体"数据结构

表 3-7

序列	"染色体"数据结构	序列	"染色体"数据结构
1	UN=3: (0,0,1)(0,0,2)(1,0,2)	16	UN=2: (2,0,6)(2,1,6)
2	UN=4: (1,0,1)(2,0,1)(2,1,1)(1,2,1)	17	UN=4: (2,2,6)(1,2,6)(1,2,7)(0,2,7)
3	UN=3: (1,2,1)(1,2,2)(0,2,2)	18	UN=3: (0,2,6)(0,1,6)(0,1,7)
4	UN=1: (0,2,1)	19	UN=3: (0,0,7)(0,0,8)(1,0,8)
5	UN=2: (0,1,1)(0,1,2)	20	UN=4: (1,0,7)(2,0,7)(2,1,7)(2,2,7)
6	UN=3: (2,0,2)(2,1,2)(2,2,2)	21	UN=4: (2,0,8)(2,1,8)(1,0,9)(2,0,9)
7	UN=2: (0,0,3)(1,0,3)	22	UN=3: (2,2,8)(1,2,8)(0,2,8)
8	UN=4: (2,0,3)(2,1,3)(2,2,3)(1,2,3)	23	UN=4: (0,1,8)(1,2,9)(0,2,9)(0,1,9)
9	UN=4: (0,2,3)(0,1,3)(1,2,4)(0,2,4)	24	UN=3: (0,0,9)(0,0,10)(1,0,10)
10	UN=2: (0,0,4)(1,0,4)	25	UN=4: (2,0,10)(2,1,10)(2,1,9)(2,2,9)
11	UN=3: (2,0,4)(2,1,4)(2,2,4)	26	UN=4: (2,2,10)(1,2,10)(0,2,10)(0,1,10)
12	UN=2: (0,1,4)(0,1,5)	27	UN=4: (0,1,11)(0,0,11)(1,0,11)(2,0,11)
13	UN=4: (0,0,5)(1,0,5)(2,0,5)(0,0,6)	28	UN=4: (2,1,11)(2,2,11)(1,2,11)(0,2,11)
14	UN=4: (2,1,5)(2,2,5)(1,2,5)(0,2,5)	29	UN=4: (0,0,12)(1,0,12)(2,0,12)(2,1,12)
15	UN=1: (1,0,6)	30	UN=4: (2,2,12)(1,2,12)(0,2,12)(0,1,12)

功能区至少有一个方格单元面向西或南向（颜色相同的方格组成同一功能空间）。

表 3-7 显示实验输出的详细单元数据信息，其结构与图 3-18 完全一致。

根据该优化结果，从图 3-18 所提供的 144 种平面种选择符合优化成果中的基因模块，从而生成如图 3-19 所示的平面图，该过程可以通过程序自动完成。在该实验中，建筑仅为 12 层，空间剖分共生成 30 个建筑功能分区，所以程序生成结果只采用了 144 个基因平面的小部分空间剖分类型，但通过多次程序调试可以发现，随着建筑层数的增加及程序的不断运行，144 种基因平面均有机会被选择，这反映"notchSpace"运行结果与预定程序规则之间的默契。借助"notchSpace"优化结果生成的建筑空间剖分，建筑师可以便捷地进行下一步建筑设计拓展。"notchSpace"借助遗传算法的优化搜索性能生成建筑功能空间与外部造型高度一致的设计结果。

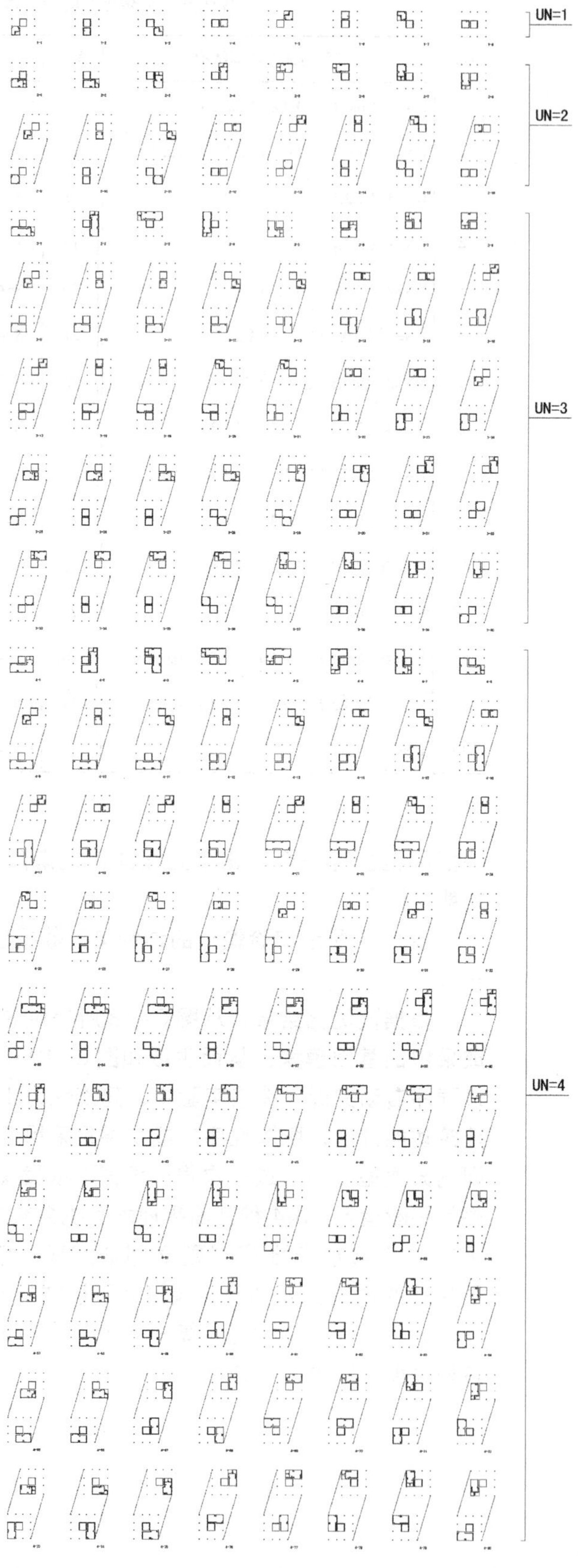

UN=1

UN=2

UN=3

UN=4

图 3-18 "基因"的平面细化

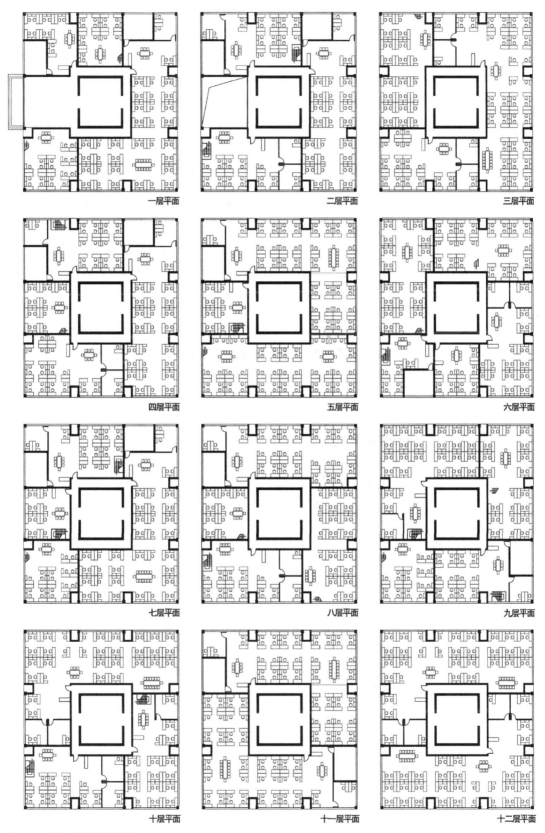

一层平面 二层平面 三层平面

四层平面 五层平面 六层平面

七层平面 八层平面 九层平面

十层平面 十一层平面 十二层平面

图 3-19　实验成果的平面深化

3.5　结语

　　数字技术作为建筑环境、功能、空间、建构技术及成本控制之间的黏合媒介和工具，正在从一个特定的视角展现建筑设计不断步入科学发展的未来可能性。建筑生成设计呼唤固有思维定势的转换。"思维转换"主要定义关于主流思想的逐步过渡、转化、演变及超越，其基本思想体现价值、目标、理论及方法的转变。思维转变与科技进步紧密相关，并将影响于集体性的认知。其理论和模型需要运用崭新的方法来理解传统的观念，同时拒绝陈旧的假定，并用新的内涵进行替换。科学革命往往发生在传统与革新两种思维并存的时期。如果建筑学要着手于算法对建筑学学科尤其是建筑设计领域引发新的创造，那么它的设计方法便需要和程序方法紧密结合，进而，计算机模型与其组合也须整体化推进。建筑生成设计技术对建筑设计的介入将有力地改变传统设计过多地依赖既有感性经验的状态，它通过算法和编程将建筑学学科的专业问题及其话语体系转换为更有利于揭示问题本质的数理语言，经过运算，其结果再次回归到建筑学的话语体系之中。方法的探索不仅不会掩埋建筑师的想象力，而且将会突破固有的思维、过程和技术的局限性。建筑生成设计将提供新的探索、实验乃至投资的可能方向。

参考文献

[1] 刘汝佳，黄亮著. 算法艺术与信息学竞赛 [M]. 北京：清华大学出版社，2005.

[2] 王小平，曹立明著. 遗传算法——理论、应用与软件实现 [M]. 西安: 西安交通大学出版社，2006.

[3] 张文修，梁怡编著. 遗传算法的数学基础 [M]. 第二版 . 西安：西安交通大学出版社，2004.

[4] 弗兰西斯·路纳，史蒂芬森·本尼迪克特. SWARM 中的经济仿真：基于智能体建模与面向对象设计 [M]. 景体华，景旭，凌宁等译. 北京：社会科学文献出版社，2004.

[5] [加]Jiming Liu. 多智能体原理与技术 [M]. 靳小龙，张世武，[加]Jiming Liu 译. 北京：清华大学出版社，2003.

[6] 切莱斯蒂诺·索杜. 变化多端的建筑生成设计法——针对表现未来建筑形态复杂性的一种设计方法 [J]. 刘临安译. 建筑师，2004（12）：37～48.

第4章 参数化设计

4.1 参数化设计概述

参数化建筑设计是一个近年来快速发展并对当代建筑设计产生巨大影响的领域。它的产生与发展受到了复杂系统与非线性科学思想的影响，并与计算机硬件和设计软件的发展密切相连。在短短数年间，在全世界各地建筑师的共同探索和实践中，从计算机虚拟环境中对形式的生成发展到运用在真实项目设计和建造，成为一种与以往不同和具有强大生命力的建筑设计方法，并深刻影响着建筑设计的观念和建筑建造的途径。

4.1.1 从高迪的圣家族大教堂谈起

对于参数化建筑设计的介绍可以从圣家族大教堂（the Expiatory Temple of the Sagrada Familia）开始。圣家族大教堂是西班牙建筑大师安东尼奥·高迪（Antonio Gaudi）的毕生代表作。它位于西班牙加泰罗尼亚地区的巴塞罗那市区中心，始建于 1884 年，目前仍在修建中。圣家族大教堂整体设计以大自然诸如洞穴、山脉、花草动物为灵感。高迪曾经说："直线属于人类，而曲线归于上帝。"设计中完全没有直线和平面，而是以螺旋、锥形、双曲线、抛物线各种变化组合成充满韵律动感的建筑。

高迪曾花费两年的时间发展一种生成柱子形式的方法。圣家族大教堂的柱子是通过对简单几何规则的操控而获得的复杂形体。高迪天才的设计中包含着两个螺旋面的交叠，模仿了植物有机的生长形态。他使用了顺时针和逆时针两种相反的旋转，从而避免了单向旋转柱子的不牢固的形象[①]。图 4-1 解释了这一过程。小图 A 为一个正方形截面沿垂直方向拉伸并扭转 22.5° 得到的形体，小图 B 为反向扭转的结果，两者叠加得到小图 C，最后通过布尔运算得到了小图 D 的形态。虽然高迪当年没有使用现代计算机中的布尔运算来生成柱子，但是以上过程却得到了与高迪的设计一样的结果[②]。高迪使用这样的方法设计了圣家族大教堂的所有柱子，这些柱子大小、形状不同，大柱子生成时的初始正方形截面更大，而截面旋转的角度则与柱子的高度和柱径成比例[③]（图 4-1）。

---

① Burry M．Rapid prototyping[J]．CAD/CAM and human factors Automation in Construction, Vol 11, No 3, 313 ~ 333.

② Gomez J, et al. La Sagrada Familia: de Gaudi al CAD Edicions UPC[R]．Universitat Politecnica de Catalunya, Barcelona, 1996.

③ Hernandez C R B．Thinking parametric design: introducing parametric Gaudi[J]．Design Studies，2006，27（3）：309 ~ 324.

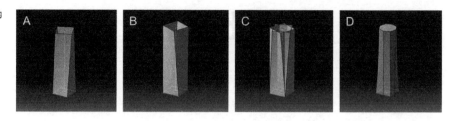

在圣家族大教堂新建部分的设计中，建筑师用计算机内的参数化设计方法实现了高迪这一生形逻辑。所不同的是，基本截面由正方形 1 种发展为 4 种形状，因此相应的生形结果也变得非常丰富[1]。通过这一方法获得的设计，建成后取得了与高迪原始设计一致的风格和丰富的空间形态（图 4-2）。

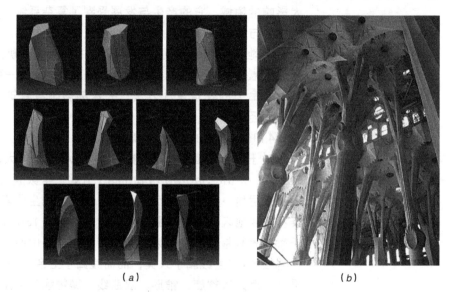

（a）　　　　　　　　　　　（b）

圣家族大教堂的设计案例可以说是非常典型的基于几何拓扑关系的参数化设计。在这里，基本截面的形状、扭转的角度以及柱子的高度成为决定柱子形态的参数。通过改变这几个参数，可以获得各种不同的设计方案，供建筑师选择。可以说，在计算机技术的帮助下，参数化设计为建筑创作带来了新的途径，极大地拓展了建筑师创造和处理复杂形体的能力，也极大地提升了设计的效率。

实际上，经过近 10 年的发展，当今的参数化建筑设计方法所包含的内容要比在圣家族大教堂的案例中的方法丰富得多，人们对于参数化建筑设计的概念也有着不同的理解。一般来讲，建筑设计软件中对于参数化的概念有比较明确的界定，而学术界对于其理解则包含更广阔的内容。

4.1.2　建筑设计软件中的参数化设计

建筑设计的过程是一个"生成——检验"和不断反馈的过程，在这个过程中，设计经过多次的调整和深化，逐步发展形成最终的设计解[2]。这样

[1]　Hernandez C R B. Thinking parametric design: introducing parametric Gaudi[J]. Design Studies, 2006, 27（3）: 309 ~ 324.

[2]　Rowe P G. Design thinking[M]. Cambridge: The MIT Press., 1987.

图 4-3　Autodesk Revit 软件中的参数化楼梯模型[3]

的反复修改调整贯穿设计的全过程，并占用了设计人员的大量时间和精力。为了提高设计的效率，参数化设计的概念被引入了设计软件中。在这里，参数化设计方法就是将模型中的定量信息变量化，使之成为可以任意调整的参数，通过改变参数的数值，就可以得到不同形态的设计。在参数化设计中，需要建立能够表示模型的各种约束关系的参数化模型，如几何元素之间的拓扑关系、尺寸关系，以及基于工程知识建立的逻辑关系等，通过这些关系将模型中的元素关联在一起，形成整体[1]。

有了参数化设计方法，计算机内的设计模型就具有了可变性，能够对设计条件的变化作出响应，大大提高了设计的效率。例如，在楼梯的设计中，如果建立了参数化模型，就可以通过输入楼梯间的宽度、进深、梯跑走向、踏步和扶手形式等基本参数生成楼梯的三维模型，并且在这些参数发生变化时实现模型的自动更新[2]（图 4-3）。有了这样机制，不仅方便了设计修改，也更易于进行方案比较。可以说，设计软件提供的参数化功能在提高建筑师工作效率的同时，使设计获得了动态性、多样性和可适应性。而本章开始介绍的圣家族大教堂柱子的设计也是这类参数化设计方法应用的案例。

设计软件中的参数化方法是对软件功能的重要拓展，在这里我们看到了计算机的逻辑运算能力为设计带来的便利和创新的可能性。然而，快速发展的计算机智能注定将更深刻地影响建筑设计。

4.1.3　复杂系统和非线性科学及其对建筑学的影响

一般认为，复杂系统是由众多复杂的相互作用的组分（子系统）组成，系统的整体行为（功能或特性）不能由其组分的行为来获得。组分间存在无数可能的方式在相互作用，使得复杂系统涌现（emergent）出所有组分不具有的整体行为[4]。现实中有许多复杂系统的例子，比如自然界中的蚁群、鸟群（图 4-4）、鱼群、生物体的神经系统、人类社会、经济系统、城市交通、互联网等。复杂系统有一些共同的特点，就是在变化无常的活动背后，呈现出某种还没有被人类充分认识的规律，其中演化、涌现、自组织、自适应、

图 4-4　鸟群遵循简单互动规则在空中形成的形态

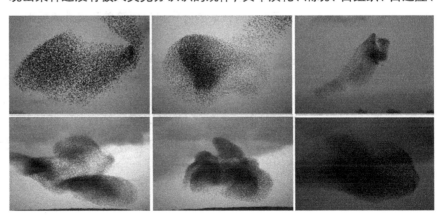

① 杨钦，徐永安，翟红英. 计算机图形学 [M]. 北京：清华大学出版社，2005.

② Krygiel E, Demchak G, Dzambazova T. Mastering Revit architecture 2009[M]. Wiley Publishing, Inc. 2008

③ 同上

④ 吴今培，李学伟. 系统科学发展概论 [M]. 北京：清华大学出版社，2010.

自相似被认为是复杂系统的共同特征。

复杂系统由大量相互耦合的个体组成，形成不可分割的整体，并且其内部相互作用的机制呈现出非线性的特征。根据耗散系统（Dissipative Structure）理论，在能够与外界进行物质、能量和信息交换的开放系统中，在远离平衡态的状态下，随机的微小涨落经过非线性的相互作用机制被放大，导致系统发生突变，形成新的稳定有序状态[①]；而协同学（Synergetics）则认为任何一个包括有大量子系统的复杂系统，在与外界环境有物质、能量和信息交换的开放条件下，通过各子系统之间的非线性相互作用，就能产生子系统相互合作的协同现象，使系统能够在宏观上产生空间、时间或功能的有序结构，即"协同导致有序"[②]。正是由于这样的非线性相互作用，系统才可以在相近的外部条件下通过"初值敏感"的不稳定机制实现不同的可能状态，从而使整个宇宙在不断创造的不可逆的发展过程中，实现了从简单到复杂，从低级到高级的演化，形成丰富多彩的世界[③]（图 4-5）。

图 4-5 洛伦茨奇异吸引子两条不同的演化轨迹
图中左右两条演化轨迹的初始点只在 × 坐标上相差 10^{-5}，但是经过一段时间的演化，就呈现出显著的不同，体现出了对初值敏感的特性。[④]

由以上介绍可以看出，非线性关系是复杂系统的重要机制。事实上，现代科学认为，世界上绝大部分的现象都是非线性的，复杂的，是很难用牛顿力学为代表的近代科学中简单和线性的规则来描述的。

近代科学以分析和还原为特点，试图以简单性规则描述世界的运动，主要研究线性的、可解析表达的、平衡的、规则的、有序的、确定的、可逆的、可用逻辑分析的对象。其观念和方法在 20 世纪 60 年代以来受到了冲击。另一方面，复杂性现象的新科学——非线性科学（Nonlinear science）的研究则将自然界中大量存在的非线性的、非解析表达的、非平衡态的、不规则的、无序的、不确定的、不可逆的、不可用逻辑分析的系统作为其对象，它的出现标志着科学进入了一个新的时代[⑤]。

当今世界，在技术的帮助下，我们生活的世界变成了"地球村"，人

① 程建权编著. 城市系统工程 [M]. 武汉：武汉测绘大学出版社，1999.
② 同上.
③ 董春雨. 复杂系统科学改变了我们的思维方式 [N]，人民日报，2010-06-11（7）.
④ Butterfly effect. Wikipedia, the free encyclopedia, http://en.wikipedia.org/wiki/Butterfly_effect
⑤ 魏诺. 非线性科学基础与应用 [M]. 北京：科学出版社，2004.

们通过互联网可以随时知晓世界另一端发生的事情，金融危机也可以迅速波及世界的每一个角落，人类社会正在被更为紧密地联系在一起。与此同时，我们也能够构筑更加庞大、复杂和精密的人工系统。在我们周边世界的复杂性和关联性不断上升的过程中，非线性的特征逐渐显现。复杂系统科学和非线性科学在对世界做出解释的同时，也影响着人们看待世界的方式。

1997 年查尔斯 · 詹克斯（Charles Jencks）应邀作为英国 AD 杂志 129 期的客座主编，该期杂志的序言标题为："非线性建筑：新科学 = 新建筑?"，文中詹克斯简述了在科学界新的复杂系统和非线性科学，它们已经取代了发源于牛顿经典理论的旧的现代线性科学，尽管科学家们对非线性理论还未达成一致的看法，但是，非线性科学所揭示出的关于宇宙的事实让人类认识到宇宙其实要比牛顿、达尔文及其他人设想的更具活力、更自由、更开放、更具自组织性。詹克斯称那些"部分地通过计算机非线性的方法而生成出来"的建筑为"非线性建筑"，并预言，这类建筑将在复杂科学的引导下，成为下一个千年一场重要的建筑运动[①]。

詹克斯的预言在 21 世纪的前十年实实在在正在发生。全世界各地的建筑师，尤其是年轻建筑师投身在一场基于信息技术、复杂系统、非线性科学以及当代哲学思潮之上的建筑设计领域的变革之中，并对建筑设计产生了越来越广泛和实质性的影响。在计算机技术的帮助下，新的设计方法、建筑形式和建造方法不断涌现，并得到快速的传播，建筑师能够在软件中进行复杂有机形态的创作和参数化调整，探索将性能分析的结果用于设计方案的生成，数控加工技术也开始应用于建造之中。而一些重要大型项目的建成，如德国沃尔夫斯堡费诺科学中心、德国斯图加特奔驰博物馆、北京"鸟巢"和"水立方"等，则标志着这一变革正从实验性的探索快速走向成熟（图4-6）。

图 4-6 采用参数化设计方法的建筑作品
（a）德国沃尔夫斯堡费诺科学中心；（b）北京国家游泳中心（"水立方"）；（c）德国斯图加特奔驰博物馆；（d）北京国家体育场（"鸟巢"）

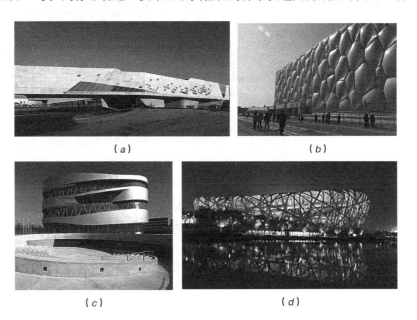

（a） （b）

（c） （d）

① Jencks C. Nonlinear Architecture: New Science = New Architecture? [J]. Architectural Design, Oct, 1997.

由于这些建筑师大都在借助计算机中的模拟、分析软件和编程工具进行建筑创作，他们延续使用了软件中的"参数化"的概念，并将之拓展，用来涵盖一系列在当代科学的世界观影响之下，使用计算机及相关工具，实现建筑空间形态创作的方法和思潮。在这里，"参数化设计"与"非线性建筑"的概念紧密联系，它们指向了同一问题的不同方面："非线性"是这类设计的内在机制和核心思想，而"参数化"则是实现这一机制和思想的方法。另一方面，这里的"参数化"概念与 CAD 软件中的"参数化"概念有着密切的关系，但也存在重要的差别。实际上，CAD 建模软件中的参数化建模方法，其内在机制总体上仍然是线性、规则、逻辑清晰和可逆的，而在建筑创作中的"参数化"则不仅包含着参数化建模的方法，也包含着复杂关联和非线性的机制，或者表达着新科学世界观对建筑创作的影响。本文中所探讨的参数化概念也是指建筑创作中的参数化。

参数化设计的独特思想和设计方法也使得这类设计在形态上具备了一些特征，这些特征是复杂系统和非线性科学对人们世界观的影响反映在空间形态上的结果。帕特里克·舒马赫（Patrik Schumacher）于 2008 年提出了"参数化主义"（Parametricism）的概念，将参数化设计作为一种风格进行了总结和阐述。舒马赫认为，参数化设计表现的是在后福特主义[①]社会中组织并连接日益增长的复杂性。舒马赫进一步提出了参数化建筑和城市设计的特点，包括复杂的，多中心的，密集层状的，连续差异性等，以及参数化设计在方法论上的规则[②]（图 4-7）。本章限于篇幅这里不展开介绍，有兴趣的读者可以参阅相关的文献和作品。

图 4-7　扎哈·哈迪德建筑师事务所设计的阿塞拜疆文化中心

4.1.4　参数化设计——基于设计条件的找形

徐卫国是我国最早涉足参数化非线性建筑设计领域的学者，也是国际上这一领域重要的开拓者之一。不同于舒马赫等学者将参数化看作是一种风格的观点，徐卫国更关注参数化思潮中更本质的内容——如何在建筑设

① 后福特主义（Post-fordism），指以精益生产、柔性专业化等非大规模生产方式为核心的新的资本主义积累方式及其社会经济结构。其主要特征是灵活的劳动过程、网络化的生产组织、多技能的劳动力及新的劳资关系、个性化消费等。

② Schumacher P. Parametricism as Style?– Parametricist Manifesto[R/OL], London, 2008, http://www.patrikschumacher.com/Texts/Parametricism%20as%20Style.htm

计中引入复杂系统和非线性科学的成果，利用计算机技术推进建筑设计方法的变革，从而在拓展建筑设计途径的同时，使之更为科学、理性和高效。

徐卫国认为，建筑设计可以看作是一个复杂系统，众多外部及内在的因素的综合作用决定设计的结果。我们可以把各种影响设计的因素看作是参（变）量，并在对场地及建筑性能（Performance）研究的基础上，找到联结各个参（变）量的规则，进而建立参数化模型（Parametric model），运用计算机软件技术生成建筑体量、建筑空间或结构形式，且可以通过改变参（变）量的值，获得多解及动态的设计雏形[①]。

在以上阐述中可以看到，建筑设计这一高度综合性问题，其传统的在人脑中基于经验和直觉的求解机制被计算机中包含复杂关联和非线性关系的参数化模型替代，设计条件被作为参数化模型的输入，而输出的则是设计的雏形。从基于经验和直觉的方法转向参数化模型的好处在于，一方面参数化模型可以更准确和全面地表达建筑设计内在的复杂性，另一方面由于参数化模型在条件变化时可输出多个设计解，因此建筑设计具备了动态性和适应性（图 4-8）。

图 4-8　XWG 工作室主持的北京奥林匹克公园内的奥运玲珑塔的室内设计[②]
（a）奥林匹克公园玲珑塔；
（b）改造后的玲珑塔室内效果

（a）　　　　　　　　　　（b）

徐卫国在进一步的阐述中，提出了参数化建筑设计过程的关键环节，包括以下具体步骤：

（1）设计需求信息的数字化。对周边环境特征和人的活动行为数据的收集整理和数字化，作为计算机内形态生成的基础。

（2）设计参数关系的确立。找到影响设计的某些主要因素表现出来的行为或现象，并用某些关系或规则来模拟这些行为或现象的特征，这样就有了基本的设计参数关系。

①　徐卫国. 褶子思想，游牧空间——关于非线性建筑参数化设计的访谈 [J]. 世界建筑，2009（8），16~17.
②　该室内设计以不锈钢板、乳白色耐力板和灯罩的不同比例成为控制设计的参数，从而实现对室内光环境和项目总体造价的优化.

（3）计算机中参数化模型的建立。用计算机语言描述参数关系，形成参数化模型。当对参数化模型输入一定的参数信息时，就得到了设计雏形。

（4）设计雏形的进化。从某些主要因素得到的设计雏形一般只解决了复杂系统的主要矛盾，设计雏形还需要在其他因素的作用下进化，从而发生形态优化变形，并发展成为令人满意的设计结果。

（5）最终设计形体的参数化结构系统及构造逻辑。通过深化上述生形步骤的内在逻辑，或者结构应力分析和构造研究，或者向自然生物结构学习等途径，完成不规则非线性体的结构系统及构造逻辑设计。

（6）设计成果的测试与反馈。参数化设计过程的终极目标是要获得最高程度满足使用要求的设计结果。通过模拟软件等对设计结果进行测试，并反馈到以上各个环节，以使设计结果更趋完善[①]。

因此，参数化设计的特点是：参数化过程设计的起点在于对人及环境的尊重；设计策略在于通过判断和取舍对过程的控制决定设计的结果；设计过程遵循前后连续的因果逻辑关系以获得与设计起点相对应的设计结果；结构逻辑及构造逻辑的研究保证了设计结果的可实施性[②]。

以上参数化设计方法的过程及特点在 4.3 节中通过算法找形案例进一步说明。

4.1.5 小结

参数化设计的概念存在不同层面的理解，本节中介绍了 CAD 软件中的参数化设计，在复杂系统和非线性思想影响下的参数化设计，以及基于设计条件的参数化找形等。建筑设计中的参数化可以认为是这三者的结合体。对于参数化设计，我们可以尝试给出以下定义，即参数化设计是一种以计算机技术为基础的建筑设计方法和设计思想，它试图基于计算机技术寻找与设计问题相适应的算法逻辑或者约束关系，建立起从设计条件到设计结果之间的联系；在这种联系中，算法是设计的核心，它们能够接受作为输入参数的设计条件，并动态地生成较优的设计结果。

参数化设计是快速发展和具有强大生命力的设计方法，其应用目前已经渗透到了建筑设计和城市规划的方方面面。在本章后面几节中，将通过对于参数化与相关概念关系的讨论，对其概念的外延及其可能的应用领域做进一步探讨；并将通过介绍参数化设计和建造领域的实例，展现参数化设计的具体内容和方法。

4.2　参数化设计与相关概念的关系

参数化设计将复杂系统和非线性科学的思想以及计算机的智能引入

---

① 徐卫国. 参数化建筑设计过程及算法找形 [A]. 中国建筑学会建筑师分会. 中国建筑学会建筑师分会 2010 学术年会论文选集 [C]，广州，2010：1~4.

② 徐卫国. 参数化建筑设计过程及算法找形 [A]. 中国建筑学会建筑师分会. 中国建筑学会建筑师分会 2010 学术年会论文选集 [C]，广州，2010：1~4.

建筑设计领域，对建筑设计的传统思想和方法产生了深刻影响。为了进一步说明参数化设计的内涵与外延，以下对其与相关的一些概念的关系进行探讨。

4.2.1 参数化设计与生成设计

参数化与生成设计之间有着密切的联系，他们的概念存在着许多相似和交叉的地方。实际上，在参数化设计中，将设计条件输入到参数化模型的一端，在另一端得到设计的形态，这就是一个生成的过程。应该说，参数化设计中计算机智能被引入到设计过程当中来，设计不再由建筑师主观决定，而成为或部分地成为某种客观机制运行的结果，建筑设计因此就具有了很强的生成属性。（读者可参考本教材第3章"生成设计"的内容）当然，需要说明的是，参数化设计中对算法的选择是由建筑师根据其设计策略确定的，建筑师通过对算法和参数的选择对设计进行控制。

另一方面，与生成设计相比，参数化设计也有其自身的特点。

首先，参数化设计方法强调使用参数工具来控制设计形态，通过改变一个或多个参数，可以使设计形态产生相应变化，进而实现优化。这是参数化设计中非常重要的机制，设计由此获得了动态性。

其次，参数化设计往往将场地及人的活动等设计需求作为形体生成的基本参数，并通过构筑参数化模型使设计具有对设计条件的适应性。

最后，由于通过参数控制形体的机制往往可以在计算机软件平台之上完成，不一定需要编写计算机程序来实现，因此对于建筑师来讲可以更方便的运用在实际工程的设计当中。

4.2.2 参数化设计与自然有机形态

我们周围的世界是一个个不同层级的复杂系统，它们在复杂关联和非线性关系的作用下，形成连续、有机的丰富形态，例如山川、河流、海岸线、天空中的云彩、生物体及其群落等。参数化设计受到复杂系统与非线性科学的影响，将场地、建筑及其内外部人的活动看作一个复杂系统，并通过计算机方法生成建筑设计，因此，参数化设计作品也往往呈现出自然有机的曲线曲面形态。

以往的建筑设计受到设计工具和工业化建造体系的限制，多采用简单几何体和正交网格。参数化设计在强大的计算机软件支持下，设计方法上有了很大拓展。虽然这些复杂形态在实际建造中遇到了一些困难，但这也正说明原有工业化的线性体系不能适应新的非线性设计的要求。当前世界各地的建筑师和工程技术人员正在探索复杂有机形态的建造途径，并取得一定的突破（参阅4.3节）。

与此同时，由于非线性设计方法能够模拟自然界复杂系统的运动，创造有机的形态，因此有可能与景观设计很好地结合，形成与自然连续又引入人工设计的空间形态系统。虽然这样的案例尚不多见，但它很有可能成为景观设计一个重要的发展方向。

4.2.3 参数化设计与建筑性能

参数化方法将建筑设计看作一个复杂系统，并关注各建筑要素的性能

（Performance）和相互作用，在参数化设计很多案例中都将建筑热工性能作为形态生成的依据之一。事实上，参数化方法在数字化的环境下，可以很方便地与模拟软件和优化方法相结合，将建筑性能的因素作为生成形体的主要因素构筑参数化模型，或者用来对设计雏形进行发展和优化，以及对设计结果进行检验和反馈。可以说，建筑性能要素是参数化设计中一类重要的生形因子，而参数化方法也是实现绿色建筑设计的可行途径之一。

在武汉凯迪科技园办公楼的设计中，在建筑形体确定的情况下，希望通过在建筑立面上设置不同透光率和不同角度的竖向遮阳玻璃百叶，对入射阳光的能量进行遮挡，同时兼顾室内向外的观景视线。因此，通过编写C++程序，计算了在立面不同方向上、不同角度和透光率的百叶对入射光能量的遮挡，以及室内向外视线的通透性（图4-9）。为了使结果更为科学，对武汉地区主要制冷季（4~10月）每天工作时间的入射光能量进行了逐时积分，并考虑了不同月份的气象条件；另一方面，对不同建筑不同方向的景观质量进行了打分评价，并在此基础上计算各点的视线质量，从而将建筑周边环境的影响也考虑进来。在此基础上，通过综合运用C++程序和SPSS统计软件，对建筑立面上百叶的角度和透光率进行逐片优化。最终的设计在保证较好视线质量的情况下，实现了总体上对入射光能量63%的遮挡（图4-10）。

图4-9 武汉凯迪科技园立面遮阳百叶对阳光和视线的遮挡情况
（a）百叶对射入楼层平面阳光的遮挡情况；（b）百叶对室内向外观景视线的遮挡情况

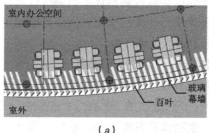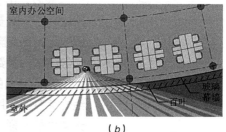

（a） （b）

图4-10 百叶系统优化结果
（a）办公楼群的遮阳百叶优化结果；（b）6号楼的遮阳百叶优化结果

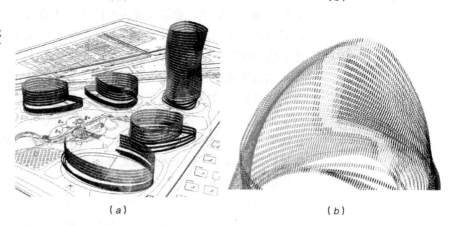

（a） （b）

4.2.4 参数化设计与BIM

建筑信息模型（BIM）是近年来在建筑设计领域快速发展的软件技术。在BIM软件中，建筑设计的各要素，如墙、柱、门、窗等，其三维模型被赋予属性信息，并通过这些软件中的参数化建模功能关联在一起，大大提高了建筑设计的效率。一些常见的基于 BIM 技术的建筑设计软件（以下简称 BIM 设计软件），如 Digital Project，Autodesk Revit 等，也被称作参数化设计软件，并应用于参数化设计中。可见，参数化与 BIM 有着非常密切的联系。

参数化设计与 BIM 各自的特点在于，BIM 设计软件更多的用于建筑信息模型的构建，而不是设计雏形的生成。在 BIM 设计软件内部，基于建筑设计及相关专业知识建立了复杂和完善的机制，可以将建筑设计的大量基本元素和相关信息清晰有效地组织在一起，并检验设计中存在的矛盾和错误，因此在实际工程设计的中期和后期具有明显的优势。然而，在建筑创作早期阶段，设计方法需要更大的灵活性和开放性，并且更关注设计中的根本问题，如空间形态，交通流线，功能组织，结构体系等，这一阶段的参数化设计往往使用方便灵活的编程工具（如 Maya MEL，Rhinoscript，Grasshopper，Processing 等），并与多种模拟、建模和优化软件综合运用，完成设计。

需要指出的是，在数字化建筑设计过程中，往往需要在不同阶段综合运用参数化设计和 BIM 技术，共同完成设计任务（请参见 4.5.3 和 4.5.4 介绍的设计案例）。而另一方面，软件厂商也看到了这种综合的需求，一些 BIM 软件开始改进其复杂形体生成的参数化功能，而 McNeel 公司也正在 Rhinoceros 之上开发 RhinoBIM 插件，实现基于曲面的表皮细分和钢结构构件设计。这些发展使我们有理由相信，参数化设计与 BIM 在未来将会更为紧密地结合在一起，实现从方案创作到施工图设计的数字化流程。

4.2.5 参数化设计与城市

现代城市被认为是自然系统与人工系统相复合、实体系统与概念系统相复合的灰色系统（信息部分明确，部分未知的系统）[1]。它的组成部分包括生态系统、基础设施系统、经济系统、社会系统等，并且每个子系统又由许多更小的子系统和基本元素组成。有人统计认为，城市系统的组成元素至少在 10^8 以上。城市结构复杂，功能多样，并且置身于更为宏观的复杂周边环境之内，在与外界不断进行物质、能量和信息交换的过程中，动态地演化发展[2]。

图 4-11 扎哈·哈迪德建筑师事务所设计的土耳其伊斯坦布尔 Kartal-Pendik 总体规划图

参数化方法是在复杂系统和非线性科学的背景下产生出来的，因此在处理城市这样的复杂系统的规划和设计问题方面具有较强的适用性。

帕特里克·舒马赫（Patrik Schumacher）在研究和教学中提出了参数化城市主义（Parametric urbanism）的概念，认为城市体量能够表述为大量建筑的一种集群状态。这些城市建筑形成了一个连续变化的力场（field），在这个力场里，有规律的连续性连接了多样的建筑（图 4-11）。舒马赫认为，现代主义建立在对空间的理解基础上，而参数化主义则通过

① 杨钦，徐永安，翟红英. 计算机图形学 [M]. 北京：清华大学出版社，2005.
② 同上

力场概念建立起来。在力场中只在意全局和局部的力场属性，偏移、漂移、渐变以及可能如放射中心那样显著的奇异点。变形不再打破秩序，而是按一定规则展现信息。在一个复杂、依一定规则的差异性的力场里，导向性是沿着力场矢量的变迁获得的[①]。

尼尔·林奇（Neil Leach）认为城市是由大量小规模离散元素构成，并通过自下而上的"集群智慧"（Swarm intelligence）运转。林奇指出"涌现"一词并不一定指代当代设计问题，它在传统城市形态中表现得更为清晰——在传统定居点的发展中可以清楚地看到这种缺乏自我意识的城市聚集。林奇认为"集群城市主义"（Swarm urbanism）已被广泛用于设计圈，并以 Kokkugia 事务所的自下而上的设计阐述这一概念[②]（图 4-12）。

图 4-12 Kokkugia 事务所使用集群智慧的城市演化研究

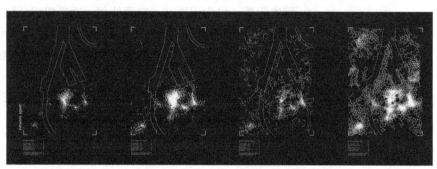

参数化方法在城市规划和设计中的应用还处于起步阶段。随着对城市问题复杂性更深入的理解，以及数字工具的发展，参数化方法在城市规划和设计中的重要性将不断被提升。

4.2.6 参数化设计与建筑师

参数化设计中，传统设计流程中建筑师基于经验和直觉的设计过程被参数化模型的生形过程所替代，而建筑师的工作重点也从对方案的直接构思转变为根据设计问题的特点构建参数化模型，从而间接地实现对设计结果的控制。在这个过程中，建筑师将影响设计的各种因素及其关系进行参数化表达的能力就成为制约其设计构思能力的重要因素。建筑师需要对计算机内的编程逻辑、算法逻辑有较好的掌握，并将它们组合形成与具体设计问题相适应算法，生成形体。

因此，虽然参数化模型可以在不同的输入条件下自动化地生成相应的设计结果，但是这并不意味着建筑师的工作就完全被计算机取代了。实际上，建筑师是在通过参数化模型，利用计算机的智能进行设计；或者说，建筑师与计算机各有分工，共同完成设计任务。在参数化设计过程中，建筑师的设计构思能力在计算机智能的帮助下被大大拓展了，而这也正是参数化设计具有强大生命力的根本原因之一。另一方面，参数化设计在得出了多个设计方案后，仍需要依赖建筑师本人的经验选择较好方案。这就是说，建筑师仍然需要掌握建筑设计的基本素质、基本技能，并在此基础上向数

---

① Schumacher P. Parametricism as Style?- Parametricist Manifesto[R/OL], London, 2008, http://www.patrikschumacher.com/Texts/Parametricism%20as%20Style.htm.

② 尼尔·林奇. 集群城市主义 [J]. 世界建筑，2009（8）：20~22.

字技术方向发展。

参数化设计与计算机智能紧密联系，使得其成为一种高效的设计方法，能够应用于各类设计问题之中。因此，参数化对于建筑师来讲具有了"工具"的属性。实际上，将参数化看作"工具"是一种较为常见的观点。但是，也要看到，参数化设计受到复杂系统和非线性科学的深刻影响，并且在设计过程中引入了计算机智能，建筑师进行创作的思维方式乃至其对建筑设计问题的理解都发生了变化，因此对于建筑师来讲它也是一种与以往建筑思想不同，将会深刻影响建筑设计发展的思维方式和世界观。

4.3 参数化设计的算法找形与参数调控

在参数化非线性建筑设计中构建参数化模型并生成非线性体的过程被称为"找形"（Form finding）。它是参数化非线性建筑设计区别于以往建筑设计的重要特点，也是参数化设计过程的核心环节。设计者需要分析场所、功能、建造等的客观规律，寻找适当的算法逻辑，在计算机内建构描述各因素相互关系的参数化模型，并根据不同设计条件生成形体[①]。

参数化设计中的找形有多种不同途径，例如针对建筑设计最基本的空间几何关系的找形，借用其他学科领域成果构筑算法关系的找形，以及通过构筑多代理系统，以自下而上和自组织的方式生成设计雏形等。以下分类介绍清华大学几个学生作业中的算法找形案例，对这一过程进行说明。

4.3.1 基于空间几何关系的找形

建筑设计中的许多问题，如视线、日照、空间构成、功能组织、结构体系、构造等都有可能用几何关系来进行描述。因此从这些问题中抽取特定的几何关系，对空间中的元素进行组织，生成形体，是常见的算法生成途径。

把高维空间中不可见的形体向三维空间中投影，可以得到新的空间形态和系统。例如，介于有序与无序之间的准晶体结构就是通过将高维空间中的超格子（hypergrid）向三维空间投影得到的。在这个过程中，高维空间中的投影方向成为生形的参数，通过改变投影方向，可以得到多种空间网格（图4–13）。而把这样的投影关系发展到极坐标系，就可以发展出基

图4–13 不同投影方向作为参数得到的准晶体单胞

---

① 黄蔚欣，徐卫国. 非线性建筑设计中的"找形"[J]. 建筑学报，2009（11）：96 ~ 99.

图4-14 使用准晶体结构的灯具设计

于椭球体的准晶体聚集形态[1]（图4-14）。（设计：吕晨晨、李香姬）

4.3.2 基于物理原型的找形

参数化设计中经常使用的概念，比如引力、斥力、场、粒子系统等，都来源于物理学领域。实际上，参数化设计是在复杂系统科学的影响下发展起来的，它强调系统内个体之间基于一定规则的相互影响，而物理学正为其提供了很多可供借鉴的原型。

在 Elechitecture 的设计中，借用了可以计算静电场电场线的工具生形。首先尝试了不同极性和电量的静电荷在各种分布下的电场线形态，以研究其生成的空间序列形式，包括串联、并联、包含等（图4-15）。接下来，

图4-15 在不同的电荷分布、极性、电量等参数下得到的电场线图

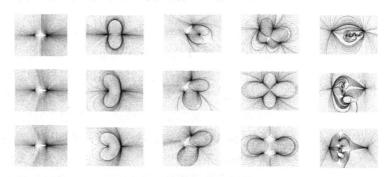

根据场地上人流的分析和功能需求，确定了不同功能空间的入口和连接点，并基于这些点使用电场线软件生成三维空间中的建筑空间序列。场地上的地景和建筑表皮设计使用了相同的生形途径，形成有机的整体[2]（图4-16）。（设计：贺鼎、傅隽声）

4.3.3 基于生物学原型的找形

生物体和生物系统是在自然界中受各种环境条件和自身遗传基因共同作用，自组织而形成的复杂系统，其有机的形态符合特定的构成规则，同时也是与环境和自身功能需要相适应的。向生物原型学习，通过算法模拟其生长规则生成建筑雏形，是参数化非线性建筑生形的重要途径。

图4-16 电场线算法生成的产品展示中心设计

珊瑚的生长反映了珊瑚虫群体在海水中争取空间和与周边环境进行物质交换的发展过程。受到珊瑚形态生成原理的启发，该设计的建筑空间是沿主要流线向外生长而成的。生形算法基于珊瑚生长形态的相关研究发展而来[3]，可以在任意曲面上向指定的方向生长出新的单元。在这个算法中，初始曲面形态，单元体的生长方向，生长范围的大小、生长的时间等作为

① 吕晨晨，李香姬，黄蔚欣. 三维空间组合问题的高维解答——准晶体结构的建筑适用性研究. 世界建筑，2009.8，112～114.
② 黄蔚欣，徐卫国. 算法生形 [A]. 中国建筑学会建筑师分会. 中国建筑学会建筑师分会2010学术年会论文选集 [C]，广州，2010：57~62.
③ Kaandorp J A, Prusinkiewic P, Fractal Modelling: Growth and Form in Biology[M], Berlin, New York：Springer-Verlag，1994.

图 4-17　珊瑚形态生长算法，通过改变参数得到不同的形态[1]　　　　图 4-18　使用珊瑚生长算法获得的综合体设计[2]

基本参数，控制着单元体形态（图 4-17）。最终的建筑空间就是通过这样的机制在场地上涌现出来[3]（图 4-18，设计：陈洸锐、徐妍）。

4.3.4　基于多代理系统的找形

多代理系统也被称作"自组织系统"，是由多个相互作用的智能个体（Intelligent Agent）组成的系统，其中的智能个体具有一定的自治性，能够根据自己周边的情况决定其行为，而整个系统中没有事先指定的主导个体[4]。这样的系统可以随时间逐步迭代，呈现动态和自组织的特性，是一种预测和系统优化的途径。多代理系统的原理与复杂系统理论紧密相连，因此在参数化非线性建筑设计中得到了广泛应用。多代理系统通过自组织方式生成设计可以建立系统内元素之间的相互联系与影响，可以看做是对"自下而上"的建筑设计策略的重要拓展。

在"城市起居室的设计"中，首先在不同时段对场地各入口进行了人流量的统计，并且发放问卷以获得人群对建筑功能需求的数据。基于这些数据，接下来尝试编写 C++ 多代理系统程序，模拟各种功能需求在场地上逐步聚集，并形成功能空间分布的过程。在由场地红线和限高确定的体量内随机放入代表不同活动的球体，这些球体同类相互吸引，异类相互排斥或吸引，逐渐演化形成各种功能混合，但同类功能又相对聚集的分布。周边建筑对内部功能分布的影响通过在建筑边界上设置作用力来实现（图 4-19）。在这里，场地条件和人群对功能的需求成为模拟的参数，从而形成与设计条件相适应的设计雏形。最后，在功能球体的空间分布基础上，使用 Voronoi 算法[5]划分空间（选择这一算法的原因在于它在划分空间时能反映出点阵的空间特征，并对于空间中任意分布的点阵均具有良好的适用性）。对于功能球体分布较为密集的区域，使其合并形成大空

---

[1]　这里的参数包括：珊瑚分支生长的基础曲面、生长的方向，胞体的尺度等。例如，第一排的胞体是向正上方生长的，第二排是向左上方生长的，第三排的胞体尺度更大，第四排则是在一个已有胞体表面上生长出来，第五排和第六排是在已有曲面的不同位置和不同方向生长的结果。

[2]　在生长过程中，通过人流模拟分析确定的建筑内部流线成为珊瑚形态生长的基础，单个功能空间的尺度确定了胞体的尺度，而生长的层级则由城市环境确定的建筑基本体量进行限定，这里的建筑内部流线、功能空间尺度、建筑基本体量等均为生形的参数。

[3]　黄蔚欣，徐卫国. 算法生形 [A]. 中国建筑学会建筑师分会. 中国建筑学会建筑师分会 2010 学术年会论文选集 [C]，广州，2010：57~62.

[4]　Multi-agent system. Wikipedia, the free encyclopedia, http://en.wikipedia.org/wiki/Multi-agent_system

[5]　Voronoi 算法，又称泰森多边形算法，是基于空间中若干指定位置的控制点对空间进行划分的一种算法。在该算法中，相邻两点连线的垂直平分线或垂直平分面被用来对二维或三维空间进行划分，并形成多边形或多面体的聚集。

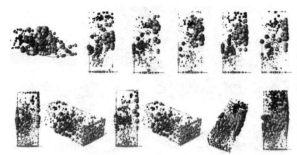
图 4-19　多代理系统生成的不同时段条件下的功能球聚集状况

图 4-20　商业综合体最终设计

间[1]（图 4-20，设计：尹金涛、程瑜）。

　　受到自然界自发形成的网络形态的启发，信息产品展示中心的设计研究了蚂蚁洞穴的网络。通过观察记录蚂蚁工坊玩具中洞穴的形成过程，以及查阅相关论文，编写一个 C++ 程序模拟蚂蚁洞穴网络的形成过程。这个程序由若干参数控制，包括基本体量、蚂蚁数量、分叉角度和概率，以及到达尽端返回的概率等。这样一种洞穴系统的发展是基于蚂蚁对空间的认知和利用方式形成的，是一种有效利用空间和顺畅组织流线的形态（图 4-21）。最终的设计是一个室内外空间相互穿插的系统，蚂蚁洞穴内的部分对应室内空间，洞穴之间的部分则对应室外公共空间。流线上不同的坡度的部分分别处理为坡道、楼梯和电梯。最终整个建筑呈现出结构表皮一体化的连续有机形态[2]（图 4-22）。（设计：董磊、李瑞卿）

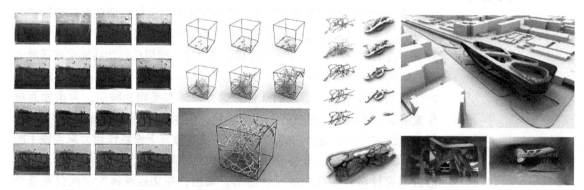
图 4-21　蚂蚁洞穴形态的多代理系统模拟算法

图 4-22　信息产品展示中心设计

4.3.5　小结

　　在以上参数化设计案例中，影响建筑设计的内外部条件被作为参数输入到算法系统中，生成雏形。正因为使用了设计条件作为参数，才使得最终的结果更好地适应了特定项目的需求，从而提高了设计质量和效率，体现出了参数化设计的特点。而且，由于参数化设计可以根据输入参数的不同，得出多解的设计方案，因此某个项目的参数化设计方法也可以比较容易地移植到其他的项目的设计条件中，生成相应的结果。

① 黄蔚欣，徐卫国. 算法生形 [A]. 中国建筑学会建筑师分会. 中国建筑学会建筑师分会 2010 学术年会论文选集 [C]，广州，2010：57~62.
② 同①.

需要指出的是，在特定项目的设计条件下，通过参数化方法可以得到多种可行解。这个时候，增加其他设计条件的要求，就可以对可行解进行筛选。另一方面，建筑师也可以根据其经验和主观判断在各种可能解中作出选择。建筑师的这个选择过程与参数化设计的算法逻辑并不矛盾，实际上，建筑设计是一个复杂的多目标问题，而目前的算法尚不能完善地处理好设计的方方面面，这个时候，建筑师基于其专业知识和经验的综合判断就成为一种有益的补充。

最后，目前参数化非线性建筑设计中使用的算法多为经典的智能算法，或者从其他领域借鉴，并根据设计问题的需要进行发展而成。由于设计周期所限，通常还不能形成完全符合建筑问题特点和设计需要，并具有良好适用性的算法。但是可以预见，随着设计理论和实践的发展，未来很有可能会出现具有较好通用性和成熟度的建筑专业算法集，可用于如模拟人流，组织功能体量，优化立面构造体系等问题中。它们将成为建筑设计的常用工具，在推动建筑创新的同时，提高设计的科学性和建筑质量[①]。

（注：本节中介绍的是清华大学建筑学院三年级"非线性 Studio"的部分作业，指导教师：徐卫国、徐丰、黄蔚欣。）

4.4 数控加工与建造

现代建筑和工业化的建造体系多采用横平竖直的正交体系，以及可重复使用的标准化构件和节点，这样可以大大降低建设成本，并简化建造过程。然而，这种体系并不能适应新的参数化建筑设计的要求。由于参数化设计追求动态性、可适应性、复杂关联及非线性关系等，因此往往呈现出复杂的曲面有机形态，或者难于标准化的大量单元的聚集。参数化设计在建造上的难题是当代建筑工业面临的一大挑战，而这个问题的解决过程也将大大拓展建筑设计的可能性。实际上，从计算机内的参数化找形，到数字环境下的深化设计，到数控构件加工，再到在数字化工具支持下的现场施工组装，这样一个完整的数字化设计建造流程代表着信息时代建筑工业发展的未来。

近几年来，世界各地的建筑师和学生在研究和实践中探索计算机内的参数化设计向物质世界实体的转化过程，并使这一领域成为参数化设计中研究的热点。这其中数控加工和建造是参数化设计建造方法的必然选择之一。数控加工是指计算机控制的机床加工零件的方法，它是解决零件品种多变、批量小、形状复杂、精度高等问题和实现高效化和自动化加工的有效途径[②]。当前，激光切割机、CNC（computer numerical control，计算

① 黄蔚欣，徐卫国. 算法生形 [A]. 中国建筑学会建筑师分会. 中国建筑学会建筑师分会 2010 学术年会论文选集 [C]，广州，2010：57~62.

② 李勇，李伟光. 机械设备数控技术（第二版）[M]. 北京：国防工业出版社，2010.

机数控）机床、三维快速成型机等已经成为建筑模型制作的常用方法和探索数控建造途径的重要工具，在各建筑院校得到逐步普及，而数控建造方法在一些实际工程中更是得到开拓性的应用。

对于当前的数控加工与建造的案例，大致可以分为两类。一类是对于已经设计好的复杂曲面形态，采用各种数控技术进行加工和建造；第二类是基于数控设备特点和材料性能发展出一套建构逻辑，并以其为基础进行参数化设计，进而建造。以下通过案例分别介绍。

4.4.1　复杂曲面形体的数字化建造

如何建造参数化设计中得到的曲面形体，近年来涌现出了多种不同的与数控加工设备相结合的方法，以下介绍两个这方面的实例。

实例一：[C]space 纪念展亭

[C]space 是英国 AA 学院设计研究实验室（DRL）周年展亭竞赛的得奖作品，以庆祝 DRL 成立十周年。该竞赛获奖的作品是由阿兰·邓普西和阿尔文·黄设计。评委挑选这个作品是因为它通过对材料的激进使用，将形式表达为从家具到地板、墙壁和屋顶结构的连续变换，同时这个设计对于较短的施工周期以及紧张的预算具备可实施性。

形式特别的亭子使人们从远处就开始关注，通过更近距离的互动，将正弦曲线、结构性能和功能使用融合到单一连续的形式，揭示某种不确定性。当人走动，表皮变化，从透明到不透明，产生迷人的三维纹理。表面围合并提供了一个行人通过的路径，将内外差别模糊（图 4-23）。

整个展亭完全用纤维混凝土建造，这种纤维混凝土是一种薄的纤维增强水泥板，通常用作建筑外表面。展亭的节点系统使用了简单的联锁十字节点，通过一套氯丁橡胶垫片加固（图 4-24）。为了深化设计，设计者与奥地利纤维混凝土技术部门密切联系，并进行广泛的材料测试。经过六周内 16 次设计模型的互动交流，结构的解决方案终于成型。在数字建模的同时，制作了大量快速原型、比例模型和足尺实物模型深化构件设计，并测试其在整个系统中的适应性。

最后展亭是由 850 块标准 13mm 厚平板经过数控水切割机加工出来的构件建造而成。整个展亭在 3 周内由师生组装完成，整个过程绘制了超过70 张的图纸，详细描绘了加工组装的顺序和如何在整体结构中精确定位每

图 4-23　[C]space 纪念展亭设计

图 4-24　[C]space 纪念展亭建成节点

一构件[①]。

实例二：广州歌剧院室内工程

广州歌剧院位于广州珠江新城，由扎哈·哈迪德设计，与北京的国家大剧院、上海大剧院并列中国三大剧院。由于其室内设计采用了不规则的曲面形态，因此不能用传统工业化方法建造。为了实现曲面形态的设计，康逊公司与扎哈·哈迪德事务所合作，使用数控设备加工人造石板，完成了芭蕾舞排练厅、歌剧排练厅、乐队排练厅和贵宾厅等的墙面及吊顶建造。在这个工程中，数控加工为自由形态的建筑设计提供了强有力的支持。

该项目的加工与安装工艺是这样的。首先，在深化设计阶段，对计算机内的 3D 模型进行数据分析，统一编号。将异型面分为双曲面、单曲面、平面三类，以统计工作量及模具量。将已归类的面进行实际加工研究，通过曲率分析确定该面的分割加工方案。

接下来的构件加工阶段，使用 CNC 机床雕刻木板制成模具组件。然后将人造石进行热弯，吸塑，内外模压制出组件，复杂的要进行实雕。最后将制作好的组件进行拼缝处理，完成实体制作。为了确保构件的安装效果，在安装前使用了成型模进行试拼接（图 4–25~ 图 4–29）。

图 4–25　CNC 机床雕刻的模具（左）
图 4–26　热弯吸塑成型设备（右）

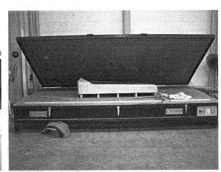

图 4–27　加工成型的曲面构件（左）
图 4–28　转换层构造（中）
图 4–29　安装定位孔（右）

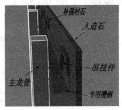

三个排练厅工程的墙面设计需要满足造型和音效的要求设计了方阵排列的吸音孔，由于每个吸音孔洞是大小不一的斜孔，因此需要通过专业软件将 3D 模型转化成 2D 平面的精确定位，将人造石板经 CNC 机床加工后，再加温热弯成型。

最后，为了实现精确的定位安装，根据模型情况设计了转换层结构；构件在加工成型后将其稳固在模具上，根据安装结构图准确开出挂件的安装定位孔；需拼接的面要在厂拼缝完美后标画基准线，并根据模具图检测出厂产品精度。施工安装时使用了三维定位仪，在空间找到坐标定位，确

① 尼尔·林奇，徐卫国. 数字建构——青年建筑师作品 [M]. 北京：中国建筑工业出版社，2008.

图 4-30 最终完成的排练厅
室内

保安装位置的精确性，然后使用无缝拼接完成[①]
（图 4-30）。

4.4.2 基于数控建造逻辑的参数化设计

数控设备能够在计算机的控制下精确定位并按照指令对材料进行加工，为曲面形态的建造提供了可行途径。与此同时，其独特的加工方法也为参数化设计带来了新的途径。基于数控建造的逻辑进行的参数化设计，可以充分发挥出其工艺的特点和计算机智能的优势，拓展参数化设计和建造的可能性。目前，国际著名大学如哈佛大学、麻省理工学院、康奈尔大学等的建筑学院，均开设了数控建造方法与设计相结合的课程，对这一领域进行探索。

瑞士苏黎世联邦理工学院（ETH Zürich）在教学和研究中引入了用于汽车工业自动化生产线的六轴机器人，探索高度信息化的非标准建筑构件的累加式建造过程的发展和应用。在一系列研究中，通过计算机程序计算出描述机器人运动的代码，控制机器人将砖块按照不同的间距和角度砌筑起来（图 4-31）。实际上，我们也可以认为这是对一系列建造规则进行组织而形成的自下而上的"涌现"过程。由于机器人工作的精确性，所砌筑的墙面呈现出柔和的渐变和丰富的光影效果。新的数控技术的介入，使传统的材料和工艺获得了前所未有的表现力。

在这一研究中，设计开始于建造技术相结合，不再是纯粹几何形体的设计，而是建造过程的设计。与此同时，传统建造理念被数字工艺延续并拓展，设计和建造之间、数字和物理过程之间的相互作用，使得建筑表达转向"数字物质性"。生产条件发生显著改变的符合逻辑的结果是，物质逐渐被信息丰富。功能性被整合在其中；材料的结构秩序与装饰表达之间的界限被模糊[②]（图 4-32）。

图 4-31 用于数控砌墙的六
轴机器人（左）
图 4-32 机器人建造的不同
的墙体形态（右）

ETH 的这一研究随后被用于瑞士的 Gantenbein Vineyard 建筑立面的建造中。20000 块砖被机器人按照设定的间距和角度精确的砌筑，制成 72 块墙体单元，经由货车运至现场并吊装到位。墙体上的空隙使得阳光经反

---

① 孙晓峰，谈健. "广州歌剧院"专版——实体面材的应用 [N]. 广东建设报，2010-5-14 & 李华. 建筑软件. DOMUS，2010（10）.
② 尼尔·林奇，徐卫国. 数字实现——青年建筑师作品 [M]，北京：中国建筑工业出版社，2010.

射进入室内，形成柔和的自然光效果。对于葡萄发酵有害的直射阳光被阻挡在外。由于砖块旋转角度各不相同，其对阳光的反射也不同，因此从远处看来，这些砖块组成了一幅巨大的图案——装在篮子里的葡萄，而葡萄圆润、柔软的形态是由一个个棱角分明的砖块组合而成的[①]（图 4-33、图 4-34）。

图 4-33 Gantenbein Vineyard
墙体细部（左）
图 4-34 Gantenbein Vineyard
室内效果（右）

在随后的研究中，尝试了不同材料的组合效果，如木条、泡沫塑料块等，也探索了不同尺度砌块聚集而成的形态。在 Pike Loop 项目中，超过七千块砖排列形成一个沿步行岛波动的无限循环结构。砖的重量被一个设计精巧的架空结构承担。通过调整胶粘剂的拉力与压力，数字设计与砖结构被进一步组合在一起[②]。

在以上数控加工与建造的案例中，参数化设计的数字化成果可以直接为数控过程提供精确的三维数据，完成精准的定位和加工，而一些参数化设计则就是基于某种数控加工建造方法的特点发展而成，因此在这些案例中，设计与建造形成了相互适应的一体化系统。在这个系统中，需要综合考虑的因素包括设计方案的形态特点、数控建造的工艺特点，以及各种材料的建造性能等，而新的数控加工建造方法、新的建筑材料都将对其形成促进作用。

以上案例也使得我们看到，当今的数控加工和建造技术正在拓展建筑建造的可能性，并逐渐成为建筑师的自由创作的强有力支持。虽然目前来看，这类工艺实现起来较为复杂，很多技术仍然处在探索和发展之中，建造成本也较高，但是从数字技术和建筑工业发展的趋势来看，未来数控加工和建造技术一定会逐步走向成熟，并可能从根本上改变建筑工业的面貌，促进从设计、加工到建造的整个产业链的数字化升级。

4.5 参数化设计工程实例

在世界各地建筑师的共同努力下，参数化设计得到了快速传播和发展，在各类设计项目和研究、教学中得到了广泛应用，参数化设计方法和设计

---

① Gantenbein Vineyard Facade. Fläsch（Switzerland），2006, Non-Standardised Brick Façade, http://www.gramaziokohler.com/web/e/projekte/52.html
② 尼尔·林奇，徐卫国. 数字实现——青年建筑师作品 [M]，北京：中国建筑工业出版社，2010.

语言得到了长足发展，而其中一部分设计更是经过各方努力得以建成。参数化方法在实际项目中的运用标志着其逐渐走向成熟，成为建筑设计方法的主流，而这些设计案例也为我们学习参数化设计方法提供了很好的实例。

4.5.1 Nordpark Cable Railway

这是一个 Zaha Hadid 事务所的作品。项目包括通往因斯布鲁克北部山脉的索道沿线的 4 座索道站的设计。设计过程中，在适应不同海拔高度上特定的场地条件的同时，清晰地表达出整体一致的建筑语言成为关键。两个相互对比的元素"壳"和"影"生成每个站的空间质量。一个轻质有机屋顶结构浮于混凝土基座之上。

在这个项目中，参数化设计的可适应性得到了体现。由于每个车站都有其背景、地形、海拔高度以及动态，因此将索道的倾斜方向和斜率作为主导的参数，较高的可变性使得壳结构能够适应这些不同的参数，并成为同一形式系列中的一部分。在这里，场地条件成为影响设计的参数，4个车站形式相似，同时又与各自的场地相适应，成为场地的有机组成部分（图 4-35、图 4-36）。

图 4-35 Nordpark Cable Railway 按不同参数条件设计的四座轨道交通站

图 4-36 轨道交通站的剖面显示其屋顶形态与地形的关系

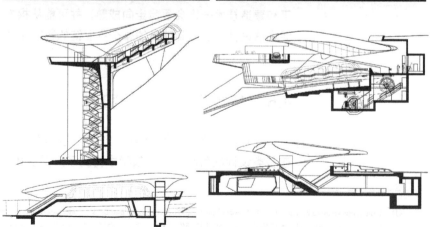

项目在建造过程中采用了 CNC 机床和热成形，保证了从计算机生成的设计到建成建筑的精确和自动化的转化。最终的美让人想起流线型的工业设计（汽车车体、机翼、游艇等）。设计探讨了轻盈的概念，大悬臂和很小的触地面积强调了壳的漂浮形象。看着屋顶壳的流动形体和柔软轮廓，人们可能会想起某些自然现象，比如冰河运动[①]。

4.5.2 凯迪科技园餐厅遮阳设计

XWG 事务所设计的凯迪科技园餐厅位于武汉凯迪科技园东南端临湖处，拥有极佳的景观视线。餐厅可容纳 3600 人同时就餐。建筑地上 5 层为就餐区，地下 1 层为厨房。

建筑外表面的参数化设计和建筑形体相应的调整是设计的重要过程。设计的核心是通过将景观、遮阳、结构等因素作为设计的影响参数，转换成图像的明暗值，进而生成控制位图。然后运用计算机脚本技术，将位图的明暗值转译为建筑外形上的开窗面积大小、遮阳出挑宽度等。

第一步：根据建筑景观视线和遮阳要求，进行位图编辑。位图的编辑是建立在对基地周围景观进行客观分析基础上的，在这里景观和遮阳因素成为影响建筑立面形态的参数，并表达为位图上的明暗信息。

第二步：定义外表面开窗和遮阳的组件形式。由于对外表面具体组件形式的定义并不是唯一值，如开窗可以是圆形、方形、菱形，以及不规则形等，遮阳可以是水平遮阳或垂直遮阳等，因此选择了若干种形式平行发展。这样就为后期的选择、调整作了铺垫。最终确定的形式是综合考虑了结构、造型和遮阳等因素的结果。

图 4-37　位图明暗值转化而成的二维开窗排布图（上）
图 4-38　建筑立面展开图（中）
图 4-39　凯迪科技园餐厅立面效果图（下）

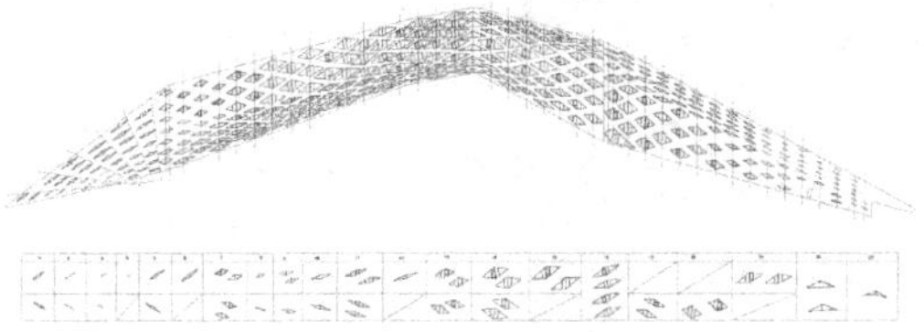

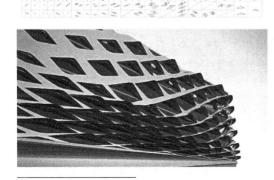

第三步：将生成的位图与建筑的设计因素相关联。运用 Maya 的 MEL 语言，将位图中的亮度值作为参数，与开窗面积、遮阳板的宽度建立数学联系。明度越高，对应开窗面积越大，相应的遮阳出挑的宽度也越大（图 4-37）。

第四步：对生成的结果进行评价、选择并反馈到设计过程中。从产生的若干种形式结果来看，存在形式美和结构之间的矛盾。形式上需要更大的开窗面积，而在结构上必须保证立面网格之间的跨度。通过调整位图作用建筑立面各组件形式的影响力参数，得出了开窗、遮阳、结构等都比较合理的结果（图 4-38）。经过上述步骤之后，基本确定了餐厅建筑的特征：流动的、渐变的立面肌理综合了功能布局、室内就餐视线、结构、遮阳 4 个方面的影响；实现了建筑与景观从封闭到面向湖面开放的转换，创造了室内和室外独具特色的景观[②]（图 4-39）。

---

① 尼尔·林奇，徐卫国. 数字建构——青年建筑师作品 [M]. 北京：中国建筑工业出版社，2008.
② XWG 工作室. 武汉凯迪科技园餐厅 [N]. 中华建筑报，2010-11-27（8）.

图 4-40 上海中心大厦效果图

4.5.3　上海中心大厦

632m 高的上海中心大厦是目前在建的国内最高的摩天楼。该项目由美国 Gensler 事务所设计，同样来自美国的 TT 结构工程事务所和 Cosentini 机电设计事务所分别负责本项目的结构和机电设计工作（图 4-40）。

该塔楼体型为圆三角平面，在由零标高至塔冠 632m 过程中遵循一定规律旋转和收分。风洞试验证明这一几何上的大胆处理极大地减少了塔楼的风荷载。但是形体上的变化给建筑深化设计带来了很大的挑战，Gensler 事务所在设计过程中采用了全新的数字化设计平台进行深化设计工作，高效快速地完成了设计文件的交付。

参数化设计方法在方案设计的各个阶段得到了应用。这一过程采用包括基于 Rhino 软件平台参数化插件 Grasshopper 和基于 Microstation 软件平台的参数化插件 Generative Components。通过分析和简化，塔楼形体的几何变化被抽象为几个基本的数学公式。通过设定几个关键参数在参数化软件环境里建立一个关联性的逻辑模型，随时调整输入参数就可以即时地看到设计结果和输出参数（如楼层面积汇总表等）。设计师从平立面读图过程中被解放出来，可以更直接地判断设计效果和设计性能，其效率和准确度是传统的方式难以比拟的（图 4-41）。

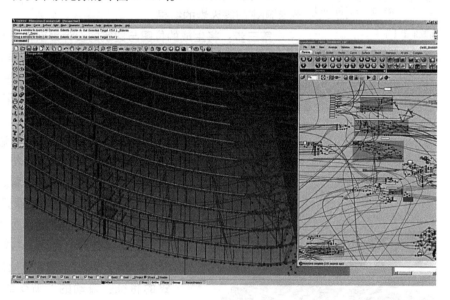

图 4-41　方案设计阶段

方案确认以后的初步设计阶段使用了 Revit 来完成塔楼的建筑图纸的工作（图 4-42）。幕墙体系的设计则使用 Digital Project 建立了塔楼外幕墙的 BIM 模型，并从工程设计的角度对幕墙体系的性能进行准确的预判（图 4-43）。除此之外，项目设计过程中还使用了多种结构分析、能源模拟、气流模拟、疏散模拟等软件，以对设计的性能进行评估和优化。在这个项目中，参数化设计、BIM 技术与计算机性能模拟优化相结合，成为一个数

图 4-42 Autodesk Revit 中的 BIM 模型

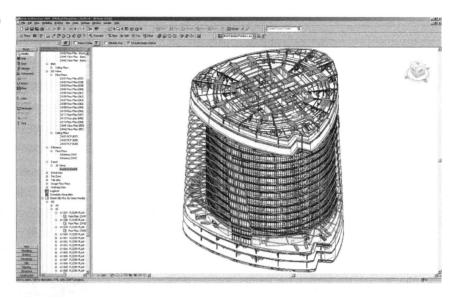

图 4-43 Digital Project 中的幕墙模型

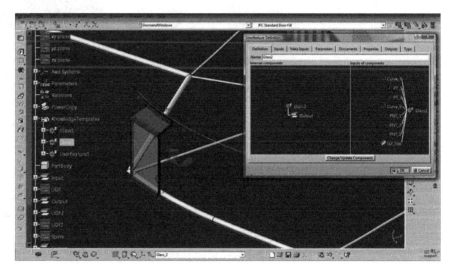

字化时代建筑设计的代表性案例。

　　由于上海中心的设计采用了很多目前主流的数字化设计平台，因此很重要的工作是如何准确地在不同的平台之间交换和分享数据。一些通用的文件格式能胜任大部分的数据交换工作，如在 Rhino 和 Revit 之间通过sat 文件传送 Nurbs 几何模型。在 Grasshopper（Rhino）和 Ecotect 之间通过 3ds 文件格式交换多边形几何模型。同时也编写一些脚本使 Excel，Grasshopper 和 Revit，DP 可以直接在底层交换数据，无须中间交换格式。

4.5.4　凤凰国际传媒中心

　　北京市建筑设计院（BIAD）设计的凤凰国际传媒中心项目位于北京朝阳公园西南角，占地面积 1.8ha（公顷），总建筑面积 6.5 万 m^2，建筑高度55m。这一项目从设计概念的生成、深化设计及建造过程，都运用了参数化设计的思维和大量的建筑数字技术，过程中积累的丰富经验，对国际参数化设计的发展具有重要意义。

凤凰传媒中心的整体设计逻辑是用一个具有生态功能的外壳将主要的具有独立维护的使用空间包裹在里面，形成楼中楼的概念，两者之间形成许多有趣的共享与公共空间，满足公众参与体验和环保的目的。连续的整体感和柔和的建筑界面和表皮，体现凤凰传媒的企业文化形象的拓扑关系，也是对场地环境的积极响应。建筑轮廓极好地适应了周边道路方向以及道路转角的空间需求；南高北低的体量关系，为办公空间创造了良好的日照、通风、景观条件，避免了演播空间的光照与噪声问题，也避开了对北侧居民住宅的日照遮挡的影响。

在概念设计阶段，设计团队采用了 Rhinoceros 作为工具，使用双轨扫掠和多断面控制方式来塑造全新的三维空间。将莫比乌斯环的连续脊线分解为两条控制轨，再根据办公区、演播区和公共空间的不同空间要求建立若干断面控制线，生成最终形体。这一形体兼顾了功能联系、外部形象和日照要求等各种复杂因素（图 4-44、图 4-45）。

图 4-44 设计概念（左）
图 4-45 莫比乌斯环的表皮稽核控制线（右）

建筑整体的外壳结构基于基础模型形成交叉状曲面网壳，并形成主次肋内外分离的单向空间效果。三维结构网格的建立综合多方面因素确定，包括合理的跨度、幕墙板块经济性、建筑外观等。结构、幕墙的控制线的建立是根据一定的规则通过数字设计平台完成的，然后通过 Rhinoceros 和 Digital Project 相应的程序处理智能的判断分析，最大限度地合并减少非标准体的数量，减低建筑造价。

复杂形态深化设计过程中，由于空间三维曲面的无缝连续性，局部任何调整都会影响到整体，因此参数化控制成为一种必然选择。通过 Digital Project，以参数化形式约束不同层次建筑元素之间的联动关系，解决深化设计过程局部与全局的动态联系问题。另一方面，借助 Digital Project 也可以将三维空间中的幕墙板块、钢结构等的空间信息根据加工单位要求输入到 Excel 表格中，以解决与传统加工方式的衔接问题（图 4-46、图 4-47）。

图 4-46 凤凰传媒中心 BIM 模型（左）
图 4-47 使用 Digital Project 参数化编辑细部（右）

在 Digital Project 的平台上，参数化设计与 BIM 技术被结合在一起，而正是因为这种结合，充分发挥了建筑数字技术的综合力量。

值得一提的是，与规则体型设计不同的是，复杂型体设计没有可以根据经验直接套用的轴线、网格系统。为了配合功能的深化与专业设计，需要构建与创意相适应的三维几何逻辑体系，即在概念模型基础上，确定建筑的水平、垂直及一些特定形态的三维控制线，包括基准模型表皮的基本版块划分线；平面形态控制轴线；竖向楼层板及幕墙水平控制线等。这些基准线的确定对项目顺利推进起到重要控制作用（图 4-48）[1]。

图 4-48 基础轴线系统
（a）基本放射轴号；（b）基本环形轴号；（c）分区环形轴号；（d）分区正交轴网（中间区域）；（e）分区正交轴网（北部工艺楼）

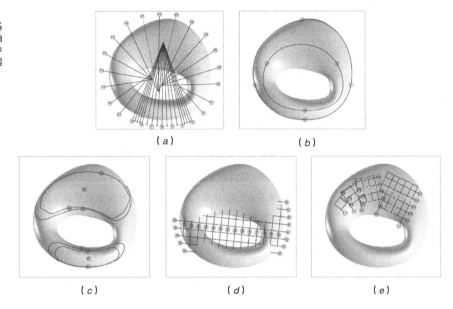

（a）   （b）

（c）   （d）   （e）

参考文献

[1] Burry M.Rapid prototyping[J].CAD/CAM and human factors Automation in Construction, Vol 11, No 3, 313 ~ 333.

[2] Gomez J, et al. La Sagrada Familia: de Gaudi al CAD Edicions UPC[R].Universitat Politecnica de Catalunya, Barcelona, 1996.

[3] Hernandez C R B.Thinking parametric design: introducing parametric Gaudi[J].Design Studies，2006，27（3）：309 ~ 324.

[4] Rowe P G.Design thinking[M].Cambridge : The MIT Press., 1987.

[5] 杨钦，徐永安，翟红英 . 计算机图形学 [M]. 北京：清华大学出版社，2005.

[6] Krygiel E, Demchak G, Dzambazova T.Mastering Revit architecture 2009[M].Wiley Publishing, Inc. 2008.

[7] 吴今培，李学伟 . 系统科学发展概论 [M]. 北京：清华大学出版社，2010.

① 邵韦平，刘宇光，肖立春 . 凤凰涅槃——数字设计平台绘筑凤凰传媒中心 [J]. 建筑学报，2009（1）：74 ~ 76.& 邵韦平 . 为明天而建造——凤凰国际传媒中心参数化设计实践 [J]. 建筑技艺，2010（9-10）：230 ~ 234.

［8］程建权编著．城市系统工程 [M].武汉：武汉测绘大学出版社，1999.

［9］董春雨．复杂系统科学改变了我们的思维方式 [N]，人民日报，2010-06-11（7）.

［10］Butterfly effect. Wikipedia, the free encyclopedia, http://en.wikipedia.org/wiki/Butterfly_ effect

［11］魏诺．非线性科学基础与应用 [M].北京：科学出版社，2004.

［12］Jencks C.Nonlinear Architecture: New Science = New Architecture? [J].Architectural Design, Oct, 1997.

［13］Schumacher P.Parametricism as Style?– Parametricist Manifesto[R/OL], London, 2008, http://www.patrikschumacher.com/Texts/Parametricism%20as%20Style.htm

［14］徐卫国．褶子思想，游牧空间——关于非线性建筑参数化设计的访谈 [J].世界建筑，2009（8），16~17.

［15］徐卫国．参数化建筑设计过程及算法找形 [A].中国建筑学会建筑师分会．中国建筑学会建筑师分会 2010 学术年会论文选集 [C]，广州，2010：1~4.

［16］尼尔·林奇．集群城市主义 [J].世界建筑，2009（8）：20~22.

［17］黄蔚欣，徐卫国．非线性建筑设计中的"找形" [J].建筑学报，2009（11）：96 ~ 99.

［18］吕晨晨，李香姬，黄蔚欣．三维空间组合问题的高维解答——准晶体结构的建筑适用性研究．世界建筑，2009.8，112 ~ 114.

［19］黄蔚欣，徐卫国．算法生形 [A].中国建筑学会建筑师分会．中国建筑学会建筑师分会 2010 学术年会论文选集 [C]，广州，2010：57~62.

［20］Kaandorp J A, Prusinkiewic P, Fractal Modelling: Growth and Form in Biology[M], Berlin, New York：Springer-Verlag , 1994.

［21］Multi–agent system. Wikipedia, the free encyclopedia, http://en.wikipedia.org/wiki/Multi– agent_system

［22］李勇，李伟光．机械设备数控技术（第二版）[M].北京：国防工业出版社，2010.

［23］尼尔·林奇，徐卫国．数字建构——青年建筑师作品 [M].北京：中国建筑工业出版社，2008.

［24］孙晓峰，谈健."广州歌剧院"专版——实体面材的应用 [N].广东建设报，2010-5-14.

［25］李华．建筑软件.DOMUS，2010（10）.

［26］尼尔·林奇，徐卫国．数字实现——青年建筑师作品 [M]，北京：中国建筑工业出版社，2010.

［27］Gantenbein Vineyard Facade.Fläsch（Switzerland），2006，Non-Standardised Brick Facade, http://www.gramaziokohler.com/web/e/projekte/52.html.

［28］XWG 工作室．武汉凯迪科技园餐厅 [N].中华建筑报，2010-11-27（8）.

［29］邵韦平，刘宇光，肖立春．凤凰涅槃——数字设计平台绘筑凤凰传媒中心 [J].建筑学报，2009（1）：74 ~ 76.

［30］邵韦平．为明天而建造——凤凰国际传媒中心参数化设计实践 [J].建筑技艺，2010（9-10）：230 ~ 234.

第5章 建筑信息模型

5.1 概述

在前两章中，介绍了如何应用建筑数字技术生成一个建筑设计的方案。在建筑设计的方案形成后，还需要对方案进行分析、扩初，最后还要完成施工图设计。为了保证数字化建筑设计过程的信息流畅通，使设计工作前一阶段的信息顺利地流向下一阶段，十分重要的一步是需要在建筑设计阶段应用建筑信息模型（Building Information Modelling，BIM）技术，将建筑设计信息进行整合、集成。本章将对相关技术进行介绍。

5.1.1 当前建筑设计业的信息应用障碍多

建筑设计是建筑业的龙头专业，在整个建筑工程生命周期中所产生的信息的源头就是来自于建筑设计阶段。建筑数字技术在建筑设计阶段应用状况的好坏，对整个建筑工程中的信息应用以及后续工序建筑数字技术的应用会产生很大的影响。

我国大规模地应用建筑数字技术搞建筑设计已有十几年的历史了，但相当多的设计部门中的建筑数字技术应用仍处于初级阶段，还有许多影响数字技术向纵深发展的问题存在于建筑设计阶段，其中最突出的是信息共享的程度低。这表现在设计部门中"信息孤岛"大量存在，不同品牌的设计软件兼容性差，各专业的程序独立运行，不能交换数据，信息资源无法共享与整合。其结果是信息传递缓慢、设计信息重复、不一致或者丢失等现象大量存在。从而导致设计质量不高甚至出错，效率低下。另外，管理人员仍沿用老一套方式管理设计。这种管理模式容易造成设计团队协调性差，而施工图重复绘制或者施工图彼此不一致等现象时有发生，对工程施工、设计管理以及工程质量造成很大的影响，图5-1即是一例。

近年来，随着建筑物越建越高，建筑物的功能越来越复杂，应用的新材料、新工艺越来越多，再加上环保、低碳等的要求，导致了建筑工程的规模越来越大，复杂程度越来越大，技术含量也越来越高。由此引起的是，附加在工程项目上的信息量也越来越多，如何管理好这些信息已经成了建筑工程项目实施过程中一个必须认真处理的重要问题。人们已经认识到与工程项目有关的信息对整个工程的项目管理乃至整个建筑物生命周期都会产生重要的影响，各种设计资料、设计数据、所用的建筑材料的各种数据对项目的施工工艺、生产成本及工期、使用后的维护都密切相关。所有与整个工程相关的信息利用得好、处理得好，就能够提高设计质量，节省工程开支，缩短工期，也可以惠及使用后的维护工作。因此，十分需要在建

图5-1 某大楼由于设计期间协调不足造成结构斜柱在过道上形成通行障碍

筑工程全生命周期中广泛应用数字技术,快速处理与建设工程有关的各种信息,合理安排工期,控制好生产成本,消灭设计中的各种差错以及建筑项目中由于各种原因所造成的工程损失以及工期延误。鉴于此,就必须在整个建筑工程周期的项目管理乃至整个建筑物生命周期中,实现对信息的全面管理。

2004 年,美国商务部和劳动统计局发布了一项研究报告,其研究发现,在 1964~2003 年的 40 年间,美国非农业行业的劳动生产率增长了一倍多,而唯独美国建筑业同期的劳动生产率不升反降,越来越低(图 5-2)。这 40 年,正好是数字技术从起步到迅速发展的时期,非农业行业利用了数字技术的发展成果促进了本行业的进步,而建筑业却没有与时共进,依然采用传统的技术来建设越来越大的项目,因而显得力不从心,效率每况愈下。

图 5-2 1964~2003 年间美国非农业行业与建筑业的劳动生产率的比较[①]

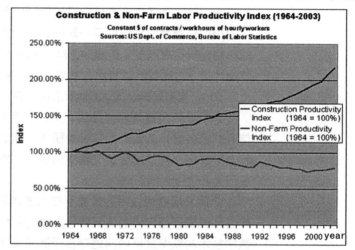

前面提及当前还有不少工程项目管理者墨守传统的工作方式和惯例,他们以纸质媒介为基础进行管理,用传统的档案管理方式来管理设计文件、施工文件和其他工程文件。这些手工作业缓慢而繁琐,还不时会出现一些纰漏、差错,给工程带来损失。尽管设计过程是使用计算机进行的,但是接着下来如何管理和共享这些已经进入了计算机的设计信息却没有相关的措施跟上去。由于设计成果是以图纸的形式而不是以电子文件方式提供,因此,更多的工作例如概预算、招投标、项目管理等都是以图纸上的信息为根据,重新进行输入而进行下一步工作的。

英国《经济学人》杂志早在 2000 年刊登的研究报告就指出,由于管理过程的手工操作而给建设工程带来了庞大开支,"在美国,每年花在建筑工程上的 6500 亿美元中有 2000 亿被耗在低效、错误和延误上。……一个典型的 1 亿美元的项目就能产生 15 万个各自独立的文件:技术图纸、合同、订单、信息请求书以及施工进度表等。……建筑工程从一个项目到另一个项目一直都在重复着初级的工作,研究指出,事实上多达 80% 的输

---

① 图表来源:Teicholz P. Labor Productivity Declines in the Construction Industry: Causes and Remedies[R]. http://www.aecbytes.com/viewpoint/2004/issue_4.html

入都是重复的。"[1]

美国的建筑信息模型国家标准（NBIMS）的序言指出："美国的建筑工程在 2008 年这一年估计要耗费 1.288 万亿美元。建造业研究学会估计，在我们目前的商业模式中有多达 57% 的无价值的工作或浪费。这意味着该行业每年的浪费可能超过 6000 亿美元。"[2]

中国房地产业协会商业地产专业委员会在 2010 年对地产商、施工企业和建筑设计企业所作的一项调查表明，对"在设计阶段有否因图纸的不清或混乱而引致项目或投资上的损失？"的问题的回答，有 77% 的受访者选择"是"；对"在过去的项目中，是否有招标图纸中存在重大的错误（改正成本超过 100 万元）的情况？"的问题的回答，有 45% 的受访者选择"是"[3]。虽然这个调查的范围还不够广泛，但可以肯定一点，我国在建设工程因建筑设计的原因造成浪费的情况也不容乐观。

从上面可看出，造成建设工程项目效率低下和浪费严重的现象相当普遍，造成的原因是多方面的，但由于"信息孤岛"造成信息流不畅是信息丢失的主要原因之一。

在整个建设工程项目周期中，信息量应当如同图 5-3 上面那条曲线那样，是随着时间不断增长的；而实际上，在目前的建设工程中，项目各个阶段的信息并不能够很好地衔接，使得信息量的增长如同图 5-3 下面那条曲线那样，在不同阶段的衔接处出现了断点，出现了信息丢失的现象。正如前面所提及的那样，现在应用计算机进行建筑设计最后成果的提交形式都是打印好的图纸，作为设计信息流向的下游，例如概预算、施工等阶段就无法从上游获取在设计阶段已经输入到电子媒体上的信息，实际上还需要人工读图才能应用计算机软件进行概预算、组织施工，信息在这里明显出现了丢失。这就是为什么上文会说"多达 80% 的输入都是重复的"。

图 5-3 建筑工程中的信息回流

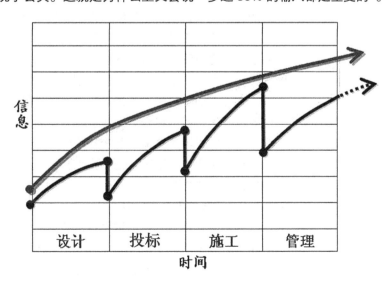

信息

设计　投标　施工　管理

时间

① New wiring: Construction and the Internet: Builders go online. The Economist, 01/15/2000.
② United States National Building Information Modeling Standard, Version 1–Part 1: Overview. Principles, Methodologies
③ 中国房地产业协会商业地产专业委员会. 2010 中国商业地产 BIM 应用研究报告。

参与工程建设各方之间基于纸介质转换信息的机制是一种在建筑业中应用了几十年的做法。可是，随着建筑数字技术的应用，在设计和施工过程中，都会在数字媒介上产生更为丰富的信息。虽然这些信息是借助于数字技术产生的，但由于它仍然是通过纸张来传递，因此当信息从数字媒介转换为纸质媒介时，许多数字化的信息就丢失了。此外，不少企业内部各个业务部门之间的资源和信息缺乏综合的、系统的分析和利用，再加上企业机构的层次多，造成横向沟通困难，信息传递失真，影响到整个企业的经营管理水平以及经营效益低下。目前虽然都用上了计算机，但效率并没有得到有效提高。

造成这种信息丢失现象的原因有很多，其中一个重要原因，就是在建设工程项目中没有建立起科学的、能够支持建设工程全生命周期的建筑信息模型以及基于建筑信息模型的工程项目集成管理环境。

5.1.2 建筑信息模型及相关技术

1）建筑信息模型的建立与应用

实现建筑信息集成，从而实现完全的数字化建筑设计，进而实现"数字化设计—数字化建造—数字化管理"，用数字技术覆盖建筑工程全生命周期。而解决信息集成的关键，就是在建筑工程伊始，在建筑设计阶段就建立起信息化的建筑模型——建筑信息模型（BIM）。

在建筑设计过程中创建的信息并不就是整个工程项目的全部信息，随着工程项目向着概预算、招投标、施工等阶段纵深发展，产生的信息越来越多，建筑信息模型所包含的信息就越来越丰富。这些信息不只是应用到建筑施工结束，其实还会在建筑物的运营、维护过程中被应用。因此，信息化的建筑模型应当是能够覆盖建筑物从规划、设计开始，到施工、营运，直到被弃用、拆除为止的整个建筑工程生命周期的，能对建筑进行完整描述的数字化表达。该模型能够为该建筑项目的建筑师、结构工程师、设备工程师、施工工程师、监理工程师、业主、房地产开发商、营造商、材料供应商、房屋管理人员、维修人员……相关人员共同理解，能够作为上述人员在项目中进行决策的依据，也是他们进行信息交换的基础。

现在，BIM已经成为使建筑业发生质的变化的革命性思想，将推动整个建筑业实现新的整合。BIM也成为开发建筑设计软件和其他建筑工程软件的主流技术。建筑师、建筑各专业工程师必须掌握BIM，才能在建筑业内具有交流的共同语言。建筑设计阶段应用BIM水平的高低，对整个项目质量、进度、效益等的影响很大。我们应当努力把BIM的应用推向新的高度。

2）建筑信息交换标准

在数字化建筑设计的过程中，信息的交换量是很大的，建筑师需要不断和结构工程师、设备工程师、施工工程师、房地产开发商、业主、政府有关部门……交换各种信息，包括原始设计资料、设计方案、统计资料、设计文件……由于这些信息的交换都是通过网络在计算机之间进行的，所以数字化建筑设计中的信息交换其实是在不同的计算机系统之间进行的交换。这包括不同类型的计算机系统（工作站、PC系列微机、Apple系列微机），不同类型的操作系统（Unix、Windows、Mactonish、Linux 等），不同专业（建筑设计、结构设计、给排水设计、概预算、节能设计、防火设计、施工组织设计、物业管理等）的应用软件，不同品牌的建筑设计软件（ArchiCAD、Bentley Architecture、AutoCAD、Revit Architecture、Digital Project、天正建筑等）。因此，有必要建立一个统一的、支持不同的计算机应用系统的建筑信息描述和交换标准。

在国际建筑业界的共同努力下，一个跨平台、跨专业、跨国界的 IFC（Industry Foundation Classes，工业基础类）标准正承担起统一的建筑信息描述和交换标准的重任，也是 BIM 采用的关键技术。

3）建筑设计信息管理平台

随着 BIM 技术的普及，需要一种手段将整个建筑设计过程管理起来，改变以前那种设计信息共享程度低、设计方式陈旧、信息传递速度慢、业务管理落后和支撑技术不配套的落后局面，这种手段就是建筑设计信息管理平台。

PDM（Product Data Management，产品数据管理）是管理与产品有关的信息、过程及其人员与组织的技术。PDM 以建筑信息模型为核心，通过数据和文档管理、权限管理、工作流管理、项目管理和配置与变更管理等，实现在正确的时间、把正确的信息、以正确的形式、传送给正确的人、完成正确的任务，最终达到信息集成、数据共享、人员协同、过程优化和减员增效的目的。

建筑设计企业的产品就是他们的设计作品以及相应的图纸，产品数据应包括所有与设计项目有关的数据。目前，已经出现了一批作为建筑设计信息管理平台的 PDM 系统，在数字化建筑设计中起到重要的作用。

4）协同设计

随着建设规模日益扩大，对建筑设计的要求越来越高，建筑设计必须向协同设计的方向发展。协同设计就是在信息集成的基础上，充分利用建筑设计信息管理平台，组织建筑工程项目各专业的设计人员，在协同工作的环境下进行设计。

在协同设计中，必须注意搞好建筑协同设计团队的组织，整个协同设计工作要在统一的标准指导下进行，同时必须高度重视 BIM 技术在协同设计中的应用。

我国住房和城乡建设部于 2011 年发布了《2011～2015 建筑业信息化发展纲要》[①]，该纲要提出的总体发展目标是："十二五"期间，基本实现建筑企业信息系统的普及应用，加快建筑信息模型（BIM）、基于网络的协同工作等新技术在工程中的应用，推动信息化标准建设，促进具有自主知识产权软件的产业化，形成一批信息技术应用达到国际先进水平的建筑企业。本章所介绍的内容与该发展目标密切相关，也彰显了本章内容的重要性。

---

① http://www.gov.cn/gzdt/2011-05/19/content_1866641.htm

5.2 建筑信息模型的建立与应用

建筑信息模型（Building Information Modeling，BIM）是近年来出现的一项新的建筑数字技术。它的出现，大大提高了建筑信息和建筑工程的集成化程度，引领着建筑数字技术走向更高的层次，将为建筑业界的科技进步产生无可估量的影响。它的全面应用，将给建筑设计模式带来一场新的革命，使设计乃至整个工程的质量和效率显著提高，成本降低，为建筑业的发展带来巨大的效益。

5.2.1 信息化建模的发展概述

模型，从本义上讲，是原型（研究对象）的替代物，是用类比、抽象或简化的方法对客观事物及其规律的描述。由于表达方式的不同，就产生不同类型的模型。例如，数学模型，是运用符号或数学公式，对原型予以模拟表述；图形模型，是运用曲线、柱状图、饼图等反映事物的变化规律；实体模型，参照事物制作，从形状和尺寸上应当符合几何相似的要求。模型的概念被广泛应用于包括自然科学、工程技术、经济、艺术等不同的领域。模型所反映的客观规律越接近、表达原型附带的信息越详尽，则模型的应用水平就越高。

制作实体模型也是建筑师在设计中经常使用的建筑表现手段。通过工作模型，建筑师可以在设计过程中对建筑物的体量、造型、立面处理进行推敲、调整；在设计完成后，用户可以通过模型直观地了解到建筑师的设计意图。但一个制作得较好的模型其制作非常费时、费力，成本也很高，根本无法在设计过程中用这种方法随时对设计进行调整和改动，也无法用这种方法保存在设计过程中产生的大量信息。尽管如此，由于建筑实体模型的直观性，直到今天仍然被人们大量应用。

应用计算机后，设计人员一直在探索如何使用软件在计算机上进行三维建模。最早实现的是用三维线框图（图5-4）去表现所设计的建筑物，但这种模型过于简化，仅仅是满足了几何形状和尺寸相似的要求。

图 5-4 美国 SOM 建筑师事务所在 20 世纪 70 年代用计算机对沙特阿拉伯的吉达机场候机棚所作设计的线框图

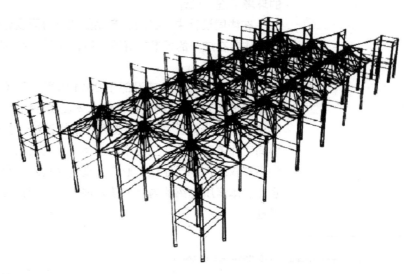

随着计算机技术的发展，后来出现了诸如 3ds Max、FormZ、Piranesi 这类专门用于建筑三维建模和渲染的软件，可以给建筑物表面赋予不同的颜色以及不同的材质，再配上光学效果，可以生成具有照片效果的建筑效果图。

但是这种建立在计算机环境中的建筑三维模型，仅仅是建筑物的一个表面模型，没有建筑物内部空间的划分，更没有包含附属在建筑物上的各种信息，造成很多设计信息缺失。建筑物的表面模型，只能用来表达设计的体量、造型、立面和外部空间，展示设计的成果却无法用于施工。

对于一个可以应用于施工的设计来说，需要的信息是非常多的，以墙体为例，设计人员除了需要确定墙体的几何尺寸、位置、所用的材料、表面的颜色外，还需要确定墙体的重量、施工工艺、传热系数……设计过程会创建大量的信息，正是这些信息，保证了建筑概预算、建筑施工等很多后续工作能顺利进行。如何在计算机上建立起附加有丰富信息的模型，成了学术界的研究热点。

学术界在这方面最早的研究可以追溯到计算机辅助建筑设计研究的先驱——美国的查理斯·伊斯曼（Charles Eastman）教授在 20 世纪 70 年代所作的研究工作，他提出了"建筑描述系统"（Building Description System）的思想[①]，并在一系列相关的研究中高瞻远瞩地陈述了以下一些观点：

- 应用计算机进行建筑设计是在空间中安排三维元素的集合，这些元素包括强化横杠、预制梁板、或一个房间；
- 设计必须包含相互作用且具有明确定义的元素，可以从相同描述的元素中获得剖面图、平面图、轴测图、或透视图等；对任何设计安排上的改变，在图形上的更新必须一致，因为所有的图形都取之于相同的元素，因此可以一致性地作资料更新；
- 计算机提供一个单一的集成数据库用作视觉分析及量化分析，任何量化分析都可以直接与之结合。

二十多年后出现的建筑信息模型技术证实了伊斯曼教授的预见性。事实上，从 20 世纪 70 年代到 90 年代学术界发表了大量有关信息建模的研究成果，不断把研究引向深入。

在 20 世纪 90 年代，当时正在蓬勃发展的面向对象方法被引入到建筑设计软件的开发中，出现了 AutoCAD Architecture、天正建筑等用面向对象方法进行二次开发的建筑设计软件。这些软件把建筑上的各种构件（墙、柱、梁、门、窗、设备等）定义为不同的对象，把与建筑设计有关的数据与操作封装在建筑对象中。这样，在计算机上完成的设计图不再是由线段、弧线、圆等基本图元构成的几何图形来合成，而是由具有属性的建筑构件对象构成。由于应用了面向对象技术，使得三维建模与平面图可以同步完成，实现了三维模型和平面图双向联动，修改平面图（三维模型）时，三维模型（平面图）上的对应构件也同时被修改。此外，还可以实现关联构

---

① 参看：Eastman C, Fisher D, Lafue G, etc. An Outline of the Building Description System[R]. http://www.eric.ed.gov/PDFS/ED113833.pdf

件的智能联动、视算一体化……如果更进一步，还可以在建筑对象中封装更多的属性数据，使系统具有为优化设计提供实时计算分析的能力。

这样，通过应用面向对象技术在计算机辅助建筑设计中迈出了信息化建模的步子。

实践表明，面向对象技术对于在建筑设计中信息化建模的支持是有一定的局限的。前面提及的 AutoCAD Architecture、天正建筑这类建筑设计软件虽然具有信息建模能力，但由于它们是以诸如 AutoCAD 这样的计算机绘图软件为平台开发的，由于绘图软件所用技术的局限性，因此无法确保能获取高质、可靠、集成和完全协调的信息。

随着建筑工程规模越来越大，附加在建筑工程项目上的信息量也越来越大。建筑工程项目的有关信息对整个建筑物生命周期会产生重要的影响已是不争的事实。数字技术应当在整个建筑物生命周期中合理安排信息流、工作流程和控制成本等方面发挥其巨大的作用，消灭由于规划和设计不当所造成的工程损失以及工期延误。这就需要在整个建筑工程周期乃至整个建筑物生命周期中，实现对信息的全面管理。正是这些原因，推动着信息化建模技术研究的不断深入。

随着研究的不断深入，信息化建模技术的研究也逐渐成熟并被应用到建筑设计软件的开发中。信息化建模技术在一开始并没有如现在那样称为建筑信息模型技术。最早应用这项技术的是 Graphisoft 公司，他们在 20 世纪 90 年代提出虚拟建筑（Virtual Building，VB）的概念，并把这一概念应用在 ArchiCAD 的开发中。而 Bentley 公司则提出了全信息建筑模型（Single Building Model，SBM）的概念，并在 2001 年发布的 MicroStation V8 中，应用了 SBM 这些新概念。此后 Autodesk 公司在 2002 年首次提出建筑信息模型（Building Information Modeling，BIM）的概念，并以 Modeling 表示这是一个在应用中不断完善模型的概念，Autodesk 公司在 Revit 系列软件以及其他相关的软件的开发中应用了这一概念。

目前，建筑信息模型这一名称已经得到学术界和其他软件开发商的普遍认同，建筑信息模型技术也成为各建筑工程软件开发商采用的主流技术。

建筑信息模型技术在近几年的发展很快，在许多国家特别是欧、美国家中得到越来越多的应用。在一些国家中基于建筑信息模型技术的应用软件普及率已达 60%~70%，应用后收到较好的效果。还有些国家的政府部门通过行政手段促使建筑信息模型技术的应用。例如，美国的威斯康星州、得克萨斯州、俄亥俄州等一些州已经通过相关的立法，规定了政府的建筑工程项目造价超过规定的数额后就必须采用 BIM 技术[1]。又如，韩国公共采购服务中心下属的建设事业局规定，2010 年 1~2 个大型施工 BIM 示范使用；2011 年 3~4 个大型施工 BIM 示范使用；到 2016 年实现全部公共设施项目使用 BIM 技术。[2]

---

[1] http://www.chinabim.com/standard/bims/2010-10-19/1360.html
[2] http://www.beiweihy.com.cn/new_view.asp?id=949&Class=17

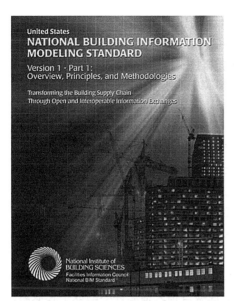

United States
NATIONAL BUILDING INFORMATION MODELING STANDARD
Version 1 - Part 1:
Overview, Principles, and Methodologies

Transforming the Building Supply Chain
Through Open and Interoperable Information Exchanges

National Institute of
BUILDING SCIENCES
Facilities Information Council
National BIM Standard

图 5-5　美国《国家建筑信息模型标准・第一部分：概述、原理与方法》的封面

不少国家和地区陆续制定了相关的技术标准或政策以推进这项新技术的应用。美国已于 2007 年年底颁布了《National Building Information Modeling Standard, Version 1-Part 1: Overview. Principles, Methodologies（建筑信息模型国家标准・第一部分：概述、原理与方法）》（图 5-5）；中国香港特区政府房屋署也在 2009 年颁布了《建筑信息模型标准》；澳大利亚、芬兰、挪威、丹麦、德国、新加坡和韩国等国家的政府部门都已陆续发布了有关实施建筑信息模型的指导性文件，待条件成熟便发布有关的技术标准或规范。因应这种发展趋势，国际标准化组织也陆续出台了 ISO 29481[①]等一些有关建筑信息模型的国际标准。

我国的建筑工业行业标准 JG/T 198-2007《建筑对象数字化定义（Building Information Model Platform）》已于 2007 年发布，请注意该标准名的英文名称是"建筑信息模型平台"的意思，该标准给出了建筑信息模型的定义，规定了建筑对象数字化定义的一般要求、资源层、核心层及交互层。它适用于建筑物生命周期中各个阶段内以及各阶段之间的信息交换和共享，包括建筑设计、施工、管理等，其实这个标准是非等同采用 ISO/PAS 16739:2005《Industry Foundation Classes, Release 2x, Platform specification（工业基础类 2x 平台）》的部分内容。而等同采用 ISO/PAS 16739:2005 全部内容的新的国家标准 GB/T 25507-2010《工业基础类平台规范》已在 2010 年 12 月正式发布，它与 ISO/PAS 16739:2005 在技术内容上完全保持一致，仅在将其转化为国家标准过程中，为了符合我国国家标准的制定要求，在编写格式上作了一些改动。这说明了我国在推进 BIM 技术标准化方面又前进了一大步。

国际建筑师协会（Union International des Architectes, UIA）职业实践委员会已经把 BIM 的使用纳入建筑师职业未来的行动纲领。也就是说，BIM 将成为建筑师必须掌握的技术，成为建筑师在建筑业内和相关专业进行交流的共同语言。BIM 已成为建筑业未来发展的基本方向。

5.2.2　建筑信息模型的概念

建筑信息模型的具体含义是什么呢？一些权威部门分别对建筑信息模型给出如下定义。

我国的建筑工业行业标准《建筑对象数字化定义（JG/T 198-2007）》把建筑信息模型（Building Information Model）定义为：

建筑信息完整协调的数据组织，便于计算机应用程序进行访问、修改或添加。这些信息包括按照开放工业标准表达的建筑设施的物理和功能特点以及其相关的项目或生命周期信息。

---

① ISO 29481-1:2010《Building information modelling – Information delivery manual – Part 1: Methodology and format》；ISO/NP 29481-2:2010《Building information modelling – Information delivery manual – Part 2: Management communication》

美国在 2007 年年底颁布的《National Building Information Modeling Standard，Version 1–Part 1: Overview. Principles, Methodologies（建筑信息模型国家标准，第一版第一部分：概述、原理、方法）》对建筑信息模型（Building Information Modeling，BIM）所给出的定义是：

A BIM is a digital representation of physical and functional characteristics of a facility. As such it serves as a shared knowledge resource for information about a facility forming a reliable basis for decisions during its lifecycle from inception onward. [①]

注意，无论是中国的还是美国的技术标准所给出的定义均强调了"生命周期"，也就意味着模型覆盖整个建筑生命周期的应用。从上述定义还可以看出，建筑信息模型技术其实包含了建立模型和应用模型这两重含义。综合以上所给出的定义，下面用较为通俗的文字对建筑信息模型进行阐述：

建筑信息模型，是以三维数字技术为基础，集成了建筑工程项目各种相关信息的工程数据模型，是对该工程项目相关信息详尽的数字化表达。建筑信息模型同时又是一种应用于设计、建造、管理的数字化方法，这种方法支持建筑工程的集成管理环境，可以使建筑工程在其整个进程中显著提高效率和大量减少风险。

综上所述，我们不要拘泥于"建筑信息模型"中文字面上的意思，更重要的是要知道它是一项动态地应用在建筑工程全过程的建筑数字技术，通过它的应用，营造起一个优良的信息环境。BIM 的建模过程并不是仅仅在设计阶段，而应当覆盖建筑工程的全过程，随着建筑工程由设计阶段向施工阶段、管理阶段的发展，更多的信息将添加到建筑模型中。由于相关信息不断增添到建筑模型中，这些信息非常全面，已经数字化且相互关联。这就为在建筑工程全过程中实施数字化设计、数字化建造、数字化管理提供了一个高效、可靠的信息环境。这样，BIM 就较好地解决了建筑工程信息建模过程中的数据描述及数据集成的问题，并为工程各个阶段的数据应用提供了坚实的基础。

当把 BIM 技术用来开发建筑设计软件后，基于 BIM 技术的建筑设计软件（以后将简称为 BIM 设计软件）的技术特点表现在以下三个方面：

第一，在三维空间建立起数字化的建筑信息模型，模型以附带有信息的三维构件为基本组成元素，建筑物的所有信息均出自于该模型，并将所有建筑信息以数字化形式保存在数据库中，以便于更新和共享。

这一点非常重要，这决定了模型是由数字化的墙、数字化的门窗等三维数字化构件实体组成，这些构件实体具有几何信息、物理信息、构造信息、技术信息……信息均保存在数据库中。

第二，在设计数据之间创建实时的、一致性的关联。

这一点表明了源于同一个数字化建筑模型的所有设计图纸、图表均相

---

① 引自美国 National Building Information Modeling Standard，Version 1 – Part 1: Overview. Principles, Methodologies。参考译文：BIM 是设施的物理特性和功能特性的一种数字化表达。因此，它从设施的生命周期开始就作为其形成可靠的决策基础之信息的共享知识资源。

互关联，各数字化构件实体之间可以实现关联显示、智能互动。对模型数据库中数据的任何更改，都马上可以在其他关联的地方反映出来，这样可以提高项目的工作效率和质量。

第三，支持多种方式的计算、模拟、数据表达与信息传输。

该点表明 BIM 提供了信息的共享环境。BIM 设计软件支持结构、节能……各种分析计算；既支持以平面图、立面图、剖面图为代表的传统二维方式显示以及图表表达，还支持三维可视化方式显示甚至动画方式显示；支持 IFC（Industry Foundation Classes，工业基础类）标准；特别地，为方便模型（包括模型所附带的信息）通过网络进行传输，BIM 设计软件支持 XML（Extensible Markup Language，可扩展标记语言）[①]。

正是这非常重要的三个技术特点，使数字化建筑设计工作发生了本质上的变化。

5.2.3　基于建筑信息模型的设计软件的技术特点

1）以建筑构件为基本图形元素进行参数化设计

BIM 设计软件不再提供低水平的几何绘图工具，操作的对象不再是点、线、圆这些简单的几何对象，而是墙体、门、窗、楼梯等建筑构件；在屏幕上建立和修改的不再是一堆没有建立起关联关系的点和线，而是由一个个互相有关联的建筑构件组成的建筑物整体，这些构件就是 BIM 设计软件中用以组成建筑模型的基本图形元素。整个设计过程就是不断确定和修改各种建筑构件的参数，全面采用参数化设计方式进行设计。

2）构件关联变化、智能联动、相互协调

BIM 设计软件立足于数据关联的技术上进行三维建模，模型中的构件之间存在关联关系。例如模型中的屋顶是和墙相连的，如果要把屋顶升高，墙的高度就会随即发生改变，也跟着变高。又如，门和窗都是开在墙上的，如果把模型中的墙平移 1m，墙上的门和窗也同时跟着按相同方向平移 1m；如果把模型中的墙删除，墙上的门和窗马上也被删除，而不会出现墙被删除了而窗还悬在半空的不协调现象。

3）信息化建筑模型，各种图纸由模型自动生成

BIM 设计软件建立起的信息化建筑模型就是设计的成果。至于各种平、立、剖二维图纸都可以根据模型随意生成，各种三维效果图、三维动画亦然，这就为生成施工图和实现设计可视化提供了方便。

由于生成的各种图纸都来源于同一个建筑模型，因此所有的图纸和图表都是相互关联的，同时这种关联互动是实时的。在任何视图上对设计做出的任何更改，就等同对模型的修改，都马上可以在其他视图上关联的地方反映出来。在门窗表上删除一个窗，相关平、立、剖视图上这个窗马上就被删除。这就从根本上避免了不同视图之间出现的不一致现象。

---

① XML 与因特网上常用的 HTML（HyperText Markup Language，超文本标记语言）的区别主要在三个方面：（1）信息提供商能够根据自己的需要随意定义新的标签和属性；（2）文件结构层次能够具有任意深度；（3）任意一个 XML 文件都能够包含一个可选的描述自身的语法以供需要进行结构的有效性检查。

4）统一的关系数据库实现了信息集成

在建筑信息模型中，有关建筑工程所有基本构件的有关信息都以数字化形式存放在统一的数据库中，实现了信息集成。虽然不同软件的数据库结构有所不同，但构件的有关数据一般都可以分成两类，即基本数据和附属数据，基本数据是模型中构件本身特征和属性的描述。以"门"构件为例，基本数据包括几何数据（门框和门扇的几何尺寸、位置坐标等）、物理数据（重量、传热系数、隔声系数、防火等级等）、构造数据（组成材料、开启方式、功能分类等）；附属数据包括经济数据（价格、安装人工费等）、技术数据（技术标准、工艺说明、类型编号等），其他数据（制造商、供货周期等）。一般来说，用户可以根据自己的需要增加必要的数据项目以描述模型中的构件。由于模型中包含了详细的信息，这就为进行各种分析（空间分析、体量分析、效果图分析、结构分析、节能分析……）提供了条件。

建筑信息模型的结构其实是一个包含有数据模型和行为模型的复合结构，数据模型与几何图形及数据有关，行为模型则与管理行为以及构件间的关联有关。彼此结合通过关联为数据赋予意义，因而可以用于模拟真实世界的行为。实现信息集成的建筑信息模型为建筑工程全生命周期的管理提供了有力的支持。

5）能有更多的时间搞设计构思，只需很少时间就能完成施工图

以前应用二维 CAD 软件搞设计，由于绘制施工图的工作量很大，建筑师无法在方案构思阶段花很多的时间和精力，否则来不及绘制施工图以及后期的调整。而应用BIM 设计软件搞设计后，使建筑师能够把主要的精力放在建筑设计的核心工作——设计构思上。只要完成了设计构思，确定了最后的模型构成，马上就可以根据模型生成各种施工图，只需用很少的时间就能完成施工图。由于 BIM设计软件在设计过程中良好的协调性，因此在后期需要调整设计的工作量是很少的（图 5-6）。

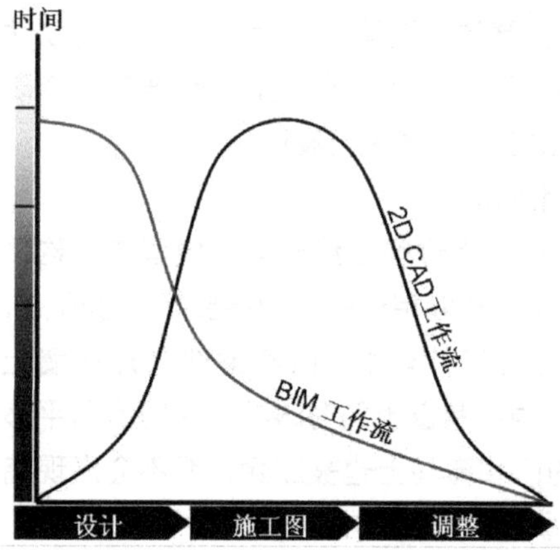

图 5-6 应用 BIM 后可以有更多的时间进行建筑设计构思，更少的时间花在施工图和后期调整上

6）可视化设计

以往应用二维绘图软件进行建筑设计，对建筑物的三维造型的准确把握有一定的困难，而且平面图、立面图、剖视图等各种视图之间不协调的事情时有发生，即使花了大量人力物力对图纸进行审查仍然未能把不协调的问题全部改正。有些问题到了施工过程才能发现，给材料、工期、成本造成了很大的损失。

应用 BIM 技术后，应用可视化设计手段就可以解决上述的各种问题。设计人员可以对所设计的建筑模型在设计的各个阶段通过可视化分析对造型、体量、视觉效果等进行推敲，由于各种视图都由模型生成，极大地减少了各种视图不协调的可能性。

应用可视化方式也有利于业主直观地了解设计成果和设计进度，方便了与设计人员的沟通。

7）实现信息共享、协同工作

BIM 技术，为实现在建筑设计过程甚至在整个建筑工程生命周期中的计算机支持协同工作（Computer Supported Cooperative Work，CSCW）提供了重要的保证。这样，就可以以 BIM 为核心构建协同工作平台，使不同专业的、甚至是身处异地的设计人员都能够通过网络在同一个建筑模型上展开协同设计，使设计能够协调地进行。

例如，利用这个平台可以检查建筑、结构、设备平面图布置有没有冲突，楼层高度是否适宜；楼梯布置与其他设计布置及是否协调；建筑物空调、给排水等各种管道布置与梁柱位置有没有冲突和碰撞，所留的空间高度、宽度是否恰当；玻璃幕墙布置与其他设计布置是否协调等。这就避免了使用二维 CAD 软件搞建筑设计时容易出现的不同视图、不同专业设计图不一致的现象，避免出现如图 5-1 那样的错误。

同样地，在整个建筑工程的建设过程中，参与工程的不同角色如土建施工工程师、监理工程师、机电安装工程师、材料供应商⋯⋯可以通过网络在以建筑信息模型为支撑的协同工作平台上进行各种协调与沟通，使信息能及时地传达到有关方面，各种信息得到有效的管理与应用，保证了施工人员、设备、材料能准时到位，工程高效、顺利地进行。

8）有利于进行建筑性能分析

当前，倡导设计绿色建筑、低碳建筑，就必须对所设计的建筑进行建筑性能分析。在应用 BIM 技术后，为进行这些分析提供了便利。这是因为建筑信息模型中包含了用于建筑性能分析的各种数据，同时 BIM 设计软件提供了良好的交换数据功能，只要将模型通过交换格式（IFC、XML 等格式）输入到日照分析、节能分析⋯⋯的分析软件中，很快就得到相关的结果。

9）丰富的附加功能

由于建筑信息模型载有每个建筑构件的材料信息、价格信息，就可以很方便地利用这些信息进行设计后的经济评价，这就为在设计阶段控制整个工程的成本、提高工程的经济效益提供了有力的保证。

又如，利用建筑信息模型所包含的信息生成各种门窗表、材料表以及各种综合表格都是十分容易的事。可以应用这些表格进行概预算、向建筑材料供应商提供采购清单、成本核算等。

其实这样就为 BIM 的进一步应用创造了条件，可以说，BIM 的应用范围已经超出了建筑设计的范畴。BIM 给设计人员提供了更为丰富的工具，为他们增加了许多附加的功能，使他们的设计比以往的更为完美，创造的价值也比以前更高。

5.2.4　建筑信息模型在数字化建筑设计中的应用

建筑信息模型技术一问世，就得到建筑界的青睐，并在建筑业中迅速得到应用。以下通过一些实例来介绍 BIM 在建筑设计中的应用。

1）国家游泳中心

国家游泳中心是为迎接 2008 年北京奥运会而兴建的比赛场馆，又名"水立方"。建筑面积约 5 万 m^2，设有 1.7 万个坐席，工程造价约 1 亿美元。

图5-7 国家游泳中心模型和
在结构上使用的维伦第尔式空
间梁架模型（右上方）①

设计方案是由中国建筑工程总公司、澳大利亚 PTW 公司和 ARUP 公司组成的联合体设计，设计体现出"水立方"的设计理念，融建筑设计与结构设计于一体（图5-7）。

"水立方"设计的灵感来自于肥皂泡泡以及有机细胞天然图案的形成，由于采用了 BIM 技术，使他们的设计灵感得以实现。设计人员采用的建筑结构是3D 的维伦第尔式空间梁架（Vierendeel space frame），每边都是 175m，高 35m。空间梁架的基本单位是一个由 12 个五边形和 2 个六边形所组成的几何细胞。设计人员使用 Bentley Structural 和 MicroStation TriForma 制作一个 3D 细胞阵列，然后为建筑物作造型。其余元件的切削表面形成这个混合式结构的凸缘，而内部元件则形成网状。在 3D 空间中一直重复，没有留下任何闲置空间。

由于设计人员应用了 BIM 技术，在较短的时间内完成如此复杂的几何图形的设计以及相关的文档，他们赢得了 2005 年美国建筑师学会（AIA）颁发的"建筑信息模型奖"。

2）自由塔

美国决定在"9·11"事件中被摧毁的纽约世贸大厦原址上重建自由塔（Freedom Tower）成了世人关注的事件。自由塔的设计由美国著名的 SOM 建筑设计事务所承担。在最后确定的方案中，自由塔的高度为 1776 英尺（541m），计划于 2013 年建成（图5-8）。自由塔的设计得到了 Autodesk 公司的大力支持，SOM 决定采用基于 BIM 技术的 Revit 软件进行设计。Autodesk 还决定在继续用 Revit 软件来支持自由塔设计的基础上，应用 Buzzsaw 软件来支持自由塔工程的工程管理工作，让它成为应用 BLM-BIM 的典范。

图5-8 自由塔的设计方案②

在方案设计的过程中，有这么一段经历，建筑师在推敲方案时需要对原有的建筑造型进行扭曲，结果他应用 Revit 软件在计算机上抓住建筑的巨大的立面，将它进行扭曲。由于在建立了建筑信息模型后，对模型的任何部分进行变更时都能引起相关构件实现关联变更，因此在这种状态下，每一层都会根据建筑师的操作自动进行调整（图5-9）。以前在标准的二维制图软件中，这样做需要几周的时间。

---

① 图片来源：http://www.nipic.com/show/1/48/20134d8829ee892d.html

② 图片来源：http://news.sohu.com/20050630/n226139733.shtml

图 5-9 建筑师在推敲方案时用 Revit 软件对原有的建筑造型进行扭曲

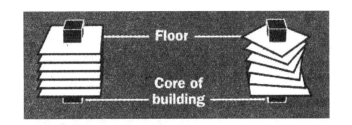

3）Letterman 数字艺术中心[①]

Letterman 数字艺术中心坐落在美国三藩市，包括 4 幢建筑、1 个影剧院和一个 4 层的地下停车库，总建筑面积达 158.2 万平方英尺（14.7 万 m²）。该中心的兴建始于 2003 年，并于 2005 年 6 月完工。在整个工程的建设过程中，不单在设计中采用了 BIM 技术，而在整个建筑施工过程中都使用了 BIM 技术，从而获益匪浅。

项目团队用 BIM 技术创建了一个详细的、尺寸精确的建筑信息模型，实现了可视化设计与建造过程的可视化分析。随着时间的推移和项目的进程发展，创建和应用这个数字化的三维建筑模型的优点变得越来越明显。

他们的经验表明，为了有效地使用 BIM、实现各专业的良好合作的最重要经验就是要确保所有团队成员都要为创建建筑信息模型作出贡献。除了项目管理人员、建筑师、结构工程师、机电及管道工程师这样做之外，承包商和安装公司也积极跟进，都随着整个项目进程往模型输入信息。这样，建筑信息模型在每周都得到了更新，并通过服务器发布到项目团队的所有计算机终端中，提供本项目经过验证的最新信息。

通过 BIM 的协作平台，他们及时发现了不少问题，例如对设计进行碰撞检测时发现了多宗建筑设计图和结构设计图不一致的问题：设计图中的钢桁梁穿越了铝板幕墙的问题、电梯机房梁的位置不一致的问题、楼板面标高低于梁面标高的问题（图 5-10）……于是这些问题得到及时改正，避

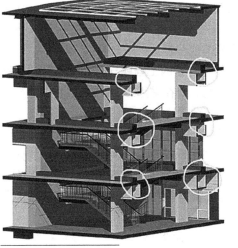

图 5-10 Letterman 数字艺术中心项目通过 BIM 发现楼板面标高低于梁面标高的问题

免了返工造成的浪费以及工期延误。

由于应用了 BIM 技术，保证了按时完工，并使这个投资 3500 万美元的项目节省经费超过 1000 万美元。

5.2.5 建筑信息模型在建筑性能分析中的应用

当前倡导绿色、低碳的建筑设计，要实现这些目标，就要搞好建筑性能分析。由于建筑信息模型的数据库中已经集成了各种设计信息，能够进行各种复杂的设计评价和分析，只要把这些数据导入到相关的分析软件进行分析计算便可。这些分析包括：结构分析、日照分析、节能分析、建筑通风分析、光环境分析、声环境分析、消防模拟分析等。

BIM 提供的设计信息达到了一定的精细程度和可信

① 参看：Mieczyslaw Boryslawski. Building Owners Driving BIM: The "Letterman Digital Arts Center" Story. http://www.aecbytes.com/buildingthefuture/2006/LDAC_story.html

图 5-11 黄柏峪小学冬季室外风场分析图

度，能在设计阶段的前期完成日照分析、节能分析等各种分析，有利于在设计的前期阶段就能把握住绿色建筑的设计方向，使设计少走弯路。建筑师可以在设计阶段的早期，将不同的设计方案分别导入到多种软件进行分析，对照不同设计方案的分析结果，从而选择出合理的建筑设计方案，实现绿色、低碳和可持续发展的目标。

辽宁本溪黄柏峪生态小学是一个得到了国际可持续发展基金会资助的项目，该项目已于 2008 年完成。设计方案通过应用 BIM 技术并辅以其他分析软件进行分析，作出了多项改进：改进了遮阳设计；通过增加庭院，改善了室外风环境；改进了拔风烟囱的设计；改进了日光房的设计；改进了自然采光设计。实现了可持续发展的建筑设计（图 5-11）[1]。

利用 BIM 还可以通过 XML 实现建筑设计与建筑性能分析的互操作。

这里一个突出的例子就是 gbXML（Green Building XML）。gbXML 是一种基于 XML 的绿色建筑可扩展标记语言[2]，可以应用该语言来传输 BIM 中的数据到能源分析的应用程序。gbXML 实现了 BIM 和大量第三方分析应用软件之间的交互操作。

GBS（Green Building Studio，绿色建筑工作室，美国建筑业界建筑节能分析工具和网上解决方案的引领者）是这些第三方软件中的一种，主要提供给美国建筑师使用。建筑师使用 gbXML 向 GBS 服务网站（https://www.greenbuildingstudio.com/gbs/default.aspx）输出他们用 BIM 技术创建的建筑模型，GBS 服务网站在得到输入文件后，按照当地的建筑规范执行分析，并将分析结果返回到设计师的计算机。这个过程可以按照需要的次数重复，以便于重新修改设计后与以前的结果相比较。BIM 和 GBS 服务网络之间的交互操作性大大方便了设计人员、模型和分析工具之间的对话，并获得了精确的能源分析，进一步提高了建筑设计的效率，降低了设计成本。

美国纽约的皇后社区精神病服务中心是一个有 45000 平方英尺（4180.6m²）的教育、康复机构。承接该中心建设的 Architectural Resources 公司被要求在不增加原来预算的前提下降低能耗的预算费用 20%。为此，他们将 BIM 技术应用到节能分析上。

以往要做这方面的分析，都要委托专业的工程顾问公司来做，需要耗费数周时间，而且还需要支付一笔费用。现在采用 BIM 技术之后，进行建筑节能分析就方便得多。

该公司设计人员使用 BIM 技术和 GBS 服务网站通过网上连接，将建筑物模型输入到 GBS 的能耗分析软件中，十分钟后就可以得到基本的分析结果。设计人员根据分析结果，改进采暖、通风和空调系统，调整建筑设计以及建筑材料的热阻值，然后又再次使用 GBS 的计算过程，验证改进设

---

① 参看：王廷熙. 基于 BIM 的绿色建筑整合设计——辽宁本溪黄柏峪生态小学设计案例分析 [R]. http://news.800hr.com/1206779991/54746/1/0.html

② 绿色建筑可扩展标记语言标准，即 Green Building XML（gbXML）标准在 1999 年由 Green Building Studio 开始制定，并于次年 6 月正式发布第一版。该开放性标准有助于实现 BIM 与各种工程分析软件间的信息模型共享。

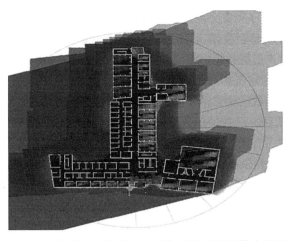

图 5-12　对纽约皇后社区精神病服务中心进行包括日照分析在内的多种能耗分析

计后的节能效果。如此反复进行，不用一个星期，就能够得到符合要求的、理想的节能设计（图 5-12）。

5.2.6　建筑信息模型在建筑工程的其他应用

目前，BIM 不仅应用在建筑设计和建筑性能分析方面，还被人们应用到建筑业的多个方面，包括：场地分析、建筑策划、方案论证、建筑结构设计、水暖电设计、协同设计、成本估算、施工计划制订、施工过程模拟、物料跟踪、项目管理、工程统计、运营管理、灾害疏散与救援模拟……[1] 实际上，BIM 的应用范围非常广泛，可以涵盖整个建筑工程生命周期。

下面是一个 BIM 应用于施工过程分析的例子[2]。

美国纽约市林肯中心的 Alice Tully 音乐厅在 2009 年进行了室内改造工程。由于在改造中应用了 BIM 技术，改造工程的效果令人满意。

该项目在音乐厅内部采用了半透明的、弯曲的木饰面板的墙板系统，并对工期、所采用的新型材料和施工误差做了严格的规定。为保证项目顺利进行，一开始就采用 BIM 技术，应用 Digit Project 建立起室内改造工程的三维模型。该模型充分考虑了影响到木墙板工程的各个独立系统，如钢支撑结构、剧场索具装置、水电暖通系统等各个方面，并考虑了各构件和系统之间的相互影响，在施工过程分析中起了重要的作用。在施工阶段，该模型提供了预生成该项目的数字化三维视图，协助完成了诸如管道系统布局等复杂系统的设计，分析和消除了管道系统的碰撞干扰问题，保证了管道系统的施工顺利进行。此外还利用该三维信息化模型，根据现有条件对面板设计形态进行分析，确保了所制造的面板能精确地安装（图 5-13）。

图 5-13　林肯中心的 Alice Tully 音乐厅室内改造的三维模型

同样，BIM 在建筑运营管理阶段同样能够发挥巨大的作用。

突出的例子就是 2008 年北京奥运会的"奥运村空间规划及物资管理信息系统"。该系统应用 BIM 技术，采用 Revit 软件和 Buzzsaw 软件建成。当用 Revit 软件完成奥运村空间规划建模的同时，就自动产生与奥运村三维图形对应的奥运村物资、设施数据库，实现了奥运村物流的虚拟管理，显著提升了庞大物流管理的直观性，大大降低了操作难度，使奥运村物流管理在品种多、数量大、空间单元及资产归属要求绝对准确的情况下，确

---

①　参看：过俊. BIM 在国内建筑全生命周期的典型应用. 建筑技艺［J］. 2011（Z1）.

②　资料来源：http://www.gehrytechnologies.com/index.php?option=com_jportfolio&cat=3&project=36&Itemid=25

保了频繁进出的物资高效、有序和安全地运行。该系统完美服务于奥运会和残奥会，在系统密集应用的奥运会准备期、奥运会残奥会转换期以及赛后复原期基本实现奥运村资产配置数据报表"零错误"，得到各方高度评价。

现在已经有一些已建成的建筑物如澳大利亚的悉尼歌剧院、我国香港多个地铁车站等建立起自己的数字化三维模型，应用 BIM 技术进行管理。

BIM 技术经过近几年实践，已被证明是对提升建筑业劳动生产率、降低生产成本有着显著的成效。

根据美国斯坦福大学 Center for Integrated Facility Engineering（CIFE）在 2007 年对 32 个使用 BIM 项目的调查研究，使用建筑信息模型有以下优势[1]：

- 消除 40% 预算外更改；
- 造价估算控制在 3% 精确度范围内；
- 造价估算耗费的时间缩短 80%；
- 通过发现和解决冲突，将合同价格降低 10%；
- 项目时限缩短 7%，及早实现投资回报。

美国国防部在 2006 年表示，通过应用 BIM 在以下的范畴里能节省成本：

- 更好地协调设计——节省 5% 成本；
- 改善用户对项目的了解——节省 1% 成本；
- 更好地管理冲突——节省 2% 成本；
- 自动连接物业管理数据库——节省 20% 成本；
- 改善物业管理效率——节省 12% 成本。

增加经济效益的例子还有：英国机场管理局利用 BIM 节省了伦敦希思罗机场 5 号航站楼 10% 的建造费用；香港一些应用 BIM 理念较为成熟的建筑示范项目，总造价可以降低 25% ~ 30%。

增加经济效益的重要原因就是因为应用了 BIM 后在工程中减少了各种错误。香港恒基公司在北京世界金融中心项目中通过 BIM 应用发现了 7753 个错误，及早消除超过 1000 万元的损失，以及 3 个月的返工期。

5.3　建筑信息交换标准与 IFC

上一节提到建筑信息模型支持 IFC 标准，这个 IFC 标准就是开放的建筑产品数据表达与交换的国际标准，主要解决建筑信息如何表达以及不同源的信息如何交换的问题。

不同专业的设计人员参与同一项目的设计可能会采用了不同类型的计算机系统，或者不同品牌、不同专业的设计软件，他们生成的设计文件可能会采用不同的数据格式，这样就可能会出现在甲的计算机中，不能打开

① 资料来源：Azhar S, Hein M, Sketo B. Building Information Modeling（BIM）：Benefits, Risks and Challenges[R]. http://ascpro0.ascweb.org/archives/cd/2008/paper/CPGT182002008.pdf

或不能完全打开在乙的计算机上所生成的设计文件。这些问题如不解决，设计资源就无法共享，设计信息就无法交换，这将会严重影响建筑数字技术的深入发展。如果这个问题不解决，计算机将只能是作为一个画图工具，也就更谈不上 BIM 的应用以及在因特网上进行协同设计了。

随着建筑数字技术在建筑业得到了广泛应用，越来越多的用户需要将设计产品数据在不同的应用系统间进行交换。因此，有必要建立一个统一的、支持不同的应用系统的产品信息描述与交换的规范。这种交换规范应当考虑到以下几个方面：

- 各种设计数据、建筑信息如何表达；
- 不同的设计部门间的数据交换；
- 设计、建造、施工、监理部门以及业主之间的数据交换；
- 与政府部门、合作单位之间的数据交换；
- 不同时期的数据交换；
- 考虑到软件升级的同一系统的不同版本之间的数据交换；
- 各种不同的 CAD 系统之间的数据交换。

实现数据交换的方式基本上有两种：点对点交换和星式交换（图 5-14）。点对点的交换是指系统之间的数据通过专门编写的数据转换程序直接进行交换，如果有 n 种文件格式彼此需要互相转换，就必须有 n（n-1）种转换手段；而星式交换是指所有系统之间的数据借助于一个通用标准的数据交换规范进行交换，这样，只需要 2n 种转换手段就可以了。一般来说更常用的是星式交换。

图 5-14　点对点交换（左）与星式交换（右）

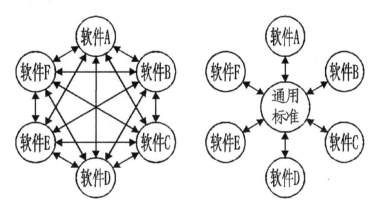

5.3.1　信息交换标准的发展概述

在 20 世纪 70 年代，软件开发商陆续开发出不同的 CAD 软件系统，由于这些系统通用性较差，影响了 CAD 的进一步的发展，这导致了产品数据交换标准的出现。

美国在 1981 年提出了 IGES（Initial Graphics Exchange Specification，初始化图形交换标准）、随后又提出 PDDI（Product Definition Data Interface，产品数据定义接口），在总结了 IGES 和 PDDI 的经验后，在 1987 年提出了 PDES（Product Data Exchange Specification，产品数据交换规范）。PDES 把产品信息有机地结合在一起，完成一个完整的产品模

型，这个模型支持整个产品生命周期。PDES 的独到之处是基于一个三层的体系结构并使用形式化语言 EXPRESS 来为产品数据建立模型，为后来 STEP 标准的制订奠定了基础。

在欧洲，也有类似的研究。法国在 IGES 的基础上自行开发了 SET（Standard d'Exchange et de Transfert，数据交换规范），于 1983 年发表了 SET 的第一个文本。此外，德国也在 IGES 的基础上开发了 VDAFS（Verband der Deutschen Automobilindustrie-Flachennittstelle）作为产品数据交换的德国国家标准。与其他标准不同的是，VDAFS 只集中于自由曲面的数据交换，在 CAD 的特定领域中应用得很好。欧盟在 1984 年开发的 CAD*I（Computer Aided Design Interface，计算机辅助设计接口）是欧盟 ESPRIT 计划的一部分。为了描述 CAD 数据结构还开发出 HDSL（High-level Data Specification Language）语言，可以把 CAD 数据结构的基本元素表达出来。CAD*I 对后来 STEP 标准的制订有很大影响。

以上这些工作，都为以后信息交换国际标准的诞生提供了很好的理论基础和实践经验（图 5-15）。

图 5-15　各国对信息交换标准的研究为后来 STEP 标准的制订奠定了基础

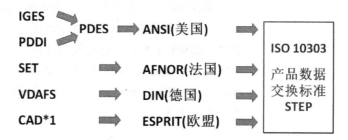

5.3.2　STEP 标准与 EXPRESS 语言简介

1）STEP 标准简介

STEP（STandard for the Exchange of Product model data）标准是国际标准化组织（International Standardization Organization，ISO）制订的一个用于工业产品信息表达与交换的国际标准的简称，该标准的全名为：

ISO 10303：Industrial Automation Systems and Integration-Product Data Representation and Exchange（工业自动化系统与集成—产品数据表达与交换）。

1984 年，ISO 启动了制订 STEP 标准的计划。STEP 标准规模十分庞大，分为描述方法、实现方法、一致性测试、集成通用资源、集成应用资源、应用协议、抽象测试共 7 个系列 2000 多个分标准。从 1994 年发布第一个分标准起，到目前为止正式发布的分标准已经超过 380 个，仍有多个分标准正处于编制阶段或准备阶段。STEP 标准适用于工业中包括机械、汽车、造船、电气、航空、建筑等多个行业。例如 ISO 10303-225《显示形状表达的建筑单元》，就是一个用于建筑业的应用协议。

STEP 标准吸取了已有的数据交换标准的长处，提供了一种不依赖于具体系统的中性机制，规定了产品设计、开发、制造以至产品生命全周期中所包括的诸如产品形状、解析模型、材料、加工方法、组装/分解顺序、检验测试等必要的信息定义和数据交换的外部描述。适用于不同品牌 CAD 软件之间的数据交换与共享，是一个计算机可理解的国际标准。

制订 STEP 标准要解决的两个问题是：产品的数据用什么方法来表示？产品的数据怎样实现共享与交换？产品数据的共享与交换可按照 STEP 标准中应用协议的规定进行，而产品的数据表示则采用 EXPRESS 语言来描述。EXPRESS 语言是 STEP 标准提供的一种用于描述产品信息的语言，也是 STEP 最重要的组成部分之一。

我国以等效采用 ISO 10303 的方式颁布了相应的国家标准 GB/T 16656《工业自动化系统与集成—产品数据表达与交换》，为我国信息交换的发展提供了技术保障。

2）EXPRESS 语言简介

EXPRESS 语言是一种形式化的信息建模语言。有关该语言的规定由国际标准 ISO 10303-11-2004《Industrial automation systems and integration—Product data representation and exchange—Part 11: Description methods: The EXPRESS language reference manual》给出。由于 EXPRESS 语言根据 STEP 标准的要求制订，因此可以保证在描述产品信息时的描述一致性和消除二义性。制定 EXPRESS 语言时，吸收了 Ada、ALGOL、C、C++、Pascal 等高级语言的功能和特点，使该语言对人和计算机都是可读的。一方面人们能比较方便地理解它的语义，另一方面又容易与高级语言建立起映射关系，这样就有利于计算机支撑工具和应用程序的生成。由于 EXPRESS 语言不是程序设计语言，因此不包括输入、输出等程序设计语言常见的语义符。

STEP 标准中的所有描述都是应用 EXPRESS 语言来进行。后面将要介绍的 IFC 标准也是采用 EXPRESS 语言。

5.3.3　IFC 标准及其应用简介

1994 年 ISO 发布了 STEP 标准的第一批共 22 个分标准，确定了 STEP 标准的总体架构。根据总体架构，ISO 在继续着庞大的 STEP 标准的编制工作。此时，建筑业界已经迫不及待自发地开展如何在建筑业内实现信息共享和信息交换的研究。IAI 在这方面扮演着重要的角色，IFC 标准最早的版本，正是由 IAI 组织研发的，现在继续由 buildingSMART 来完善。

1）IAI 与 bSI 简介

IAI 是 International Alliance for Interoperability（国际协作联盟）的缩写。是一个非赢利、公私营机构合作的组织。该联盟着眼于在建筑工程全生命周期中信息交换、生产率、工期、成本和质量的改善，其任务是为循序改进建筑业的信息共享提供一个共同的基础，目标是为全球建筑业制定 IFC（Industry Foundation Classes，工业基础类）模型标准。

1994 年 8 月，美国 12 个公司的人员为测试不同软件在一起工作的可能性而走到了一起，他们迫切感到实现软件之间互操作性的重要性，在此基础上，促成了 IAI 于 1995 年 10 月在北美成立。会员包括建筑业的方方面面，有科研院所、学术团体、标准协会、设计事务所、工程公司、软件开发商等，其会员资格对外开放。

IAI 的宗旨很快得到世界上其他国家同行的认可，在 1995 年 12 月就成立了德语分部，1996 年 1 月成立了英国分部，到 2006 年全球已有包括中国分部在内的 13 个分部。第一届 IAI 的国际会议于 1996 年在英国伦敦举行。

IAI 的工作很有成效，在 1997 年就颁布了 IFC 的第一个版本，随后又发布了多个版本。到了 21 世纪，随着 BIM 技术的迅速发展，IFC 成了 BIM 应用不可或缺的主要技术。

为了适应 BIM 技术迅速发展的需要，2007 年在 IAI 的基础上成立了 buildingSMART International（bSI）联盟，IAI 原来的工作现在都交由 bSI 联盟进行。bSI 联盟声称：它是一个中立的、国际的和独一无二的组织，它通过开放 BIM 支持（建筑工程的）生命周期。bSI 的工作就是要提供真正的互操作性，推动 BIM 的发展。目前，bSI 联盟已经发展成为一个全球性国际组织，通常以 buildingSMART 的名义活动，目前全球共有 35 个国家参与其中。

buildingSMART 除了致力于继续完善 IFC 标准外，还同时研究制定 IFD（International Framework for Dictionaries，国际字典框架）和 IDM（Information Delivery Manual，信息传递手册），它们和 IFC 一道构成了建筑信息交换的三项核心技术。

2）IFC 标准简介

IFC 标准是由 IAI 倡导并制定的、开放的建筑产品数据表达与交换的国际标准，是建筑工程软件共享信息的基础。随着 BIM 技术的崛起，IFC 成为了为 BIM 而制定的开放、中立和标准的技术规范。它支持建筑业软件应用中对基于模型的空间要素、建筑要素、水暖电设施要素的描述以及这些要素和其他构件数据之间交换，这些要素或构件的数据，包含了这些组成部分相互之间的关系和对附加在空间和系统结构上的特性、分类、对外部数据库的访问等。

IFC 标准是基于 STEP 标准和技术，针对建筑领域制定的标准，在建筑工程中的规划设计、工程施工、企业管理、电子政务等领域都有广泛应用。1997 年 1 月，IAI 发布了 IFC 标准的第一个完整版本 IFC1.0，随后在 1998 年、1999 年、2000 年、2003 年、2006 年先后发布了 IFC1.5、IFC2.0、IFC2x、IFC2x2、IFC2x3 等升级版本。而最新版本的测试版 IFC2x4 RC3 已于 2011 年 10 月发布，IFC2x4 的正式版将于 2012 年发布，人们普遍认为，这将是一个面向开放 BIM 协同设计的跨时代版本。

IFC 标准最值得称道的是采用 STEP 标准中形式化的数据规范语言 EXPRESS 来描述各种建筑数据，采用面向对象的方法，把数据组织成有层次关系的类，所采用的语法适合于在计算机系统之间进行数据的传输。这样，有关 STEP 中的大量成熟研究成果可以直接得到借鉴，例如 STEP 中的几何定义、建筑工程核心模型等。同时，全世界基于 EXPRESS 语言的领先研究成果都可以很容易地引入 IFC 标准中。

在应用 IFC 建立起来的建筑模型里，不再是简单的线条、圆、圆弧、样条曲线等简单的几何元素所组成的模型，而应当是具有属性的在一个建成环境里发生的事物，包括有形的建筑构件单元，如门、窗、天花板、墙体等，以及抽象的概念，如设计处理、空间、机构、设备维护等（图 5-16）。对于如何表达这些事物，IFC 都有详细的规定。IFC 标准目前的版本涵盖了以下 9 个领域：①建筑、②结构分析、③结构构件、④电气、⑤施工管理、⑥物业管理、⑦暖通空调、⑧建筑控制、⑨管道和消防。IFC 下一代标准将扩充到施工图审批系统、GIS 系统，等等。

目前 IAI 的这些工作得到了 ISO 的认可，IFC 标准的核心内容（平台部分）已经在 2005 年被 ISO 公布为国际标准，即 ISO/PAS 16739:2005《Industry Foundation Classes, Release 2x, Platform Specification（IFC2x

图 5-16　在应用 IFC 建立起来的建筑模型中包括有形的建筑构件单元以及抽象的概念

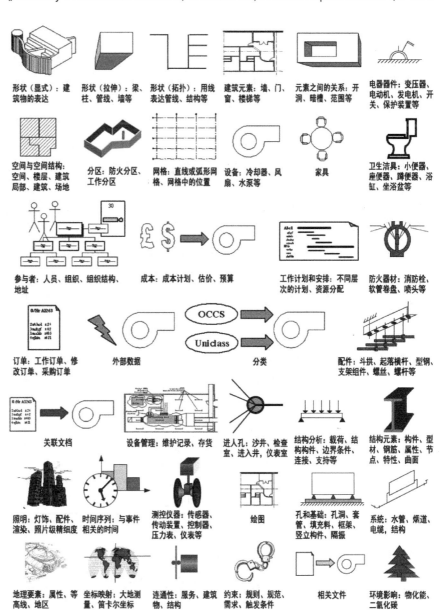

Platform)》。这意味着，IFC 标准已成为国际标准，同时也成为主导建筑信息模型建构的技术标准。

目前世界上著名的建筑软件生产商如 Autodesk、Bentley、Graphisoft、Gehry Technologies 等公司都支持 IFC 标准（表 5-1），许多个软件产品也取得了 buildingSMART 关于 IFC 的认证。应用 IFC 标准的好处是，用户可以根据自身需求和使用习惯来选择不同软件厂商的产品，只要该产品有合格的 IFC 输出就可以实现信息的共享。

采用 BIM 技术、支持 IFC 的部分软件　　　　　　　　　　　表 5-1

软件名称	软件公司	国别	主要功能
Active3d	Archimen Group	法国	项目管理、物业管理
Tricalc	Arktec	西班牙	结构计算
Revit	Autodesk	美国	建筑、结构、暖通水电设计
AutoCAD Architecture	Autodesk	美国	建筑设计
Bentley Architecture	Bentley Systems	美国	建筑设计
Cadwork3D	Cadwork	瑞士	木结构建筑的设计与施工
ETABS	CSI	美国	建筑结构分析与设计
DDS-CAD MEP	Data Design System	挪威	暖通水电设计
EMS-Eurostep ModelServer for IFC	EurostepAB	欧盟	基于网络的数据共享与交换
Digital Project	Gehry Technologies	美国	建筑设计、结构设计、暖通水电设计、施工管理
Advance Steel	GRAITEC	法国	钢结构设计
Advance Concrete	GRAITEC	法国	混凝土结构设计
Advance Design	GRAITEC	法国	预应力混凝土与钢结构的分析与设计
ArchiCAD	Graphisoft	匈牙利	建筑设计
EDMmodelServer	Jotne EPM Technology	挪威	建筑工程数据管理
Allplan	Nemetschek Allplan	德国	建筑设计、结构设计、施工管理
SCIA Engineer	Nemetschek Scia	比利时	结构分析与土木工程
VectorWorks	Nemetschek North America	美国	建筑设计
Nova	Plancal	德国	暖通设计
MagiCAD	Progman	芬兰	暖通水电、消防设计
Solibri Model Checker	Solibri	芬兰	设计查核、成本估算、避灾路线分析等
Solibri Model Viewer	Solibri	芬兰	可视化分析
Solibri IFC Optimizer	Solibri	芬兰	IFC 文件优化
Tekla Structures	Tekla	芬兰	结构设计、施工管理

3）IFC 标准的应用

2005 年在挪威奥斯陆举行的 IAI 年会上，会议上对 IFC 进行了一场综合性的实际操作演示，这场演示涉及多个不同领域的用户，演示的内容依次是：

- 建筑师检查调整规划方案；
- 政府部门审批规划方案；
- 结构工程师进行结构分析；
- 建筑师调整楼层高度，结构也自动跟随变动；
- 能源顾问设计暖通空调系统并计算每日、每月、每年之能源消耗；
- 管线工程师进行供电系统和给排水系统的管线设计；
- 业主制作概预算；
- 营建商准备投标文件；
- 业主评标；
- 物业管理部门的营运管理；
- 政府消防局模拟火灾时烟火的蔓延状况并规划逃生路线，制定救火对策。

每个演示内容使用的软件品牌各不相同，都是各个领域内的专用软件。每个步骤的演示都是先读入 IFC 格式文件，然后进行各专业的工作，求得结果后再输出新的 IFC 格式文件，然后下一步的演示就将刚刚新输出的 IFC 格式文件读入到另一个软件环境中继续工作。演示过程表现出不同软件之间良好的互操作性，使人们看到了 IFC 标准的强大力量。只要大家统一执行 IFC 标准，建筑业的生产效率必将大大提高。

IFC 标准已经在实际中得到应用。例如，在 2005 年美国加州科学院的项目中，建筑设计单位使用的是 Autodesk Architectural Desktop，而施工公司使用的是 Graphisoft Constructor。他们就是通过 IFC 格式来传递三维建筑信息模型的。

新加坡政府已经将 IFC 应用在电子政务中，具体地说，就是应用在建筑设计方案的电子报批上。新加坡政府按照 IFC2x 标准编写出检查建筑设计方案的计算机程序 ePlanCheck，将规范的强制要求编成 ePlanCheck 中的检查条件，这样就可以应用计算机自动进行规范检查。

ePlanCheck 的主要功能包括接受采用三维立体模型、以 IFC 格式传递设计方案、根据系统的知识库和数据库中存储的图形代码及规则自动评估方案并生成审批结果。其建筑设计模块审查设计方案是否符合有关材料、房间尺寸、防火和残疾人无障碍通行等规范要求；建筑设备模块审查设计方案是否符合采暖、通风、给排水和防火系统等的规范要求，保证了对建筑规范和条例解释的一致性、无歧义性和权威性。[1]

虽然新加坡政府没有规定设计师采用什么样的 CAD 软件，由于 ePlanCheck 只能识别 IFC2x 格式的数据，这就要求所用的 CAD 软件都要输出符合 IFC2x 格式的数据，因此，在新加坡应用的 CAD 软件都必须支持 IFC2x 标准。

随着建筑信息模型技术的广泛应用，IFC 标准正得到越来越广泛的应

---

[1] 参看：王守清、刘申亮. IT 在建设工程项目中的应用和研究趋势. 项目管理技术，2004（2）

用，正如前面介绍过的那样，IFC 已经成为支持建筑信息模型的主要技术。各国已经制订或准备制订基于 IFC 标准的建筑信息模型标准。IFC 标准将会随着 BIM 技术的发展而不断发展。

5.3.4　IDM

随着 BIM 应用的范围不断扩大，IFC 充当越来越重要的角色，但人们在这个过程中发现了新的问题。

由于建筑对象的属性是多方面的，有几何信息、物理信息、构造信息、技术信息、制造商及价格信息等。因此，对某一个建筑对象（例如一面墙或一扇门）来说，所包含的属性是很多的，因此信息量很大。本文前面也介绍过，在应用 IFC 标准描述的建筑对象中包括有形的建筑构件单元以及抽象的概念。因此在一个建筑工程项目中，有成千上万个建筑对象，其包含的信息量只能用海量来形容。

随着工程项目的进行，项目各参与方都有大量的信息需要通过 IFC 格式进行交换，因此转化到 BIM 模型中的 IFC 模块化结构的信息量是非常之大的。而实际上，到了这个建筑工程项目某一阶段中的某一个工序，所需要交换的信息只是涉及该工序的具体参与方和与之相关的少数软件，也就是说，信息交换只是在具体的几个参与方和几种软件之间进行。因此，此时的信息交换并不需要把整个工程项目 IFC 的所有内容都端出来，在这个阶段的信息交换有必要界定需要交换 IFC 里面的哪些内容。

另外，工程软件开发商也需要知道在不同的工程阶段需要交换哪些信息，以便有针对性地开发适用于不同的工程阶段的软件。

最早是挪威公共建筑及物业管理主管部门 Statsbygg 在 2005 年牵头研究这个问题，他们研发出信息传递手册（Information Delivery Manual，IDM）来解决这个问题。他们认为需要通过 IDM，定义建筑工程项目全生命周期内需要信息交换的所有流程，并确定支持上述流程所需要的 IFC 功能。

IDM 主要由流程图组成，这些流程图以说明信息在整个项目生命周期的演变作为重点内容，每个流程图确定了信息交换的要求和在项目中接收信息和提供信息的角色。每一项说明都分为两个部分，第一部分针对 BIM 的用户，而第二部分针对 BIM 解决方案的软件供应商。对于用户来说，信息以容易理解的方式说明，并不需要 IFC 模块化结构的知识。

IDM 的成果很快就在挪威阿克斯胡斯医院（Akershus hospital）和特罗姆瑟学院（Tromso College）的项目中应用。挪威人所采用的方法，现在也被美国采纳，写进了美国的 NBIMS 建筑信息模型国家标准中。

buildingSMART 总结了挪威人的工作，并提出了有关 IDM 的技术标准。他们的工作得到了 ISO 支持，在 2010 年 ISO 颁布了两个关于 IDM 的标准，分别是：

ISO 29481-1：2010《Building information modelling-Information delivery manual – Part 1: Methodology and format》；

ISO/CD 29481-2：2010《Building information modelling – Information delivery manual-Part 2：Management communication》。

5.3.5 IFD

IFD 的全称是 International Framework for Dictionaries（国际字典框架）。

由于参加同一个建筑工程项目的人员来自四面八方，甚至还有来自国外的，他们使用的自然语言千差万别。例如英语的"ceiling"，法语称为"plafond"，到了中国就更复杂，有人称为"顶棚"，又有人称为"天花板"，还有人称为"吊顶"。就算我们在用自然语言交流时能互相理解对方的含义，但通过计算机网络进行信息交换时这些不同的叫法可能就要出问题，除非有一个"字典"，指出"ceiling"、"plafond"、"顶棚"、"天花板"、"吊顶"其实是同一个概念。正是基于这样的原因，因此就需要建立一个字典库来解决全世界各种语言中对同一事物五花八门的统一称谓问题。这就是为什么我们需要 IFD 的原因。

IFD 给每一个概念建立一个全球唯一标识码（Global Unique Identifier，GUID），不同国家和地区的语言尽管千差万别，但只要将本地语言所描述的概念与 GUID 建立联系，则保证在信息交换中每个用户得到的信息和他想要的信息是一致的。

这样，当 IFC 描述对象是如何连接、如何将信息交换和储存时，IFD 唯一地描述了这些对象是什么东西，有什么属性，它们的单位以及可能的取值。

因此，IFD 也如同 IFC、IDM 那样，成为了 BIM 技术的三个核心组成部分之一，建立 IFD 库就成为 buildingSMART 的一项重要工作，在 buildingSMART 中也成立了一个专门的机构负责此事。入库的每一个概念都有完备的属性，以方便不同需要的应用。

IFD 的概念在国际上公认是源于国际标准 ISO 12006-3：2007 《Building construction—Organization of information about construction works— Part 3：Framework for object-oriented information》。IFD 库的建立，无疑将推动 IFC 和 BIM 进一步的发展。

5.4 建筑设计信息管理平台

建筑信息模型和建筑信息交换标准已经为建筑信息集成与交换提供了技术基础，但是要实现协同设计和建筑设计信息管理还需要一个建筑信息管理平台。在这个平台的建设中，PDM（Product Data Management，产品数据管理）系统将发挥重要的作用。

5.4.1 产品数据管理

PDM 是随着 CAD、CAM 发展而出现的一项新的管理思想和技术，它是以软件为基础，以产品为核心，实现对产品相关的数据、过程、资源一体化集成管理的技术。PDM 管理所有与产品相关的信息（包括零件信息、配置、文档、CAD 文件、结构、权限信息等）和所有与产品相关过程。

PDM 注重数据的标准化与共享性，采用以数据标准化为基础的数据共享模式；PDM 注重数据的完备性和时效性，支持协同设计环境；PDM 注重产品数据的安全性和结构管理，支持整个产品生命周期内存在于产品研发、生产、服务、修正等各个阶段的数据创建、管理和应用。PDM 全面实现对产品以及产品设计生产过程的数据管理。

PDM 在 20 世纪 80 年代中首先出现在欧美一些发达国家中。当时，一些制造业企业发觉它们以纸质文件为基础的管理方式跟不上企业的发展需求，产生了很多问题，这些问题与本章开始时所分析的建筑设计企业在应用了信息技术后所出现的新问题相类似。正是这些严重障碍企业发展的问题导致企业产生了应用数字技术进行企业管理的需求，并在 80 年代中期催生出第一代的 PDM 系统。PDM 系统经过二十多年的发展，现在已经比较成熟，通过数据和文档管理、权限管理、工作流管理、项目管理和配置与变更管理等，使信息流动畅通，实现在正确的时间、把正确的信息、以正确的形式、传送给正确的人、完成正确的任务，最终达到信息集成、数据共享、人员协同、过程优化和减员增效的目的。在西方的发达国家中，目前 PDM 已经覆盖多个行业，应用比较广泛，取得了良好的效益。

由此可以看出，实施 PDM 与本章前面介绍的 BIM 有着何其相似的地方。这正是为什么在 BIM 技术的支持下，建筑设计企业实施 PDM 是可行的本质所在。

建筑设计企业的产品就是设计图纸。为了保证建筑设计企业的效益，必须对图纸的质量、图纸的设计进度进行控制；同时加强产品数据管理和项目管理有利于管理层进行产值核算；加强设计成果的管理和利用，有利于加快设计进程，也有利于设计企业提高持续服务能力。

建筑设计企业应用 PDM 进行企业管理，可以建立起自己的建筑设计信息管理平台。这个平台把 PDM 系统作为一个软件框架，并以此框架为基础，以 BIM 为项目信息的核心，将建筑设计各种应用软件集成到这个平台中。这个平台使建筑师、建筑各专业的设计师和管理者能够全面管理、紧密跟踪、适度控制、实时查看那些围绕建筑设计及整个设计过程中的所有与之有关的数据与过程。使建筑设计企业处于有效管理之下，实现优质、高效，提高企业竞争力。

5.4.2 建筑设计信息管理平台的功能

在建设建筑设计企业的 PDM 系统作为建筑设计信息管理平台时，应当充分注意建筑设计业的特点。同时，各行各业实施 PDM 的经验表明，PDM 作为一个管理系统，需要针对企业的特殊需求来定制和实施，为此，企业模型的建立、实施规范的制定是加速 PDM 推广应用的关键因素。对于建筑设计企业的 PDM 系统来说，要特别关注设计的环节，将这个环节产生的数据和设计知识有效地管理起来。

综合以上分析，以下三个方面应当是建筑设计企业的 PDM 系统应具有的主要功能：

1）文档管理

管理的对象应当是各种文件及文档、设计产品数据以及相应的属性和版本方面的信息。其主要的功能为：文件的检入/检出（Check in/Check out）和引用；分布式文件/数据库的管理；安全功能（防止非法操作和误操作）；动态浏览和导航机制；属性管理（属性的创建、删除、修改和查询）；设计检索；文档历史记录和版本管理。

文档管理应做到：标准化；完整性；安全性；可检索；再利用。而文档管理的好坏，将决定PDM实施的成败。

2）工作流和过程管理

覆盖建筑工程全生命周期的工作流和过程管理着眼于控制有关人员产生数据、修改数据的办法，让设计过程按照既定的规则、标准操作规程进行，减少重复工作和低效劳动，方便生产过程的追踪，为项目的实施建立起高效的协同工作流程和任务实施的框架，以提高协同工作的水平。其主要功能包括：面向任务的工作流管理；图示化的工作流程定义；触发、警告、提醒机制；项目图纸同步更新；工作流的异常处理和过程重组；项目成员组信息交流；电子邮件的应用接口。

3）项目管理

管理的内容主要是设计企业的项目信息，涉及项目任务的指派、项目资源的分配、人员组织结构、人员角色分类、用户信息库等。其主要功能一般应包括：项目的创建、删除和属性修改；项目参加人员的机构组织定义及角色指派；项目基本信息及进展情况的浏览与动态追踪；项目所需资源的规划和管理；项目变更管理；项目有关工作活动的审查，表单与报表；项目进度管理与进度报告。

一般来说，PDM系统还具有如下的辅助功能，这些功能包括：各种数据接口、日志管理、备份工具、批注工具、通信和公告板等。

5.4.3　应用建筑设计信息管理平台的效益

由于应用了PDM系统作为建筑设计信息管理平台，给建筑设计企业带来了许多经济上和非经济上的效益：

1）各种设计信息、产品数据得到有效的保护和利用

建筑设计企业的PDM作为建筑设计信息管理平台，所管理的并不只限于一项工程，而能同时管理多项工程。如果每个项目都应用BIM技术建立起一个信息化建筑模型，那就是说有多个模型同时并存在同一PDM系统中。既保证了项目信息的完整性、安全性，又方便了项目信息的检索和再应用。其中项目信息的再应用，可以有利于加快设计的进程，降低设计成本，有利于建筑设计企业提高持续发展的能力。

2）提升了建筑设计质量与建筑设计企业的市场竞争力

应用PDM系统显著减少了设计图中的缺、漏、错、碰现象，并且加强了设计过程产品数据管理和设计过程的控制，有利于在过程中控制图纸的设计质量；加强了设计进程的监督，确保了交图的时限；加强了设计产品数据管理和工程项目管理，有利于企业的经济核算。这一切，大大提升

了企业的市场竞争力。

3) 有助于加强建筑设计企业的创新能力

借助于 PDM，建筑师可以将自己的创新设计、创新构造保存下来供以后设计使用，并通过不断完善以提升创新能力。对于设计企业，可以从众多的设计成果中提炼其中的创新点，在企业内实现创新知识的共享与累积，壮大企业创新的能力，有利于企业长远发展。

4) 信息交流实现了集中管理

随着建筑工程的规模日益扩大，建筑师要承担的设计任务也越来越繁重，不同专业的相关人员进行的交流也越来越频繁，建立起建筑设计企业的建筑设计信息管理平台可以改变信息交流中的无序现象，实现了信息交流的集中管理与信息共享（图 5-17）。

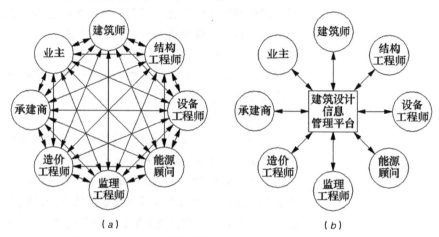

图 5-17 建筑设计信息的交流从分散走向集中管理
（a）以前采用点对点方式进行信息交流；（b）建筑设计信息管理平台实现了信息集成与共享

（a）　　　　　　（b）

5) 有助于综合提高建筑的质量

建筑设计信息管理平台的应用并不仅仅限于建筑设计阶段，其实其应用可以扩展到整个建筑的全寿命周期。在设计与施工、监理的配合中，建筑设计信息管理平台继续发挥着积极的作用。由于建筑设计质量在应用建筑设计信息管理平台后显著提高，施工单位按照设计执行建造就减少了返工，从而保证了建筑工程的质量。而用户在后续长期使用过程中，也还需要利用设计文档进行房屋的维护，直至建筑全寿命周期的结束。

目前，已经出现了一批作为建筑设计信息管理平台的设计产品数据管理系统，例如美国 Bentley 公司的 ProjectWise、美国 Autodesk 公司的 Buzzsaw、法国 Dassault Systèmes 公司的 SmarTeam 等，在许多大型的设计企业发挥了重要的作用。

早在 2001 年，英国 Mace 公司，领导了旗下 16 家拥有不同的标准、不同的技术以及具有强烈的竞争态度的公司，使用 ProjectWise 来建立起一个办公大楼的设计与建造的新方法。应用了这种方法，一起合作创造了一个协作的伙伴关系，以减少资料传送的时间、降低成本、提高品质以及增加对建筑物的准确度、工程效率的预测。

国电华北设计院在 2005 年全面应用 ProjectWise 以来，让所有工程设计人员都在 ProjectWise 上工作，取得了很好的效益。管理的各类工程项目数以千计，完成了大量的出图、归档等工作。该软件的应用提升了公司的协同设计水平，取得了不错的效果。

ProjectWise 以其强大的功能和优秀的管理思想，还在国内外许多工程中取得了很好的效益。不仅在工程领域，还得到包括制造、电力、化工能源等众多行业用户的青睐。近年来，ProjectWise 在广东省电力设计院、兰州铁路局第一设计院、广州地铁设计院以及香港地铁和香港路政署，也都得到了良好的应用实施。

在美国纽约"9·11"事件废墟上将要建起的自由塔（Freedom Tower）成为了目前应用 Buzzsaw 最大的工程项目。该项工程有如下特点：工程进度紧；技术含量大；安全性要求高；参与人员多；绝对不容出错。该工程的负责人认为，Buzzsaw 的应用较好解决了这些问题所带来的困难。

据国外对建筑业的资料统计，PDM 可以减少工程成本至少 10%；缩短产品生产周期至少 20%；减少工程变更控制时间至少 30%；减少工程变更数量至少 40%。[①]

5.5 协同设计

5.5.1 协同设计的概念

协同设计（Collaborative Design）是指在一个建筑设计项目中，由两个及两个以上设计主体（设计人员或设计团队）通过一定的设计管理机制和信息交换机制，分别完成各自设计任务并最终达到完成整个项目的设计。这种协同，除了不同的建筑师在建筑设计方面的协同之外，还包括建筑师与结构、暖通、水电等不同专业设计师之间的协同。

协同设计有两个层面的含意，第一个层面是基于数据层面上的协同设计，这表现在设计图纸创建过程中所有设计数据、设计信息的创建、交换、存储；第二个层面是基于沟通层面上的协同设计，这包括在设计过程中相关的各个方面为搞好设计所进行的讨论、协商、审核等。

协同设计源自于计算机支持协同工作（Computer Supported Cooperative Work，CSCW）。CSCW 的概念是在 1984 年开始出现的，是指分布在本地或异地的参与群体，在计算机与网络系统构建的虚拟环境支持下进行交流磋商，快速高效地完成某一共同任务的工作方式。其中涉及的数字技术包括计算机网络通信、并行和分布式处理、数据库、多媒体、人工智能理论等。它具有分布性、共享和通信、开放性、异步性、自动化支持、工作协同性、信息共享性和异质性等特点。经过近 20 年的研究和发展，特别近年来在日新月异的网络技术的支持下，CSCW 技术在军事、医疗、教育、商业、金融、生产制造等诸多领域得到了广泛的应用。协同设计就是 CSCW 技术在设计方面的应用。

---

① 引自：黎江，刘正自. PDM 系统在铁路设计院信息化中的应用［J］. 铁道运输与经济 . 2005, 27（5）: 83.

在建筑创作过程中，不少建筑师在设计时可能会对施工中某些问题有所忽略，导致在施工中会遇到困难的技术课题，甚至可能导致设计方案在施工上不能实现。建筑师不得不对原设计方案进行了修改，才能使工程继续进行下去，造成了工程的延误和浪费。如果建筑师在概念设计的阶段，就和结构工程师、施工工程师以及其他专业工程师一起进行协同设计，就可以避免这些问题出现。

因此，协同设计可以充分发挥不同的设计主体的优势和资源，实现资源共享和优势互补，更有效地应对市场的竞争。它克服了传统设计手段的封闭性、资源的局限性和设计能力的不完备性，缩短了设计周期，提高了设计质量，为设计企业带来了很好的效益。

更进一步，在因特网日益普及的今天，完全有条件把分布在不同地域的智力资源通过网络组合在一起。充分利用在网上检索数据库以及通信的方便，使身处不同地方的设计者进行网上异地合作设计的优点得到普遍的认同。例如，某些重要设计项目可以组织国内乃至国际上各有关专业的一流专家通过网上进行协同设计，这样既可以大大地缩短设计周期，保证设计质量，还可以免除专家们的舟车劳累。即使是在同一个城市，人们也不一定非要在办公室工作，完全可以以 SOHO[①] 的方式在家中完成原来必须到办公室才能够完成的工作。节省消耗在上下班交通中的时间和资源，灵活安排工作时间，提高工作效率。也许，这种新型工作组织形式，通过强化内部的合作，更能够灵活地适应信息时代的竞争（图 5-18）。

图 5-18　利用网络进行远程协同工作

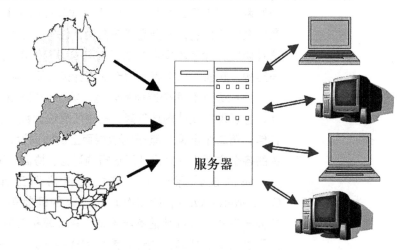

还有值得关注的是，随着科技的进步和社会的发展，越来越多的业主和客户要求对设计工作有更多的发言权。这就要求在设计过程中专业设计人员、相关专业设计人员和非专业人士在各个层面上合作。这种合作也完全可以在协同工作平台上进行。

国外对协同设计的研究起步较早，最成功的案例当数波音 777 飞机的研制。波音 777 飞机就是波音公司通过网络技术把该公司分散在世界各地

---

① Small Office and Home Office 的缩写，意即居家办公，是随着互联网的普及所出现的一种工作方式。

的分支机构和日本三菱重工等 5 家公司进行协同设计与制造的。设计师们用计算机建立起波音 777 飞机的三维产品模型，尽管该飞机的零部件有几百万个，而身处世界不同地方的设计师都可以随时通过网络调出其中一种零部件在计算机屏幕上对零部件的三维模型进行观察、研究、修改。通过计算机网络虚拟装配成若干个部件，再进行整体装配成功后才制造样机并一次试飞成功，波音 777 飞机的研制从开始设计到试飞成功仅用 3 年 8 个月时间，彰显了协同设计技术的巨大威力。

协同设计作为有效应对信息时代的工作方式，已经引起政府部门和建筑业界的高度重视。可望在不久的未来，协同设计在建筑业中会得到更大的发展。

5.5.2　早期的协同设计技术

建筑协同设计的发展是与信息技术的发展和建筑科学技术的发展密切相关的。

最初，是利用一些现成的网络技术进行协同设计，这些技术包括现在非常普及的电子邮件和网上聊天室，还有：超文本技术、Web3D、网上视频会议等。下面简单介绍一下后三种技术：

1）超文本技术

超文本（HyperText）是一种电子文档，其特点是一种全局性的信息结构，它将文档中的不同部分通过关键字建立超链接，使信息得以用交互方式搜索，允许从当前阅读位置直接切换到链接所指向的其他字段或者文档。超文本文档通常使用 HTML（HyperText Markup Language，超文本标记语言）书写。其主要特点就是交互性、网络结构和多媒体。

常见的网页就是用 HTML 代码编写出来的超文本文档，常常被用来在网上发布信息和浏览信息。而应用超文本技术建立起项目主页（Project Homepage）是一些工程设计项目团队比较多采用的一种工作方法。项目主页把参与协同的各方已经建构的网络信息资源通过超文本链接机制按照一定的逻辑结构组织起来，建立起各方的沟通渠道以及协同机制。项目主页的作用主要是解决协同设计中的信息交流与集成、工具集成的问题。项目团队成员通过登录进入网页交流。

2）Web3D 技术

Web3D 技术建基于 Web 的虚拟现实技术，其主要支撑技术就是 VRML（Virtual Reality Modeling Language，虚拟现实建模语言）[1]。该技术得到了很多软件公司的支持并纷纷推出自己的 Web3D 的解决方案，如 Java3D、Cult3D、Viewpoint、Shout3D、ShockWave3D 等。这些各不相同的实现手段覆盖范围广泛，为不同的应用开辟了不同的途径。

虚拟现实的关键属性在于交互。Web3D 带来的并不仅仅是设计人员和场景之间的交互，更重要的是在交互的场景中设计人员之间的交流。拥

---

① VRML1.0 在 1994 年发表，VRML 2.0 于 1996 年发表并于 1997 年正式成为国际标准（ ISO/IEC 14772: 1997）。VRML 已成为描述虚拟环境中场景的一种标准。

有一定操作权限的设计人员可以将自己的设计模型加入到场景中，或把场景中的模型删除。这是一种非常适合于建筑设计或城市规划信息的表达和交流的一种有效方法，也是协同设计的有力手段。

3）网上视频会议

网上视频会议系统一般具有如下功能：实时音频、视频通信；强大的电子白板；支持 PPT、课件等动态演讲；网络文件柜；会议公告信息；会议记录与回放等。很适合应用于建筑协同设计。

网上视频会议系统可以让分布在不同地方的设计人员同时在白板上绘图，而其他的参与者均能看到白板上画的内容，配合实时语音和视频功能，使小组交流如同在现场一般得到较充分的展开。所有音频、视频、白板、演讲、媒体广播、文字交流内容都可得到记录保留，可用于会议记录的回放与查询。还可通过网络文件柜上传下载文件，实现用户交换文档数据。

5.5.3 基于建筑信息管理平台的协同设计

虽然电子邮件、网上聊天室、超文本技术、Web3D、网上视频会议等这一类技术能在一定程度上帮助设计人员进行相互的沟通，但是这些技术由于没有应用到 BIM，其能力有限，无法对整个设计工作进行过程管理、文档管理，还不是真正意义上的协同设计。因此，要实现真正的协同设计必须借助于上一节所介绍的基于 BIM 的建筑信息管理平台，协同设计就是该平台其中的一个重要应用。

应用建筑信息管理平台进行协同设计，可以实现对设计全过程进行授权控制，设计人员按照协同设计系统授权分工进行工作。通过协同设计，可以将项目所涉及的各个方面的资源集中到一个项目的设计团队中，有利于建筑设计质量的提高。应用建筑信息管理平台进行的协同设计基于 BIM 的技术，实现了包括设计数据和设计图纸在内所有信息的集中管理，并通过统一的图纸命名规则，统一的图纸相互参照关系，实现图纸文件规范化，这些图纸把设计人员的工作连接起来，使整个团队紧密联系，协调一致。协同设计还实现了版本管理，使设计过程中出现的问题有据可查。

协同设计对设计人员是一种新的工作模式，给建筑设计过程带来了新的变化，因此必须注意如下问题：

首先，设计团队的组织要从传统的按功能部门划分转变为按照设计项目的需要组成跨部门多学科专业的建筑协同设计团队。在团队中，强调组织协作，设计人员按照协同设计系统授权分工进行工作。

在项目中每个设计人员的工作重点不同，关注的内容也不相同，因而在系统中各自的权限也不相同，彼此需要通过分工合作共同完成一个项目的设计工作。每一个设计人员侧重于对某一局部负责，根据总体安排来设计图纸、修改图纸。由于大家都是在网络上工作，所有的设计图纸都需要上传到系统的服务器，系统也会将你的设计图纸和设计变更内容自动告知团队中相关成员，供他们在设计时对照参考，避免发生冲突。团队内部每个人需要彼此尊重，互相配合，推动设计整体协调发展。

其次，协同设计要求在统一标准指导下进行。

建筑设计信息对建筑设计有重要作用。特别是参与到协同设计中的设计人员、相关专业、各参与企业掌握的信息资源各不相同，如何将这些信息整合，实现信息资源组合的优势以提高设计质量很有必要。在这种整合过程中，该如何将信息分类、转换、交流，必须要在统一的标准指导下进行，否则这些资源优势发挥不出来。

在没有实行协同设计前，由于各人的设计习惯不同，对实行协同设计带来了一定的阻力。因此，进行建筑协同设计必须事先制定相应的标准，这个标准不仅包括制图标准，而且应该包括整个工作流程的规范。正是由于标准统一，各种优势资源才能通过协同设计平台联系起来，共同工作。

最后，重视 BIM 在建筑协同设计中的应用。

BIM 是一个在计算机上建立起的信息化三维建筑模型，因此 BIM 十分适合于协同工作的模式。BIM 可以使各个专业在同一个模型上进行设计工作，从而实现真正意义上的协同设计。

需要注意的是，BIM 不只是给设计人员提供一个三维实体模型，同时还提供了一个包含材料信息、物理性能信息、工艺设备信息、进度及成本信息等信息丰富的数据库，正是这些信息，为各个专业利用这些信息进行各种计算分析提供了方便，使设计做得更为深入，更为优化，从而提高了建筑协同设计的水平。为了给计算分析提供方便，在协同设计的平台上应当包括有各种用于计算分析的应用程序。

再推而广之，由于 BIM 覆盖建筑工程项目的全生命周期，这就为建筑设计部门、施工企业、业主、物业管理单位以及各相关单位之间的协同工作提供了良好的基础，也为协同设计迈上新的高度创造了条件。

5.5.4 IPD 模式下的协同设计

在研究制造业如何应用数字技术的过程中发现，他们一直使用并行工程与数字化产品原型相耦合的方法来控制产品。著名的美国波音公司和日本丰田公司，都是以产品为中心组成各专业协作的团队，各团队的产品开发过程立足于信息丰富的数字化模型，这些模型可以用于产品设计与制造以及现场支持。他们在飞机制造、汽车制造方面成功地实现了无纸化设计。

反观建筑行业，尽管也有了 BIM，可以覆盖建筑工程项目的全生命周期，但在实际操作中，由于各个专业分属不同的项目参与方，不同的参与方经常因为自身的利益与其他参与方产生各种各样的矛盾和纠纷，致使项目的进程被延缓。因此，更遑论以建设项目为中心组成各专业协作的团队了。由于建筑师对施工工艺不够熟悉，很多设计图纸中牵涉施工工艺的问题往往到了施工的半程才发现，这时房子都盖一半了，因而导致了各类设计变更，从而影响项目工期、造价乃至质量。

制造业的成功为建筑业提供了借鉴，在建筑业出现了 IPD（Integrated Project Delivery，一体化项目交付）模式。这种 IPD 模式在 BIM 应用的过程中得到了迅速发展。

什么是 IPD 模式呢？美国建筑师学会（American Institute of Architects，AIA）将 IPD 定义为：将人力资源、工程体系、业务结构和实践等各方面的因素全部集成到一个流程中，在该流程中，所有项目参与者将充分发挥自己的智慧和洞察力，在工程所有阶段有效地优化项目、减少浪费并最大限度提高效率的项目交付模式[1]。简言之，IPD 就是协同设计、协同工作的新模式。

IPD 模式应当有如下特征：

- 各个项目参与方根据协议书规定从项目开始就组成一体化的项目实施团队，直到项目交付为止；
- 工作流程覆盖从建筑设计、施工直到项目交付，流程的协作程度非常高；
- 利益相关的各个项目参与方之间的信息要开放和共享；
- 需要依靠各个项目参与人员充分贡献自己的专业技术知识和聪明才智；
- 整个团队协作的成功与项目成功紧密相关，团队共担风险、共享成果与效益。

特别对建筑师来说，应当从概念设计开始，就要与业主、承包商、各专业工程师之间进行协同设计，让决策做得更好，这有助于提高设计质量，预见各种问题和减少风险。

美国现在已经为实施 IPD 制定了多个适用于不同对象的合同标准条款，以规范参与各方的行为和利益。例如，编号为 AIA A195-2008 和 AIA B195-2008 就分别是业主和承包商、业主和建筑师用于 IPD 的合同标准表格，AIA C191-2009 是多个参与方用于 IPD 的合同标准表格。

IPD 的实践经验证明，BIM 是最有效地实施 IPD 的理想平台，它可以为 IPD 的团队提供进行各种操作的数字化模型。在 BIM 应用的条件下，IPD 就是业主、建筑师、各专业工程师、承包商等各参与方在设计阶段起一直到项目交付都共同参与到项目中，通过应用 BIM 进行协同设计、虚拟建造，共同发现问题、改进设计，合理安排施工，有效利用建筑材料，彼此通过合同条款来规范并约束这种合作，并共同分享收益和风险。因此，BIM 为 IPD 的实现提供了技术保证。

反过来，IPD 的实施为 BIM 的应用推广提供了广阔的天地。如果 BIM 仅仅在工程项目的某一个阶段得到应用，比如说设计方应用了 BIM 技术，建立起 BIM 模型，但这个模型容纳的信息量很有限，仅限于设计方掌握的信息，如果施工方没有应用 BIM，则这个模型能发挥作用的阶段也就仅限于设计阶段。但是在 IPD 实施后，参与工程项目的各方都必须应用 BIM 技术，这样由项目各参与方共同建立起的 BIM 模型所包含的信息量十分丰富。这些信息除了可用于方案论证、建筑设计、建筑结构设计、水暖电设计之外，还可用于建筑性能分析、成本估算、施工计划制订、施工过程模拟、物料跟踪、灾害疏散与救援模拟等，这样就大大拓展了 BIM 的应用范围和应用深度，提高了 BIM 应用的科学性。

如果采用 IPD 模式，项目团队只用原来一半的精力就能管理各种风险，

---

① 参看：AIA National, AIA California Council. Integrated Project Delivery: A Guide.

并迅速地解决或排除许多问题，从而轻而易举、从容稳定地按期、按预算完成项目。美国已经在一些项目中进行了验证，使项目的浪费降到最低，效率提高，取得业主和参与方的共同认可。

去年在美国马萨诸塞州沃尔瑟姆（Waltham）落成的欧特克公司工程建设业总部大楼，总建筑面积 61000 平方英尺（5667.1m²），它是新英格兰地区首个百分之百采用 IPD 模式的项目。由于该项目采用了 BIM 和 IPD，实现了工期短、成本省、节能、安全、无合同纠纷。该项目从概念设计、建成、室内装修到入驻仅用了 8 个月时间，实际成本比原预算目标节省了 65000 美元，并以节省 37% 的能源成本获得了最严格的 LEED 标准白金奖。[①]

参考文献

［1］童秉枢主编. 现代 CAD 技术 [M]. 北京：清华大学出版社，2000.

［2］中华人民共和国住房和城乡建设部. 2011 ～ 2015 年建筑业信息化发展纲要［Z］. http://www.gov.cn/gzdt/2011-05/19/content_1866641.htm

［3］Teicholz P. Labor Productivity Declines in the Construction Industry：Causes and Remedies[R]. http://www.aecbytes.com/viewpoint/2004/issue_4.html

［4］Eastman C, Fisher D, Lafue G, etc. An Outline of the Building Description System[R]. http://www.eric.ed.gov/PDFS/ED113833.pdf

［5］New wiring: Construction and the Internet: Builders go online[R]. The Economist, 01/15/2000.

［6］Bernstein P G. Introduction to Building Information Modeling[A]. 见：赵红红主编. 信息化建筑设计——Autodesk Revit[M]. 北京：中国建筑工业出版社. 2005.

［7］Greenwood S. Building Information Modeling with Autodesk Revit[A]. http://www.autodesk.com/ Revit

［8］李建成. 建筑信息模型与建设工程项目管理 [J]. 项目管理技术. 2006（1）：58 ～ 60.

［9］Boryslawski M. Building Owners Driving BIM: The "Letterman Digital Arts Center" Story[R]. http://www. aecbytes.com/buildingthefuture/2006/LDAC_story.html

［10］王廷熙. 基于 BIM 的绿色建筑整合设计——辽宁本溪黄柏峪生态小学设计案例分析 [R]. http://news.800hr.com/ 1206779991/54746/1/0.html

［11］过俊. BIM 在国内建筑全生命周期的典型应用 [J]. 建筑技艺. 2011（Z1）：95 ～ 98.

［12］Azhar S, Hein M, Sketo B. Building Information Modeling（BIM）：Benefits, Risks and Challenges[R]. http://ascpro0.ascweb.org/archives/cd/2008/paper/CPGT182002008.pdf

［13］邱奎宁. IFC 标准在中国的应用前景分析 [J]. 建筑科学. 2003, 19（2）：62 ～ 64.

［14］李建成. 建筑信息交换标准中建筑构件的描述问题初探 [J]. 建筑科学, 2003, 19（1）：61 ～ 63.

［15］王守清、刘申亮. IT 在建设工程项目中的应用和研究趋势 [J]. 项目管理技术, 2004（2）：1 ～ 7.

［16］丁士昭主编. 建筑工程信息化导论 [M]. 北京：中国建筑工业出版社，2005.

---

① 资料来源：http://usa.autodesk.com/adsk/servlet/item?siteID=123112&id=13112273&linkID=14271589

［17］谢益人，阎丽. 谈勘察设计行业的 PDM 应用与实施 [J]. 中国勘察设计，2006（6）：66～69.

［18］叶晓俊，王建民，孙家广. 产品数据管理 [J]. 计算机辅助工程．1998（4）：1～9.

［19］李善平，刘乃若，郭鸣. 产品数据标准与 PDM[M]. 北京：清华大学出版社，2002.

［20］黎江，刘正自. PDM 系统在铁路设计院信息化中的应用 [J]. 铁道运输与经济．2005，27（5）：83～85.

［21］肖力田. 信息化设计院的集成一体化基础平台构建 [A]. 第七届全国建设领域信息化与多媒体辅助工程学术交流会论文集 [C]，2004.

［22］李建成. PDM 与建筑设计信息管理平台 [J]. 建筑设计管理，2007（4）：37～40.

［23］李建成. 建筑信息模型与建筑设计无纸化 [J]. 建筑学报，2009（11）：100～101.

［24］McGraw-Hill Construction. SmartMarket Report-The Business Value of BIM[R]. New York：2009.

［25］中国房地产业协会商业地产专业委员会. 中国商业地产 BIM 应用研究报告 [R]. 北京：2010.

［26］AIA National, AIA California Council. Integrated Project Delivery: A Guide[EP/OL]. http:// www.aia.org/contractdocs/ AIAS077630

［27］Rousseau B. The Future of Construction[R]. http://hq.construction.com/case_studies/ 0912_autodesk.asp

［28］United States National Building Information Modeling Standard, Version 1-Part 1: Overview. Principles, Methodologies[S].

［29］GB/T 16656.11—2010，工业自动化系统与集成 产品数据表达与交换 第 11 部分：描述方法：EXPRESS 语言参考手册 [S].

［30］JG/T 198—2007，建筑对象数字化定义（Building Information Model Platform）[S].

［31］GB/T 25507-2010，工业基础类平台规范 [S].

［32］ISO/PAS 16739:2005, Industry Foundation Classes, Release 2x, Platform Specification（IFC2x Platform）[S].

［33］ISO 29481-1:2010，Building information modelling – Information delivery manual – Part 1: Methodology and format [S].

［34］ISO/NP 29481-2:2010，Building information modelling – Information delivery manual-Part 2: Management communication [S].

［35］International Alliance for Interoperability. Industry Foundation Classes – Release 2.0 IFC Object Model Architecture Guide[EP/OL]. http://iaiweb.lbl.gov/Resources/IFC_Releases/ IFC_Release_2.0/BETA_Docs_for_Review/IFC_R2_ModelArch_Beta_d2.PDF.

［36］http://www.buildingsmart.com/

［37］http://buildingsmart-tech.org/

［38］http://www.iso.org

［39］https://www.nibs.org/

［40］http://www.autodesk.com

［41］http://www.bentley.com

［42］http://www.gehrytechnologies.com

［43］http://www.acebytes.com

［44］http://www.chinabim.com

［45］http://www.beiweihy.com.cn

第6章 建筑性能的模拟与分析

6.1 概述

建筑性能模拟，主要就是应用建筑数字技术对建筑声学性能、建筑光学性能、建筑热工性能等建筑物理性能的模拟，其中在建筑热工性能模拟方面，还包括建筑日照和建筑风环境的模拟。

建筑性能模拟，就是以建筑物理性能问题为背景，将建筑物理的研究成果转化为计算模型并进行计算机模拟分析。建筑数字技术在建筑性能模拟中的应用，使许多过去受条件限制无法分析的复杂问题，通过计算机数值模拟得到满意的答案，使建筑性能分析更快、更准确。应用建筑数字技术对建筑物理性能的模拟和分析，无疑在提高建筑设计质量、改善人居环境、营造绿色建筑等方面发挥了重要作用，同时推动着可持续发展的建筑技术向前发展。

建筑物理是建筑技术科学的重要组成部分，也是建筑学学科中最早应用数字技术的领域之一。多年以来，在建筑数字技术不断发展的促进下，建筑物理学科注重吸收其他新兴学科的营养和建筑数字技术的新技术、新方法，在计算方法、系统开发等方面已经取得了不少成果，使建筑数字技术在建筑物理性能分析方面的应用日趋成熟。一批应用软件在建筑设计实践中广泛应用，为提高设计质量发挥了重要的作用。建筑物理学科与建筑数字技术相互促进、共同发展也拉近了建筑设计与建筑技术的距离，使一批建筑师也能够应用相关软件解决建筑设计中的一些建筑技术问题。

学习建筑性能模拟与分析，主要是学习相关软件的应用。特别要学习在不同的技术要求、不同的环境条件下如何选择适当的软件进行模拟和分析，为建筑设计方案的构思提供科学的数据与正确的分析。

建筑设计通常分为方案设计、初步设计和施工图设计等三个阶段。建筑性能模拟在不同的设计阶段有不同的模拟目标。通常在方案设计阶段，是为确定建筑方案提供有关场地、体量、平面布局方面的总体的环境信息；初步设计阶段是对方案阶段有关信息的细化，可能涉及具体的构造；到了施工图阶段，就涉及对具体的厅堂房间、具体的材料和建筑构造的细节进行详细的模拟与分析，求出总体的模拟结果。因此，在进行建筑物理性能模拟的时候，一定要明确模拟的目标是什么。

在上一章中介绍的建筑信息模型技术是建筑数字技术在近年来出现的新突破、新进展。为建筑物理性能模拟创造了良好的信息环境。各种建筑物理性能模拟软件，例如 Ecotect Analysis、IES<VE> 等软件，在它们的新版本中都相继采用了 BIM 技术。这样，BIM 模型中的各项数据，包括建筑物的几何数据、建筑材料的物理指标等就会很方便地通过 IFC、gbXML 等格式导入到这些分析软件中进行计算、模拟和分析，节省了很多重复的输入工作，大大简化了工作的流程，保证了数据输入的一致性。

本章的结构安排是，首先对建筑性能综合评价软件 Ecotect Analysis 作一个总体介绍，随后，再分别对建筑声环境的模拟与分析、建筑光环境的模拟与分析、建筑热环境和风环境的模拟与分析进行介绍。这样安排是为了在后面应用 Ecotect Analysis 对建筑光环境和建筑热环境进行模拟与分析做好准备。

6.2 建筑性能的综合分析软件——Ecotect Analysis

众所周知，建筑设计是一个综合性很强的工作，建筑师需要在方案形成的初步阶段，在进行建筑的选址、布局与空间设计时，就考虑到它的生态性能与"可持续"程度。良好的前期设计与空间布局，可以带来事半功倍的效果，而做到这一点，仅凭借建筑师的经验是远远不够的。因此，建筑师需要有能够在方案阶段对建筑的生态性能进行综合分析的软件，以便对建筑方案进行筛选和优化。

针对这一需求，建筑师出身的马歇尔博士（Dr. Andrew J. Marsh）开发了 Ecotect 软件，它集热环境分析、光环境分析、太阳能辐射分析、声环境分析及经济指标分析等于一体，能对建筑的生态性进行综合的模拟分析。此外，Ecotect 渐进式的数据输入模式，使其可以在设计深度较为粗略的方案初期即介入分析，为建筑师进行多方案的比较提供依据，而在方案设计的深化过程中，随着更多更精确设计数据的提供，还能得到更加精确的分析结果，满足不同设计阶段的需要。

6.2.1 从 Ecotect 到 Ecotect Analysis

Ecotect 软件在刚进入中国时被译为生态建筑大师，其最初的构想出自于马歇尔博士在西澳大利亚大学建筑与艺术学院所提交的博士论文中，后来他注册了 Square One research PTY LTD 公司，进行商业开发。1997 年的 2.5 版是 Ecotect 的第一个商业版本，之后历经 3.0、4.0、5.0、5.2、5.6 等多个版本。Ecotect v5.2 中文版是它的第一个汉化版本，于 2005 年首现中国市场。Ecotect 问世后，以其良好的综合性和易用性被广大建筑师所接受，而且还因为它与 EnergyPlus、ESP-r 等很多专业软件都有接口而使得很多专业的工程师也在使用它。

2008 年，Ecotect 被美国 Autodesk 公司收购，更名为 Autodesk Ecotect Analysis，之后有过三次升级，分别为 2009、2010 和 2011 版。与 Ecotect 相比，Ecotect Analysis 的建模及数据输入、转换能力有所提高。近期，Ecotect Analysis 2010 与 2011 版先后推出了完整汉化版，这两个版本功能基本一样，2011 版主要是修正了 2010 版中存在的一些错误，并

图 6-1　Ecotect Analysis 2010 版工作界面

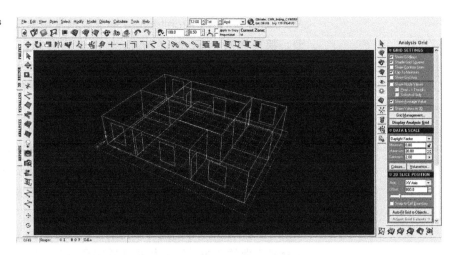

改变了注册方式。图 6-1 是 Ecotect Analysis 2010 版的工作界面。

6.2.2　Ecotect Analysis 的特点

（1）功能全面

Ecotect Analysis 是当今市场上较为全面的建筑性能分析软件，集热环境分析、光环境分析、太阳能辐射分析、声环境分析及经济指标分析等于一体，满足建筑师在方案阶段需要综合考虑多种设计因素的需要。

（2）可视化的分析过程

Ecotect Analysis 的建模和分析功能可以处理任何复杂的几何形体模型。它给设计者提供了视觉上和交互式的有用反馈信息，除了标准化的图表信息报告，分析结果还能直接在建筑表面和空间上显示出来，使得建筑师能够了解并展现出建筑性能表现。Ecotect Analysis 除了能运行大量内部的计算之外，它也同时能输出到多种专业技术分析软件，如 EnergyPlus[①]、ESP-r[②]、HTB2[③]等。在建筑分析领域里，它是唯一由建筑师研发，主要为建筑师使用的软件——尽管 Ecotect Analysis 已经被工程师、顾问、设计师以及业主和环保人士所广泛接受。

（3）渐进式的数据输入模式

Ecotect 的分析功能较为全面，需要大范围的数据来描述建筑。为减轻冗繁的数据输入在方案初期对设计师构思的干扰，Ecotect 使用了一种独特的累积数据输入系统。在方案初始，仅需一个非常简单的模型，Ecotect 就可以基于一系列的基本假定和默认数值开始分析。而随着设计的深入，用户可以根据需要，逐步输入更多的数据，分析结果也就随之变得精确。

（4）良好的兼容性及扩展性

作为建筑方案的环境评估软件， SketchUp、3ds Max、AutoCAD、

---

① 是在美国能源部支持下，由多家大学和实验室共同开发的建筑全能耗分析软件，它吸收了 DOE-2 和 BLAST 的优点，并且具备很多新的功能，被认为是用来替代 DOE-2 的新一代的建筑能耗分析软件。详情见 http://www.energyplus.gov。

② 一个广泛使用的动态仿真的热分析程序，可以对影响建筑能耗以及环境品质的各种因素作深度的研究，是目前世界上唯一能实现建筑热湿环境和 CFD 集成一体化耦合模拟的软件系统。详情见 http://www.esru.strath.ac.uk/Programs/ESP-r.htm。

③ 热平衡负荷计算软件，详情见 http://www.cf.ac.uk/archi/research/envlab/htb2_1.html。

ArchiCAD 及 Revit Architecture 等建筑师常用的三维设计软件所建立的模型，都可以导入 Ecotect Analysis 中进行分析；MicroStation 的 DGN 文件也可以在转换成 RVT 文件后间接导入 Ecotect Analysis。此外，Ecotect Analysis 还提供了众多专业的建筑性能分析软件的内置接口，使设计方案能够直接调用这些软件进行更深入的分析。

6.2.3 Ecotect Analysis 的数据交换

建筑设计是一个复杂的过程，需要很多不同软件的协同工作。拥有良好的开放性和数据交换能力，是每一款建筑设计及分析软件的生命力之所在，Ecotect 自产生之日起，也在不断开发和完善自身的数据交换能力。现在，Ecotect Analysis 可以从 SketchUp、3ds Max、AutoCAD、ArchiCAD 和 Revit Architecture 等建筑师常用的三维设计软件中导入模型，同时还提供了众多专业的建筑性能分析软件的内置接口，使设计方案能够直接调用这些软件进行更深入的分析。

（1）与 Revit Architecture 的数据交换

被 Autodesk 公司收购之后，打通 Ecotect Analysis 与 Revit Architecture 的整合设计流程成为 Ecotect Analysis 的研发重点。经过几个版本的改进，在 Ecotect Analysis 2010 版本中，已经具有与 Revit Architecture 较为良好的数据交换能力，主要是通过 DXF 和 gbXML 格式来实现数据交换。但目前这些交换仍然不是完全双向的。Revit Architecture 的模型信息可以通过 DXF 或 gbXML 格式导入 Ecotect Analysis 中分析；而 Ecotect Analysis 的信息则只能通过 DXF 格式导入 Revit Architecture 中作为参考。

DXF 文件是详细的 3D 模型，建筑构件都是有厚度、有细部的，适用于光环境分析、阴影遮挡分析和可视度分析，其分析结果能得到较好的显示效果，但遇到较复杂的模型时，导入、导出速度都较慢；而 gbXML 是以空间为基础的模型，建筑构件都是以"面"的形式简化表达的，主要用来分析建筑的热环境、光环境、声环境、资源消耗量与环境影响、太阳辐射分析。

（2）与 SketchUp 的数据交换

Ecotect Analysis 与 SketchUp 可以通过 3DS、OBJ、DXF 格式实现数据交换，但是同样是不完全双向的。

SketchUp 的模型数据导入 Ecotect Analysis 后会出现许多乱线的情况，需要在导入后合并共面三角形并及时调整法线方向才可在 Ecotect Analysis 进行分析。

（3）对 IFC 标准的支持

如上面第 5 章所介绍的那样，IFC 标准是目前对建筑物信息描述最全面、最详细的规范，因而也是最具发展潜力、得到最广泛认可的建筑信息模型（BIM）的数据交换标准，当前各大 BIM 类软件都能够支持 IFC 标准。

有鉴于此，Ecotect Analysis 也提供了 IFC 格式数据的导入接口，这就意味着 Ecotect 可以支持各种基于建筑信息模型技术的设计软件所建的模型。

6.2.4　Ecotect Analysis 的主要功能

1）日照与遮挡分析

日照分析是建筑设计的重要方面。适度的日照可以为建筑提供舒适环保的热能和适当的自然光照明，而过度的日光曝晒则是我们所不希望的。在 Ecotect Analysis 中我们可以加载不同地区的气象资料，软件根据这些数据就能够帮助建筑师进行快速的日照分析。

针对设计阶段的要求，Ecotect Analysis 提供了强大的日照分析功能，包含日照阴影分析、太阳轨迹图分析以及在此基础上的遮挡分析与遮阳构件优化设计等多方面的内容。其中的功能包括：

（1）可视化的日照分析：在 Ecotect Analysis 中，以各种交互性高、直观并且易于理解的三维效果图来显示模型中的遮挡与投影情况，用户可以随时调整模型并能得到实时结果反馈。图 6-2 是 Ecotect Analysis 对建筑物进行日照时间分析的结果，建筑物外表面的不同颜色代表在一天中获得的日照时间不同。

图 6-2　Ecotect Analysis 的日照时间分析反馈结果

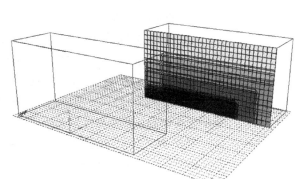

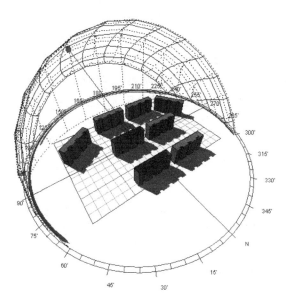

图 6-3　Ecotect Analysis 上显示的全年太阳轨迹图

（2）太阳轨迹图及遮挡分析：Ecotect Analysis 提供了太阳轨迹图来分析建筑的遮挡情况分析功能，太阳轨迹图可以精确地分析全年的日照和遮挡时间，此功能以图表显示为主（图 6-3）。

（3）遮阳及遮阳构件优化设计：此功能是 Ecotect Analysis 极具特色的辅助设计功能，主要用于对遮阳系统和可能产生的遮挡情况进行分析和优化设计。

2）太阳辐射与太阳能利用分析

我国有十分丰富的太阳能资源，大多数地区年平均日辐射量在 4kWh/m² 以上，2/3 以上地区的年日照大于 2000h，太阳能资源的理论储量达每年 17×10^{14}t 标准煤，同美国相近，比欧洲、日本优越得多。利用太阳能减少建筑耗能和改善建筑物理环境是建筑技术发展的一个重要方向。

图 6-4 场地辐射总量分析

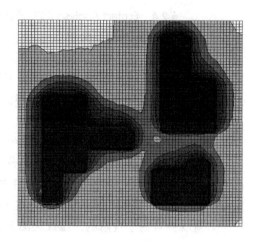

Insolation Analysis
Average Daily PAR
Contour Range: 0.40 - 5.40 MJ/m²/d
In Steps of: 0.50 MJ/m²/d
ECOTECT v5

Ecotect Analysis 提供了强大而丰富的太阳辐射分析功能，根据气象数据[①]中的太阳辐射数据对模型表面或者网格进行涵盖时间或者空间范围的各种定量辐射分析（图 6-4），甚至包括了由太阳辐射分析衍生出来的太阳能光电系统分析等内容。在本章第 5 节中对这些内容还有进一步的介绍。

3）光环境分析

建筑师尤其年轻建筑师，很难依靠凭空想象把握室内光环境的设计，再者，近几年节能建筑的发展已成必然趋势，良好的自然采光设计成为了降低照明耗能的关键，这就需要由模拟软件来分析方案，进行辅助设计。Ecotect Analysis 提供了自然采光、基本的人工照明以及混合光照明这三类照明分析功能，其中自然采光的模拟功能最为精确全面。

自然采光分析的基础是采光系数，它的计算是采用英国建筑研究中心（Building Research Establishment，BRE）[②]的分项研究（Split Flux）方法。该方法将到达任一点上的自然光分解为三个独立的组成部分：天空光组分（Sky Component，SC）、外部反射光组分（Externally Reflected Component，ERC）、反射光组分（Reflected Component，IRC）。系统首先分别计算某一点上的三个不同组分，最后综合取得采光系数（图 6-5）。为简化计算，Ecotect Analysis 以国际照明委员会（Commission Internationale de l'Eclairage，CIE）规定的标准全阴天天空亮度分布作为自然采光的计算条件，因此上述计算不包含直射光。

对于人工照明，Ecotect Analysis 采用逐点详述的方法仅对可视光源进行统计，漫射光不考虑在内，所以结果还会有误差，但用作照明方案的

---

① 2005 年，中央气象局气象信息中心气象资料室联合清华大学建筑技术科学系研究并开发了《中国建筑热环境分析专用气象数据集》，收集了 270 个全国主要城市的气象数据。2004~2006 年，西安建筑科技大学与香港城市大学的重大国际（地区）合作项目中也建立了全国 194 个地面站的典型年气象数据。Ecotect Analysis 主要使用这两个数据来源。Ecotect Analysis 中集成了气候分析工具 Weather Tool，可以对气象数据进行可视化的逐时分析，并提供可行的被动式设计策略。

② 英国建筑研究中心（Building Research Establishment，BRE）成立于 1921 年，是英国建筑领域的学术带头机构和咨询中心，世界上最早的建筑科研机构之一。目前 BRE 所涉及的业务范围很广，有评估认证、设计及管理咨询、产品测试、学术研究和技术支持等。其学术研究主要有材料、可持续发展、消防安全和智能建筑等几大方向。世界上第一个绿色建筑评估体系 BREEAM 即是由 BRE 于 1990 年制定。详情见 BRE 网站 http://www.bre.co.uk/。

图 6-5 自然采光照度分析

比较，其结果是可信的。

若想得到更精切的结果，可将文件输出到专业的光学分析软件 Radiance 中进行分析。经过几个版本的发展，在 Ecotect Analysis 2010 中已设置与 Radiance 的内部接口，可以直接进行渲染计算。

在 Ecotect Analysis 中模型数据以 RAD 格式输出，同时可以根据需要定义天空类型、图像尺寸、质量等。需要注意的是，由于 Radiance 软件的要求，输出的路径不能有中文，否则无法渲染计算。在本章第 4 节对这些内容还有进一步的介绍。

4）热环境分析

建筑的热工性能是影响到建筑耗能水平和居住者舒适度的重要因素。Ecotect Analysis 提供了大量的热分析功能，包括逐时温度分析，逐时得失热量分析，逐月耗能分析，逐月不舒适度分析，温度分布分析，逐月逐时得热分析，被动组分得热分析，被动适应指数分析，温度得热对比分析，辐射温度与室内风速分析等丰富的分析功能与手段（图 6-6）。

图 6-6 最冷天逐时得失热分析

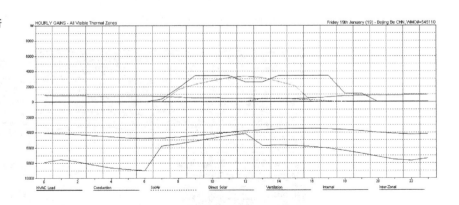

Ecotect Analysis 的计算核心是英国皇家注册设备工程师协会（Chartered Institution of Building Services Engineers，CIBSE）所核定的用来计算内部温度和热负荷的准入系数法（Admittance Method）。这

种计算方法非常灵活，对于建筑物的体型没有限制，而且可以同时进行多个热量区域的模拟计算。更重要的是，在完成前期不多的一些投影和遮蔽计算后，系统就能以非常快的速度快速计算并且能够将有用的设计信息显示出来。

由于准入系数法建立在循环变化这一概念的基础上，适用于温度波动持续稳定的情况，而不适合环境参数发生突变的场合，另外也不能追踪进入计算区域的太阳辐射，因此在蓄热和辐射分析上有较大误差。对热工性能更深入的分析，可以通过 Ecotect Analysis 的输出控制插件，进入 EnergyPlus、ESP-r 或者 HTB2 中进行。

5）声环境分析

室内是否具有良好的音质，不仅取决于声源本身和电声系统的性能，还取决于室内良好的建筑声学环境。Ecotect Analysis 采用简化的声线跟踪法，从建筑师的角度对室内声场进行分析，它虽然没有提供完全意义上的室内声场模拟，但依然有助于用户根据各种分析、计算结果对方案进行优化设计。

Ecotect Analysis 中使用了统计声学和几何声学两种声学设计方法：统计声学用来计算混响时间，几何声学用来对室内声场进行优化，避免声学缺陷区的出现。软件从统计声学和几何声学两个方面对室内声场进行声学响应分析，并绘制空间声学响应分析特征曲线。

在 Ecotect Analysis 中，只要为模型设定材质和相应的吸声系数，就可以计算一定频率范围内任何区域的声反射时间，结果则显示在图形结论对话框中。Ecotect Analysis 使用了三个混响时间的计算公式：赛宾（Sabine）公式、诺里斯-伊林（Norris-Eyring）公式和迈灵顿-赛塔（Millington-Sette）公式，它们分别具有不同的使用范围。

统计声学仅考虑空间体积和材质的声学属性，适用于设计的早期阶段。而要避免震动回波和声音盲区等音质缺陷的出现，则要用到几何声学。Ecotect Analysis 用喷射声音射线（图6-7）和动画声音颗粒（图6-8）的方法使建筑师直接看到声音在几何空间中的传递与衰减过程，

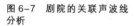
图6-7 剧院的关联声波线分析

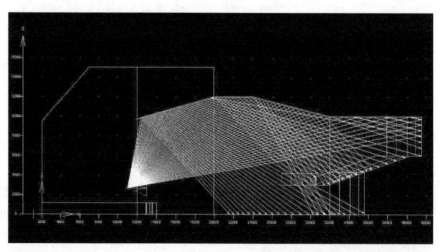

图 6-8　剧院的声波粒子动态分析

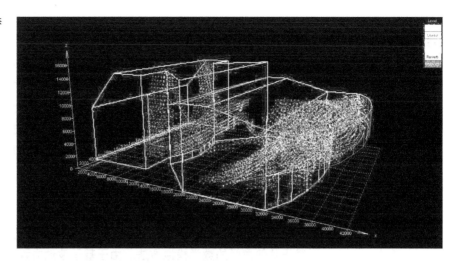

从而能够及时调整室内空间设计，拥有更好的音质效果。需要注意的是：几何声学分析法主要针对低阶反射声，对高阶反射声的处理能力则相对较弱；另外某些低频声波长较大，其绕射和衍射现象其实是无法忽略的，用几何声学方法进行模拟会产生较大误差。因此，一般说来，Ecotect Analysis 的几何声学分析方法适用于声波频率不低于 500Hz 的情况下。

6）资源消耗与环境影响分析

一旦建立了具有完备的材质属性的建筑三维模型，就如同拥有了一个完整的工程建造数据库。使用这个数据库，Ecotect Analysis 可以计算出建筑的投资总额和投资构成比，还可以进行包括温室气体排放、建筑运行耗能等指标在内的环境影响评估。这样建筑师在方案阶段就能够对建筑的经济性进行控制。

7）气候分析工具 Weather Tool

本质上讲，建筑就是人类适应气候环境，提高生活环境舒适度和安全度的产物。在几千年的建筑发展史上，各地民居都因适应当地的环境气候而形成了各自独特的建筑形式和特有的建造技术。充分考虑气候因素来进行建筑设计，对于节约能源、保护环境、营造高效、舒适的建筑环境至关重要，对气候条件进行定量分析的辅助设计软件也因而成为建筑师不可或缺的设计工具。

针对这一需求，Ecotect Analysis 中集成了气候分析和转换的软件——Weather Tool。Weather Tool 可以读取并转换包括 TMY、TMY2、TRY 和 DAT 等格式在内的一系列常用气象数据，将枯燥的气象数据以可视化方式表达出来，并进行太阳辐射分析和逐时气象数据分析。

此外，Weather Tool 还可以在焓湿图中对输入的气象数据进行分析，并根据本地气象数据的特点在焓湿图中对各种主被动式策略进行有针对性的分析和优化，有利于建筑师最大限度地选用被动式的温湿度调节措施，以减低建筑的运营能耗和排放。本章第 5 节对 Weather Tool 有进一步的介绍。

6.3 建筑声环境的模拟与分析

在建筑声环境控制中，经常需要对可能产生的结果进行预测。如进行一个观众厅的音质设计，希望了解工程完工后会有怎样的效果；再如临街住宅小区的规划设计，需要了解建成后环境噪声大小，以便采取相应的声学对策。采用计算机模拟分析是建筑声环境预测的手段之一，由于计算机的普及，模拟软件的不断完善，计算机模拟分析建筑声环境的费用相对较低，因此，计算机模拟分析手段得到了广泛的应用。

6.3.1 建筑声环境计算机分析的原理与方法

1）原理与方法

室内声环境模拟技术主要有两大类：基于波动方程的数学计算方法和基于几何声学的数学模拟方法。由于基于波动方程的数值计算工作量巨大，给实际应用带来困难。现阶段实用的模拟软件都基于几何声学原理，声波入射到建筑表面，除吸收和透射外，被反射的声能符合光学反射原理。基于几何声学的模拟技术包括声线跟踪法和虚声源法。

声线跟踪法是将声源发出的声波设想为由很多条声线组成，每条声线携带一定的声能，沿直线传播，遇到反射面按光学镜面反射原理反射。同时，由于吸收和透射，损失部分能量。计算机在对所有声线进行跟踪的基础上合成接收点的声场。声线跟踪法的模拟过程包括：确定声线的起始点即声源位置，沿着声线方向，确定声线方程，然后计算该声线与房间某个介面的交点，按反射原理确定反射声线方向，同时根据介面吸声系数及距离计算衰减量。再以反射点为新的起点，反射方向为新的传播方向继续前进，再次与介面相交，直到满足设定的条件而终止该声线的跟踪，转而跟踪下一条声线。在完成对所有声线跟踪的基础上，合成接收点处的声场。

虚声源法是将声波的反射现象用声源对反射面形成的虚声源等效，室内所有的反射声均由各相应虚声源发出。声源及所有虚声源发出的声波在接收点合成总的声场。虚声源法的模拟过程为：按照精度要求逐阶求出房间各个介面对声源所形成的虚声源，然后连接从各虚声源到接收点的直线，从而得到各次反射声的历程、方向、强度和反射点的位置，同时考虑介面对声能的吸收，最终得到接收点处各次反射声强度的时间和方向分布。

声线跟踪法对于需要了解某个点的声学情况比较合适。对于一个几何形状很复杂的房间，采用声线跟踪法模拟，相对比较简单，计算速度快。虚声源法主要用于模拟与声压及声能有关的声场性质。一个计算机模拟软件常常同时采用上述两种方法，以提高模拟效率。为提高模拟精度，目前，大多数软件在模拟过程中考虑了介面扩散反射现象。

为使房间模型看起来漂亮，大多数模拟软件具备图像渲染功能。

2）常用软件的分析比较

目前，比较著名的室内声学模拟软件有丹麦技术大学开发的 ODEON、德国 ADA 公司开发的 EASE、比利时 LMS 公司开发的 RAYNOISE、瑞典的 CATT、德国的 CAESAR、意大利的 RAMSTETE 等。影响较大的室外噪声评估方面的软件有 CadnaA、EIAN、soundplan、lima 等。这些软件在开发之初基本上是大学教师的学术研究，后来得到市场推广。ODEON 主要用于房间建筑声学模拟，模拟结果比较符合实际。EASE 重点在于扩声系统的声场模拟，其自带的音箱数据库十分丰富，国际知名品牌音箱数据基本都有，近年也收录了国内若干知名品牌音箱数据。EASE4.0 还加入了可选建筑声学模拟模块、可听化模块等，使功能更加强大，其建筑声学模块以 CAESAR 为基础适当完善而成。RAYNOISE 既用于建筑声学也用于扩声系统的模拟。目前，国内使用的声学模拟软件主要为 ODEON、EASE 和 RAYNOISE。CATT 在欧洲被广泛使用。CadnaA 主要用于计算、显示、评估及预测噪声影响和空气污染影响。

6.3.2 ODEON 软件介绍

ODEON 是丹麦技术大学在 1984 年开始研究开发，最初的目的是开发一个可靠的室内声场模拟软件。经过 20 多年的不断完善，目前 ODEON 不仅用于观众厅音质模拟，而且也用于工厂噪声环境模拟分析，2009 年其版本已升级至 ODEON10.10。期间经过的版本 10.01，可以在 DXF 及 3DS 格式模型文件导入过程中排除不相关的几何形状，并且由于 clib-box 的引入节省了建筑中单个房间的计算时间。版本 10.02 使得从 spreadsheet 中引入吸声系数名单成为可能。2010 年六月发布的 SU2 Odeon 作为 SketchUp 补丁使得 SketchUp 模型可以直接导入 ODEON。ODEON 运行环境随计算机操作系统升级而升级。

1）ODEON 建模

ODEON 提供两种建模方式：一种是直接在软件中输入房间各个面的坐标，建立完整的房间模型；另一种是通过在 AutoCAD 平台建模（推荐三维实体建模），转换为 3DFACE 面，然后保存为 DXF 格式文件，导入 ODEON 进行模拟分析。如此，可避免空间的不闭合而导致无法运算。

需注意，AutoCAD 三维建模的关键在于确定边界之后体块的拉伸、剪切、合并等。具体建模时可进行适当简化，减少运算量，但一些重要部位（如提供早期反射声的台口反射面）需力求细致，以提高模拟精度。

声源的位置、指向性、声功率等参数都可以交互形式定义。ODEON 带有介面材料吸声性能数据库，有几十种不同类型的常用材料可供选择。每一种材料均给出八个倍频带（63 ~ 8kHz）的吸声系数。ODEON 还提供两种特殊介面材料，一种为透明材料，即对声线传播没有任何影响，既不损耗能量，也不改变其方向；另一种为全吸收材料，所有频率吸声系数都为 1，可用于模拟开向室外的开口。介面材料及声源特性数据库是开放的，用户可以根据自己的需要扩充数据库内容。

对于混响时间的计算，ODEON 提供快速估算和整体估算两种方法。快速估算法主要用于对房间混响时间进行初步判断，以便进行调整。整体估算法可以提供高精度的模拟结果。

快速估算法混响时间是根据赛宾（Sabine）公式、伊林（Eyring）公式及它们修正后的公式进行计算。修正公式与通常计算房间介面平均吸声系数不同，ODEON 通过在声源处发出一系列粒子，统计粒子撞击反射面的次数，根据反射面被撞击次数的多少给其吸声系数不同的权重，以此计算房间平均吸声系数。因此，这样得到的房间混响时间与声源位置有关。

整体估算法中，声源随机发出大量声粒子，采用声线跟踪方法进行计算。记录下每个声粒子因介面吸收及空气吸收造成的能量损失随时间的变化情况。统计大量的声粒子，得到整个厅堂的声能衰减特性，由此，得到声压级衰减曲线，从而可计算出混响时间。

ODEON 采用虚声源和声线跟踪相结合的方法计算房间的脉冲响应。根据用户在设定的转换阶次，脉冲响应的计算分为两部分：与受声点位置有关的部分（早期反射部分）和与受声点位置无关的部分（后期反射部分）。对于小于或等于转换阶次的反射，反射声遵从光学反射原理，由虚声源法计算；对于大于转换阶次的反射声，介面作服从朗伯余弦定律的扩散反射，由声线跟踪法计算。

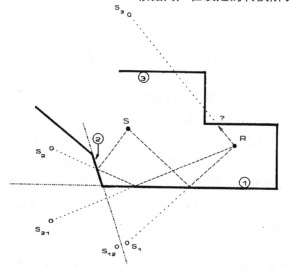

图 6-9 虚声源可见和不可见判断示意

与受声点位置有关的早期反射声部分，在转换阶次前的任何时刻声线反射一次，不管它对受声点是否有贡献，都会产生一个虚声源。虚声源的位置取决于声线入射方向和传播路径的长度。ODEON 会检查每一个虚声源是否在受声点处可见（图 6-9），如果为可见则把反射声加入到脉冲响应图中。

● 虚声源法中的声线能量衰变计算考虑以下因素：
● 声源的指向性因素；
● 反射面的吸声系数；
● 声线传播过程中由于空气吸收造成的衰减；
● 传播距离增大造成的衰减；
● 由于反射面尺寸有限造成的衍射损失。

与受声点位置无关的后期反射声部分计算方法为：当声线的反射阶次大于转换阶次时，在入射点处产生次级声源。当介面扩散系数为 0 时，表明介面平滑并且无限大，反射声线方向按光学反射法则确定；当介面扩散系数为 1 时，表明介面完全扩散，反射声线方向按朗伯余弦定律确定；当介面扩散系数在 0～1 之间，反射声线方向按朗伯余弦定律及光学反射法则加权确定。每次反射的入射点，传播时间和反射次数等数据不断被记录，直到声线传播所经历的时间长度或反射的次数达到设定的值时停止跟踪。通过对早期反射声及后期反射声的模拟，生成房间的既有早期能量又有后期能量的能量衰变曲线。

2）ODEON 模拟参数

ODEON 可以提供单个点的声学参数及多个点的声学参数，也可以提供各种参数的空间分布，网格大小可以由用户设定。

ODEON 可以模拟的声学参数几乎包括目前室内音质评价的所有重要参数，主要的参数有：

混响时间 T_{30}，根据声压级衰减曲线上从 $-5dB$ 到 $-35dB$ 范围获得的混响时间；

早期衰减时间（EDT），根据声压级衰减曲线上最初的 $10dB$ 衰减斜率获得的混响时间；

声压级分布；

强度指数（G）分布，点声源在室内形成的声压级相对于自由场 10m 处声压级的差值；

明晰度（C_{80}），$C_{80}=10\log（E_{0-80}/E_{80-\infty}）$；

声能比（D），$D=E_{0-50}/E_{0-\infty}$；

时间重心 T_{S}，$T_{S}=\sum\limits_{0}^{\infty} tE_t/E_{0-\infty}$；

侧向因子 LF_{80}；

舞台支持度 STI（ST_{eary}），$ST_{eary}=10\log（E_{20-100}/E_{0-10}）$；

语言传递指数（清晰度指数）STI，根据接收到的语言信号与原始信号的差异计算得到的值。STI 值与主观评价的关系如表 6-1 所示。

STI 值与主观评价的关系   表 6-1

主观评价	STI 值
差	0.00~0.30
较差	0.30~0.45
一般	0.45~0.60
好	0.60~0.75
很好	0.75~1.00

图 6-10 为某房间单个测点的脉冲响应图，图中右边为反射声垂直方向和水平方向的空间分布。

图 6-10 脉冲响应图

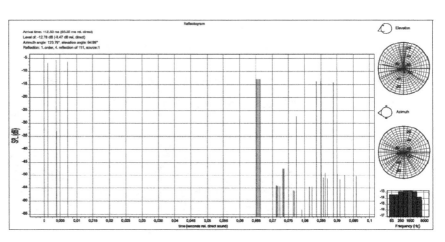

ODEON 可以给出各个主要反射面的反射声分布，该功能对反射面优化设计十分有用，设计者可以根据模拟结果调整反射面。图 6-11 为不同反射面的反射声分布图。

图 6-11　反射面反射声分布图

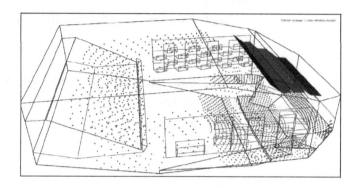

除提供多种音质参数的模拟结果外，ODEON 还可对拟建厅堂的音质效果进行试听。ODEON 根据观测点的脉冲响应模拟结果，可以试听脉冲响应效果。也可利用在消声室录制的无混响的"干"声音素材，试听实际的音乐或语言效果。ODEON 带有人头双耳响应参数，模拟出真实的立体声效果。图 6-12 为某观测点双耳脉冲响应图。

图 6-12　观测点双耳脉冲响应图

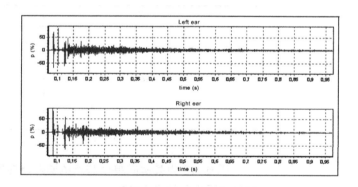

ODEON 具有对模型进行渲染的功能，提供的实体模型可以让人直观地判断观测点是否看得见声源，用于判断直达声有否遮挡。该实体模型在实际工程设计中还具有视线分析的作用，即可以获得观测点某个方向的视线效果。图 6-13 中分别为从楼座看舞台及从舞台看观众席效果。

图 6-13　ODEON 实体模型图
（a）楼座观众席看向舞台；
（b）舞台看向观众席

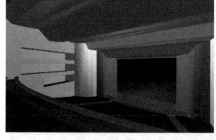

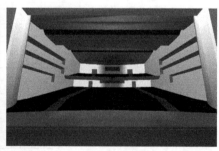

（a）

（b）

3）ODEON 模拟应用实例

（1）河南省艺术中心歌剧院音质设计采用 ODEON 模拟进行验证。

歌剧院观众厅的最大容座为 1731 座，包括残疾人座椅 4 个，其中池座 1159 座，楼座 452 座，两侧包厢共有座椅 120 个。观众厅设计有效容积 13825 m³，每座容积为 8.0m³/ 座。

观众厅平面大致呈钟形，二层及三层侧墙带有半凸出式包厢。观众厅最大宽度为 33.8m，池座后墙距大幕线（水平投影距离）34m，二层楼座后墙距大幕线（垂直距离）37.8m。舞台口宽 18m，设有活动台口，可使舞台口最小缩至 12m 宽，舞台口高为 12m。台口前部为升降乐池，面积约为 107m²，可容纳三管乐队演出。图 6-14 为歌剧院建筑声学模型。

图 6-14 河南艺术中心歌剧院建筑声学模型

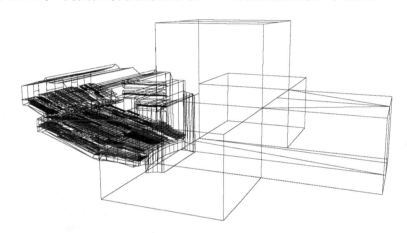

计算参数的设置：在计算各个参量在观众厅的分布时，把观众厅座椅区域的面定义为观众面，接收点高度为 1.2m，间距为 0.5m。反射声线数量为 13494 个，模型早后期声线算法的转换阶次为 2。后期算法考虑朗伯余弦定律，当反射阶次为 2000 阶次或者脉冲响应时间为 2000ms 时停止计算。模拟时温度为 20℃，相对湿度为 50%。

声源及接收点设置：声源为无指向性点声源。位置在舞台中心线上、大幕线内 1m 处，距舞台面高度为 1.5 m。

观众厅共布置了 10 个接收点，其中池座 7 个，楼座 3 个。接收点均距地面 1.2m 高。

歌剧院材料设定根据实际建筑声学设计方案确定，具体见表 6-2。

剧场观众厅装修主材表 表 6-2

装修部位	构造及材质描述	声学特性
观众厅侧墙	硬质装修面（GRG 板衬底外贴饰面材料）	低频略有吸收
观众厅后墙	部分强吸声构造（离心玻璃棉＋透声饰面材料）	吸收中高频率
观众厅地面	实木地板（实贴）	低频略有吸收
观众厅吊顶	反射性板材（GRG 板）	低频略有吸收
观众厅地面走道	铺地毯	吸收中高频
舞台墙面	强吸声结构（穿孔板后衬玻璃棉）	全频吸收
观众席	观众席的吸收按面积计算	全频吸收

以 1000Hz 为例，歌剧院早期衰减时间 EDT、明晰度 C_{80}、侧向因子 LF、强度指数 G、声能比 D 等见图 6-15 ~ 图 6-19。

图 6-15　早期衰减时间 EDT
模拟结果

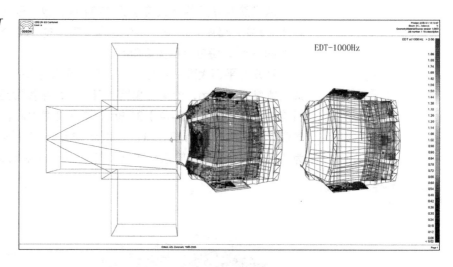

图 6-16　C_{80} 模拟结果

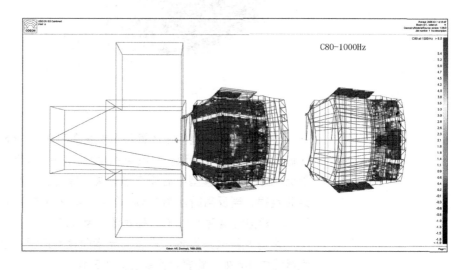

图 6-17　侧向因子 LF 模拟
结果

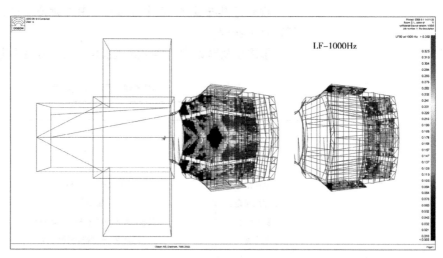

图 6-18 强度指数 *G* 模拟结果

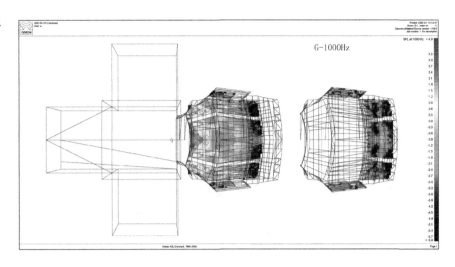

图 6-19 声能比 *D* 模拟结果

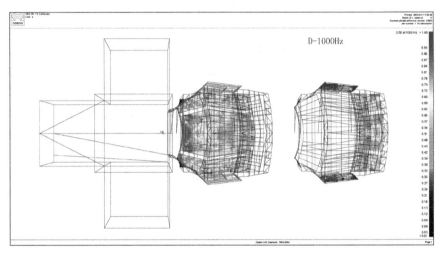

（2）乌镇西栅景区枕河酒店国际会议厅工程利用 ODEON 模拟来辅助音质设计。

乌镇西栅景区枕河酒店国际会议厅为一圆形平面,有一层楼座。图 6-20 为会议厅一层平面图。装修设计初步方案中墙面下部采用皮革软包,上部在实墙上间隔固定装饰陶管。从声学性能分析,下部墙面对高频声几乎没有吸声,上部墙面为全频反射面。为判断是否存在声聚焦,建立简易模型,采用 ODEON 进行声场模拟,声源设置在舞台上,获得观众席强度指数分布图（图 6-21）,强度指数分布图相当于声压级分布图。从强度指数分布图中可以看出,声压级分布很不均匀,存在明显的声聚焦现象。为此,为避免声聚焦,在下部墙面采用阻燃织物面强吸声复合吸声结构,并把吸声结构做成三角形扩散体,上部墙面部分做阻燃织物面吸声结构,再在表面固定装饰陶管。墙面声学性能调整后,再次用 ODEON 对会议厅进行模拟,声源设置不变,获得观众席强度指数分布图（图 6-22）。从图 6-22 可以看出,声场分布已经很均匀,可以判断不会产生声聚焦。

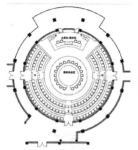
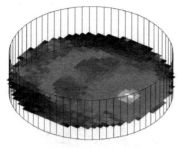

图 6-20　会议厅一层平面图
（左）

图 6-21　墙面很小吸声状态
下会议厅 500Hz 强度指数 G
的分布（中）

图 6-22　墙面声学性能调整
后会议厅 500Hz 强度指数 G
的分布（右）

6.3.3　EASE 软件介绍

EASE 是 The Enhanced Acoustic Simulator for Engineers 的 缩 写，意为增强的工程师声学模拟软件。EASE 最早是在 1990 年由德国 ADA（Acoustic Design Ahnert，Ahnert 声学设计公司）在瑞士的蒙特勒举行的 88 届 AES[1] 大会上介绍的。1994 年，推出 DOS 版的 EASE2.1；1999 年，该公司发布了 WINDOW 版的 ESAE3.0，并入视听模块（EARS）；2002 年 8 月发布 EASE4.0，并入了室内声学分析模块（AURA）和用于设计会议厅的红外辐射模块（IR INFRARED）；2003 年秋天推出 ESAE4.1；2007 年升级为 EASE4.2 版本，其建模更简便，计算结果更准确，运算速度更快；新推出的 EASE4.3，建模功能更强大，并且进一步完善了其程序操作。

EASE 早期仅关注扩声系统声场模拟，模拟的声学参数为直达声声压级分布、总声压级分布、快速语言传递指数 RASTI、辅音清晰度损失 Alcons。到了 EASE4.0 版，增加了建筑声学模块 AURA 和双耳试听模块 EARS。AURA 全称为 Analysis Utility for Room Acoustics，意为室内声学分析软件，该软件可以计算各种常用室内声学参数。

EASE4.0 可以在 Window98/2000/NT/XP 的环境运行。软件混合使用了声线跟踪法和声像法，结合了前者模拟速度快而后者精度高的特点。在我国，EASE 主要应用于扩声系统声场模拟，有庞大的用户群，使用十分广泛。

EASE 设计软件计算和展示的主要内容有：建声特性 125Hz ～ 8000 Hz 的混响时间；扩声系统直达声场的最大声压级和声场分布（不均匀度）；扩声系统混响声场的最大声压级和声场分布（不均匀度）；辅音清晰度 Alcons 损失展示；快速传递指数 RASTI 展示；扬声器至听音者的直达声以及 1 ～ N 次反射声的"声域"路径展示；扬声器 –3dB/ –6dB/ –9dB 覆盖范围角的声线展示。

1）EASE 建模

房间建模往往是一项十分费时的工作，EASE 对建模提供很多方便。最简便的建模方法是利用 AutoCAD 建模，通过 DXF 文件交换数据。也可在 EASE 软件中建立坐标直接建模，EASE 在数据输入方法上，采用类似 AutoCAD 的命令格式，如可以使用"块"、复制、移动、旋转等编辑命令，具有把建成的模块储存的功能等。

---

[1]　AES 是 Audio Engineering Society（音频工程协会）的缩写。

在扩声系统声场模拟中，直达声 L_{dir} 的计算采用以下公式：

$$L_{dir}=L_k+10\log P_{ci}-20\log r_{LH}+20\log T_L(\theta_H)\ (dB)$$

式中：

L_k——扬声器的灵敏度（1m,1W），dB；

P_{ci}——扬声器电功率，W；

r_{LH}——扬声器与观测点之间的距离，m；

$T_L(\theta_H)$——扬声器在计算角度上的声压比。

总声压级的计算根据能量叠加原理进行。

室内声场模拟模块 AURA 采用声线跟踪法进行模拟，模拟过程中考虑了介面的扩散。

EASE 内带有巨大的扬声器数据库，包括众多世界知名品牌，EASE 扬声器数据库还在不断扩充，最近中国几款音箱的数据也被收录。

EASE 在它音箱数据库里存储了丰富的音箱参数，将音箱的幅度和相位分别画在一个每格 5°的球中，频率为 100 到 10kHz 的 1/3 倍频程。更精密的音箱数据包括每格 1°和 1/24 倍频程。除此之外，EASE 的声源还包括人声（男声和女声），并且提供管弦乐器和乐队的方向性。

EASE 允许用户添加新的音箱参数。由于丰富的音箱参数数据库，使用户模拟扩声系统声场时十分方便。EASE 自带介面材料数据库。

2）EASE 模拟参数

EASE 除扩声系统的直达声声场分布、总声压级分布、快速语言传递指数 RASTI 及辅音清晰度损失 Alcons 四个参数外，常用室内音质指标均可模拟，这些音质指标有：早期衰减时间（EDT），混响时间 RT、T10、T20、T30（衰减分别为 10、20、30dB 所经历的时间），清晰度（Definition），时间重心（CenterTime），侧向因子 LF 等。

EASE 具备把模拟结果用于双耳试听的功能。

3）EASE 模拟实例

以浙江工业大学体育馆扩声系统声场模拟为例，对 EASE 的模拟分析进行介绍。该体育馆用于体育比赛、训练、大型会议及演出。该体育馆大厅平面为一个直径为 68m 的正圆，中间比赛场地为 38.5m×25.8m，屋顶为穹顶，中间最高处离地 25m。屋面板内侧部分为穿孔吸声结构，屋顶下悬吊空间吸声体，体育馆四周为木穿孔板吸声结构。体育馆中频满场设计混响时间为 1.8s。

体育馆顶部中央配置语言用扬声器组，为满足文艺演出要求，配置两组流动扬声器，这里仅以比赛状态下扩声系统声场模拟作介绍。中央扬声器组由 12 只恒指向号角喇叭和 5 只低音扬声器组成。恒指向号角喇叭为日本 TOA 公司产品，其中 10 只覆盖观众席，规格型号为 LE-640/HFD-260，指向角为 60°×40°，2 只覆盖比赛场地，规格型号为 LE-940/ HFD-260，指向角为 90°×40°。低音扬声器为 TOA 的 SB-38/HLS38UL-8。

图 6-23 为浙江工业大学体育馆三维模型图；图 6-24 为浙江工业大学体育馆模型立面图；图 6-25 为 1000Hz 总声压级分布图；图 6-26 为 1000Hz 快速语言传递指数 RASTI 分布图。

　　EASE 对室内音质指标的模拟与 ODEON 类似，这里不再作介绍。

图 6-23　浙江工业大学体育
馆三维模型图

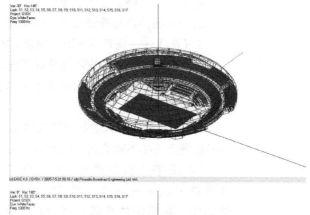

图 6-24　浙江工业大学体育
馆模型立面图

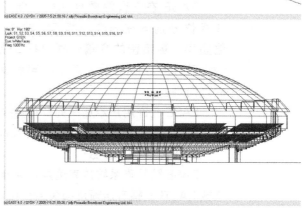

图 6-25　1000Hz 总声压级
分布图

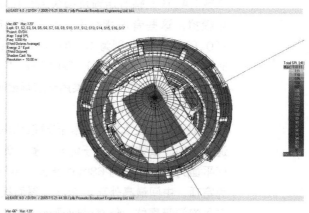

图 6-26　1000Hz 快速语言
传递指数 RASTI 分布图

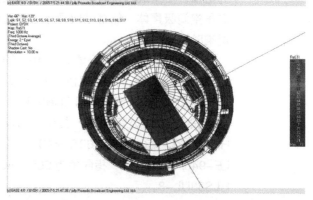

6.3.4 CadnaA 软件介绍

CadnaA（Computer Aided Noise Abatement）软件是德国 Datakusitc 公司开发的一套用于计算、显示、评估及预测噪声影响和空气污染影响的软件。该软件使用 C/C++ 语言开发并较好地兼容了其他的 Windows 应用程序，如 Word、Excel、AutoCAD 和 GIS 数据库等，且已经嵌入了所有重要的预测标准及相关规范。其最新版本为 CadnaA4.1。

CadnaA 应用领域包括工业噪声计算与评估、道路和铁路噪声计算与预测、机场噪声计算与预测、噪声图、空气污染分布计算和评估。

CadnaA 软件可以让用户根据自己国家认可的标准或规范情况选择相应的标准，软件会自动根据所选标准选择相应的工业声源、道路噪声、铁路噪声、航空噪声等相应标准或规范，并进行相关设置。

该软件应用了通过声级的可视听化技术。当汽车、火车或者其他的移动声源在住宅旁通过时，用户可以通过 CadnaA 获得瞬时声级的时间关系曲线图。CadnaA 可以对于移动声源的每一个位置进行同样精确的计算。用户还可以通过计算机内的声卡和放大器 / 扬声器来播放通过噪声（即可视听化技术）。

CadnaA 在操作方面可随时观察项目建模实景图，在实景图中双击物体可进行物体属性设置，设置后结果重新显示，该功能对检验建模准确度尤为重要。

图 6-27 为某道路噪声对小区影响模拟分析图。

图 6-27 某住宅区的昼夜间噪声分布图（H=6m）
（a）昼间噪声分布图；（b）夜间噪声分布图

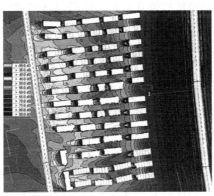
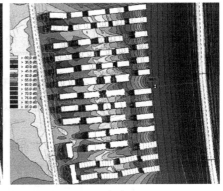

（a）　　　　　　　　　　　（b）

在工程建设项目环境评价中，通过声学软件对噪声分布进行模拟，可以预先发现问题，并通过调整方案，使噪声影响降低。某水泥厂可研报告确定扩建生产线位于老厂的西北，项目环境影响评价阶段，通过计算机噪声分布模拟，发现扩建生产线对西北方向居住建筑的噪声影响超过标准值，因此，建议扩建生产线布置在老厂东南，项目按此建议实施。这样，避免了噪声对居住建筑的影响。图 6-28 为该水泥厂扩建项目卫星图。

图 6-28　某水泥厂卫星图

原可研拟建新线位置

经评估推荐新线位置

6.4　建筑光环境的模拟与分析

建筑光环境模拟是建立在计算机软件技术基础上的，借助于计算机软件技术我们可以完成手工计算时代不可想象的任务。随着时代的发展，传统的实体模型测量、公式计算和经验做法难以支持复杂和多元化的设计需要，而数字化的模拟软件正好可以弥补上述传统做法的不足，目前光环境模拟软件在包括设计、建造、维护和管理等各阶段的建筑全生命周期内，得到了广泛的应用。本节主要介绍在数字化建筑设计中光环境模拟与分析的基础知识。

6.4.1　光环境模拟软件的分类

按照模拟对象及其状态的不同，光环境模拟软件大致可以分成静态、动态和综合能耗模拟三类。

（1）静态光环境模拟软件

静态光环境模拟软件可以模拟某一时间点上的自然采光和人工照明环境的静态亮度图像和光学指标数据，如照度和采光系数等。静态光环境模拟软件是光环境模拟软件中的主流，比较常用的有 Desktop Radiance、Radiance、Ecotect Analysis、AGi32 和 Dialux 等。

（2）动态光环境模拟软件

动态光环境模拟软件可以根据全年气象数据动态计算工作平面的逐时自然采光照度，并在上述照度数据的基础上根据照明控制策略进一步计算全年的人工照明能耗。这类软件与静态软件的区别在于其综合考虑了全年8760 个小时的动态变化，而静态软件只针对全年中的某一时刻，不过动态软件无法生成静态亮度图像。相对于集成在综合能耗模拟软件中的全年照明能耗模拟模块来说，独立的动态光环境模拟软件的灵活性更好，计算更精确。另外，动态光环境模拟软件还可以将计算结果输出到综合能耗模拟软件中进行协同模拟。

常用的动态光环境模拟软件只有 Daysim 一种，它也使用 Radiance 作为计算核心。

（3）综合能耗模拟软件

综合能耗模拟软件主要是用于能耗模拟和设备系统仿真，采光和照明能耗模拟只是其中的一个功能，它们可以根据全年的自然采光照度计算照明得热序列，并将以此数据作为输入量纳入到全年能耗模拟中计算建筑的综合能耗。根据自然采光照度的计算方法，可以将综合能耗模拟软件分为两种：一种使用简单的几何关系粗略地计算房间照度，如 EnergyPlus 和 DOE-2 等大部分能耗模拟软件均属于此类；另一种采用 Radiance 反向光线跟踪算法计算房间照度，如 IES<VE> 即属于此类。需要说明的是，这两类软件通常每月只计算一天的照度，例如 IES<VE> 的默认计算日为每月的15 日。

相对于专门的动态光环境模拟软件来说，综合能耗模拟软件在光环境方面的计算精度要低一些，但 TRNSYS 和 EnergyPlus 等能耗模拟软件均能导入 Daysim 输出的光环境数据，这可以在一定程度上克服计算精度的问题。综合能耗模拟软件可以同时对多个房间进行模拟，而动态光环境模拟软件目前还只能对单一的房间进行模拟。

上述三种软件分别针对不同的应用和需求，由于现在还没有一种软件能完全应对光环境模拟中所涉及的方方面面，所以，在全面的光环境模拟中往往要将这三种软件结合起来应用。

6.4.2　光环境模拟软件综述

静态光环境模拟软件主要是由用户界面、模型、材质、光源、光照模型和数据后处理六大模块构成的。对于动态光环境模拟软件和综合能耗模拟软件来说，在上述基础上增加了人员行为和照明控制模块以模拟人员的活动情况和采光照明设备的运行情况。

1）用户界面

用户界面是软件与使用者的沟通渠道，清晰并有逻辑性的用户界面将为用户带来良好的体验。商业建筑光环境模拟软件大都是运行在 Windows 操作系统之上的，同时均采用流行的窗口按钮式的图形用户界面，相对来说其应用较为简单，容易上手。与此形成鲜明对比的是，免费建筑光环境模拟软件的用户界面易用性就要差得多，有些甚至根本就没有用户界面，完全依靠命令输入形式来控制软件的运行，对于熟练的使用者来说，这也许会提高使用效率，但对于大量的普通使用者来说，这是一道难以逾越的障碍。但免费软件一般都具有很强的扩展性和灵活性，并且大部分都是开放源代码的。而商业软件在扩展性和灵活性上就要差得多，它们只能完成程序编写者认为有用的任务。

2）模型

模型是模拟执行的对象，由于大部分光环境模拟软件都采用了多边形网格来定义模型，因此这方面它们的差别不大。一般来说，光环境模拟软件的建模能力都不是很强，因此是否能支持更广泛的模型格式是大部分使用者关注的重点。大部分光环境模拟软件都可以支持 DXF 格式的模型，有些软件则在此基础上提供了对于 OBJ、LWO 和 STL 等格式[①]的支持。

除上述几何模型格式外，少数光环境模拟软件还可以导入 gbXML（绿色建筑扩展标记语言）格式的模型。

3）材质

材质定义了物体表面的光学性质。对于一般性的建筑材料而言，大部分光环境模拟软件都可以准确地定义。有些光环境模拟软件可以在此基础上提供对于更高级材质的支持。例如，Radiance 中就提供了双向反射分布函数的材质定义。在通常的模拟中，很少会用到上述高级材质，除非是对精度和写实度要求非常高的情况。

4）光源

光源定义了场景中的发光物体。除简单的规则光源类型外，所有的光环境模拟软件都可以通过导入标准格式的配光曲线文件来模拟光源的发光情况。另外大部分光环境模拟软件都提供了自然采光中常用的几种 CIE[②]天空模型。

5）光照模型

光照模型是光环境模拟软件的核心，它通过复杂的数学模型模拟光线与表面的交互过程，根据使用的光照模型的不同，光环境模拟软件可以分为光线跟踪和光能传递两种类型，其中光线跟踪的使用更为广泛一些。

6）数据后处理

数据后处理是在基本输出数据的基础上进行各种数据和图像处理以帮助使用者理解和分析。总的来说，除 Radiance 外的其他光环境模拟软件在这方面都不是很强，而 Radiance 则可以完成数据绘图和人眼主观亮度处理等一系列复杂的后处理，功能非常之强大。

7）人员行为和控制策略

对于动态光环境模拟软件和综合能耗模拟软件来说，由于涉及全年中不同的采光和照明状态的综合模拟，因此需要通过人员行为以及照明控制策略来定义上述状态的变化情况，光环境模拟软件大多是通过各种形式的时间表来模拟人员行为和照明控制策略。

6.4.3 光环境模拟软件的比较

目前的光环境模拟软件，不管是简单的还是复杂的，没有一个可以做到单独承担完全意义上的光环境模拟，它们各有侧重点和自己的优势，因此在使用中需要合理地选择软件。表 6-3 为常见的几种光环境模拟软件的横向比较。

---

① OBJ 文件格式有两种，一种是基于 COFF（Common Object File Format）的目标文件，另一种是建模和动画软件 Advanced Visualizer 生成的 3D 模型文件格式，适用用于 3D 软件模型之间的互导，这里说的是后者。LWO 是 LightWave 软件生成的 3D 模型文件格式，STL 是最多快速原型系统所应用的标准文件类型，用三角网格来表现 3D CAD 模型。

② CIE 是国际照明委员会（Commission Internationale de L'Eclairage）的简称。

软件	模拟光环境模拟	易用性	兼容性	扩展性	光照模型	精度	图像生成
Radiance	静态光环境模拟	很低	较高	很高	光线跟踪	很高	可以
Desktop Radiance	静态光环境模拟	中等	较高	中等	光线跟踪	很高	可以
Ecotect Analysis	建筑性能 / 静态光环境模拟	很高	很高	较高	光线跟踪	很高	可以
AGi32	静态光环境模拟	很高	较高	较高	光线传递	较高	可以
Dialux	静态光环境模拟	较高	很高	较高	综合技术	较高	可以
Lightscape	静态光环境模拟	较高	较高	中等	光线跟踪	很高	可以
Daysim	动态光环境模拟	中等	中等	很高	光线跟踪	较高	不可以
IES<VE>	综合能耗 / 静态光环境模拟	中等	较低	较低	光线跟踪	较高	可以
Energyplus	综合能耗模拟	很低	较低	很高	几何计算	较低	不可以
DOE-2	综合能耗模拟	很低	较低	中等	几何计算	较低	不可以

（1）Radiance

Radiance 是美国劳伦斯伯克利国家实验室开发的基于反向光线跟踪模型的静态光环境模拟软件。可对天然光和人工照明条件下的光环境进行精确模拟。Radiance 的特点是计算精度高，扩展性强，但易用性较差。

（2）Desktop Radiance

Desktop Radiance 是美国劳伦斯伯克利国家实验室、美国太平洋煤气和电力公司以及微软公司联合开发的静态光环境模拟软件，内嵌于 AutoCAD 软件中，并采用了 Radiance 的计算核心。相对于 Radiance 来说，Desktop Radiance 在保证计算精度的前提下提供了更好的易用性。

（3）Ecotect Analysis

Ecotect Analysis 是美国 Autodesk 公司旗下的综合建筑性能模拟软件，其静态光环境模拟部分直接采用了 Radiance 的计算核心。与 Desktop Radiance 相比，其使用更简单，建模更方便。

（4）Dialux

Dialux 是德国 DIAL 公司开发的静态光环境模拟软件，它采用光能传递模型，主要应用于室内照明模拟。Dialux 的特点是使用简单，兼容性强，厂商支持度高。

（5）AGi32

AGi32 是美国 Lighting Analysts 公司开发的静态光环境模拟软件，其同样采用光能传递模型。与 Dialux 相比，AGi32 更加人性化，同时软件成熟度也更高。

（6）Lightscape

Lightscape 是 Discreet 公司旗下的一款光照渲染软件。它是一款同时拥有光影跟踪、光能传递和全息渲染三大技术的渲染软件。三大技术相辅相成，其效果的精确真实和美观程度是非常优秀的。Lightscape 也是一个功能较强的可视化设计软件，他同时提供了较强的图块和灯光处理功能，图块是其快速简便的创建建筑室内外模型的强大手段。

（7）Daysim

Daysim 是加拿大国家研究院开发的动态光环境模拟软件，它可以模拟建筑在全年中的动态自然采光和照明情况。Daysim 同样采用 Radiance 的计算核心。作为少有的动态光环境模拟软件，Daysim 可以提供远高于综合能耗模拟软件的计算精度。

（8）IES<VE>

IES<VE> 是英国 Integrated Environmental Solutions 公司开发的综合建筑性能模拟软件，其静态光环境模拟和动态能耗模拟部分也是基于 Radiance 的计算核心。IES<VE> 的特点是操作简单，精度较高，实用性强，因此很多大型顾问公司均在使用。

（9）DOE-2 和 EnergyPlus

DOE-2 和 EnergyPlus 均是由劳伦斯伯克利国家实验室开发的综合能耗模拟软件，其中 EnergyPlus 是 DOE-2 的下一代产品。这两个软件除了在热环境模拟方面比较常用，在光环境模拟方面也有较为广泛的运用。与 IES<VE> 相比，它们的易用性要差一些，但扩展性和兼容性要强得多。

6.4.4　BIM 与光环境模拟

建筑信息模型（Building Information Modeling, BIM）是以三维数字技术为基础集成了建筑工程项目所需的各种相关信息的工程数据模型。BIM 实际上是一种工程项目数据库，借助于数据库的强大能力，我们可以完成大量以前不可想象的任务。有了 BIM 技术的支持，光环境模拟可以与其他专业进行无缝协同，大大简化了工作的流程。

建筑光环境模拟软件中明确直接支持 BIM 的只有 Ecotect Analysis 和 IES<VE>，它们都是通过 gbXML 格式的模型文件与 BIM 软件进行交互和沟通的，gbXML 格式中包含了建筑性能模拟软件中所需的大部分信息，其中与光环境模拟相关的内容包括了几何模型、材质、光源、照明控制以及照明安装功率密度等几个方面，它们基本上都可以直接在 BIM 软件中定义。

现阶段的 BIM 应用主要还是着眼于数字化建模的工作，材质、光源以及照明控制等内容一般是在光环境模拟软件中单独进行设置的。与 BIM 软件相比，光环境模拟软件往往不是那么智能（例如，在它们的眼中，只有不同材质属性的多边形表面，没有内墙、外墙和楼板等建筑构件之分），但这对于现阶段的建筑光环境模拟来说已经足够了。与能耗模拟软件相比，光环境模拟软件对于建筑信息的需求量相对要低一些。例如，它往往不需要知道房间的用途、分区以及各种设备的详细信息。不过，随着技术的发展和进步，BIM 与建筑光环境模拟之间的结合将更加完美，这也许会彻底改变现有的半手工式的工作流程。

6.4.5　光环境模拟的过程

虽然光环境模拟的对象可能千差万别，但过程都是基本类似的，其中包括了规划模拟方案、建立模型、设置材质和光源、设置时间表和气象数据、

图 6-29　光环境模拟的过程

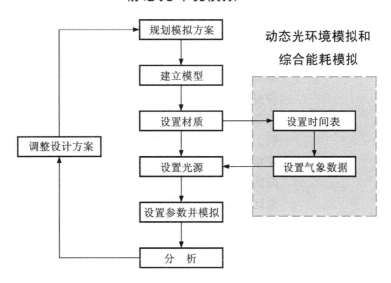

静态光环境模拟

规划模拟方案

建立模型

设置材质　→　**动态光环境模拟和**
　　　　　　　综合能耗模拟

调整设计方案　　设置光源　←　设置时间表

设置参数并模拟　←　设置气象数据

分　析

设置参数并进行模拟以及分析共六个步骤如图 6-29 所示。光环境模拟是一个持续的反馈和调整过程，因此通过一次模拟就取得成果的想法都是不切实际的。本节中我们将详细讨论光环境模拟的一般过程和步骤。

1）规划模拟方案

不同的项目对模拟有不同的要求和特点，因此模拟前需要对模拟方案进行总体的规划。模拟方案涉及模拟的评价指标、所使用的软件、模拟的范围以及时间进度安排等几个方面，对于复杂的模拟来说可能还包括人员分工和多专业配合方面的内容。适当的模拟方案可以在保证精度的前提下用最短的时间完成符合要求的模拟。很多人往往在模拟前不重视模拟方案的规划，导致模拟完成后才发现得到的结果并不符合要求，接下来再去返工，这将浪费大量的时间和精力。因此，建议刚刚接触模拟的读者用纸和笔将上面提到的内容逐条列出来，这样可以帮助我们养成良好的模拟习惯。

（1）模拟指标

分析和评价是模拟方案中最关键的内容，其主要由建筑的类型和模拟的要求决定。例如，要综合分析办公建筑的自然采光性能，那么全自然采光时间百分比是个不错的选择；而针对于博物馆建筑来说，全年光暴露时间和各种眩光评价指标是必不可少的。

（2）模拟软件

现在市场上有很多种光环境模拟软件，它们有各自的适用范围和优势领域。在过去的十几年中，Radiance 已逐步发展成为自然采光模拟领域实际上的标准，现在很多自然采光模拟软件都是以 Radiance 为计算核心的。以光能传递为核心的模拟类软件则迅速占领了照明模拟的大部分市场。Daysim 是当前唯一将用户行为模型用于动态光环境模拟的软件，其在这一领域里具有很强的优势。而 IES<VE> 和 EnergyPlus 等综合能耗模拟软件则以全面著称，它们不仅能执行光环境模拟，还能用于复杂的能耗和系统模拟。光环境模拟软件的选择与模拟的要求以及个人习惯有着很大的关系。通常来说，大部分人都倾向于选择自己最熟悉的软件。

（3）模拟范围

模拟的范围包括了空间、时间和设计方案三个部分。对于静态光环境模拟来说，不可能对建筑中所有的空间都进行逐时模拟，一般来说是针对全年中的典型时间和建筑中具有代表意义的空间进行模拟。对于动态光环境模拟和综合能耗模拟来说，一般不需要考虑时间的问题，通常只需要将性质类似且位置相邻的空间进行整合和简化即可。在模拟中，我们有时候需要在同样的条件下对不同的设计方案进行横向的比较，相对于原始方案来说，各对比方案均作过一定的调整和改进。对比方案的确定要综合各方面的因素，但主要是来自于建筑师通过初步分析提出的一些策略和设想，例如增加遮阳、反光板或改变室内墙面的反射率。

（4）时间进度安排

模拟工作的有序开展离不开精确的时间进度安排，其在很大程度上决定了模拟的效果和执行的节奏。时间进度安排与模拟的工作量、专业配合方案和任务分派有着密切的关系。在保证模拟效果的前提下，时间进度的安排应以降低时间和人力成本为原则，但同时也要留有一定的弹性空间以应对可能出现的特殊情况。

2）建立建筑的三维模型

三维模型定义了建筑的几何场景特征，是模拟中必不可少的基础数据。建模前最好先在头脑中对要模拟的建筑仔细审视一遍，思考建筑哪些地方可以简化？哪些地方不能简化？要简化成什么样？是使用光环境模拟软件建模还是从其他软件中导入模型？

（1）模型的简化

建模前应先确定满足模拟要求的模型需要具备哪些细节。同时，还应该仔细计划一下模型的建立流程。一般来说，只需要建立起满足模拟需要的几何细节即可。对于大部分光环境评价指标来说，并不需要给出诸如电话或者墙上画像一类的细节。更多的细节虽然可以增加模拟的真实程度，但同时也会对模拟的效率产生一定的影响。通常只有在侧重于设计效果评估的模拟中才需要建立出模型的具体细节。

光环境模拟软件中的计算时间与模型中表面的数量是成正比的。与渲染软件相比，模拟软件的计算成本要高得多，过于细致的模型可能会使计算时间大幅攀升，因此在不影响模拟效果的前提下应尽量降低模型的复杂程度。

另外，模型的复杂程度与模拟的要求和所在的阶段也有关。例如，相对于静态光环境模拟来说，在动态光环境模拟中往往可以简化更多的局部细节。在概念设计阶段，通常对模拟速度非常敏感，而对于模拟结果的要求则相对比较简单。随着设计的深化，所要分析的内容也越来越多，越来越精确，这时必然需要更复杂和精确的模型。

（2）建立和导入模型

大部分光环境模拟软件既可以导入外部程序建立的模型，也可以自行建立模型。一般来说，光环境模拟软件的建模能力要弱于专业的建模软件。因此，通常都是先在专业的建模软件中建立模型，然后通过 DXF 等标准的模型交换格式导入到光环境模拟软件中进行模拟。

3）设置材质和光源

（1）设置材质

材质描述了物体表面与光线进行交互时所表现出来的性质。例如，镜面表面和漫反射表面在与光线交互时所表现出来的性质就是截然不同的。在不同的光环境模拟软件中，材质的表示形式和设置方式可能不完全一样，但通常来说都是由镜面度、反射率和透过率等基本参数构成的，这与渲染类软件是基本相似的，只不过模拟软件中的参数一般都具有真实的物理意义，因此理解软件中各种材质参数的物理意义对于材质设置来说是至关重要的。

（2）设置光源

光源是光环境模拟中的重要影响因素，人工照明模拟中的光源是各种类型的灯具，在模拟软件中一般是通过配光曲线来定义的；自然采光模拟中的光源是天空和太阳，在模拟软件中一般是通过天空模型来定义的。

4）设置时间表和气象数据

（1）设置时间表

人员行为和采光照明控制对于动态自然采光和照明能耗模拟来说影响非常大。例如，人员在什么时候、什么情况下开灯，遮阳设施在何时调整角度。

在光环境模拟软件中，人员行为以及自然采光和照明系统的控制策略通常都表现为时间表（Schedule），即通过各种时间表来模拟全年中的人员作息和设备运行情况。这部分内容本身并不复杂，难点在于通过各种时间表真实地反映出实际的情况。对于一般性的照明能耗模拟来说，现有的常规时间表设置基本上能满足要求。但简单的时间表设置很难做到完全符合现实中的人员行为，因此有些软件提供了基于大量基础调查研究的人员行为模型，如 Daysim 中就应用了这方面的最新研究成果。

（2）设置气象数据

在静态光环境模拟中，一般不需使用气象数据，但动态光环境模拟和综合能耗模拟中则必须要用到气象数据。建筑性能模拟领域中有多种气象数据格式，现在使用最广泛的是 EnergyPlus 使用的 EPW 格式的典型气象年数据，其中包括了步长为 1h 的温度、风向、风速、降雨量以及太阳辐射等数据。美国能源部的 EnergyPlus 网站[①]中提供了全球 100 多个国家上千个城市的典型气象年数据。随着 EnergyPlus 的普及，EPW 格式的气象数据已经逐步成为通用的气象数据交换格式。大部分的动态光环境模拟软件和综合能耗模拟软件都可以直接支持 EPW 格式的气象数据。

---

① 美国能源部 EnergyPlus 网站网址 http://www.eere.energy.gov/buildings/cfm/weather_data.cfm

5）设置参数并执行模拟

（1）参数设置

一般来说，模拟参数包括了视角参数、定位参数和计算参数三种。

对于亮度图像模拟来说，需要指定包括视点位置、方向、视野和焦距在内的视角参数。

对于评价指标的模拟，则需要定位计算点或计算网格的位置和方向。通常来说，它们位于建筑中的水平工作平面上，在博物馆建筑中则位于艺术品所在的竖直平面上。

计算参数控制着模拟的精度和时间，它与软件的光照模型有着密切的关系。

参数的选择往往是模拟中较为关键的一步，适当的参数设置可以达到事半功倍的效果，但这在很大程度上取决于使用者的经验。为了简化操作并帮助用户快速入门，现在主流的光环境模拟软件基本上都提供了一套方便实用的默认参数系统。在这套系统的引导下，使用者可以轻松地应对常见的情况。如果是较为复杂和特殊的情况，则需要使用者根据理论知识和实践经验通过分析来进行判断和设置。

（2）执行模拟

所有参数设置完毕后就可以开始执行模拟了。模拟的时间与参数的设置精度和场景的复杂程度有关，单个简单场景的静态光环境模拟时间大约为 0.5~2h，如果场景较为复杂，也有可能会耗费数十小时的时间。模拟过程中一般不需要人工介入，如果模拟时间较长，可以采用批处理的方式安排在夜晚执行。有些模拟软件具有并行计算能力，这可以在很大程度上提高模拟的效率。图 6-30 和图 6-31 是某博物馆室内空间模型从 Ecotect 中输出到 Radiance 进行光环境模拟得到的主观亮度图像和亮度伪彩色图像。

图 6-30 建筑室内主观亮度图像（左）
图 6-31 建筑室内亮度伪彩色图像（右）

6）分析

这里所说的分析实际上包括了数据后处理、分析和撰写模拟报告三个方面的内容。

（1）数据后处理

大多数情况下，软件输出的数据都需要经过一定的处理以便于对比和分析。例如，将自动曝光的物理亮度图像转换为主观亮度图像和伪彩色图像，或将工作平面照度数据制成三维或二维的图表。数据后处理的关键在于数据可视化和数据归纳，因此可能会用到专业的可视化数据后处理或科学计算软件，例如 Excel、Tecplot、Matlab 和 SPSS。后处理虽然只是对数据的一种后期加工，但其对于分析的影响非常大，如果这一步处理不当同样也会影响到分析的质量。

（2）分析

分析是应用各种主客观评价指标对光环境进行评价的过程。实际上，计算结果本身的用处并不大，只有经过分析后的计算结果才能发挥出其应有的效能。横向比较分析主要着眼于方案间的性能比较，绝对数值分析则直接给出方案的客观性能评价。

（3）撰写报告

模拟报告是建立在分析的基础上的，详尽和规范的模拟报告可以向他人传递模拟所取得的成果。通常来说，模拟报告可以分为以下几个部分：

● 项目基本信息；

● 模拟的任务；

● 模拟的条件和设置；

● 模拟的结果和分析；

● 结论和建议。

除基本内容外，报告中还可以提出相对于目前设计方案的性能提升建议。一份全面的光环境模拟报告不应仅局限于光环境领域，同时还应综合考虑方案的可实施性、经济性和运行能耗等其他方面的影响因素。建筑师和业主拿到模拟报告后，将会根据实际情况对方案进行调整，调整后的方案将再次进入上述模拟流程，不断地调整和优化实际上也是模拟过程的重要组成部分，体现了模拟分析对设计的指导作用。

6.4.6 光环境模拟的评价

光环境模拟主要可以从定量评价和定性及主观评价方面来进行评价。

1）光环境模拟的定量评价

（1）分类

光环境模拟的定量评价指标可以分为静态、动态、眩光和能耗以及经济等几个方面。

静态评价指标一般仅针对于某一典型的静止时间状态，如果要使用此类指标进行全面的评价，那么可能需要执行大量的静态模拟。某些静态指标所针对的时间状态具有特殊性，可以从逻辑上排除某些其他的状态。例如，采光系数针对的就是全年最不利的情况。

动态评价指标通常都是针对某一完整的时间序列来说的，它反映了建筑在某一时间段（通常是一年）内的整体性能。一般来说，大部分静态指标都可以通过手工或者制表计算，但动态指标通常只能使用计算机程序来计算。

眩光评价指标主要用于评价使用环境中的眩光情况，它可以分为人工照明和自然采光两种，分别用于对应情况下的眩光评价。

能耗以及经济评价指标主要着重于从宏观的角度来评价建筑的热工和

采光照明性能。

由于光环境评价指标较多，同时也比较复杂，因此这里所采用的分类方式主要着眼于便于讨论和说明问题，不一定完全科学，其中也可能存在相互交叉的情况。

（2）评价

对于评价指标来说，既可以采取绝对评估值的方式，也可以在多方案之间采取横向比较的方式，在这种情况下绝对的数值可能并不重要，重要的是方案间的相对性能。两种方式各有千秋，一般来说设计的初期多采用横向比较的方式，而在深化设计阶段则主要采用绝对评估值的方式，但这也不是固定的模式。

实际运用中，往往很难用几个定量的指标去全面的评价建筑的光环境。这是因为建筑光环境的影响因素包括很多方面，它们往往又会互相影响，因此其中的关系非常复杂。对于不同的影响因素，往往要使用不同的指标去衡量和评价，怎样用多个相互没有联系的评价指标来综合评价建筑的光环境是当前我们所面临的一个难题，起码到现在为止还没有一个集大成的综合光环境评价指标。另外，光环境本身也不是孤立的，它是整个建筑环境的一个有机组成部分，对于建筑性能的综合评价往往要从声、光、热等多方面来进行分析。

（3）评价指标

目前照度和采光系数等评价指标已经成为法定的评价标准，有些指标因为出现的时间不长，还未成为法定的评价标准，但他们也经过了理论和实践的验证并已在实际工程中广泛使用。这类指标往往针对更高层次的要求，例如自然采光眩光指数和全自然采光时间百分比均属此类指标。

在实际的模拟中，除可以参考《建筑采光设计标准》《建筑照明设计标准》和《公共建筑节能设计标准》等国家强制性设计标准外，建设部颁布的《绿色建筑评价标准》、美国的 LEED 标准和北美照明工程学会出版的《照明手册》中的相关数据也可以作为参考的依据。

2）光环境模拟的定性和主观评价

光环境作为一种复杂的互动环境，不仅与客观的物理规律有关，同时也与人的生理、心理以及情绪等很多主观或半主观因素有关，而这些因素往往很难用定量的指标来衡量。由于建筑光环境模拟软件可以生成反映真实情况的亮度图像，因此光环境模拟中常根据亮度图像来定性地分析和评价光环境，这其中也包括了帮助设计者对设计理念、空间营造和气氛表达等方面的因素进行推敲。

亮度图像与人眼所看到的图像非常接近，因此可以将亮度图像作为一个半主观的定性评价指标。光环境模拟软件所产生的亮度图像更接近实际使用中的真实情况。对于亮度图像的分析，没有定量的客观评价指标，通常都是从图像的亮度对比以及光线和阴影的分布等角度进行定性的分析。

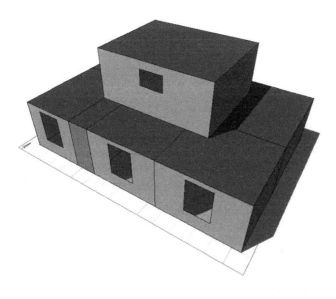

光环境模拟中生成的亮度图像还可以帮我们推敲空间的营造和气氛的表达，这方面的内容主观的成分相对较多，其评价影响因素主要包括完型常性、直觉常性和色彩常性等几个方面。

现阶段还很少有人把光环境模拟作为方案推敲与展示的工具，人们在工作中还是常用 V-Ray 等渲染软件所生成的效果图。

但作为一种高精度的仿真技术，光环境模拟实际上可以在很大程度上代替效果图，通过光环境模拟软件得到的图像更加真实和自然，这正是建筑师和业主真正需要的。

图 6-32 用于室内采光分析的办公楼模型

6.4.7 光环境模拟实例

1）实例一

下面以一个简单办公楼研究模型为例，简要说明一下运用 Ecotect Analysis 进行室内采光模拟与分析过程，如图 6-32 所示。

（1）模型处理

打开模型文件，如果发现有表面法线向里的，将法线进行反转如图 6-33 所示。

图 6-33 打开计算模型并进行模型处理

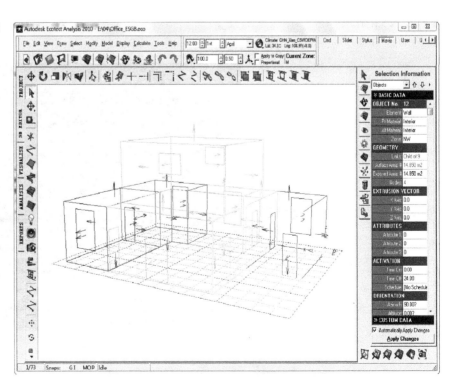

开启对话框，设置材质的光学物理参数，如图 6-34 所示。

图 6-34 设置材质的光学物理参数

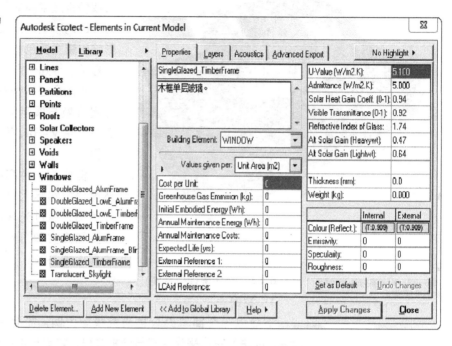

（2）模拟分析

首先设置分析网格，然后进行建筑室内的采光计算，根据《建筑采光设计标准》的规定，计算的工作面取距地面 0.8m。计算后，得到计算结果，如图 6-35 所示。

图 6-35 采光计算结果

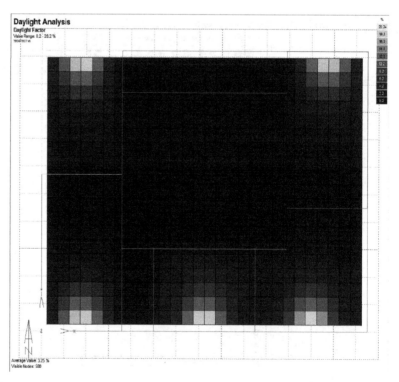

（3）数据处理与结果分析

进入报告页面，求得不同采光系数的百分数分布，结果如图6-36所示。

图6-36　百分数分布

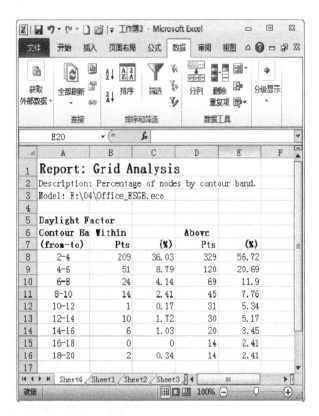

REPORT: GRID ANALYSIS
Description: Percentage of nodes by contour band.
Model: E:\04\Office_ESGB.eco

Daylight Factor

Contour Band	Within		Above	
(from-to)	Pts	(%)	Pts	(%)
2-4	209	36.03	329	56.72
4-6	51	8.79	120	20.69
6-8	24	4.14	69	11.90
8-10	14	2.41	45	7.76
10-12	1	0.17	31	5.34
12-14	10	1.72	30	5.17
14-16	6	1.03	20	3.45
16-18	0	0.00	14	2.41
18-20	2	0.34	14	2.41

end of report

经过操作后，Ecotect Analysis的数据将自动传递到Microsoft Excel中，如图6-37所示。

图6-37　计算数据的 Excel 报表

将百分比的结果相加得到满足《建筑采光设计标准》的空间，即办公空间采光系数达到2%的面积只有总面积的54.63%，在参与绿色建筑评价时，需要确定75%以上的主要功能空间室内采光系数满足现行国家标准《建筑采光设计标准》GB/T 50033—2001的要求。因此该项目没有达到《绿色建筑评价标准》的规定。

（4）设计优化

现要对模型进行一些调整，使设计能够达到《绿色建筑评价标准》的要求。要使原设计的自然采光系数达到绿色建筑标准可以通过改变光线的入射角度或者增加采光窗面积等方法来实现。分析此案例，若要改变光线入射角度则需要对原设计平面进行调整，例如旋转平面等，这样会对整个设计影响较大，因此我们先尝试在允许情况下尽量增大采光窗的面积，若还不能达到要求，再尝试前一种方法。

如图 6-38，在办公室的入口门两侧以及山墙部分增加 6 个采光窗。

图 6-38　增加采光窗

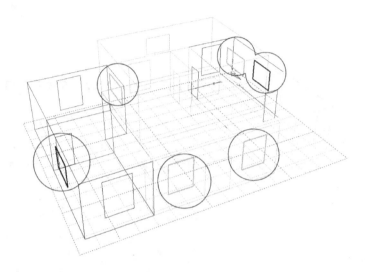

再按照前面所述步骤，对 0.8m 标高平面再进行一次采光系数计算，计算结果如图 6-39 所示。

图 6-39　设计优化后的采光
系数计算

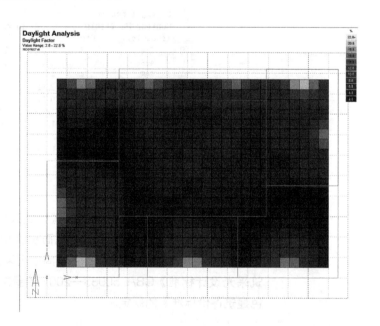

生成最后计算结果报表如图 6-40 所示，满足《绿色建筑评价标准》规定的面积达到了 99.14%，达到了预期的设计要求。

图 6-40　设计优化后的采光系数报表

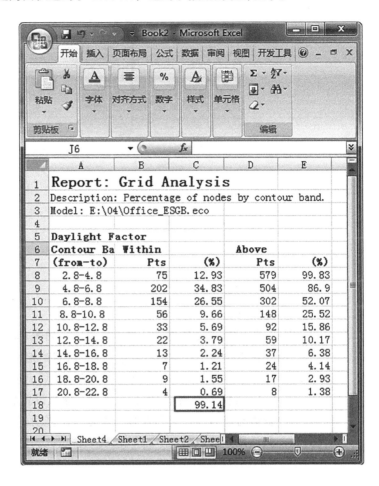

2）实例二

实例二主要介绍将 Ecotect Analysis 模型输出到 Radiance 中进行采光分析的主要步骤。

Ecotect Analysis 提供了良好的接口将模型能够输出到 Radiance 中，进行更为精确的采光分析和照明计算，得到更为直观的模拟结果；而且能在 Radiance 计算之前全面的设置各种计算参数，这大大增强了 Radiance 的易用性。

（1）Ecotect Analysis 中的预处理

如图 6-41 为需要输入到 Radiance 进行光环境分析的小型办公用房模型，我们需要分析阳光房内的光环境情况。

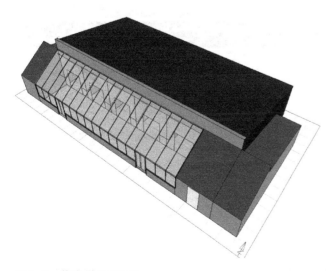

图 6-41　输出到 Radiance 进行光环境分析的模型

图 6-42 建立相机并设置其属性

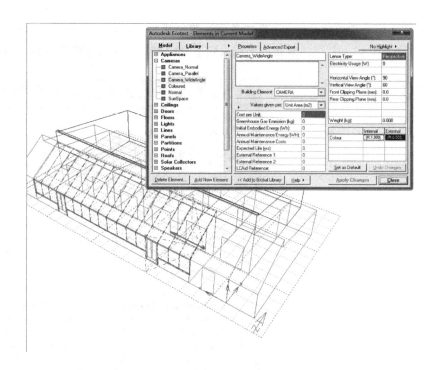

加载模型所在地的气象文件后，如图 6-42 建立相机，将其放置于人眼高度位置，选中相机点击材质面板可对相机的光学属性进行调整。

（2）从 Ecotect Analysis 中将模型导出至 Radiance

将模型导出至 Radiance 后，参数设置将是以一个向导的方式完成，此处分析视觉的亮度图像以确定在阳光房的采光状况以及真实视觉状况，其设置参数如图 6-43 所示。

图 6-43 Radiance 表面亮度分析参数设置

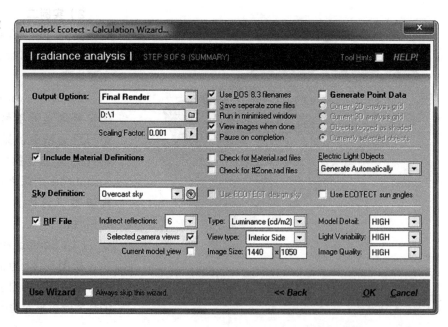

（3）Radiance 渲染计算

在参数设置完成之后，确定 Radiance 开始进行渲染计算，最终得到的渲染图像如图 6-44 所示。

图 6-44　Radiance 渲染结果

（4）Radiance 分析

使用 Ecotect Analysis 自带的 Radiance 图像分析软件 Radiance IV Image Viewer 可以分析多种光学数据，在控制面板的下拉菜单中进行选择，主要可生成如下的分析图：

Contour Lines：光亮（照）度等高线图

Contour Bands：光亮（照）度填充等高线图

False Colour：伪影图

Daylight Factors：日光采光系数

Human Sensitivity：人眼视觉图

如图 6-45 为亮度等高线图像，在图像中以等高线的方式显示建筑室内的亮度数值；图 6-46 为伪影图，伪影图能较直观的表现建筑室内的亮度分布情况，从不同的色彩中能读到亮度的数值信息，从而判断室内的亮度是否满足了要求。

图 6-45　Radiance 光环境分析亮度等高线图像

图 6-46 Radiance 光环境分析伪影图

在上面图像中可以看到阳光房采光充足，照明均匀度较好。运用软件还能够取得画面内任一点的亮度值，在具体设计过程中可以与相关标准对照，以便对建筑的采光情况进行调整。

6.5 建筑热环境与风环境的模拟与分析

6.5.1 概述——几个不得不说的问题

1）什么是建筑热环境与风环境模拟软件？

回想一下物理学课程，每学习新的定律公式，便有例题演示其应用。建筑热环境与风环境模拟软件，如同定律和公式，针对具体建筑方案的模拟计算，便是例题。此时，定律和公式不再需要死记硬背，而是隐藏在软件中发挥作用，软件向外打开的窗口，是解题时需要寻找和确定的已知量，以及解题完成后输出的关于未知量的各种结果。

建筑设计图纸，本身即是一系列解题需要的已知量，由支持的格式输入后，软件便开始识别、确定和分解，将其转化成若干建筑几何形体数据，用于开展后续的计算。除此之外，热环境和风环境的计算还需要输入一些额外的已知量。比如，建筑热环境是由各种传热过程营造而成的，受传热原理和公式约束，计算一面外墙的传热，除了知道它的面积和厚度外，还要知道它的传热系数和室内外温度差；建筑风环境是空气在建筑周边和内部穿行流动形成的，遵循流体力学的基本逻辑，计算建筑周边空气绕行的方向和速度，除了知道建筑物的形体尺寸外，还要知道来流风的方向和大小。

输入和设定诸如此类的已知量，便是软件计算前需要进行的一系列操作。同时，因用户需求不同，软件还提供了颇为多样的结果输出形式以及相应的预设操作。

建筑热环境与风环境模拟软件并不陌生遥远，也不高深莫测，它们只是用计算机技术装扮起来的公式而已，它们用精挑细选的定律原理、友好高效的人机交互和图文并茂的动人结果服务于人。

2）如何用一句话简要说明建筑热环境与风环境的模拟过程？

建筑热环境模拟——以建筑空间为基本对象，识别和获取建筑物各个空间围护结构（包括外墙、屋面、外窗、内墙、楼板）的几何信息和传热性能参数，辅以空间内人员活动、设备使用和通风等信息，以及当地的室外气象参数，依传热学原理和公式，计算各围护结构传热量，得到各空间在每个时刻的空气温度和空调采暖设备所需的耗电量。

建筑风环境模拟——将建筑室内外的立体空间网格化，以网格为基本对象，辅以室外来流风风向和风速，依质量、动量和能量守恒定律，计算网格内空气的受力和运动状态，得到每个网格空气流动的速度和方向。

3）常见的建筑热环境模拟软件有哪些？它们的主要区别是什么？

常见的建筑热环境模拟软件有 Ecotect Analysis、DeST、ESP-r、HASP、eQuset、EnergyPlus、IES<VE>、ENVI-met 等，它们的区别主要在于[①]：

（1）不同的传热学计算方法。如谐波反应法，反应系数法，状态空间法等；

（2）不同的已知量输入方式。比如直接读取 CAD 文件还是手动生成模型？是否应用 BIM 技术？手动录入构造中各层材料的性能参数，还是有强大的建材库可供直接点选？提供默认设置还是需要一一设定所有条件？

（3）不同的结果输出方式。提供空气温度还是空调采暖能耗？提供逐时、逐月还是全年的信息？提供建筑内部每个空间还是整栋建筑的信息？是数据表格还是柱状图或曲线图？有无可选的后处理，比如与现行标准规范的对照或优化方案的建议等？

（4）不一样的细节考虑。比如外遮阳构件是用简化公式计算还是按设计方案建立模型进行计算？通风数据是全年统一还是允许逐月不同的设置？是否提供建筑物的二氧化碳排放量、建材消耗总量或经济造价分析？是否能与其他软件兼容或交互等。

4）常见的建筑风环境模拟软件有哪些？它们的主要区别是什么？

PHOENICS、FLUENT、STAR-CD、winAIR、ANSYS 等，它们的主要区别在于[②]：

（1）不同的流体力学计算和求解方法，它们对模拟精度起决定性作用；不同的离散方法，如有限体积法与有限元素法，前者能适应更为复杂的几何形体；

（2）不同的网格生成方法，如结构型与非结构型网格。前者（如 PHOENICS）网格规整有序，计算速度较快；后者（如 FLUENT、STAR-CD）网格灵活多变，可随形体自动调整，但计算较慢。

① 参考 Crawley D B, Hand J W, Kummert M, Griffith B T. Contrasting the capabilities of building energy performance simulation programs. Building and Environment. 2008, 43（4）: 661 ~ 673.

② 参考姚征，陈康民. CFD 通用软件综述. 上海理工大学学报. 2002, 24（2）: 137 ~ 144.

5）模拟软件的计算结果可信吗？跟实际情况吻合吗？

计算结果与实际情况出现偏离的可能原因有：计算公式的准确性和适用性；已知量输入时（建立模型和选取边界条件等）的简化；操作人员的熟练程度等。可参考以下途径辅助判断模拟结果的准确性：①一些较为权威的国际机构会不定期组织同类型各种模拟软件的验证和对比工作，他们发表的相关报告或论文可作为选择与设计项目相适应软件的依据；②模拟软件开发机构编写的软件详细技术文档，通过实验或案例分析对其软件可靠性加以确认的资料或文章；③同行业研究人员在行业期刊或杂志发表的关于软件的验证、对比或应用论文；④与有经验的技术人员沟通交流，请技术人员共同参与设计项目；⑤与生活和工程实践经验对照。

任何模拟软件都无法承诺与实际情况完全吻合。不断接近真实，提高模拟的精度和准确性，是科学研究不懈追求的目标。了解现有模拟软件的可靠性和优缺点，是对模拟软件建立信任的重要步骤。

6）建筑师学用模拟软件，还是由技术人员操作使用？

模拟的最终目的在于方案的评价与优化，从这一点来说无论是建筑师还是技术人员来进行模拟计算都是可行的。建筑师如能掌握一定的模拟软件操作及其相关背景知识，对方案的整体把握和灵活调整会有重要帮助。建筑师也可提出方案设想和具体性能要求，转交技术人员进行模拟，而后根据模拟结果优化方案。从软件的面向对象来看，目前多数软件针对技术人员开发（需要一定的专业背景灵活处理各种特殊情况，合理选择简化方法和边界条件），仅有少数软件面向设计人员（操作更为简单便捷，更多"傻瓜"和"默认"的操作，如 Ecotect Analysis 和 ENVI-met）。

无论谁操作模拟软件，建筑师都应在模拟之前明确模拟意图和与设计方案的预期互动。

7）不同设计阶段，模拟的作用如何？

建筑设计通常经历方案设计、初步设计、施工图设计三个阶段。模拟分析与方案设计同步，也经历从外到内、从大尺度到小尺度、从总体到细部的过程，为设计的各阶段推进提供有价值的信息（如图6-47）。在方案

图6-47 不同设计阶段的技术评估对象与评估手段

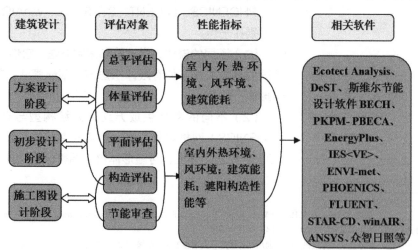

设计阶段，提供场地微气候，总平布局、平面与体量设计方案的环境性能信息；在初步设计阶段，提供平面与体量以及局部构造的细化性能信息；在施工图设计阶段，提供具体材料构造的性能和方案的整体节能评价结果。

就如同设计阶段有时无法明确作出划分一样，模拟的各阶段作用也非一成不变。在充分了解模拟各种功能基础上灵活应用，有时会有意想不到的效果。

6.5.2 方案设计阶段的模拟

做建筑设计与做人是一个道理。"从何来，往哪去？"每每接到一个项目，建筑师都会问自己。从功能中来，到形式中去；从空间中来，到文化中去……每个项目都会有不同的答案。换个角度，让我们从气候中来，到舒适和节能中去，领略建筑热环境与风环境模拟给建筑设计带来的逻辑和线索。

1）从何而来？方案构思前的信息整合与分析

建筑师在开始概念构思之前，需要整合大量信息，对于这些信息的归纳分析是方案的重要出发点，直接影响着设计构思方向的形成。气候，作为其中一个重要信息，对设计方案所营造的空间环境品质、人体舒适度及建筑能耗起着至关重要的作用。

（1）常见的气候信息有哪些？从哪里获取？

设计需要的基本气候信息包括项目所在区域的气候特征、建筑热工设计分区等，相关指标有气温、湿度、降水、日照、风速以及风向等。建筑师获取气候信息的渠道可以是：①设计资料集与规范等，如《中国建筑热环境分析专用气象数据集》，包括全国270个台站的建筑热环境分析专用气象数据；②模拟软件附带的气象数据库，如斯维尔节能设计软件BECS2010中就包含有中国600余个城市的气象数据，其中全年数据有300多个；③其他数据来源，如美国能源部官方网站，其中包含有中国超过300个地区的气象数据。

不同模拟软件一般有自己特定的气象数据文件格式。建筑师可利用Autodesk Ecotect Analysis 附带的 Weather Tool，实现多种常用数据格式的转化。图6-48所示即是利用该工具将 Energy Plus 的 EPW 格式气象数据转换成为 Ecotect Analysis 可以识别的 WEA 格式。

图6-48 Weather Tool 的气象数据转换示例

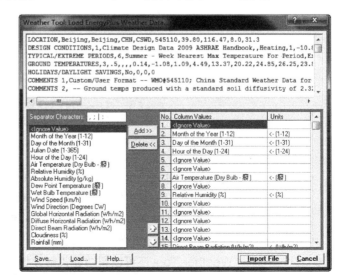

（2）面对诸多气候信息，如何取舍与利用？

表6-4所示的是传统的气候信息，建筑师从中能准确把握冬夏的典型信息，但不足之处是不直观，忽略了全年气候变化的动态信息。之前介绍的 Weather Tool，不仅可以转化气象数据格式，还能将逐时的气候数据通过各种图表灵活展现，如图6-49。

广州市简要气象数据　　　　　　　　　　　　　　　　　　表6-4

夏季室外平均风速	1.5 m/s
夏季最多风向	东南向
冬季室外平均风速	2.4 m/s
冬季最多风向	北向
冬季日照百分率	41%

图6-49　不同时间周期的气象数据图形表达
（a）逐日气象数据图；（b）逐周气象数据图；（c）逐月气象数据图

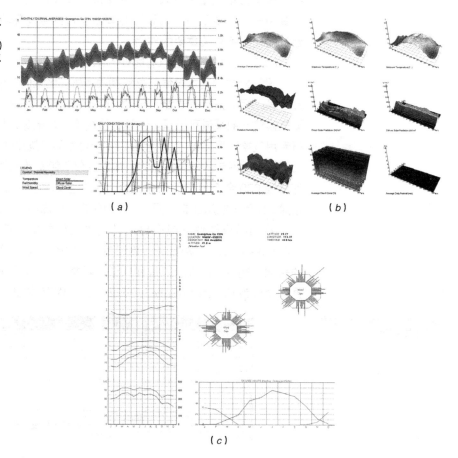

（a）

（b）

（c）

通过这些图表，建筑师可有选择性地抽取对设计策略有价值的信息。例如，建筑师可在逐日气象数据图中了解到全年不同时段人体的热舒适状况，然后在设计中重点考虑较不舒适的时段，结合该时段的气候特点，选取适当的主、被动设计策略，营造舒适的建筑环境。

Weather Tool 还可以帮助建筑师分析权衡不同的被动式设计手段对建

筑环境的影响，进而为设计策略的选择和方案构思提供有价值的方向性建议，如图 6-50 所示。

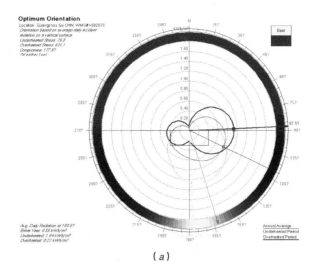

(a)

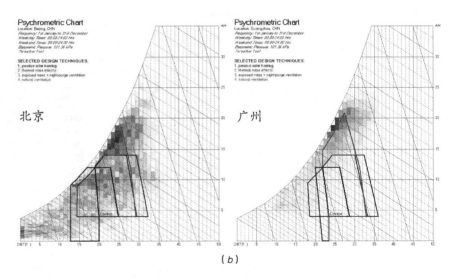

(b)

图 6-50 Weather Tool 的气候数据分析功能示例
(a) 优化朝向工具，有助于建筑师在总图布局阶段掌握当地各个朝向的优劣；(b) 焓湿图工具，可对比不同技术手段(如被动太阳能供暖、自然通风等）的气候适宜性；(c) 被动式设计分析工具，可对比不同技术手段（ 如被动太阳能供暖、被动蒸发冷却、自然通风等 ）的气候适宜性

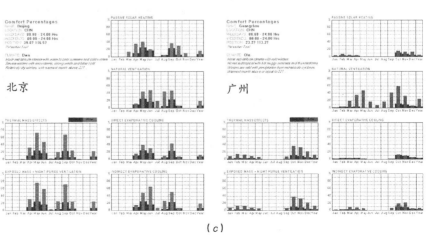

(c)

图 6-50 的分析特点在于，只需要当地气候数据而不涉及具体设计方案，即可对不同设计策略的效果进行预判和评估。这一分析工具特别适合在设计初期使用，有助于建筑师结合当地的气候特点，准确预判不同技术手段的气候适应性，提出既满足节能舒适要求又富有地域气候特色的设计策略。

（3）从大气候到微气候，对基地的细腻体察

受场地周边情况的影响，每个具体项目所在地的室外微气候都可能与所在区域的大气候（从少数固定的气象站获得）有所不同。随着模拟技术的发展，建筑师不仅能利用上述常规的大区域气候数据，还可以使用软件对项目场地的微气候状况进行模拟，得到更有针对性的气候信息，从而为方案构思和设计推进提供更为可靠的依据。

图 6-51 所示为某旧城区的小区方案设计。在设计之初，应用 Envi-met 对现有场地进行模拟，得到某时段场地微气候的风速分布信息，可用于方案自然通风设计的整体构思与评价。

图 6-51　某旧城区小区场地现状及微气候风环境模拟
（a）小区规划设计场地现状；
（b）场地微气候风环境模拟图

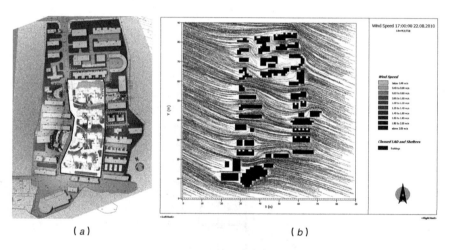

（a）　　　　　　　　　　　（b）

2）到何处去？设计过程中方案的比较与优化

方案设计阶段，包含着建筑师对方案的逐步推敲、深化和优化过程。当建筑师考虑不同的设计策略时，模拟软件可以辅助比较和评判各种设计策略的优劣，为进一步优化方案提供有价值的信息和线索。模拟软件擅长提供的信息有风环境、热环境和建筑能耗等方面，图 6-52 为不同信息的模拟示例，模拟软件所能发挥的具体功能及其评价依据和指标详见表 6-5。

方案前期：建筑师主要对总平布局和建筑体量造型进行设计和评价，不涉及构造及材料做法。在此阶段，建筑师通过模拟，可为其优化调整方案提供节能与环境性能方面的依据，还可为下一阶段的设计与模拟提供数据支持（如建筑前后的风压、风速等数据可作为室内风环境模拟的边界条件）。

图 6-52 模拟软件在方案设计
阶段提供的信息示例
（a）场地风环境模拟（三维）；
（b）方案建筑能耗模拟；
（c）场地风环境模拟（二维）；
（d）场地热环境模拟

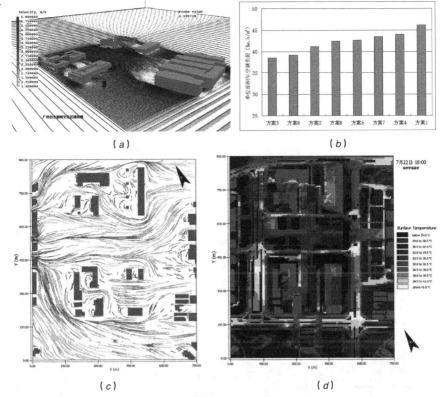

（a）

（b）

（c）

（d）

方案设计阶段模拟软件的功能与评价   表 6-5

模拟	具体功能	评价依据	评价指标
热环境模拟	● 场地微气候 ● 方案营造的室外热环境质量 ● 建筑日照间距评价与设计 ● 方案营造的室内热环境质量 ● 方案的建筑物能耗及节能率 ● 局部构造（如遮阳）对热环境的影响及节能贡献	《绿色建筑评价标准》（GB/T 50378-2006）；《民用建筑热工设计规范》（GB50176-93）；《公共建筑节能设计标准》（GB 50189-2005）；《夏热冬暖地区居住建筑节能设计标准》（JGJ 75-2003）；《夏热冬冷地区居住建筑节能设计标准》（JGJ 134-2010）；《严寒和寒冷地区居住建筑节能设计标准》（JGJ 26-2010）；《城市居住区规划设计规范》（GB 50180-93）；《住宅设计规范》（GB 50096-1999）等	● 室外 1.5m 高处空气温度、相对湿度、太阳辐射照度、平均辐射温度[1]、PMV[2]、SET*[3] ● 热岛强度 ● 室外地表温度、太阳辐射照度 ● WBGT 指数[4] ● 室内 0.6m 高处空气温度、相对湿度、太阳辐射照度、平均辐射温度、PMV、SET ● 节能率
风环境模拟	● 场地微气候 ● 方案营造的室外风环境质量 ● 方案营造的室内风环境质量	《绿色建筑评价标准》（GB/T 50378-2006）；《城市居住区规划设计规范》（GB 50180-93）等	● 室外 1.5m 高处空气流速 ● 弱风（涡流、风影）区面积百分比 ● 建筑物前后风压

　　　　方案中后期：随着方案设计的深入，建筑师将考虑重点转向建筑朝向、
功能分区、立面造型与材质划分，以及采用的被动节能技术策略等。这些

————————————

　　① 平均辐射温度（Mean Radiant Temperature，MRT），综合考虑了人体吸收的短波与长波辐射，是评估人体室内外舒适度的一个关键因素，在晴天天气条件下尤为关键。
　　② PMV（Predicted Mean Vote），是指一群人对给定的环境进行热感觉投票所得到的平均值，由丹麦 Fanger 教授提出，被国际标准化组织（ISO）确定为评价室内热环境的标准指标（ISO7730-2005）。
　　③ SET*（Standard Effective Temperature），是根据生理条件和人体传热确定的热舒适指标，综合考虑了物理学、生理学和心理学三方面因素。
　　④ WBGT 指数（湿球黑球温度），用于综合评价人体接触作业环境的热负荷，综合考虑了空气温度、风速、空气湿度和辐射四个因素。

方面既是方案设计的重点，也对建筑性能有着重大影响。因此，通过方案中期的物理环境模拟分析，能有效避免后期出现"方案性能问题"，即由于建筑方案设计阶段建筑造型、立面、内部空间等与建筑本体相关内容（这些内容在后续设计阶段很难再调整）的设计不当造成建筑能耗过高的问题。

虽然技术发展迅速，但针对方案进行模拟的操作和运行都需要一定量的时间和成本，尤其对较大规模和较为复杂的设计方案，所耗更多。所以，建筑师应注意高效利用模拟软件，在模拟之前明确目的和要求，合理定位模拟的功能，是高效利用模拟软件的有力保证。

3）如何前往？主要模拟软件的应用示例

（1）Ecotect Analysis

本章节演示用的版本为 Ecotect Analysis 2010。

图 6-53　广西南宁某科技园项目场地

图 6-54　广西南宁某科技园的 4 个设计方案

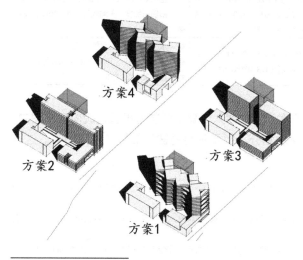

方案4

方案2

方案3

方案1

下面以广西南宁某科技园为例[①]，介绍 Ecotect Analysis 在方案设计中发挥的功能和作用。该项目所在基地为南北朝向，东面为公园，心圩江穿越其中（图 6-53），项目总建筑面积 70000m^2。设计的概念定位为小企业家园，给入驻的企业创造一个高效、舒适、节能的空间环境。

项目所在地南宁市，位于北回归线以南，属于夏热冬暖地区的南区。南宁夏季炎热潮湿，高温持续时间长，从 2 月到 10 月均有达到或超过 35℃的极端最高气温记录，夏季中的 7、8 月最热，平均温度在 28℃以上，平均最高气温 33.7℃，平均相对湿度为 79%。冬季 1 月温度最低，平均气温 12.7℃。

在初步方案设计阶段，建筑师主要考虑两方面因素：其一，将外围公园与江景景观充分引入办公空间，其二，从节能和舒适角度合理优化建筑设计。图 6-54 为项目的四个设计方案，它们分别侧重考虑了景观朝向、出租面积率和空间造型等不同因素。为考虑体量造型对能耗和舒适度的影响，利用 Ecotect Analysis 对不同方案进行模拟。

① 模拟步骤及注意事项

由于 SketchUp 等造型软件生成的三维模型导入 Ecotect Analysis 后无法识别，后续调整工作量较大，因此，采用导入 DXF 文件作为底图，在 Ecotect Analysis 软件中重新建立三维模型的建模方法。

在草图阶段，设计师还在进行形体推敲和功能分区布置，未涉及开窗和墙体构造等细部，因此，按给定的窗墙比设置外窗，围护结

---

① 资料来源：广西汉和建筑规划设计有限公司。

构各项参数取缺省值，在此基础上对不同体量的方案进行比较。

建模时，还根据每个方案标准层的具体特点作一定简化。如图 6-55 所示，在竖向上考虑每三层为一个标准单元进行简化建模，在平面上分为办公空间、辅助空间（如交通核、卫生间等）和室外平台及遮阳板三大区域。在区域管理中设置不同区域的采暖、通风和空气调节类型，办公区为全空调系统，辅助空间为自然通风，其他项保留缺省设置。

图 6-55　简化建模图

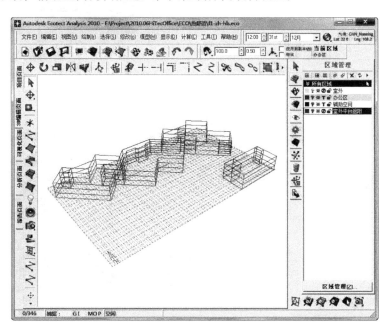

② 分析模拟结果和优化设计

图 6-56 是 Ecotect Analysis 给出的单个方案的逐月能耗模拟结果，图 6-57 与图 6-58 为各方案全年和单位面积制冷能耗的对比结果。在四个方案中，方案 2 的全年制冷能耗较低，但单位面积的制冷能耗较高。甲方在听取建筑师的汇报后，决定以方案 2（即有较好的出租率同时又兼顾景观与能耗）为基础进行深化设计。

图 6-56　某方案的逐月能耗

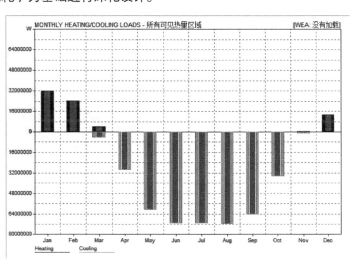

图 6-57 全年制冷能耗对比

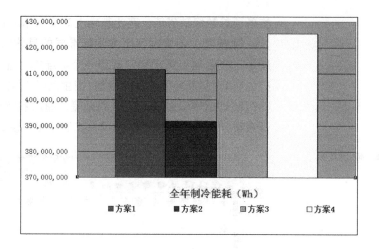

图 6-58 单位面积制冷能耗
对比

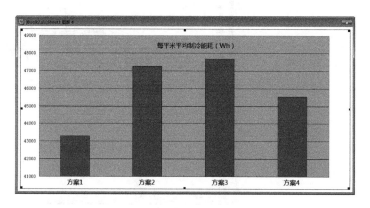

　　由图 6-58 可知方案 1 的单位面积能耗最低，这对方案 2 的进一步优化提供了有价值的线索。利用 Ecotect Analysis 对某时段方案 1、方案 2表面的太阳辐射热量进行分析，如图 6-59 所示，结果发现，方案 1 因采用了有效的夏季遮阳措施，降低了单位面积制冷能耗。在后续方案设计中（图 6-60），方案 2 通过增加遮阳措施等手段进一步进行了优化。

图 6-59　太阳辐射分析

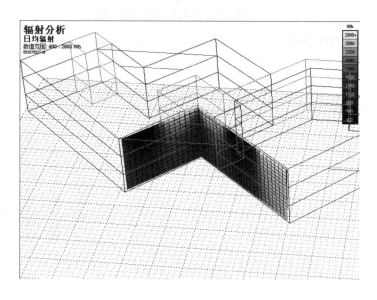

图 6-60 实施方案

（2）DeST

DeST（Designer's Simulation Toolkit）是由清华大学开发的一套面向设计人员的用于设计的模拟工具。DeST 与其他模拟软件的区别主要在于充分考虑了设计的阶段性，提出"分阶段设计，分阶段模拟"的思路，在设计的各个阶段，让设计者根据模拟的数据结果对其进行验证，从而保证设计的可靠性。DeST 采用了各种集成技术并提供了良好的界面，可方便用于工程实际。

下面以深圳市某档案馆为例[①]，介绍在总平面设计阶段使用 DeST 对不同的功能布局进行能耗方面的评价与优化。项目总建筑面积为 12 万 m²。项目所在地深圳市所处纬度较低，属南副热带季风气候，夏季多为季风低压、热带气旋影响，高温多雨；其余季节多受极地冷高压脊控制，天气相对干燥。

本项目是建筑师与技术人员协同工作的范例，请留意双方信息及时有效的沟通和互动在推动方案优化上的重要作用。

① 初步分析，确定模拟思路

应用 Weather Tool 的焓湿图工具分析可知（图 6-61），只有 11、12 月处于热舒适区间，其他大部分时间处于湿热范围。应用被动式设计分析工具分析可知，良好的自然通风能有效提高过渡季及夏季的热舒适感，而优化围护结构的蓄热能力能提高除夏季之外各个季节，尤其是 10~12 月的热舒适感（图 6-62）。

根据以上分析，建筑师注意到本项目自然通风与围护结构选材的重要性，而通风效果和围护结构选型都与建筑体量造型有着密切联系，因此，在方案初期就充分引入对造型体量的环境模拟分析评价，以确定合理的构思和深化方向。在模拟过程中，建筑师首先提出多个草图方案，而后，建

---

① 资料来源：华南理工大学建筑节能研究中心．

图 6-61 深圳市焓湿图

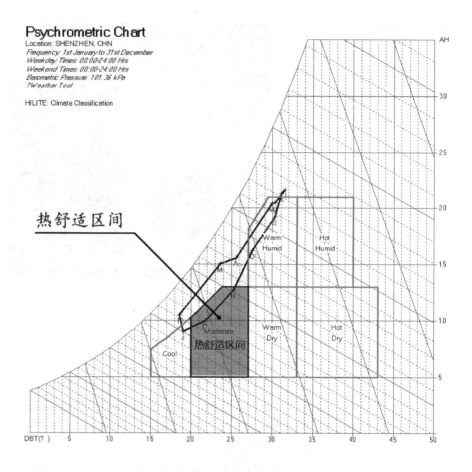

图 6-62 深圳市的被动式设计分析图

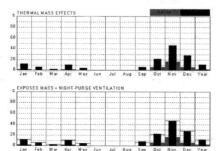

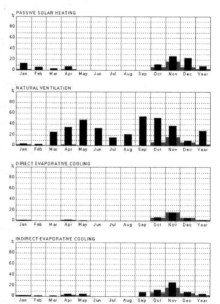

筑师与技术人员合作，利用 DeST 对不同方案进行初步模拟，重点评价不同体量造型对建筑能耗的影响，最后，在造型大体确定的基础上再进行风环境模拟（详见本章后续的 PHOENICS 介绍部分），为设计方案的进一步细化调整提供重要线索。

②模拟中的协同工作

该档案馆主要由三大区域构成：库房，办公、技术和后勤用房，档案阅览、展览和学术交流等公众活动场所。库房是档案馆的核心部分，也是档案馆能耗的主体，因此，建筑师以库房为中心共设计了三类建筑布局：集中式、分散式和围合式，共 8 个方案（图 6-63）。

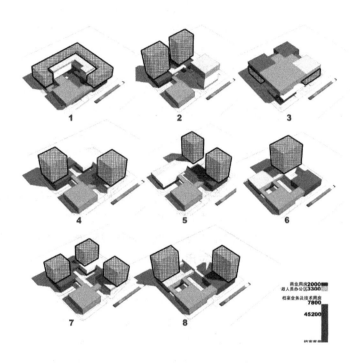

图 6-63 深圳市某档案馆草图方案（灰色框部分为库房）

通过与建筑师的交流，技术人员了解到与模拟相关的边界条件信息，如档案馆对环境温湿度有严格的要求，根据《档案馆建筑设计规范》（JGJ 25-2000），要求档案库房每昼夜温度的波动幅度不得大于 ±2℃，相对湿度不得大于 ±5%。在方案设计阶段,建筑围护结构和开窗等信息还未确定,技术人员进行缺省设置。

③模拟结果分析与方案优化

由图 6-64 和图 6-65 可知，方案 3 和方案 6 的单位面积冷负荷和全年最大冷负荷明显比其他方案小，可以作为优化方案的基础。进一步分析推知，方案 6 夏季能耗较低的主要原因是采用集中点式布局，体型系数（建筑物与室外大气接触的表面积与其体积的比值）较小；方案 3 能耗低的原因是库房上方其他功能用房对太阳辐射的遮挡。方案 1 为围合式布局，体型系数较大，对节能最为不利。方案 2 和方案 5 布局类似，但方案 5 东西向外墙面积占总外墙面积比例较大，导致能耗较高。由以上推论可知，在

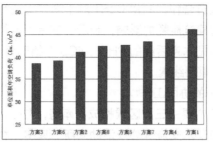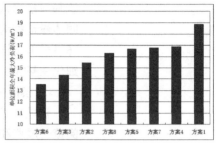

进行建筑布局设计时，体型系数、其他功能房间对库房的遮挡和东西外墙的面积比例是影响库房能耗的主要因素。

综合考虑后，确定以方案 6 的集中点式布局作为本建筑的设计方案。在后续优化中，保持原方案中已有的积极要素，在体型和平面功能布局方面，将库房调整为南北朝向，减少东西外墙面积比例；在功能布局方面，将气瓶间、电梯间、楼梯间和办公用房等辅助用房布置在东西两侧，形成缓冲空间以减少东、西晒对库房的影响，将对温、湿度波动最敏感的重要档案间布置在库房中心区域，将顶层布置为其他功能的房间，以减少屋面温度波动对库房的影响。

（3）PHOENICS

PHOENICS 是英国 CHAM 公司开发的模拟传热、流动、反应、燃烧过程的通用 CFD 软件，有 30 多年的历史。该软件适用于建筑风环境的评估。PHOENICS 专门为暖通空调配置了计算模块 FLAIR，该模块目前在建筑业得到广泛应用。

① 室外风环境模拟

现以深圳市某档案馆的设计为例[①]，介绍在方案阶段利用 PHOENICS 提供技术支持与评价的过程。本案例的模拟分为两个部分，其一对场地进行模拟，获取场地微气候的气流分布与风速信息，用以帮助建筑师了解基地在周边复杂地形条件下的微气候状况；其二对方案所营造的室外风环境进行模拟评估，验证设计策略的有效性，发现方案的不足之处并进行优化。

a）场地微气候模拟

首先根据项目所在地的周边环境，建立场地模型。而后根据当地夏季主导风特征设置气候边界条件，进行模拟计算。截取场地 1.5m 高处水平面的模拟结果用于分析，如图 6-66 所示。由图可知，在夏季主导风向下，场地风向主要由东南吹向西北，形成一条明显的风道，风道中的风速在 2.5m/s 左右。

根据这一结果，建筑师考虑在方案设计中引入架空措施，将场地内交通通道及架空层沿场地风的主要路径设置，以利于夏季顺畅通风，改善室外的风环境。

---

① 资料来源：华南理工大学建筑节能研究中心．

图6-66 场地风速气流分布
模拟矢量图（白线框内为档案
中心建设用地区域）

建筑单体设计时可沿场地内风
的主流向设置通道，利于通风

Velocity
5.000E+00
4.700E+00
4.400E+00
4.100E+00
3.800E+00
3.500E+00
3.200E+00
2.900E+00
2.600E+00
2.300E+00
1.700E+00
1.400E+00
1.100E+00
8.000E-01

Probe value
2.860E+00

深圳档案馆场地风环境

b）方案室外风环境评估

建筑师基于场地微气候模拟，对建筑布局进行了针对性设计，结合建筑功能要求在场地风的主要路径上设置交通通道和架空层。将此初步设计方案导入场地模型中进行进一步的模拟分析，得到图6-67、图6-68的模拟结果。由图可知，档案馆主入口前广场的风速适宜，为公众营造了一个舒适的室外休憩和活动场所，档案馆裙楼屋面的活动平台处风速适宜进行室外活动。

图6-67　1.5m高处气流模拟
色阶图（左）
图6-68　裙楼屋面1.5m高
处气流模拟色阶图（右）

夏季档案馆入口广场的平均风速在
1～5m/s之间，处于人体舒适范围内。

裙楼屋顶人活动区域风速处于1～
5m/s的舒适范围内，适宜室外活动。

② 室内风环境模拟

随着外部造型及内部功能的深化，建筑室内风环境质量成为方案优化的考虑之一。图6-69所示为重庆某学院体育馆项目[1]是一座可容纳6000名观众，集体育竞技、文体表演于一体的综合性体育场。体育馆北低南高，呈东北西南走向，为南北长119m，东西宽89m（包括室外游泳池）的长方形。体育馆内北侧为单层看台，南侧为双层看台，体育场内设有52m×38m的

① 资料来源：华南理工大学建筑节能研究中心．

图 6-69　重庆某学院体育馆
项目平面布置图

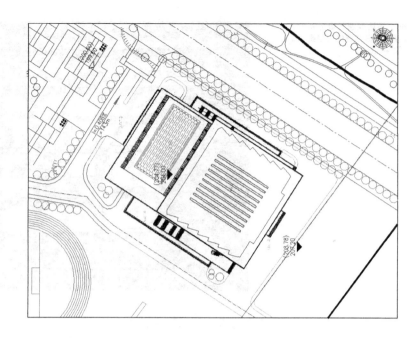

比赛场地（包括 1 个标准排球场、3 个标准篮球场和 14 个标准羽毛球场）。

　　为充分利用自然通风，体育馆的布局和朝向均考虑有利于夏季北向主导风的引入。体育馆北侧小山坡，易形成微弱的山地风，也有利于建筑室内外自然通风。体育馆的主要进风窗口正对当地夏季主导风向，采用大型折线形百叶窗口，使开口面积和角度具有较大灵活性。对于体育馆的室内风环境设计，一方面要满足人体舒适度的要求，另一方面还要满足体育赛事的功能要求（表 6-6）。

体育馆建筑室内空气流速参数[1]　　　　　　　　　　　表 6-6

	条件项目	气流流速
运动空间	一般竞技	1m/s 以下
	运动俱乐部	1m/s 以下
	乒乓球、羽毛球	0.2m/s 以下

　　为确定合理的开窗面积，考虑用 PHOENICS 对不同开窗面积的自然通风效果进行模拟分析。在模拟计算中，外部环境取重庆地区夏季的主导风向和风速，采用 k-ε 湍流模型[2]。模拟得到赛事区不同高度处风速分布色阶图，如图 6-70 所示。

---

　　[1]　参考《体育建筑设计规范》（JGJ 31-2003）。
　　[2]　k-ε 湍流模型是 1972 年由 W.P.Jones 和 B.K.Launder 提出的两方程湍流模型。该模型主要通过求解 k 方程与 ε 方程（其中 k 代表湍流脉动动能方程，ε 代表湍流耗散方程）来确定湍流黏性系数，并求解湍流应力。近年来，k-ε 模型广泛应用于计算边界层流动、剪切流动等压力梯度较小的流动，并取得了相当的成功。

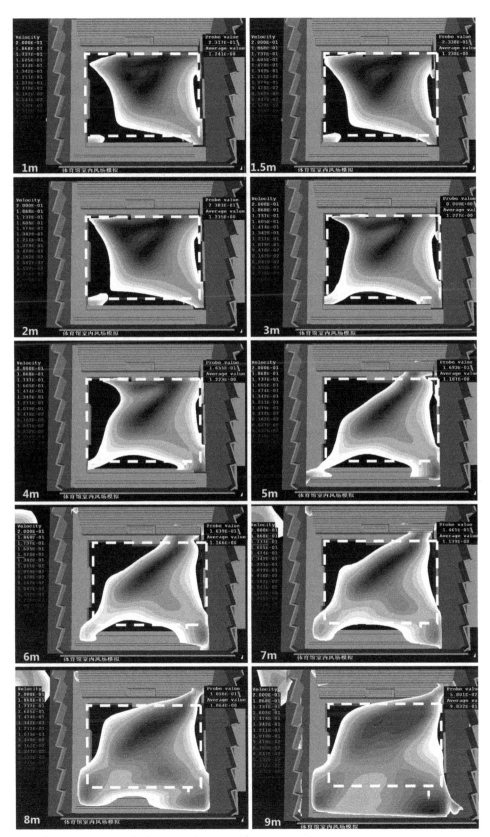

图6-70 赛事区（虚线内部）风速小于0.2m/s 速度的分布色阶图

对所有计算结果汇总参见表 6-7 与图 6-71。由模拟结果可知，窗口 50% 开启时，最大风速除在 9m 高处略大于 1m/s 外，其他均在 1m/s 以下，赛事中心区风速在 0.7m/s 以下，且 9m 高处风速最大值仅出现在赛事区边界。因此，窗口 50% 可开启基本满足一般竞技的室内空气流速要求。对于窗口 10% 可开启的情况，沿高度方向风速值变化不大，速度最大值出现的范围比较集中，仅在气流发生分离和偏转的赛事区西南角。

不同外窗开启面积赛事区风速值　　　　　　　　　　　表 6-7

高度 m	外窗 50% 开启			外窗 10% 开启		
	最小风速 m/s	最大风速 m/s	平均风速 m/s	最小风速 m/s	最大风速 m/s	平均风速 m/s
1	0.01	0.48	0.20	0.02	0.34	0.05
1.5	0.02	0.45	0.19	0.02	0.34	0.05
2	0.02	0.45	0.17	0.02	0.33	0.05
3	0.04	0.48	0.12	0.02	0.34	0.06
4	0.04	0.48	0.06	0.02	0.36	0.06
5	0.05	0.39	0.07	0.02	0.40	0.07
6	0.07	0.48	0.18	0.03	0.37	0.08
7	0.07	0.65	0.31	0.03	0.36	0.09
8	0.09	0.94	0.47	0.03	0.33	0.09
9	0.25	1.24	0.63	0.06	0.34	0.10

图 6-71　不同窗口开启度时赛事区风速趋势图

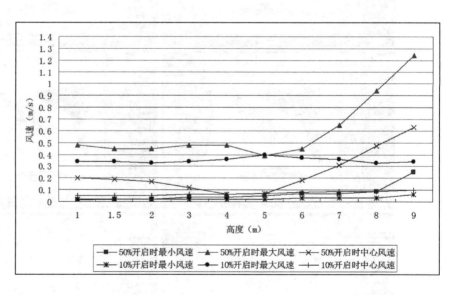

（4）众智日照软件

建筑日照模拟软件种类众多，如 PKPM-SUNLIGHT 日照分析软件、清华建筑日照、斯维尔日照分析软件 TH-SUN、天正日照分析软件 TSun 与众智日照分析软件 SUN 等。采用以上软件进行日照分析，可精确计算日照时序和时间，获得建筑物外窗或外立面的太阳辐射和天空散射辐射，并能评估建筑物的互遮挡。本节以众智日照软件为例[1]，简要介绍日照模拟软件在方案设计中的功能与应用。

众智日照软件的主要功能有：①规划方案的区域日照时间分析；②相邻建筑方案的日照遮挡分析；③外窗日照时间计算；④外窗遮挡分析；⑤按日照时数要求推算建筑位置及高度；⑥按日照时数要求生成方案的包络体。

以下是建筑师借助众智日照软件考虑建筑造型的实例。方案设计初期，建筑师从满足日照时数的要求出发，对整个地块范围进行包络体推算[2]，由此确定建筑的用地范围及建筑高度。在建筑总平位置确定后，建筑师在生成的包络体基础上，确定地块各个位置建筑的最大高度（图6-72），并由此设计不同层数的建筑物。

图6-72 包络体推算出建筑的最大高度

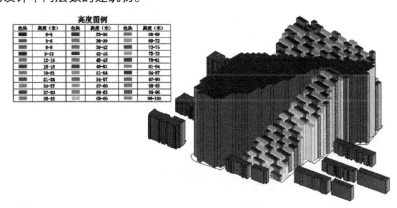

（5）ENVI-met

ENVI-met是由德国的Bruse和Fleer共同开发的非商业数值模拟软件，科研人员可从其网站[3]免费下载使用。该软件基于计算流体力学和传热学原理，对城市空间"表面—植物—空气"之间的相互作用进行动态模拟。它可以考虑建筑周围的空气流动、地面及建筑表面的热量和水汽交换、湍流、植物与周围环境的热量和水分交换、微粒扩散等多种过程，可用于评估建筑群布局、道路、广场、绿地、水面和植被等规划设计要素对室外热环境和风环境的影响。该软件立足于3D模型，操作界面简洁友好，建模简单，计算速度较快，不需要定义复杂的边界条件便可生成评估所需的模拟结果，因此，ENVI-met与方案设计阶段的特点较为契合，适于建筑师快速学习使用。

下面以广州某文化中心区建筑群方案设计为例[4]，介绍ENVI-met在设计方案评价与优化中的作用。该项目场地如图6-73所示。

① 资料来源：《众智SUN日照分析软件操作手册》.

② 包络体推算：分析生成指定地块（或建筑基底）在满足被遮挡建筑日照的条件下最大不能突破的"包络空间体"，满足条件的结果有很多，软件会自动筛选几个最优方案以供选择.

③ Envi-met网站地址：http://www.envi-met.com/

④ 资料来源：华南理工大学建筑节能研究中心.

图 6-73 广州某文化中心区
建筑群场地

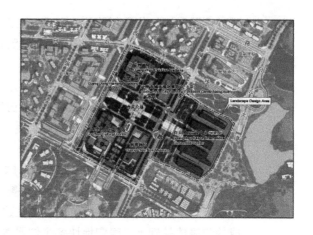

广州的气候特点是气温高、湿度大、降水多、日照长、风速小；年平均气温 21.8℃，7 月份的平均气温最高，为 28.4℃，1 月份月平均气温最低，为 13.3℃；年平均相对湿度为 79%。

广州地区大暑日前后较为炎热，故选取 7 月 22 日为分析日期，提取当日 14:00 和 18:00 两个时间（分别代表当天最热时间和傍晚室外休闲活动时间），对方案进行环境质量的评价与分析。

① 室外风环境

室外风环境评价标准主要依据《绿色建筑评价标准》（GB/T 50378–2006），即建筑物周围人行区 1.5m 高处风速宜低于 5m/s，以保证人们在室外的正常活动。同时，考虑夏季若风速过低，将不利于室外散热与污染物消散，也会影响室外行人的舒适感受和建筑物的自然通风，所以确定适宜的室外风速范围为 1 ~ 5m/s。

模拟区域如图 6-74 所示，室外风环境模拟结果如图 6-75 所示。在夏季较热天气里，建筑群周围人活动区域 1.5m 高处风速分布合理，风速适宜，室外及建筑内庭院风环境良好，可以保证人们在室外的正常活动，建筑单体也具备有效利用自然通风的条件。

图 6-74 模拟区域（左）
图 6-75 室外 1.5m 高处气流流线图（考虑建筑架空和夏季主导风向）（右）

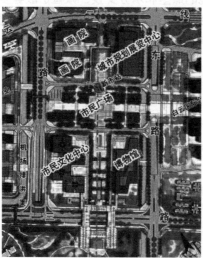

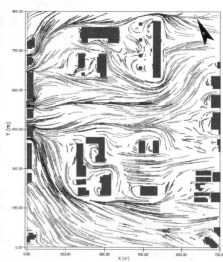

② 室外热环境

室外热环境的优劣同时影响行人的舒适感和建筑能耗。规划方案中既有市民广场，也有大量的室外与半室外空间，这些空间是休闲活动的主要场所，因此，室外热环境优化成为建筑师着重考虑的内容。影响室外热环境的规划设计因素很多，如规划布局、建筑密度、绿化植被与水景设施等，应用 ENVI-met，建筑师能够对这些因素的影响加以考察和评估。

由图 6-76、图 6-77 可知，场地周围及内部的交通道路表面温度最高，极端时可达 55℃以上；绿地（树木及草地）、水体和有遮阳棚的室外连廊的地表表面温度较低，可有效减轻人们在室外行走或活动时的"烘烤感"。

图 6-76　14 时地表温度分布图（左）
图 6-77　18 时地表温度分布图（右）

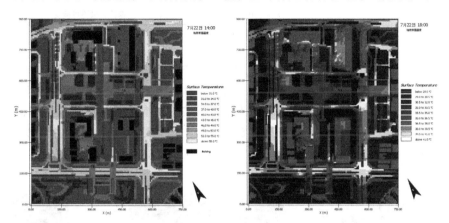

由图 6-78、图 6-79 可知，通过栽种高大遮荫乔木、加大绿地率、设置室外遮阳棚和增加透水性地面的比例等措施，可使最热时大部分区域人行高处气温在 34℃以下，傍晚时在 31.5℃以下。对于面积较大的市民广场，应增加遮荫乔木、遮阳棚和水体的比例，以改善局部热环境，改善市民休闲活动的舒适感。

图 6-78　14 时人行高处空气温度分布图（左）
图 6-79　18 时人行高处空气温度分布图（右）

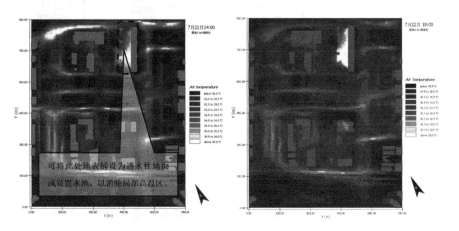

③ 室外舒适度

空气温度、风速、湿度、平均辐射温度等环境参数均会影响人的舒适感，建筑师可通过热舒适指标，如 SET*，来综合评判诸多环境参数对人体舒适

SET* 值和热感觉的关系（着轻装，静坐）　　　　　　　表 6-8

SET*/℃	热感觉	人体的反应
高于 37.5	非常热，极不舒适	失去热调节功能
34.5 ~ 37.5	热，极不可接受	大汗
30.0 ~ 34.5	热，不舒适，不可接受	出汗
25.6 ~ 30.0	稍热，稍不可接受	微汗
22.2 ~ 25.6	热舒适	中和
17.5 ~ 22.2	稍冷，稍不可接受	毛细血管收缩
14.5 ~ 17.5	冷，不可接受	身体变冷
10.0 ~ 14.5	寒冷，极不可接受	颤抖

感的影响。SET* 值与人体热感觉的关系见表 6-8。

　　由图 6-80、图 6-81 可知，在夏季最热时段，室外带遮阳棚走廊可保证行人的生理安全，有效减轻热不舒适感，傍晚时段，大部分区域人行高处 SET* 值小于 30℃，适宜人们进行室外活动，室外热环境良好。

图 6-80　14 时人行高处 SET* 值分布图（左）
图 6-81　18 时人行高处 SET* 值分布图（右）

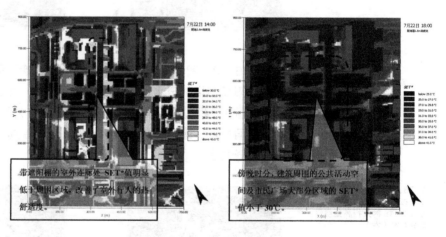

6.5.3　初步设计与施工图设计阶段的模拟

1）从何而来？

　　初步设计与施工图设计是基于前期的方案设计，对设计方案的进一步细化和深化。相应的，这两个阶段的建筑热环境与风环境模拟是在方案设计阶段模拟基础上的具体化，后者还往往作为前者的前提条件，比如对室外热环境的模拟作为建筑物能耗计算的外部条件，建筑物周边的室外风环境模拟作为室内风环境模拟的边界条件。

2）到何处去？

　　初步设计与施工图设计阶段，建筑师通常要确定建筑物门窗位置、尺寸和类型，围护构件的材料与构造做法，遮阳等立面细部构造做法等。此时，模拟的功能在于分析不同的设计与细部构造做法对建筑能耗或是环境舒适度的影响，从而辅助确定相关设计的优化做法。除此之外，为保证节能设计是否达到国家和地方标准规范的要求，需要使用节能评估软件对建筑设计进行节能计算和审查。此阶段常用的节能设计软件有 PKPM- 建筑节能设计分析软件 PBECA，斯维尔节能设计软件 BECS2010，天正节能软件 TBEC 以及 DeST 等。

与方案设计阶段相比，此阶段的模拟侧重点从室外转向室内，从建筑群转向建筑单体和细部。

3）如何前往？

（1）使用模拟软件优化细部构造

下面以广州某高校活动场馆为例（图6-82）[1][2]，介绍 Ecotect Analysis 在初步设计阶段的应用。该项目是作为该校校庆 50 周年的重点工程，在方案构思上从学校的人文历史与现代风貌切入，同时考虑岭南气候特征。在方案设计阶段，结合广州市气候特征分析，考虑在建筑的屋顶和架空廊设置遮阳构架。进入初步设计阶段，考虑结合技术软件分析确定遮阳构造的具体做法。

图 6-82　广州某高校场馆以及屋顶遮阳板的阴影
（a）东北向透视图；（b）7 月 2 日正午时刻遮阳板在屋顶的阴影；（c）12 月 22 日正午时刻遮阳板在屋顶的阴影

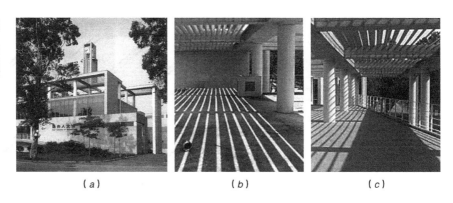

（a）　　　　　　　　　（b）　　　　　　　　　（c）

遮阳设计，既考虑夏季屋顶受强烈太阳辐射，造成顶层房间过热和空调能耗较大的问题，也兼顾考虑冬季遮阳引起顶层房间偏冷的问题。具体到构造的技术要求，即为确定合理的遮阳板角度、宽度和间距，使得屋面接受的太阳辐射热量在夏季较小，冬季较大。

首先利用 Weather Tool 调用广州的气候数据，查找冬夏的太阳位置信息（参看图 6-83），而后根据需要透射和遮挡太阳直射光线的要求确定遮阳板的具体尺寸。广州冬至日正午时刻太阳高度角为 43.3°，由此确定遮阳板倾角取 40° 以利于冬季透射。再根据夏至日正午时刻的太阳位置，提出三种构造方案，具体形式如图 6-84 所示，它们都满足夏季遮阳并兼顾冬季日照的要求。

---

① 　参考：张磊，孟庆林 . 华南理工大学人文馆屋顶空间遮阳设计 . 建筑学报 . 2004，（8）：70~71.

② 　参考：倪阳，何镜堂 . 环境 · 人文 · 建筑——华南理工大学逸夫人文馆设计 . 建筑学报 . 2004，（5）：46~51.

图 6-83　广州冬至日全天太阳位置表

逐时太阳时刻列表

	纬度:23.2°	时区:+8.0hrs	日期:12月22日	本地修正:-25.2 mins
	经度:113.3°	日落时间:17:42:00	儒略日:356	时间差:1.6 mins
	太阳赤纬:-23.5°	日出时间:07:08:00	日落时间:17:42:00	

标准时间	(真太阳时)	方位角（°）	高度角（°）	水平投影角（°）	垂直投影角（°）
07:30	(07:04)	117.9	4.5	117.9	170.5
08:30	(08:04)	125.2	16.2	125.2	153.2
09:30	(09:04)	134.6	26.8	134.6	144.2
10:30	(10:04)	147.1	35.6	147.1	139.2
11:30	(11:04)	163.0	41.4	163.0	137.3
12:30	(12:04)	-178.5	43.3	-178.5	136.7
13:30	(13:04)	-160.3	40.7	-160.3	137.5
14:30	(14:04)	-144.9	34.3	-144.9	140.1
15:30	(15:04)	-133.0	25.2	-133.0	145.3
16:30	(16:04)	-123.9	14.4	-123.9	155.2
17:30	(17:04)	-116.9	2.5	-116.9	174.4

图 6-84　遮阳板构造形式

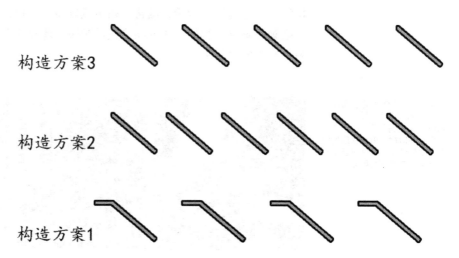

构造方案3

构造方案2

构造方案1

　　为对比评价三种方案的性能优劣，利用 Ecotect Analysis 的入射太阳辐射分析工具对它们进行分析，选取逐月平均遮阳率作为对比指标（图 6-85）。方案 2 有着较强的夏季遮阳能力，同时又能较好的兼顾冬季日照，方案 1 的总体性能也较为均衡。以上分析对建筑师优化遮阳细部构造提供了有力的逻辑和线索。

　　（2）设计与技术人员协同优化设计

　　对于复杂的大型项目，建筑师难以独立完成热环境或风环境的模拟，此时，建筑师与技术人员通力合作共同推进设计，就显得尤为重要。本节以某机场航站楼的设计为例①，介绍设计与技术人员在大型项目初步设计阶段的协同工作。

---

　　① 参看: 高庆龙, 冯雅, 戎向阳等. 基于动态分析的成都双流国际机场 T2 航站楼屋盖方案优选 [A]. 见: 中国建筑学会建筑物理分会、华南理工大学建筑学院、亚热带建筑科学国家重点实验室编, 城市化进程中的建筑与城市物理环境: 第十届全国建筑物理学术会议论文集 [C], 广州: 华南理工大学出版社, 2008.

图 6-85 入射太阳辐射平均遮阳率的计算结果
(a) 方案 1; (b) 方案 2;
(c) 方案 3

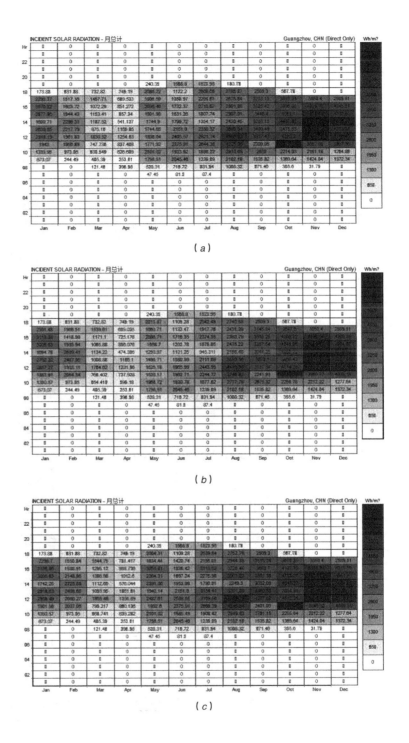

(a)

(b)

(c)

该机场航站楼的设计总面积为 293000m²;设计容量为:国内年旅客吞吐量 3200 万人,高峰小时出发(或到达)旅客 6232 人。机场所在地属于亚热带湿润季风气候,盆地热效应非常突出。夏季气温较高、湿度大、风速小、闷热潮湿;冬季气温低、湿度大、日照率低,阴冷潮湿。

此航站楼作为该地区的第一门户,建筑设计以标志性、地域性为重要特色,同时兼顾功能与性能。在方案设计阶段,经建筑师和建筑技术人员的多次沟通、研究和讨论，从建筑效果、功能布局、节能和热环境优化等多方面综合考虑，屋面和外墙确定采用透明材料和金属夹芯板虚实相间的设计方案（图6-86、图6-87）。在扩初阶段，需要在建筑物性能表现方面对4个方案作进一步的深入细化。

本项目是建筑师与技术人员协同工作的又一范例，请再次留意双方信息及时有效的沟通和互动在推动方案优化上的重要作用。

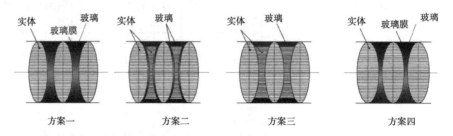

图6-86 某机场航站楼方案立面示意图

方案一　　方案二　　方案三　　方案四

图6-87 某机场航站楼方案室内的效果图

带着这些问题，建筑师与节能设计人员合作，应用DOE-2等能耗模拟软件，依次对不同方案的建筑能耗、空调装机负荷和室内热舒适度进行模拟。同时，考虑到方案采用大面积玻璃幕墙，选取了两种不同热工性能的幕墙（遮阳系数SC分别为0.5和0.6）进行计算，以便从建筑形体、外窗面积比和玻璃选型等方面为建筑师提供全面的有价值的参考信息。

建筑能耗：方案一、二、四的全年空调采暖能耗分别比方案三增加13.7%、4.2%和10.3%；遮阳系数由0.6降到0.5，四种方案的空调能耗分别降低4.2%、4.8%、5.7%和3.6%（参看图6-88）。

空调装机负荷：方案三的装机负荷最小，方案一、二、四较方案三的装机负荷大34.9%，9.5%，23.9%（SC=0.6）和30.2%，8.2%，21.0%

图 6-88 不同方案空调及采暖能耗比较
(a) SC=0.6；(b) SC=0.5

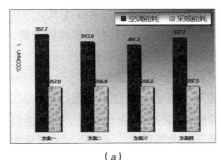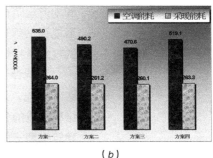

(a)　　　　　　　　　　(b)

(SC=0.5)；玻璃的遮阳系数由 0.6 降低到 0.5，四个方案的装机负荷可分别减小 6.7%，9.3%，5.2% 和 8.3%，由此带来设备初装费用降低，机房面积减小 400 ~ 2500m²，管道费用减少 3% ~ 15%（参看图 6-89)。

图 6-89 不同方案空调装机负荷比较(图中横坐标为时间，纵坐标为装机负荷（ kW)) (a) SC=0.6；(b) SC=0.5

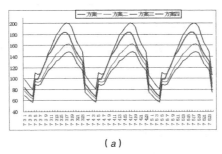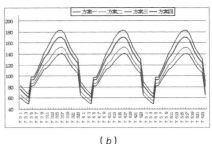

(a)　　　　　　　　　　(b)

室内热舒适度: 室内空气温度为 25℃时，方案一、四为达到与方案二、三相同的舒适度，必须降低室内温度，由此将造成空调能耗的增加。室温为 26℃时，四种方案均超过舒适范围，设计温度应取 25℃以下（参看图 6-90)。

图 6-90 不同方案舒适度比较
(a) 室内气温 25℃时 PMV 计算结果；(b) 室内气温 26℃时 PMV 计算结果

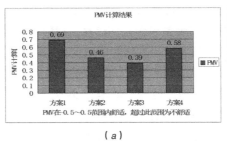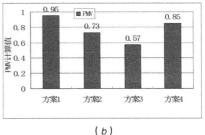

(a)　　　　　　　　　　(b)

综合性能评价：综合考虑能耗、装机负荷和舒适度，确定的优化思路如下：建筑方案采用方案三或方案二，玻璃采用遮阳系数为 0.5 或更优的产品。这些合理化建议使得后续的施工图设计在一个相对合理的基础上展开，避免出现由于前期设计原因造成的性能缺陷问题。

（3）节能设计审查和节能备案

施工图是设计转向工程实施的重要依托，其中多项性能指标需按国家和地方规范标准进行严格审查，以确保建筑物建成后的各方面功能和性能。节能评估软件可用于建筑施工图的节能性能考察，也即进行建筑节能设计的规定性指标检查或性能性权衡判断。

节能评估软件应用的一般流程是：

首先，建立软件可识别的建筑模型。软件关注的建筑模型是不同围护结构围成的各种空间，围护结构一般包括外墙、梁柱、外窗（门）以及屋顶等。建筑模型一般基于标准层建立，通过不同标准层组合形成整栋建筑的模型。建立模型通常采用一些简化处理方法，如忽略内隔墙合并一些功能空间等，但简化必须保证模型在物理性能方面与设计方案一致。搭建模型是软件操作中较费时间的步骤。

其次，设置模型的各种属性。一般分方案工程设置和热工设置两方面。前者包括项目的地理位置与气象数据、建筑类型与节能标准以及能耗种类等，后者包括围护结构的构造和热工参数、房间的用途属性、人员设备的使用情况以及遮阳、门窗选型等。在这些设置中，不同围护结构材料构造的设计与选型是通常的考虑重点。

最后，进行节能计算。包括能耗计算、节能检查和输出节能分析报告。节能检查的目的是通过规定性指标检查或性能性权衡判断方案是否满足节能标准规范，完成检查和判断后，其结果以节能分析报告的形式输出，以用于节能备案。

（4）关于建筑信息模型（BIM）的探索

之前章节介绍了建筑节能与环境模拟软件在设计项目中的应用，由于建筑设计软件与这些性能分析软件的接口不完全统一，建筑师或者技术人员需要将已有的各项信息重复输入，由此耗费了大量的时间与精力。利用建筑信息模型（BIM），实现建筑设计与建筑性能模拟分析软件间的数据共享与交换，就变得十分必要。

现阶段，BIM 软件可以依照绿色建筑扩展标记语言（gbXML）标准[①]与建筑性能分析软件实现信息交换。如图 6-91，gbXML 格式与 DXF 格式的主要区别在于前者是包含几何信息、材料信息等多种详细信息内容的三维模型，后者是以空间为基础的模型。为简化计算，gbXML 中的各空间及围护结构均以无厚度的面表示，这对于复杂建筑模型能提高运行效率。dxf文件中建筑构件是有厚度的"物体"，对于光环境、阴影遮挡等不涉及材质方面的分析较 gbXML 效果好，但对于复杂模型，分析效率可能降低。BIM是一种可包含设计、建设、运营的全信息三维模型，gbXML 格式可以接受 BIM 的材料属性，这一特性使其成为建筑设计与技术分析软件之间的连接桥梁。目前，Autodesk、Bentley 等公司的 BIM 类软件，以及 Ecotect Analysis、DOE-2、Energy Plus、IES<Virtual Environment> 等建筑性能分析软件都已支持 gbXML 格式。随着多种主要工程设计及分析软件对 gbXML 格式兼容性的提高，该文件格式预期将成为一种通用的标准。

---

① 见本书第 5 章的介绍。

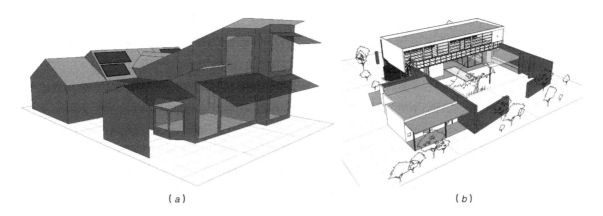

(a)	(b)

图 6-91 gbXML 与 DXF 格式的区别
(a) 包含几何信息、材料信息等多种详细信息的三维模型；
(b) 以空间为基础的模型

本章主题舍建筑技术的传统视角，取设计与技术结合的思路展开，意在凸显技术辅助设计的应用逻辑和脉络，强调设计与技术协同工作的重要价值。

本章内容舍技术原理和软件操作，取通俗问答与案例介绍，意在加强设计人员对技术的亲密接触和切身理解，由此出发，在设计过程中寻觅到技术的合理定位和需求，而这，正是设计人员进一步接触了解技术的系统化知识和软件详细操作的重要契机。

本章形式舍文字和公式，更多取图片和表格，意在用设计人员熟悉亲近的方式介绍技术，拉近技术与设计的距离。相信在建筑数字技术发展的推动下，建筑设计与技术之间的距离会越趋缩短，建筑设计与技术会越趋融合，建筑设计的质量越来越高。

参考文献

[1] Autodesk Inc. 主编. Auodesk Ecotect Analysis 绿色建筑分析应用 [M]. 北京：电子工业出版社，2010.

[2] 云朋. ECOTECT 建筑环境设计教程. 北京：中国建筑工业出版社，2007.

[3] 何关培，黄锰钢. 十个 BIM 常用名词和术语解释 [J]. 土木建筑工程信息技术，2010，2（2）：112 ~ 117.

[4] 王铮，杨新，李俊等. 三维图像生成软件 POV-RAY 的原理及应用 [J]. 微型电脑应用，2000，16（6）：9 ~ 11.

[5] B&K 公司. OEDON 使用说明.

[6] 彭健新,吴硕贤,赵越喆. 建筑声学设计软件 ODEON 及其在工程上的应用 [J]. 电声技术，2002,（5）：14 ~ 17.

[7] 杭州智达建筑科技有限公司，浙江大学建筑技术研究所. 河南省艺术中心歌剧院声学模拟报告 [R]，2005.

[8] ADA 公司. EASE 使用说明.

[9] 德阿诺特著. 扩声技术原理及其应用 [M]. 王季卿译. 北京：电子工业出版社出版，2003.

[10] 浙江浙大安达科技有限公司. 浙江工业大学体育馆扩声系统设计报告 [R]. 杭州：2004.

［11］CadnaA 使用说明书．

［12］罗涛，王书晓，林若慈．天然光光环境模拟技术综述 [J]．照明工程学报，2010，21（5）：1～6．

［13］Crawley D B, Hand J W, Kummert M, et al. Contrasting the capabilities of building energy performance simulation programs. Building and Environment. 2008. 43（4）：661～673．

［14］姚征，陈康民．CFD 通用软件综述．上海理工大学学报，2002，24（2）：137～144．

［15］熊莉芳，林源，李世武等．k-ε 湍流模型及其在 FLUENT 软件中的应用 [J]．工业加热，2007，36（4）：13～15．

［16］Petersen S, Svendsen S. Method and simulation program informed decisions in the early stages of building design. Energy and Buildings, 2010, 42（7）：1113~1119.

［17］夏春海．面向建筑方案的节能设计研究——设计流程和工具．建筑科学，2009，25（6）：6～9．

［18］张磊，孟庆林．华南理工大学人文馆屋顶空间遮阳设计 [J]．建筑学报．2004，（8）：70～71．

［19］倪阳，何镜堂．环境·人文·建筑——华南理工大学逸夫人文馆设计 [J]．建筑学报，2004，（5）：46～51．

［20］高庆龙，冯雅，戎向阳等．基于动态分析的成都双流国际机场 T2 航站楼屋盖方案优选 [A]．中国建筑学会建筑物理分会、华南理工大学建筑学院、亚热带建筑科学国家重点实验室编，城市化进程中的建筑与城市物理环境：第十届全国建筑物理学术会议论文集 [C]，广州：华南理工大学出版社，2008．

［21］燕达，谢晓娜，宋芳婷等．建筑环境设计模拟分析软件 DeST 第一讲 建筑模拟技术与 DeST 发展简介 [J]．暖通空调，2004，34（7）：48～56．

［22］Bruse M. Simulating surface-plant-air interactions inside urban environments with a three dimensional numerical model[J]. Environmental Modelling & Software. 1998,（13）：373～384．

［23］杨小山．广州地区微尺度室外热环境测试研究 [D]．广州：华南理工大学，2009．

［24］王振．夏热冬冷地区基于城市微气候的街区层峡气候适应性设计策略研究 [D]．武汉：华中科技大学，2008．

［25］JGJ 31-2003，体育建筑设计规范．

［26］http://www.bre.co.uk/

［27］http://www.cf.ac.uk/archi/research/envlab/htb2_1.html

［28］http://www.energyplus.gov

［29］http://www.esru.strath.ac.uk/Programs/ESP-r.htm

第7章　虚拟现实技术在建筑设计中的应用

近年来建筑行业已经发生了巨大的变化，先进科学技术在建筑设计、施工、管理等方面的应用显现出巨大的威力，其中，虚拟现实技术在建筑行业中的应用，对其产生了巨大的影响。虚拟现实技术已经被世界上很多建筑企业广泛地应用到建筑的各个环节，对企业提高开发效率，加强数据采集、分析、处理能力，减少决策失误，降低企业风险起到了重要的作用。随着建筑信息模型技术的发展，虚拟现实技术的实现将变得简易可行，这将使建筑设计的手段和思想发生质的飞跃，更加符合社会发展的需要。可以说在建筑设计中应用虚拟现实技术是必要而且可行的。

7.1　虚拟现实技术概述

7.1.1　虚拟现实技术的概念

虚拟现实（Virtual Reality，简称 VR）技术是 20 世纪 90 年代初逐渐为各界所关注并在商业领域得到了进一步应用的新兴技术。虚拟现实技术是一个结合了数学、计算机图形学、光学、力学、声学甚至社会学和美学等多种学科，融多种高新技术为一体，在包括图像处理与模式识别、人工智能、智能接口技术、计算机网络技术、并行处理技术和多传感器技术等多种信息技术的基础上发展起来的。目前，虚拟现实技术已经成为建筑、医疗、艺术、军事、娱乐、教育、制造业以及信息可视化等各个领域中解决各种实际问题的强有力工具。

目前，不同学科对虚拟现实定义的描述不尽相同。我们认为，虚拟现实是采用以计算机技术为核心的一种模拟三维环境的技术，使用户获得与现实一样感觉的一个特定范围的虚拟环境，用户可以如在现实世界一样地体验和操纵这个环境，与系统进行实时模拟和实时交互。

7.1.2　虚拟现实技术的特征

1990 年，在美国召开的 SIGGRAPH 90 国际会议讨论了虚拟现实技术的主要技术构成，确定了虚拟现实技术的三点特征：实时三维图形生成技术，多传感器交互技术，高分辨率显示技术。代表着这些技术构成的设备有：三维图形工作站、三维鼠标器、数据手套、数据服、眼动跟踪装置、头盔式立体显示器、正交电磁场定位装置及声、光、磁跟踪系统等。

Grigore C. Burdea 在 1993 年 发 表 的《Virtual Reality system and

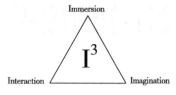

图 7-1 虚拟现实技术三角形

Application》[①]这篇论文中，给出了一个"虚拟现实技术三角形"，用形象的示意图简洁明确地说明虚拟现实系统的特点。根据虚拟现实技术三角形概念，任何一个虚拟现实系统都可以用三个"I"来描述其特征，分别是 Immersion(沉浸性，临场感)、Interaction(交互性)和 Imagination(构想性、想象力)，如图 7-1 所示。三个"I"(immersion-interaction-imagination，沉浸—交互—构想)，强调了在虚拟系统中的人的主导作用。从过去人只能从计算机系统的外部去观测处理的结果，到人能够沉浸到计算机系统所创建的环境中；从过去人只能通过键盘、鼠标与计算环境中的单维数字信息发生作用，到人能够用多种传感器与多维信息的环境发生交互作用；从过去的人只能以定量计算为主的结果中受到启发从而加深对事物的认识，到人有可能从定性和定量综合集成的环境中得到感知和理性的认识从而深化概念和萌发新意。总之，在未来的虚拟系统中，人们的目的是使这个由计算机及其他传感器所组成的信息处理系统去尽量"满足"人的需要，而不是强迫人去"凑合"那些不是很亲切的计算机系统。

（1）沉浸性

虚拟现实技术的主要特点是计算机通过图形构建组成三维数字化模型，生成融合了视觉、听觉和触觉的一种人工虚拟环境，让用户完全沉浸于这个系统之中与计算产生交互作用，让人机充分融为一体，让用户产生一种身临其境的感受。

（2）交互性

虚拟现实系统是一个开放的动态系统，用户可以采用控制和监控手段对系统进行操作。比如医生可以在虚拟现实系统中模拟对病人病情进行诊断，手术等，利用力反馈装置，医生能够真切地感受到手术操作的受力情况，也就是说，虚拟现实系统是一个人—机互动式系统。

（3）构想性

虚拟现实有时会易与模拟现实混淆，但两者其实是并不相同的，虚拟现实虽然能够用现有科技塑造出来，但它可以从"真实"世界分别出来，因此它能够给人营造出一个非常接近现实的环境状态，让使用者能够在使用的同时不仅能够更加快速的理解这个环境，最重要的是，这个虚拟的环境可以勾起人的想象力，让人能够联想到很多情况，这是在真实环境里所不能体现出来的。

7.1.3　虚拟现实技术的发展

虚拟现实技术的起源可以追溯到 20 世纪 60 年代，美国电影摄影师莫顿·海利希(Morton Heilig)在 1956 年研制成功世界上首个具有虚拟现实思想的装置——Sensorama 摩托车模拟器（图 7-2）。这是一个具有多种感官刺激的全景式立体电影设备。参与者能像坐着一台摩托车在大街上行驶，具有立体声，能产生气味和自然风，座椅能随剧情变化而震动，通过"拱

图 7-2 Sensorama

---

① Burdea, G., "Virtual Reality Systems and Applications," Electro'93 International Conference, Short Course, Edison, NJ, April 28, 1993.

廊体验"让观众经历了一次沿着美国曼哈顿进行的想象之旅。

1965 年，美国学者，VPL 公司的创始人之一贾瑞恩·拉尼尔 (Jaron Lanier) 在他的博士论文中提到了虚拟现实这样一种思想。到 20 世纪 80 年代初，贾瑞恩·拉尼尔正式提出了 Virtual Reality 这一术语，并在以后得到了迅速发展。

1965 年后，在计算机技术的支持下，虚拟现实发展经历了以下重要发展环节：

计算机图形学的奠基人美国科学家埃文·萨瑟兰 (Ivan E Sutherland) 在 1965 年首次提出了一种全新的、富有挑战性的图形显示技术，即能不通过计算机屏幕这个窗口来观察虚拟世界，而是观察者可以直接沉浸在计算机生成的虚拟世界中。随着观察者随意的转动头部和身体，他所看到的场景就会随之发生变化。同时，观察者还可以用手、脚等部位以自然的方式和虚拟世界进行交互，虚拟世界会相应的产生反应，从而观察者有一种身临其境的感觉。因此，埃文·萨瑟兰也被称为"虚拟现实技术之父"。

1967 年，弗雷德里克·布鲁克斯 (Frederick Brooks) 指导北卡罗来纳大学的学者开始了 Group 计划，探讨力的反馈。力反馈可以将一个物体的压力通过用户接口引向参与者，使他感到虚拟环境对他有一种力的作用。

1968 年，埃文·萨瑟兰在麻省理工学院研制出第一个头盔式显示器 (Head-Mounted Display，HMD)，并发表了《A Head-Mounted 3D Display》(3D 头盔显示器) 的论文，对头盔显示器装置的设计要求、构造原理进行了深入分析，并绘制出这个装置的设计原型，成为三维立体显示技术的奠基性成果。

到了 1972 年，诺兰·布什内尔 (Nolan Bushnell) 开发出第一个交互式电子游戏——Pong。它允许玩游戏的人在电视屏幕上操纵一个弹跳的乒乓球。由于交互性是虚拟现实技术的一个重要特征，因而这个交互式游戏的开发对推动虚拟现实发展具有重要意义。

20 世纪 80 年代以后，头盔显示器、数据手套、立体声耳机以及相应的计算机硬件系统相继问世，为虚拟现实技术打下良好的硬件基础。美国国防高级研究计划局 (Defense Advanced Research Projects Agency，DARPA) 成功开发了 Simulation Networking（模拟器网络计划），建成 SimNet，其初衷是将分散在不同的地点的地面车辆（坦克、装甲车）仿真器用计算机网络联系起来，形成一个整体的战场环境来进行各种复杂任务的训练和演习。到 1990 年，SimNet 被发展为 DIS (Distributed Interactive Simulation，分布式交互仿真) 技术，扩展到海陆空各种武器平台的综合环境，并实现了体系对抗仿真。后来，DIS 又进一步发展为 HLA (High-Level Architecture，高层体系结构)。SimNet 是虚拟现实技术在军事领域成功应用的典范。

1984 年，美国宇航局 Ames 研究中心虚拟行星探测实验室的麦格利维 (M.McGreevy) 和汉弗莱斯 (J.Humphries) 组织开发了用于火星探测的虚拟世界视觉显示器，将火星探测器发回的数据输入计算机，为地面研究人员构造了火星表面的三维虚拟世界。在随后的虚拟交互环境工作站（Virtual Interactive Environment Workstation，VIEW）项目中，又开发了通用多传感器和遥控设备。

1990 年在美国达拉斯召开的 SIGGRAPH 会议上，对 VR 技术进行了讨论，明确提出了虚拟现实技术的主要技术特征是：实时三维图形生成技术、多传感器交互技术、高分辨率显示技术，为虚拟现实技术的发展明确了方向。

1993 年，宇航员利用虚拟现实系统的训练成功地完成了从航天飞机的运输舱内取出新的望远镜面板的工作。

世界第一个虚拟现实技术博览会于 1996 年 10 月 31 日在伦敦召开。

到了 21 世纪，采用虚拟现实技术设计波音 777 飞机获得了成功，是近年来引起科技界瞩目的一项工程。波音 777 的 300 万个零件及整体设计是在几百台工作站组成的虚拟环境系统上完成的。通过该系统建立的逼真三维波音 777 飞机模型，设计师带上头盔显示器就可以置身于虚拟飞机之中检查各项设计。这一项目第一次实现了飞机的无纸化设计，既节省了设计费用，又缩短了研制周期，充分展示了虚拟现实技术的巨大应用前景。

7.2 虚拟现实系统方案常用类型

7.2.1 桌面式虚拟现实系统

桌面虚拟现实利用个人计算机和普通工作站进行仿真，将计算机的屏幕作为用户观察虚拟境界的一个窗口。通过各种输入设备实现与虚拟现实世界的充分交互，这些外部设备包括鼠标，追踪球，力矩球等。它要求参与者使用输入设备，通过计算机屏幕观察 360° 范围内的虚拟境界，并操纵其中的物体。在桌面虚拟现实系统中，参与者可以在一些专业软件的帮助下，在仿真过程中设计各种环境。使用的硬件主要为专业立体眼镜和一些交互设备（如数据手套和空间跟踪球等）。立体眼镜用来观看计算机屏幕中的虚拟三维场景的立体效果，这些立体视觉效果能使参与者产生一定程度的投入感。桌面式虚拟现实系统样例如图 7-3 所示。

桌面虚拟现实系统虽然缺乏头盔显示器的沉浸感，但是其应用仍然比较普遍，因为它的成本相对要便宜得多，而且它也具备了投入型虚拟现实系统的技术要求。桌面虚拟现实系统比较适合于刚刚介入虚拟现实研究的单位和个人。

图 7-3 桌面虚拟现实系统组成示意图

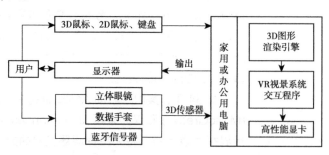

7.2.2　多通道立体投影系统

多通道立体投影系统（含多通道环幕展示系统）是现今十分流行的虚拟现实显示系统，要理解它需注意两个关键词：多通道和立体投影。

单个投影仪的最大投影尺寸可以很大，但工作在最大投影模式下，亮度将会有所下降。对于某些需要较大显示面积的应用场合，就需要将多台投影机组合起来，以组成显示面积更大的投影系统，这就需要多通道的投影系统。多通道立体投影系统是指采用多台投影机组合而成的多通道大屏幕展示系统，它比普通的标准投影系统具备更大的显示尺寸、更宽的视野、更多的显示内容、更高的显示分辨率，以及更具冲击力和沉浸感的视觉效果。

立体投影是通过光的偏振原理来实现的，即采用两台投影机同步放映左右两眼分别看到的图像，将两台投影机前的偏光片的偏振方向互相垂直，偏振光投射到投影屏幕上再反射到观众位置时偏振光方向并不改变。而观众佩戴的立体眼镜的镜片也是偏振光片，并且左眼或右眼的偏振光片分别与投射左眼或右眼图像的投影机的偏振光片的偏振方向是相同的，这样左眼图像只能透过左眼镜片，而右眼图像也只能透过右眼镜片，从而使观众在视觉神经系统中产生立体感觉，看到了立体的图像。

多通道立体展示系统（环幕立体展示系统）按照通道和环形幕弧度来区分，一般分为双通道、三通道（图7-4）、七通道等，环幕弧度通常为90°至360°不等。双通道和三通道立体虚拟仿真环幕投影展示系统是一种沉浸式虚拟仿真显示环境，这个系统采用边缘融合技术把多台投影仪打出的图像形成立体数字图像，实时输出并显示在一个超大幅面的投影幕墙上，使观看和参与者获得一种身临其境的虚拟仿真视觉感受。它通常在如下一些大型的虚拟仿真项目中应用：虚拟战场仿真、数字城市规划、三维地理信息系统等大型场景仿真环境，以及展览展示、工业设计、教育培训、会议中心等专业领域。

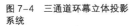

图7-4　三通道环幕立体投影系统

7.2.3　洞穴式沉浸系统

洞穴式沉浸系统的全称为计算机自动虚拟环境（Computer Automatic Virtual Environment, CAVE），系统是一套基于图形工作站的房间式多面立体投影系统，主要由专业虚拟现实图形工作站、多通道立体投影系统、虚拟现实多通道立体投影软件系统、房间式立体成像系统四部分组成。把高分辨率的立体投影技术和三维计算机图形技术、音响技术、传感器技术等综合在一起，产生一个可供多人同时使用的完全沉浸的虚拟环境。

洞穴式沉浸系统相当于一个房间式的剧场，如图 7-5 所示。洞穴式立体显示用的墙壁银幕是由背投屏幕构成，地板是一个面向下的主动投影仪投射出的画面。用户在这个环境里面佩戴特殊的眼镜，以便创造一个全方位的（洞穴式的）三维视觉环境（图 7-6）。有了这种特殊眼镜，使用者在使用洞穴式沉浸系统时，可以看到的所展现的物体在周围，而且可以通过步行、旋转、低头或抬头看到环境里的物体随之运动，当人身处其中时，一切都似乎可以以假乱真，使用者会感觉自己在真实的环境里。洞穴式立体显示系统的框架是由非磁性不锈钢制造出来，以排除那些即使是微乎其微的电磁干扰。当一个人在"洞"中漫步时，他们的行动会被跟踪装置记录，这些传感器会使视频投影作出相应调整。计算机控制洞穴内部的立体声效。有多个扬声器放置在洞穴的各处，展示出来的不只是三维的视频，而且还有三维的音效。

图 7-5　洞穴式立体显示装置（左）
图 7-6　CAVE 系统（右）

7.2.4　分布式虚拟现实系统

分布式虚拟现实（Distributed Virtual Reality，DVR）系统是指基于网络的虚拟环境，在这个环境中，位于不同物理位置的多个用户或多个虚拟环境通过网络相联结，并共享信息。处于不同地理位置的用户如同进入到同一个真实环境中，对同一虚拟世界进行观察和操作，一起进行交流、学习、训练、娱乐，甚至协同完成同一件复杂的设计任务或任务演练。虚拟现实系统运行在分布式环境下有两方面的原因，一方面是充分利用分布式计算机系统[1]提供的强大计算能力，另一方面是有些应用本身具有分布特性，如多人异地可以同时在虚拟的建筑室内外体验等。总之，DVR 系统是指一个支持多人实时通过网络进行交互的软件系统，每个用户在一个虚拟现实环境中，通过计算机与其他用户进行交互，并共享信息。

---

① 分布式计算机系统就是多台计算机通过因特网连接起来，为完成一个共同的项目组成的系统，是一个需要很多计算机共同同时参与项目的一个整体系统。分布式计算机系统具有无主从区分；计算机之间交换信息；资源共享；相互协作完成一个共同任务的特点。

根据分布式系统环境下所运行的共享应用系统的结构，可把系统分为集中式结构和复制式结构。

集中式结构是只在中心服务器上运行一份共享应用系统，该系统可以是会议代理或对话管理进程。中心服务器的作用是对多个参加者的输入／输出操纵进行管理，允许多个参加者信息共享。它的特点是结构简单，容易实现，但对网络通信带宽有较高的要求，并且高度依赖于中心服务器。

复制式结构是在每个参加者所在的机器上复制中心服务器提供的应用程序，这样每个参加者进程都有一份共享应用系统。服务器收集来自于各机器的输入信息，并把信息传送到各机器，然后各机器上的应用系统进行所需的计算并产生必要的输出。它的优点是所需网络带宽较小。另外，由于每个参加者只与应用系统的局部备份进行交互，所以，交互式响应效果好。但它比集中式结构复杂，在维护共享应用系统中的多个备份的信息和状态一致性方面比较困难。

7.3 虚拟现实的硬件技术

在虚拟现实系统中，计算机是虚拟世界的主要生成设备，所以有人称之为"虚拟现实引擎"，它首先创建出虚拟世界的场景，同时还必须实时响应用户各种方式的输入。

虚拟世界生成设备的主要功能应该包括：

（1）视觉通道信号生成与显示。现有的虚拟现实系统主要考虑视觉通道，在这方面对虚拟现实生成设备提出了一些要求，如对帧频和延迟时间的要求和计算能力以及场景复杂性的要求。

（2）听觉通道信号生成与显示。

（3）触觉与力感通道信号生成与显示。

以下介绍一些常用的设备。

7.3.1 三维位置跟踪设备

三维位置跟踪设备是虚拟现实系统中关键传感设备之一，它负责检查位置和方位，将数据报告给虚拟现实系统。在虚拟现实系统中，显示设备和交互设备都必须配备三维位置跟踪器，如头盔显示器、数据手套等都要有跟踪定位装置，没有跟踪定位装置的虚拟现实系统，无论从功能上还是使用上都是存在有严重缺陷的。

在三维空间中物体的移动共有三个平移参数和三个旋转参数。如果在移动的物体上捆绑一个笛卡尔坐标系统，那么物体的平移将沿着 x，y，z 轴移动，沿着 x，y，z 轴作的对象旋转角分别被称为"俯仰角"、"偏行角"、"滚动角"，这些参数的测量结果组成了一个六维的数据集，依靠这组六维的数据集就可以检测到物体在空间中的任何位置，图 7-7 为六点定位原理图。

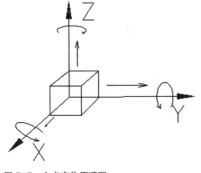

图 7-7 六点定位原理图

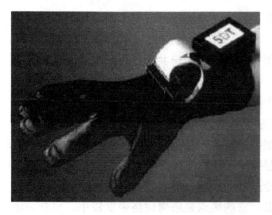

图 7-8 数据手套

动作跟踪设备最典型的应用包括头部跟踪、手的跟踪、器械跟踪、生物力学分析、图形/图符的远程控制、立体定位、远程机器人控制技术、三维数字化建模等。当一个小的接收传感器在空间移动时，跟踪设备能够精确地计算出其位置和方位。

空间位置跟踪技术有很多种，应用最多也最为成熟的是电磁跟踪器。电磁跟踪器是利用磁场的强度来进行位置和方位跟踪。一般由三部分组成：发射器、接收器、计算机控制部件。由发射器发射电磁场，接收器接收到这个电磁场后，转化成电信号，并将此信号送到控制部件，控制部件经过计算后，得出跟踪目标的数据。多个信号综合后可得到被跟踪物体的 6 个自由度数据。

7.3.2 数据手套

数据手套（图 7-8）是一款设计轻巧而且可以附加有力反馈功能的装置，像盔甲般附在使用者的手上（也可以是其他部位）。使用者可以通过数据手套所提供的力反馈系统去触摸电脑内所呈现的三维虚拟影像，感觉就像触碰到真实的东西一样。接触三维虚拟物体所产生的感应信号会通过数据手套上的特殊的机械装置而产生真实的接触力，让使用者的手体会到虚拟现实的真实感。手套内的感应线路是专门为了测量细微的压力以及摩擦力而设计的。

数据手套交互系统可以产生各种不同的精确动作，而且不让穿戴者的动作受到任何阻碍，具有延展性，适用于任何尺寸大小。

7.3.3 三维鼠标

三维鼠标是虚拟现实应用中的另一重要的交互设备，用于六个自由度虚拟现实场景的模拟交互，可从不同的角度和方位对三维物体进行操纵；并可与数据手套或立体眼镜结合使用，作为跟踪定位器；也可单独用于 CAD/CAM。

作为输入设备，此种三维鼠标类似于摇杆加上若干按键的组合（图 7-9），由于厂家给硬件配备了驱动程序和开发包，因此在视景仿真开发中使用者可以很容易地通过程序，将按键和球体的运动赋予三维场景或物体，实现三维场景的漫游和仿真物体的控制。

图 7-9 不同型号的三维鼠标

7.3.4 立体显示器

立体显示器利用人眼视差特性，在人眼裸视条件下呈现出具有空间深度信息的逼真立体影像。它由三维立体显示器、播放软件、制作软件三部分组成。

立体显示器的原理是采用显微透镜光栅屏幕或透镜屏技术，通过摩尔纹（moiré）干涉测量法精确对位，利用一组倾斜排列的凸透镜阵列，仅在水平方向上发生的折射来为双眼提供不同的透视图像，从而实现立体的视觉效果。

立体显示器是建立在人眼立体视觉机制上的新一代自由立体显示设备（图 7-10）。它不需要借助诸如三维立体眼镜、头盔显示器等助视设备即可获得具有完整深度信息的图像。它根据视差障碍原理，利用特定的掩模算法，将展示影像进行交叉排列，通过特定的视差屏障后由两眼捕捉观察。视差屏障通过光栅阵列（利用摩尔干涉条纹判别法精确安装在显示器液晶面板上）准确控制每一个像素透过的光线，只让右眼或左眼看到，由于右眼和左眼观看液晶面板的角度不同，利用这一角度差遮住光线就可将图像分配给右眼或者左眼，经过大脑将这两幅由差别的图像合成为一副具有空间深度和维度信息的图像，从而使用户不需要任何助视设备即可看到三维图像。

立体显示器的使用极大地促进了立体影像技术和虚拟现实技术在展览展示行业的应用。独特的立体视觉效果会吸引所有过往人流的目光，虚拟现实技术所独有的自由的操作风格以及完善的信息查询系统会自动将产品、理念、创意完整的展现在客户面前。

7.3.5 头盔显示器

头盔显示器是高端虚拟现实应用中的虚拟现实图像显示与观察设备，可单独与主机相连以接收来自主机的虚拟现实图像信号。戴上头盔显示器后辅以三个自由度的空间跟踪定位器可进行 VR 输出效果观察，同时观察者可做空间上的自由移动，如；自由行走、旋转等，沉浸感极强，在 VR 效果的观察设备中，头盔显示器的沉浸感观察效果优于普通显示器，逊于多通道立体投影系统的显示和观察效果，在投影式虚拟现实系统中，头盔显示器作为系统功能和设备的一种补充和辅助，如图 7-11 所示。

头盔式显示器是最早的 VR 显示器，它利用头盔将人的对外界的视觉、听觉封闭起来，引导用户产生一种身在虚拟环境中的感觉。头盔显示器其原理是将小型显示器所发射的光线经过凸状透镜使影像因折射产生类似远

图 7-10　立体显示器（左）
图 7-11　头盔显示器（右）

方效果，利用此效果将近处物体放大至远处观赏而达到所谓的全像视觉。目前的头盔式显示器的分辨率已达到 1024×768，可为用户提供清晰的虚拟场景画面。

头盔显示器为用户提供了价位适中的高质量、高分辨率的（SVGA）清晰图像和出众的音质。头盔显示器的用户可根据需要调整沉浸感。另外还有可调的顶部 / 背部旋钮、穿戴式的头位置跟踪器及可掀起的观察现实场景的装置。

图 7-12　立体眼镜

7.3.6　立体眼镜

三维立体眼镜（图 7-12）是用于观看立体游戏场景、立体电影、仿真效果的非常实用的计算机外围设备。立体眼镜的种类有分色式、分光式（偏振光式）、时分式（主动快门式），在时分式中又分为交错显示、画面交换、线遮蔽、画面同步倍频等。

人的左右双眼同时看同一物体时形成的图像是略有差异的，两个图像经过大脑综合就能够区分出物体的前后、远近，从而产生立体的感觉。由于计算机屏幕只有一个，而人却有两只眼睛，又必须要让左、右眼所看的图像各自独立分开，才能有立体视觉。三维立体眼镜就是解决这个问题的。这时计算机通过控制集成电路送出立体讯号（左眼 > 右眼 > 左眼 > 右眼 > 依次连续互相交替重复）到屏幕，并同时送出同步讯号到三维立体眼镜，使其同步切换左、右眼图像，这样，左眼看到左眼该看到的图像，右眼看到右眼该看到的图像。三维立体眼镜的左、右眼画面连续互相交替显示在屏幕上，并同步配合三维立体眼镜，加上人眼视觉暂留的生理特性，就可以看到真正的立体三维图像。

最早的立体眼镜在 1936 年出现，当时是用的分色式眼镜。米高梅公司根据红绿滤色透镜原理拍摄的《Audioscopiks》系列，给观众派发了红绿分式眼镜，这是比较原始的立体电影。现代意义的立体电影在 1953 年出现，当时观众戴着立体眼镜观看好莱坞推出的立体电影，从始世界进入了立体电影的时代。

7.3.7　三维声音生成器

"三维声音"不是立体声的概念，我们日常听到的立体声录音虽然有左右声道之分，但就整体而言，我们还是能够感觉到立体声声音来自听者前面的某个平面。而虚拟现实系统中的三维声音，却使听者感觉到声音来自围绕听者双耳的一个球形中的任何地方，声音可能出现在头的上方、后方或者前方。如战场模拟训练中，当用户听到了对手射击的枪声时，就像在现实世界中一样，准确而且迅速地判断出对手的位置，如果对手在我们身后，听到的枪声就应该是从后面发出的。三维声音是由计算机生成的、能由人工设定声源在空间中的三维位置的一种声音。三维声音生成器是利用人类定位声音的特点生成出三维声音的一套软硬件系统。

听觉环境系统由语音与音响合成设备、识别设备和声源定位设备所构成。人类进行声音的定位依据两个要素：两耳时间差（Interaural Time Differences，简称 ITD）和两耳强度差（Interaural Intensity Differences，简称 IID）。声源放置在头的右边，由于声源离右耳比离左耳要近，所以声音先到达右耳，感受到达两耳的时间差。

当听众刚好在声源传播的路径上时，声音的强度在两耳间变化很大，这种效果被称作"头部阴影"。NASA[1]研究者通过耳机再现这种现象。

除此之外，由于人耳（包括外耳和内耳）非常复杂，其对声音的不同频段产生不同的反射作用，研究人员提出了"头部关联转换函数"（Head-Related Transfer Function，HRTF）的概念，来模拟人耳对声音不同频段的反射作用。由于不同的人耳有不同的形状和特征，所以有不同的 HRTF 系数。立体声与位置、方向跟踪的结合可以创造出非常逼真的虚拟声音环境。

7.4　虚拟现实开发平台的软件技术

本节将介绍几个优秀的虚拟现实平台软件以及一些相关的软件技术。

7.4.1　Quest 3D

Quest 3D 为荷兰 Act-3D 公司所生产的极为优秀的 VR 制作工具，高效、快速、专业、易用的虚拟现实平台，也是世界上功能最强大、效果最优秀的三维项目制作软件之一（图 7-13）。比起其他的可视化构建工具，如网页、动画、图形编辑工具来说，Quest 3D 能在实时编辑环境中与对象

图 7-13　Quest 3D 操作界面

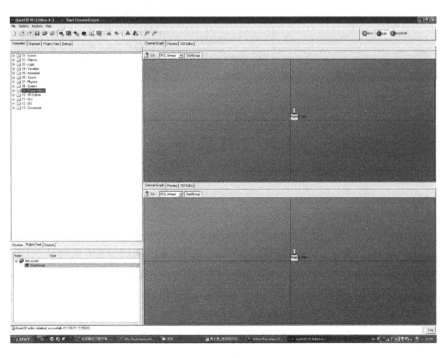

① NASA 是 National Aeronautics And Space Administration（美国国家航空航天局）的缩写。

互动。Quest 3D 通过稳定、先进的工作流程,处理所有数字化的 2D/3D 图形、声音、网络、数据库、互动逻辑及人工智能,通过程序控制,它可以应用在建筑设计、虚拟现实、影视动漫制作等众多领域。

Quest3D 基本模块以 Template 为模块组应用核心,Template 里都是链接好的范例,这其中包含 Sence 场景、Object 物体、Logic 逻辑、Varable 变量、Animation 动画、Sound 声音、System 系统等。

Quest 3D 虚拟现实平台可以将各种媒体元素或媒体内容集成,并通过搭积木的方式,将各种媒体元素联系结合做成一个交互的内容展示平台。该平台可实现人物骨骼动作、植物、阴影、火及烟的特效,以及在场景中展现真实的水波纹及实时反射。Quest 3D 还具有进阶的功能与特色,例如物理属性模拟、自动路径侦测、网络联线、资料库连接等,此外还可以跟常用的许多 VR 硬件兼容得很好,不用重新编写对应的接口程序。

目前,Quest3D 以其强大的面数承载能力、快速的制作、效果优秀等优势被广泛应用,其特点如表 7-1 所示。

Quest3D 的特点   表 7-1

序号	特点	说明
1	直观的界面	不需要人工编写代码,即可建构出属于自己的即时三维互动世界
2	先进的工作流程	可输出文件格式包含 MAYA、Lightwave、AutoCAD 等的文件格式; 可输入文件格式包含 WAV、MP3、MID、3DS、LWO、LS、MD2、JPG、BMP、TGA、DDS、PNG 等; 网络协同作业,项目可分成多重开发文档,项目成员各司其职掌握其开发的部分
3	功能完备	可执行 350 万个面的文档,先进的绘图引擎,高效的处理如凹凸贴图,自动路径侦测及物理属性等功能
4	多种文档发布	Quest3D 可以处理各类型的工业标准文档,当完成后,可以在将文档存成荧幕保护程式、执行档或网页
5	Physics 动力学	将三维虚拟物件通过程序模拟真实世界的物理状态,包含重力、摩擦力、地球引力,流体力学等
6	阴影贴图	
7	改善植物喷绘与天气系统	

7.4.2 VR-Platform

VR-Platform 简称为 VRP,是中视典数字科技有限公司开发的虚拟现实平台。中视典公司还以 VRP 为核心,开发出一系列的产品。目前 VRP 的系列产品有:虚拟现实编辑器(VRP-BUILDER)、数字城市仿真平台(VRP-DIGICITY)、物理模拟系统(VRP-PHYSICS)、三维网络平台(VRPIE)、工业仿真平台(VRP-INDUSIM),旅游网络互动教学创新平台系统(VRP-TRAVEL),三维仿真系统开发包(VRP-SDK),以及多通道环幕立体投影解决方案等,其产品体系结构如图 7-14 所示。

图 7-14 VRP 产品体系

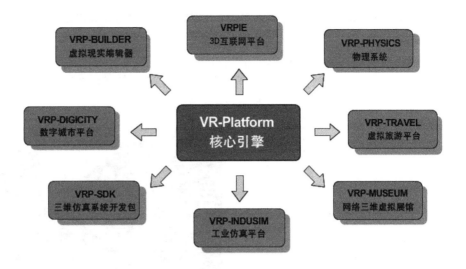

VRP 系列产品自问世以来，打破该领域被国外软件所垄断的局面，以较高的性价比获得国内广大客户的喜爱，已成为目前国内市场占有率最高的一款国产虚拟现实平台软件。VRP 可广泛应用于城市规划、建筑设计、室内设计、工业仿真、古迹复原、桥梁道路设计、军事模拟等行业。其中的 VRP-BUILDER 和 VRPIE 软件成为国内应用广泛的 VR 和 WEB3D 制作工具。表 7-2 介绍了系列产品中几个与建筑设计有关的软件和用途。

VRP 系列产品中几个与建筑设计有关的软件的用途 表 7-2

软件名称	产品用途
VRPIE 三维互联网平台	将 VRP-BUILDER 的编辑成果发布到互联网，并且可让客户通过互联网进行对三维场景的浏览与互动
VRP-BUILDER 虚拟现实编辑器	三维场景的模型导入、后期编辑、交互制作、特效制作、界面设计、打包发布工具
VRP-DIGICITY 数字城市平台	具备建筑设计和城市规划方面的专业功能，如数据库查询、实时测量、通视分析、高度调整、分层显示、动态导航、日照分析等

这里要专门介绍一下 VRP-BUILDER 虚拟现实编辑器。VR-PLAT-FORM 是一款直接面向三维设计师、建筑设计师、规划设计师的虚拟现实软件，所有操作都是用设计师可以理解的方式（不需要程序员的参与）。只需要有良好的 3ds Max 的建模和渲染基础，只要对 VR-PLATFORM 平台加以学习和研究，就可以通过 VRP-BUILDER 虚拟现实编辑器模块很快制作出完美的虚拟现实场景，图 7-15 为 VRP-BUILDER 编辑器的软件界面。

图 7-15 VRP- BUILDER 编辑器的软件界面

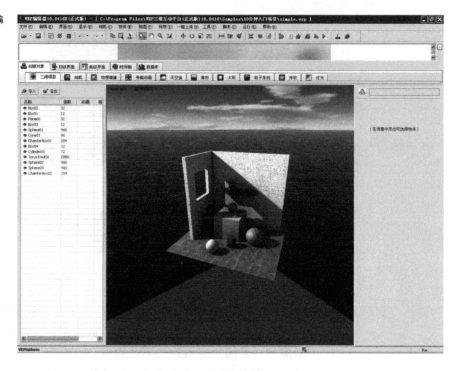

7.4.3 MultiGen Creator/Vega

MultiGen Creator 和 Vega 是美国 MultiGen-Paradigm 公司推出的先进的软件环境，主要用于虚拟现实技术中实时三维仿真建模、实时场景生成等领域。

Multigen Creator 是 MultiGen-Paradigm 公司的一套逼真、优化的实时三维建模工具，它拥有针对实时应用优化的 OpenFlight 数据格式，强大的多边形建模功能以及纹理应用工具，并提供转换工具，能将多种模型格式转换成 OpenFlight 数据格式，并能与实时仿真软件紧密结合。利用 Multigen Creator 交互式、直观的用户界面进行多边形建模和纹理贴图，能很快生成一个高度逼真的模型，并且它所创建的 3D 模型能够在实时过程中随意进行优化。Multigen Creator 的主要模块包括基本建模环境模块（Creator-Pro）、地形建模模块（TerrainPro）、标准道路建模模块（Road-Tools）等。

1）虚拟场景建模

虚拟仿真系统中的建模是整个虚拟仿真系统建立的基础。为了创建一个能使用户感受到身临其境、逼真的环境，就需要创建尽可能逼真的模型和虚拟场景。但是，如果模型和场景过于精细，数据量过于庞大，将给虚拟现实应用系统带来灾难，尤其是比较复杂的建筑场景。在虚拟现实系统中的建模，应该在保证必需的模型质量情况下做到数据量尽量小，以保证虚拟现实应用系统的运行效率。在建筑、规划等虚拟场景中，常采用以 MultiGen Creator 建模软件为主，辅以 3ds Max 建模软件进行建模。3ds Max 软件主要用在部分造型复杂的对象建模上，次要对象、规则外形对象、

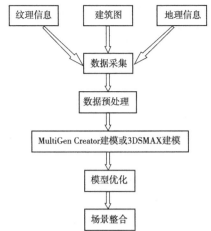

图 7-16 虚拟校园场景创建过程

道路、树木等使用 MultiGen Creator 进行建模，能够较好地解决这个问题。

以虚拟校园场景为例，虚拟场景模型的创建主要需要两种数据，即真实影像数据和三维空间数据，具体包括校区各个建筑物的高度数据以及各个立面的纹理数据。在创建虚拟对象模型之前，还需要对真实影像数据和三维空间数据进行前期准备和处理。①通过查看各个建筑物的设计图获取各个建筑物的高度数据和几何特征；②采用数字化的方法从 AutoCAD 格式的平面图上获取地理坐标；③采用地面数码相机摄影的方法获得建筑物的侧面纹理，不同纹理的建筑物的侧面纹理尽可能地拍摄获取，对于纹理相同或相近的建筑物通过图像处理软件 Photoshop 对摄影纹理进行污点去除以及扭曲、缩放等自由变换等处理后，转换为 Vega Prime 中支持的纹理数据格式（RGBA 或 RGB 格式）文件。

按照创建工作的前后关系，可以将虚拟场景建模的流程分为数据采集、数据预处理、MultiGen Creator/3ds Max 建模、模型优化和场景整合五个阶段，如图 7-16 所示。

图 7-17 为用 MultiGen Creator 创建的天桥模型。

图 7-17 MultiGen Creator 创建的天桥模型

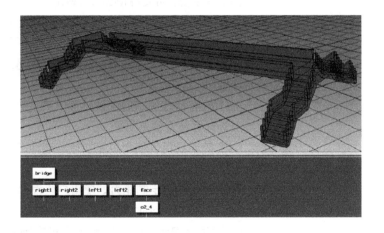

虚拟场景的模型搭建完毕后，需要进行必要的模型优化和整合工作。包括建筑物模型、植物模型和模型数据库的优化等。对于植物模型，主要是根据各类植物的结构复杂度的不同分别采用十字交叉模型；对于建筑物模型，主要是优化纹理贴图和细化重要结构；对于模型数据库，主要工作是调整数据库的层级结构，减少多边形数量。为了保证用户浏览虚拟场景时的画面流畅，合理划分场景模块，这样有利于实时仿真系统的实时剔除和实时绘制。

2）Vega Prime 制作实时漫游

当整个模型完成后，就可以导入到 Vega Prime 中进行实时仿真的应用开发。Vega Prime 是世界上领先的应用于实时视景仿真、声音仿真和虚拟现实等领域的软件环境，它用来渲染战场仿真、娱乐、城市仿真、训练模拟器和计算可视化等领域的视景数据库，实现环境效果等的加入和交互控制。它将易用的工具和高级视景仿真功能巧妙地结合起来，从而可使用户简单迅速地创建、编辑、运行复杂的实时三维仿真应用。通常采用 Vega Prime 的可视化编程方法，将 Multigen Creator 创建的虚拟校园模型作为对象导入 LynX Prime 图形界面中，通过设置各类参数，生成应用程序配置文件（ACF 格式文件），来实现实时驱动现实和交互，图 7-18 所示为虚拟场景的仿真系统创建流程。

图 7-18　虚拟场景的仿真系统创建流程

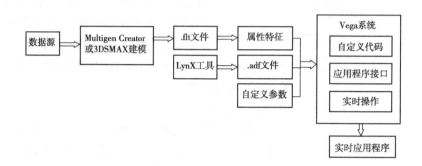

Vega Prime 的主要特点：

（1）跨平台。可支持 Microsoft Windows、SGI、Linux、Sun Microsystems Solaris 等操作系统，并且用户的应用程序也具有跨平台特性，在任意一种平台上开发应用程序无须修改就能在另一个平台上运行。

（2）开发效率大大提高。使用它可以迅速地创建各种实时交互的三维视觉环境。

（3）具有特定的功能模块，可以满足诸如特殊效果、红外成像和大面积地形管理等特定仿真要求。

（4）简单易用。使用户能快速准确地开发出合乎要求的视景仿真应用程序。

（5）灵活的可定制能力。使用户能根据应用的需要调整三维程序。

（6）支持 OpenGL 和 Direet3D。

（7）Vega Prime 还具有可扩展可定制的文件加载机制、对平面或球体的地球坐标系统的支持、对应用中每个对象进行优化定位与更新的能力、星象模型、各种运动模式、环境效果、模板、多角度观察对象的能力、上下文相关帮助和设备输入输出的支持等。

典型的 Vega Prime 系统结构如图 7-19 所示。

7.4.4　虚拟现实相关特效技术

1）粒子系统

粒子系统是 1983 年里夫斯（W.T.Reeves）等首次系统地提出了一种用于模拟不规则模糊物体（如火、云、水等）的建模方法。其基本思想是把模糊物体看作是众多粒子组成的粒子团，各粒子均有自己的属性，如颜色、形状、大小、透明度、运动速度、运动方向、生存期等。因此，粒子

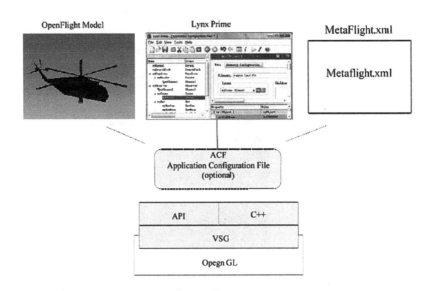

图 7-19 Vega Prime 系统结构图

系统就是由大量粒子集合在一起表现自然界动态模糊景物的计算机模拟系统。由于粒子系统方法具有良好的随机性和动态性，粒子系统已经成功地应用在可视化虚拟环境仿真的各个角度。

　　粒子系统是用基本粒子群来描述物体的属性及其变化，这些基本粒子可以是一个像素，可以是一些简单的绘图图元，它们的集合确定了物体的基本形态。粒子系统不是一个静态的整体，而是随时间的推移处在不断运动中的粒子集合体。其中粒子群的分布结构可以改变，各个粒子的位置可以移动，新的粒子可以不断产生，同时旧的粒子可以"消亡"。也就是说，用粒子系统表示的物体是不确定的，它的外形和结构可以复杂多样，形态各异，可以处在一定规律的运动变化中，并且在一定程度上还具有一定的随机性。在粒子系统中，每一个粒子图元均具有：形状、大小、颜色、透明度、运动速度和运动方向、生命周期等属性，所有这些属性都是时间的函数。

　　经常使用粒子系统模拟的现象有火、爆炸、烟、水流、火花、落叶、云、雾、雪、尘、流星尾迹或者像发光轨迹这样的动态随机的视觉效果等（图 7-20、图 7-21、图 7-22）。

图 7-20　水花粒子系统（某大型社区的虚拟现实展示，用粒子系统来模拟喷泉水花的效果）

图 7-21　水面粒子系统（用粒子系统模拟的海边水面的效果）

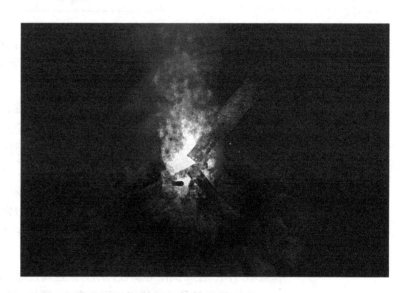

图 7-22　火焰粒子系统（用粒子系统模拟的火焰效果）

粒子系统目前在很多领域都有应用，尤其是在军事中。由于受到诸多条件因素的限制，模拟场景下的军事训练是最为理想的方法与手段。同时，影视与游戏的迅猛发展过程中也大大提高了粒子系统的应用能力。

2）贴图烘焙技术

随着数字城市的研究悄然兴起，三维城市视景仿真成为当前的一个研究热点。目前，国内外已经出现了不少三维城市视景仿真系统，在对海量景观数据进行渲染时，采用了LOD[①]、八叉树[②]等多种技术对场景进行管理，在一定程度上提高了系统运行速度，取得了很好的效果，但依然不能完全

---

①　LOD 是 Level of Detail 的缩写，意为层次细节度，LOD 技术指根据物体模型的节点在显示环境中所处的位置和重要度，决定物体渲染的资源分配，降低非重要物体的面数和细节度，从而获得高效率的渲染运算。LOD 技术在实时图像通信、虚拟现实、地形表示、飞行模拟、限时图形绘制等领域得到广泛应用。

②　八叉树是一种用于描述三维空间的树状数据结构。八叉树的每个节点表示一个正方体的体积元素，每个节点有八个子节点，将八个子节点所表示的体积元素加在一起就等于父节点的体积。八叉树被广泛应用于计算机图形学中生成实体。

解决大数据量时系统运行不流畅等问题。

采用贴图烘焙技术可以对场景的模型进行预处理，把光影信息事先渲染成贴图，在动态渲染时可以不再进行光照计算，节省 CPU 运算时间，在一定程度上提高了系统的运行效率和现实效果。

（1）贴图烘焙技术的定义

贴图烘焙技术（Render to textures）是一种模型预处理技术，是一种把光照信息渲染成贴图的方式，然后再把带有光照信息的贴图应用到场景中模型的技术。最早应用在游戏和建筑漫游动画上，目前一些三维建模软件（例如 3ds Max）就支持这种技术。经过烘焙技术处理，模型的光照信息和模型原有的纹理信息相融合，变成了新的纹理贴图。在进行场景渲染时，不再需要占用 CPU 时间来进行光照的计算了，这对于要实时计算光照信息的实时三维城市视景系统来说节约了不少时间，所以其渲染速度有所提升。由于对模型进行烘焙处理需要一定的时间，所以贴图烘焙技术对于静帧的意义并不是很大，但是对于实时的三维系统来说，这种技术实现了把费时的光能传递计算在数据准备的时候就已经完成，大大提高了系统的运行效率，而且在渲染效果上也有了很大的改善，使得三维实时系统的效果接近一些三维建模软件的效果。

（2）贴图烘焙技术的分类

烘焙一般有两种类型：CompeteMap 烘焙贴图和 LightingMap 烘焙贴图。CompleteMap 烘焙贴图是把模型原有的纹理贴图和生成的模型光影贴图进行融合，最后生成一张既包括原有纹理贴图又包括光影信息的新的模型贴图。LightingMap 烘焙贴图是原有的纹理贴图不变，再生成了一张包含模型光影信息的光影贴图， 最后得到了两张贴图：原有的纹理贴图和模型的光影信息贴图。

CompleteMap 烘焙贴图的优点是光感好，支持较多三维建模软件的材质类型，也就是能得到更丰富的效果；缺点是贴图较模糊，也有通过增大烘焙贴图的尺寸来解决此问题，但也带来了新的问题，这样消耗的显存较多。

LightingMap 烘焙贴图的优点是贴图较清晰， 因为用的是模型原有的贴图，但是光感较弱，主要是因为在三维系统中进行了原有贴图和光影贴图的融合，可以在系统中增加相应的调节功能进行改善。另外，LightingMap 烘焙贴图支持的三维建模软件的材质类型较少，所以要表现丰富的效果的时候可能就要借助 Photoshop 等图像处理软件来处理。

7.5 基于图像绘制的虚拟现实技术（IBR）

基于图像绘制（Image Based Rendering，IBR）的虚拟现实技术，是一种全新的产生真实感图像的方法，也是当前计算机图形学和计算机视觉最热门的研究方向之一。与之前介绍的基于建模技术的虚拟现实技术不同，它是以摄像机在现场拍摄的有限幅实景图像为样本，利用图像处理技术和视觉计算的方法，直接构建三维虚拟场景的技术。

IBR 技术是利用相关对象或环境的一组图像，来绘制出任意视点位置的新场景，由于 IBR 脱离了对象的三维结构，所以绘制的效果与场景复杂度无关，只与图像的分辨率有关。IBR 有如下的优点：图形绘制独立于场景复杂性，仅与所要生成画面的分辨率有关；预先存储的图像（或环境映照）既可以是计算机合成的，也可以是实际拍摄的画面，两者也可以混合使用；算法对计算机资源的要求不高，可以在普通工作站和个人计算机上实现复杂场景的实时显示。对于 IBR 技术，可以认为它是把图像作为绘制时的主要信息，目的是获得具有照片级真实感的场景。IBR 方法最大的优点在于生成的环境是图像所反映的真实场景，因此特别适合于基于自然场景的仿真研究。

IBR 的基本思想是如何从已知图像中生成新的图像。它所追求的目标可以概括为：真实性、实时性、实用性。作为现代图像处理的一种新型技术，从提出到发展是一个迅速的过程，从最开始的地形绘测技术，一直到现在，空间漫游，三维建模等应用领域都或多或少的添加了 IBR 技术。该技术现在已经成为平面图像，三维图像技术发展的一个必不可少的因素。IBR 分为三种方法：非几何信息的绘制、基于部分几何信息的绘制和基于完全几何信息的绘制。

IBR 技术主要应用于虚拟实景空间建立，虚拟实景空间漫游和虚拟对象展示。其优势在于计算的绘制量是与像素成正比，而不是与几何模型的定点数相关。这样，对复杂场景很有效，在绘制复杂场景的同时，也提高了图像质量。同时，该技术可有效平衡场景真实度和交互实时性之间的矛盾。但是，这种方法也存在一定问题。对于某些环境而言，不仅要刻画出逼真的复杂环境，同样得考虑光影效果和视觉角度。在一定的数据量的前提下，如何优化场景的光影效果和优化视角等成为 IBR 技术的关键问题。

下面介绍几种常用的 IBR 技术：[①]

（1）全景图技术

全景图是指能放映全局场景的图像。全景图技术源于 20 世纪 80 年代提出的环境映照技术，环境映照以景物中心为固定视点，观察整个场景，并将周围场景的图像记录在以该点为中心的环境映照球面或立方体表面上，实际上以全景图像的方式提供了其中心视点处的场景描述。

获得全景图的方法通常有两种，直接的方式和图像拼接的方式（图7-23）。前一种方式可以很容易地进行，但它需要使用全景相机等特殊的

图 7-23　全景图的生成方法

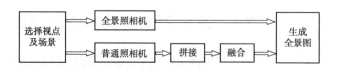

---

① 庄怡，汪剑春，胡新荣. IBR 技术与应用综述. 武汉科技学院学报，2010，23（3）.

器材，而且这些器材通常是十分昂贵的。因此，导致了对后一种方法的研究十分普遍，它利用若干离散局部图像作为基础数据，经过一系列图像处理后生成全景视图。

全景图的拍摄首先是在一固定点上旋转拍摄场景，得到具有部分重叠区域的图像序列，将这个图像序列无缝的拼接成一幅更大的画面，投影到所选择的简单形体的表面，具有同一视点，但视线方向不同的两幅部分重叠画面间的投影变化函数可简单的表示成一个3×3矩阵。在计算机视觉中，有多种优化迭代方法来决定该矩阵；将拼接后的整幅图像变形投影到一个简单形体的表面上，即构成一幅全景图像。对全景图像重采样就可得到新的画面。常用的形体一般有立方体、球、圆柱等，如图7-24所示。

图 7-24　柱面全景图映射原理

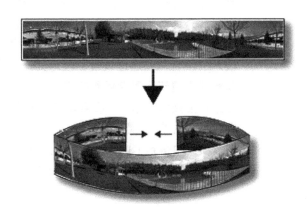

然而，上述算法仍然存在很大的局限性，它可以适用于以摄像机为中心，旋转拍摄全景图，从而产生中间画面。但不适用于摄像机位置移动的情形。

（2）视图插值法

当视点连续移动时，相邻视点所看到的图像大部分是重叠的，只是在位置，形状上稍有不同，于是便产生通过相邻图像之间的插值来生成中间视点的新图像。视图插值法根据从给定的两幅输入图像来重建任意视点的图像。它能在相邻采样点图像之间建立光滑自然的过度，从而真实再现了各相邻采样点间场景透视变化的变化。

视图插值技术也存在一定的问题，如真实图像之间的对应关系一般很难寻找，所以视图插值技术大多用于合成场景。其次，当视点不平行于视平面时，视图插值的结果会和真实的结果有所偏差。

（3）全光模型

全光建模系统的大致实现流程如下：首先在选定的离散视点处进行图像采样，使用迭代技术和优化方法计算出原始图像到圆柱映射的投影变换矩阵，将原始图像拼接成柱面的环境映射；然后选取不同柱面图像上的对应点，利用匹配算法，确定圆柱的极线约束，最后利用已知的柱面全景参考图和各圆柱之间的几何约束，将参考图像投影到任意的圆柱或者平面图像中去。

（4）混合式 IBR 技术

混合式 IBR 技术是指同时采用几何及图像作为基本元素来绘制画面的技术。该技术根据一定的标准，将部分场景简化为映射到简单几何表面的纹理图像。当简化引起的误差小于给定阈值时，混合式 IBR 技术直接利用纹理图像取代原场景几何来绘制画面，由于简单几何面置于被简化景物的中心，而简化误差被严格地控制在给定的阈值内，因而这种绘制技术仍保持正确的前后排序，所生成的图形质量也非常高。

混合式 IBR 技术最显著的应用是采用环境映射来表示远距离景物，而采用传统的几何绘制模式表示近距离景物。但由于对视点的不同把握，对整个场景均取同一的映射，使得所生成的图像存在着较大的误差。

此外还有其他一些 IBR 技术，这里就不一一详述了。

IBR 技术促进了计算机建模和虚拟现实的深入发展，三维扫描和 IBR 技术的结合，并通过适当的技术处理手段，就可以得到理想的三维模型，为实现古建筑等复杂场景的虚拟现实开辟了一条新路。目前，IBR 技术与三维扫描技术相结合，在我国敦煌石窟彩塑三维虚拟场景、土耳其伊斯坦布尔圣瑟古斯和圣巴楚斯教堂的三维虚拟场景、数字化米凯朗基罗雕塑等许多项目中得到了很好的应用，为研究人员快速有效地记录、保存、重现、研究宝贵的历史文化遗产提供了有效的手段。

7.6　虚拟现实技术在建筑设计中的应用

7.6.1　虚拟现实技术对建筑设计的影响

在建筑设计中既要进行空间形象思维，又要考虑到用户的感受，可以说建筑设计是一连串的创新过程，包括规划、设计、建设施工、维护等。巨大的成本和不可逆的执行程序，不能出现过多的差错。虚拟现实是一种可以创造和体现虚拟世界的计算机系统，虚拟世界是整体虚拟环境或给定仿真的对象的全体，充分利用计算机辅助设计和虚拟现实，可减轻设计人员的劳动强度，缩短设计周期，提高设计质量，节省投资。

自从 1991 年起，德国就开始将仿真系统应用于建筑设计中。在 20 世纪的最后十年中，欧洲和北美在建筑物设计、室内设计、城市景观设计、施工过程模拟、物理环境模拟、防灾模拟、历史性建筑保护，园林造景等许多建筑设计领域开始广泛使用虚拟现实技术，并逐渐取代电脑表现图和模型等传统手段，成为主要的设计和销售辅助手段之一。但是，高昂的成本和高额的使用费用多年来限制了仿真技术在我国的普及和应用。近年来由于科技的进步，仿真技术的应用成本大幅下降、图像效果极大改善、功能日益丰富，无论是价格和性能都已经可以满足国内有实力用户的应用要求，使用的简单程度也已经可以为普通百姓所接受。具体而言虚拟现实技术在以下几个方面对建筑设计起到了积极的影响：

（1）展现设计方案

虚拟现实系统的沉浸感和互动性不但能够给用户带来强烈、逼真的感官冲击，获得身临其境的体验，还可以通过其数据接口在实时的虚拟环境中随时获取项目的数据资料，方便大型复杂工程项目的规划、设计、投标、报批、管理，有利于设计与管理人员对各种规划设计方案进行辅助设计与方案评审。

（2）规避设计风险

虚拟现实所建立的虚拟环境是由基于真实数据建立的数字模型组合而成，严格遵循工程项目设计的标准和要求建立逼真的三维场景，对规划项目进行真实的"再现"。用户在三维场景中任意漫游，人机交互，这样很多不易察觉的设计缺陷能够轻易地被发现，减少由于事先规划不周全而造成的无可挽回的损失与遗憾，大大提高了项目的评估质量。

（3）加快设计进程

运用虚拟现实系统，我们可以很轻松随意对设计进行修改，改变建筑高度，改变建筑外立面的材质、颜色，改变绿化密度，只要修改系统中的参数即可。从而大大加快了方案设计的速度和质量，提高了方案设计和修正的效率，也节省了大量的资金。

（4）提供合作平台

虚拟现实技术能够使政府建设部门、业主、项目开发商、工程人员及公众可从任意角度，实时、互动地看到规划真实效果，更好地掌握建筑的形态和理解规划师的设计意图。有效地合作是保证建筑设计最终成功的前提，虚拟现实技术为这种合作提供了理想的桥梁，这是传统手段如平面图、效果图、沙盘乃至动画等所不能达到的。

（5）增强宣传效果

对于公众关心的大型建设项目，在项目方案设计过程中，虚拟现实系统可以将现有的方案导出为视频文件用来制作多媒体资料予以一定程度的公示，让公众真正的参与到项目中来。当项目方案最终确定后，也可以通过视频输出制作多媒体宣传片，进一步提高项目的宣传展示效果。

7.6.2　基于虚拟现实技术的建筑设计的特征

基于虚拟现实技术的建筑设计主要具有三个特点：网络化、交互性、高效率。

图 7-25　虚拟现实网络化示意图

网络化：如图 7-25 所示，基于虚拟现实技术的建筑设计是以网络为基础的，通过网络建立起一个并行的设计系统，将规划、设计、施工、评价集成于一个系统。因特网技术改变了建设者、设计师、管理者和公众的信息交流与反馈的方式。随着邮电通信网和有限电视网的数字化和计算机网络化，网络传输速度的大幅度提高，这些人员可以方便地通过因特网进行静态和动态的信息交流，尤其是交互式双向信息传输，使这些人员的信息交流可以跨越空间、时间限制。

交互性：基于虚拟现实技术的建筑设计是以三维虚拟信息

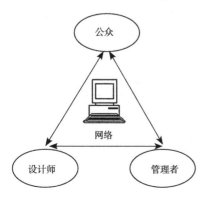

图7-26 投影式虚拟现实系统

模型为载体，多人员协同的工作。如图7-26投影式虚拟现实系统所示，数字信息模型如果与虚拟现实设备（立体眼睛、头盔、数据手套、跟踪器等）及投影设备相连，就可以生成一个虚拟世界，这个虚拟世界是全体虚拟环境和给定的仿真对象的结合，通过视觉、触觉、听觉等作用于人，使之产生亲临其境的感觉，而且人们对虚拟模型所做的操作和修改可以实时的体现在数字模型上，实现了人与人之间，人与计算机之间的信息交互。

高效率：运用虚拟现实系统，我们可以很轻松随意地进行修改，而不需要像传统三维动画那样，每做一次修改都需要对场景进行一次渲染。这样不同的方案、不同的规划设计意图通过VR技术实时的反映出来，用户可以做出很全面的对比，并且虚拟现实系统可以很快捷、方便地随着方案的变化而作出调整，辅助用户作出决定。从而大大加快了方案设计的速度和质量，提高了方案设计和修正的效率，也节省了大量的资金。

7.6.3 虚拟现实技术在建筑设计中的应用

1）真实建筑场景的虚拟漫游

这种虚拟漫游的最大特点是：被漫游的对象是已客观真实存在的，只不过漫游形式是异地虚拟的而已，同时，漫游对象制作是基于对象的真实数据。

这种虚拟漫游可以使游客足不出户地游历世界各地名胜和风光，方便研究人员对历史文化遗产的建筑、城镇进行分析、研究。该技术还被应用在地下管道以及复杂的厂房和车间的虚拟漫游式检查。因此，虚拟场景制作时，对真实数据的测量精确度要求很高。

在历史文化遗产虚拟漫游系统的开发方面，我国科技工作者制作的敦煌莫高窟博物馆参观系统、中国的故宫以及西湖风光虚拟游览系统都具有一定代表性。特别值得一提的是于2003年完成的故宫VR《紫禁城·天子的宫殿》项目。安装在故宫博物院的SGI Reality Center是一个沉浸式剧场，可容纳54人，高分辨率的图像投射在50英尺（15.24m）宽、14英尺（4.27m）高的弧形屏幕上，三台Barco Galaxy WARP立体DLP投影机以一个三通道的Onyx 3800 InfiniteReality 4系统和千兆专用纹理库为驱动，将高分辨率的图像逼真地投射在屏幕上。参观者能够在虚拟的紫禁城中自由翱翔——借助操控器可以漫游于康乾盛世的紫禁城，最近距离地观看太和殿的全景。

2）虚拟建筑场景的虚拟漫游

虚拟建筑是指客观上并不存在的，是完全虚构的，或者虽有设计数据但尚未建造的建筑物。虚拟建筑场景漫游是一种应用越来越广泛、前景十分看好的技术领域。在建筑设计、城乡规划、室内装潢等建筑行业等方面，它都大有用武之地，而且代表着这些行业的新技术和新水平。

建筑师或规划师可将其设计、规划方案或其理念立体地呈现出来，让投资方或审查者"身临其境"地在漫游中进行多角度体验性观察，找出不理想之处并当即加以改进，以免交付后特别是施工后再去更改设计。

大型建筑工程招标，可以利用三维虚拟现实充分的展示承建商提交的施工方案，在计算机上充分展示工程动态进展情况，在建设之前就能观看到建成后的效果，给招标的决策者以最直观的认识和介绍。这是赢得工程承建权的有利促销手段。

在城市规划中，可以应用 VR 展示城市规划的成果，采用多种运动方式在运动中感受城市空间，并可从特定角度观察城市；可以实现多方案实时比较，城市设计元素实时编辑；可以实现三维空间综合信息以及规划信息的存储、共享与交流；为公众参与和辅助决策提供了协作平台。这对于提高城市规划的质量与效率，提高公众参与度和部门协同作业的水平，发挥了积极的作用。

3）建筑物理环境等的模拟

如果将虚拟现实和仿真建模结合起来，还可以应用到建筑物理环境（日照、照明、声音等）以及建筑防灾减灾的模拟。例如通过虚拟声环境系统感受厅堂设计中建声设计的效果，通过对城市遭受洪水淹没过程的模拟、高层建筑起火过程的模拟，对研究避灾路线提供有力的帮助。

4）房地产促销

在商品房的预售中，由于预售的房屋实际上尚不存在，购房者很难根据开发商的毫无空间感的售楼书感知未来的小区和房屋是个什么样。有条件的房地产商可以建造样品屋，但这样成本较高，并难以表现出实际房产的外部环境。

用三维虚拟现实的技术使购房者如身临其境，充分了解物业情况，让购房者可以在计算机上真实看到房屋建好后的情况。为促成销售，打下坚实的基础，给用户以信心。

5）施工流程的数字化分解

建筑施工是复杂的、大型的动态系统，它通常包括立模、架设钢筋、浇注、振捣、拆模、养护和装修等多道工序。而这些工序中涉及的因素繁多，其间关系复杂，都会直接影响建筑质量和施工进度。根据英国建筑研究院最近一项统计表明：存在问题的建筑工程项目中，错误来自设计阶段的占50%；因施工不当的占40%，其他的占10%。

通过模拟施工，可以发现实际施工中存在的问题或可能出现的问题。但靠以往的技术手段，真正的模拟施工很难实现。如果将建筑信息模型和三维仿真虚拟现实系统结合起来，实现对施工的全过程进行仿真模拟，施工人员就可以迅速发现问题，及时修改施工方案。

7.6.4 虚拟现实软件平台应用实例

近年来，以数字近景摄影测量、三维激光扫描测量、虚拟现实等技术为基础的数字化保护与复原开始在古建筑保护中扮演重要的角色。首先表现在将文物实体通过影像数据采集手段，建立起实物三维或模型数据库，保存文物原有的各项型式数据和空间关系等重要资源，实现濒危文物资源的科学、高精度和永久的保存；其次利用这些技术来提高文物修复的精度和预先判断、选取将要采用的保护手段，同时可以缩短修复工期；第三可通过计算机网络来整合统一大范围内的文物资源，并且通过网络在大范围内来利用虚拟技术更加全面、生动、逼真地展示文物，从而使文物脱离地域限制，实现资源共享，真正成为全人类可以"拥有"的文化遗产。本节以虚拟现实技术在北京天坛公园古建保护和仿真中的应用为例，介绍虚拟现实技术的应用。

1）研究区域选取

天坛是世界上最大的祭天建筑群，有垣墙两重，分为内坛、外坛两部分，坛域平面北呈圆形，南为方形，象征"天圆地方"。外坛东西长 1700m，南北宽 1600m，面积 270 多 hm²（公顷）。主要建筑集中于内坛。天坛主要建筑在内坛的南北中轴线上，圜丘坛在南，有圜丘、皇穹宇等；祈谷坛在北，有祈年殿、皇乾殿、祈年门等，中间有墙相隔。两坛由一座长 360m、宽近 30m、南低北高的丹陛桥相连。丹陛桥两侧为大面积古柏林。内坛西墙内有斋宫，外坛西墙内有神乐署、牺牲所等。坛内主要建筑还有无梁殿、长廊、双环万寿亭等，以及回音壁、三音石、七星石等名胜古迹。

2）软硬件环境

硬件设备：HP xw8400 图形工作站两台，莱卡 HDS6000 三维激光扫描仪，Nikon D90 单反数码相机，头盔，操纵杆，三维鼠标，立体眼镜，Intergraph 高精度扫描仪，刻录机，磁带机（4mm），外置 50G 硬盘；

软件支持：点云数据处理软件——Cyclone6.0；GIS 软件——ArcGIS9.0，Arcview3.1；虚拟现实软件——VR Platform，Vega；图像处理软件——Photoshop；三维建模软件——AutoCAD，3ds Max，SketchUp。

3）实施步骤

（1）地形数据获取

包括天坛公园大比例尺航摄相片（影像比例尺 1:2500）；相机检校参数文件；地面控制点文件等。

将航摄相片经扫描数字化，转入数字摄影测量软件中。利用 ArcGIS9.0 建立天坛公园的数字高程模型 DEM，获得正射影像图并测得这一地区的建筑模型数据以及道路、水面等属性数据。

将地形数据通过数据转换，分别按地形数据、文化数据和建筑数据等方式转入虚拟现实建模软件 VR Platform 中。在完成了上述转换过程后，成功实现了异构系统间的转换，将测量数据通过 GIS 转换为创建数字虚拟城市所需的数据格式，如数字高程模型数据、数字文化数据、建筑模型数据、纹理数据 TIFF 或 JPG 格式等。

（2）地形数据建模

将数字高程模型数据 DED 通过选择合适的算法建立起三维地表模型，按照与地表模型相对应的经纬度坐标，贴上正射影像图作为地表纹理，形成天坛公园的真实的三维地貌景观。不同的地形表面赋予其适当的纹理，然后选择合适的投影方式，按照与地表模型对应的经纬度坐标投影到地貌景观上，得到更为突出和真实的地貌景观。

（3）建筑数据获取

使用莱卡 HDS6000 三维激光扫描仪现场测绘，经多站扫描后，获取建筑点云数据。将点云数据在点云数据处理软件——Cyclone6.0 进行配准，生成最终完整且准确的三维点云模型。

使用 Nikon D90 单反数码相机拍摄建筑立面及各种材质、纹样照片，为下一步在 3ds Max 中进行贴图渲染做好准备。

（4）3ds Max 建模

以点云数据为参考，获取准确尺寸数据，在 3ds Max 中进行建模。注意，如果模型和场景过于精细，数据量过于庞大，将给虚拟现实应用系统带来灾难，尤其是比较复杂的场景建筑。3ds Max 建模过程中有多种技巧以简化模型。图 7-27 在 3ds Max 中建模时，尽量使用可编辑多边形来进行，注意其分段数，可有效减小文件量；图 7-28 以古建屋顶的吻兽为例，由于其造型复制，可采用 multi/sub-object 多维子物体材质与 bump 凹凸贴图通道来表现，或采用贴图 UV 展开与 bump 凹凸贴图通道来表现。对于树木的建模，在虚拟现实中，对树的表现往往是利用纹理映射的十字交叉法和 Billboard 法等。

图 7-27　3ds Max 建模界面

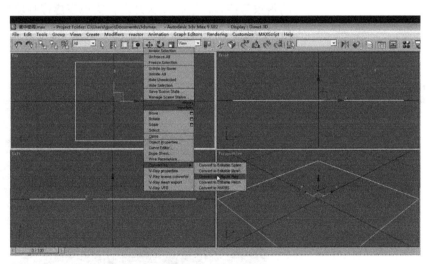

图 7-28　3ds Max 贴图

（5）模型优化

虽然一个单独的模型数据量不算大，但相对于整个场景而言却显得比较大。为了使整个场景漫游得更快，需要在 3ds Max 中将模型简化。如合并三角面、删除多余面、修改面等，例如一个圆柱体一般有 8 ~ 12 个面即可满足精度要求，删除多余的面，把保留面连接完整即可。

（6）烘焙

如有必要，在导入 VRP 前，对场景进行烘焙。烘焙能把在非实时环境中渲染完成的灯光材质等效果转化到实时交互的环境中去，以增强在虚拟现实中交互的实时性。

（7）基于 VRP 的实时交互实现

将模型导入 VRP 添加事件。VRP 提供了丰富的窗口和事件管理函数，可以添加步行模式和鸟瞰模式两种漫游模式，添加天空盒子，粒子效果，地图等，也可添加碰撞等物理引擎。

经过上述参数的配置，在计算机系统中建立起了对真实天坛公园仿真模拟的虚拟环境，如图 7-29 所示。这时，利用头盔（或立体眼镜）、操纵杆（三维鼠标），用户就可以沉浸于这个虚拟现实环境里。利用 VRP 提供的函数与接口，进行二次开发，实现在虚拟环境中的交互操作，体验身临其境的感觉。

图 7-29　虚拟现实交互界面演示

参考文献

[1] 李勋祥编著. 虚拟现实技术与艺术 [M]. 武汉：武汉理工大学出版社，2009.

[2] 张涛编著. 多媒体技术与虚拟现实 [M]. 北京：清华大学出版社，2008.

[3] 李欣著. 虚拟现实及其教育应用 [M]. 北京：科学出版社，2008.

[4] 汪伟，范秀敏，武殿梁. 虚拟现实应用中的并行渲染技术 [J]. 计算机工程，2009，35（3）：282 ~ 285.

［5］徐烈辉. 粒子系统基本理论及其应用 [J]. 电脑与信息技术，2009，17（3）：9 ~ 10.

［6］曾芬芳. 三维虚拟声音及其显示 [J]. 中国计算机报，1997-6-16.

［7］庄怡，汪剑春，胡新荣. IBR 技术与应用综述 [J]. 武汉科技学院学报，2010，23（3）：
49 ~ 52.

［8］朱诗孝，林小军. 基于 3DSMax/MultiGen Create/Vega 的古建筑仿真系统的实现 [J].
浙江工贸职业技术学院学报，2008，8（1）：55 ~ 58.

［9］Burdea G. Virtual Reality Systems and Applications[R]. Electro'93 International
Conference, Short Course, Edison, NJ, April 28, 1993.

［10］http:// www.vrplatform.com

［11］http://www.gdi.com.cn

第8章 数字化建筑设计智能化

8.1 概述

自 20 世纪 80 年代以来，由于计算机（尤其是个人计算机）的处理能力大幅度提高，利用计算机进行图形处理的工作变得越来越便利，因此在建筑设计领域中对于 CAD 技术的利用也越来越普及。在建筑设计中利用计算机来减轻繁重的设计工作可以说意义十分重大，例如，就某一具体类型的建筑设计来看，由于建筑用地、周边环境、建筑规模、所需的功能空间、建筑的利用方式以及使用者的特性等方面的差异，通用的解决方案可以说几乎是不存在的，设计者们面临着艰巨而又繁重的设计任务。一个建筑项目的完成，需要设计者对建筑设计、结构设计、建筑设备、建筑施工、建筑管理等各方面的知识、信息、条件进行掌握、管理、调整、综合。

在这样的情况下，目前建筑设计中对于计算机的利用，特别是对于 CAD 的利用在减轻设计人员在整个建筑设计作业过程中的劳动负担方面无疑做出了巨大的贡献。然而，尽管现在计算机技术已经在建筑设计、研究、生产等几乎所有的建筑领域中得到了广泛的应用，在建筑设计领域中对于 CAD 实际运用目前仍然主要局限于图纸绘制以及三维建模、建筑方案表达等方面，这其实是追求设计过程效率化的一种利用方式，我们可以将这种利用方式中计算机的作用称为"手的延长"。另一方面，我们在追求效率化的同时，还应当充分利用计算机的优势来帮助设计者提高设计的创造性，即让其真正成为"脑的延长"。虽然目前作为设计者的"脑的延长"的计算机的利用还远远未得到普及，但是就目前在建筑设计领域中对计算机的一些新的利用方式的研究以及探索来看，计算机辅助设计应当不仅仅只限于辅助绘图、三维建模等方面，而且能够在更为广阔的领域，特别是在对设计者的建筑设计思考本身进行有效支援方面发挥更大的作用。

8.1.1 数字化建筑设计智能化技术的发展与现状

1）数字化建筑设计智能化的含义

数字化建筑设计智能化与计算机技术尤其是人工智能技术的产生与发展密切相关。最早提出"人工智能 (Artificial Intelligence)"这一概念的美国斯坦福大学的约翰·麦卡锡（John McCarthy）教授针对"计算机无法进行创造性工作"的说法，认为"人可以完成的工作计算机也可以完成"，并一直致力于模拟人脑的思维活动的、能像人类一样进行推理的计算机系统的研究①。数字化建筑设计智能化就是在建筑设计工作中，运用计算机技术来帮助设计人员从事建筑创作，特别是在建筑方案解答的自动生成、可能的建筑设计解决方案的自动探索以及建筑设计解决方案的自动评价与优化等方面，对设计者的设计思维活动进行有效支援的智能系统与技术。

2）建筑设计智能化技术的发展

要使计算机具有与人类相同的智能，必须将人所积累与学习到的众多经验与知识用计算机所能理解与处理的方式进行整理，加以体系化。建筑设计智能化技术的产生与发展正是计算机技术的发展与科学系统化的建筑设计方法论的研究成果相结合的结果。

对于科学系统化的建筑设计方法论的研究始于 20 世纪 60 年代美国的克里斯多夫·亚历山大所著的《形式合成纲要》，在该书中，亚历山大提出了将建筑设计中的诸多条件分解成一系列相互间矛盾最小化的次系统的数理方法，以及将建筑设计问题分解为数个子项，然后寻求各个子项问题的最佳解答并进行合成的设计方法②。当时，有很多研究者热心于运用计算机进行自动设计（automatism）的研究，试图开发能够进行自动设计的模型与系统。其中较代表性的有英国的彼得·曼宁（Peter Manning）与怀特黑德（B.Whitehead）③的有关单层建筑平面自动布局最优化的研究以及西霍夫（J.M.Seehof）与埃文斯（W.O.Evans）④的基于凑合法的平面自动布局设计（ALDEP：Automated Layout Design Program）的研究等。

进入 20 世纪 70 年代以后，关于建筑的形式、平面组合、空间布局的研究，特别是基于功能空间邻接关系的平面生成的研究，成为计算机辅助建筑设计以及设计方法研究中的一个重要分支。例如，在斯泰德曼（P.Steadman）、吉田胜行等人⑤通过矩形分割法建立建筑形态语汇的研究中，提出了运用选择法进行建筑设计研究的方法，这些研究成果集中反映在斯泰德曼的著作《环境几何学》以及《建筑形态学》之中。

20 世纪 80 年代后期，研究者们开始对建筑空间的系统性表述方法进行研究，提出了形态语法的概念，与此同时，尝试运用这一概念进行建筑设计工具的开发。在《建筑的逻辑学》一书中，米歇尔（W.J.Mitchell）⑥发展了形态语法的概念，通过语言逻辑构筑了对形态与功能关系进行综合表述的框架，提出由功能到形态的设计方法（Functionally Motivated Design）。在建筑设计智能化系统的具体研究中，对运用图形学理论将建筑空间进行平面图形的抽象化，以图形与空间所具有双重性为前提的自动设计，以及

①　渡边仁史.建筑策划与计算机 [M].东京：鹿岛出版社，1991.

②　Alexander C.Notes on the Synthesis of Form[M].Boston:Harvard University Press，1964.

③　Manning P.An Approach to the Optimum Layout of Single-storey Buildings[J].The Architect's Journal Information Library，1964，17：1373 ～ 1380 & Whitehead B，Eidars M Z.The Planning of Single-Storey Layouts[J].Building Science，1965，1（2）：127 ～ 139.

④　Seehof J M，Evans W O.Automated Layout Design Program[J].Journal of Industrial Engineering，1967，18（12）：690 ～ 695.

⑤　March L，Steadman P.The Geometry of Environment – An Introduction to Spatial Organization in Design[M].London: METHUEN & CO.LTD. 1971 & Steadman P. Architectural Morphology–An Introduction to the Geometry of Building Plans[M].London: Pion Limited，1983 & 吉田胜行.基于非线性规划法的以立方体分割图为母体的最佳平面作成法的相关研究 [J]. 日本建筑学会论文报告集，1982，314：131 ～ 142.

⑥　Mitchell W J. The Logic of Architecture[M]. Boston: MIT Press，1989.

按照所给定的约束条件在矩形空间中进行交通空间最优化配置等方面进行了尝试。

在计算机作为绘图工具普及之前，即20世纪90年代以前，有关建筑平面布局自动化系统的研究较为多见。随着计算机辅助绘图软件的开发以及在实际运用中不断发展，以提高CAD的操作性能为目的的研究以及智能型CAD的相关研究变得引人注目起来。这是由于伴随着计算机技术的发展及其利用形态的变化，计算机技术在建筑设计领域中的利用的可能性也发生了变化的结果。20世纪90年代后，同以互联网为代表的计算机网络技术的迅猛发展的步调相一致，利用互联网进行设计支援以及远程协同设计方面的研究得到了迅速发展，这正是计算机技术的发展以及计算机利用形态的变化中很具代表性的一个例子。此外，近年来其他科学领域的研究成果与研究方法（如从生物学中发展而来遗传基因法、元胞自动机、蚁群算法，数学领域中的模糊理论、图形学理论等）也对建筑设计智能化研究的内容与方法产生了很大的影响。

3）建筑设计智能化技术的现状

从目前建筑领域中对于计算机利用的现状来看，计算机技术在建筑设计、研究、生产等各个相关领域中得到了广泛的利用，并且取得了丰富的成果。然而，就计算机在建筑设计领域中的实际利用情况来看，虽然作为制图工具，或者作为建筑方案的表达工具来说已经得到了广泛普及，作为帮助设计者进行建筑设计思考的工具来说，还远远未到实用化的阶段。

例如，在对二维CAD软件的利用中，主要用来完成建筑的平面、立面、剖面、大样图等方案图或施工图的绘制。而在对三维CAD软件的利用中，虽然也用于立体形态空间的推敲等设计作业中，然而大多数情况下却是在方案设计完成后用于最终建筑效果图的绘制。因此，目前建筑设计中的CAD利用与其说是计算机辅助建筑设计（Computer Aided Design），倒不如说是计算机辅助绘图（Computer Aided Drawing）来得更为准确。当然，就建筑设计的整体过程从广义的角度来说，利用计算机进行图纸绘制也可以看成是对建筑设计支援活动的一部分，不过这与当初CAD的倡导者所提出的概念恐怕已是相距甚远了。

目前流行的CAD软件（无论是通用CAD软件或是建筑设计专用CAD软件）都是以提高绘图效率为中心加以开发的，尽管这些软件拥有丰富的作图功能，然而并不支持设计者的建筑思考特别是方案构思阶段的活跃的思维活动。也就是说，软件使用者（设计者）如果不将建筑方案的方方面面（如具体的图形，尺寸等）加以明确的规定，就无法运用这些软件来进行设计。而当这些具体的图形、尺寸明确到可以在这些CAD软件中进行输入时，已经是设计者的建筑思考过程之后的结果了。此外，由于目前的计算机与人脑在信息处理时方式与特点存在很大的差异，再加上建筑设计的思考活动有其固有的特质，因此在开发支援建筑思考活动的软件或系统时面临着一系列的困难（关于这一点在以后的内容中将详细阐述）。

基于上述原因，从建筑设计实践的层面来看，可以真正有效支援建筑设计者进行建筑设计思考的建筑设计智能化系统可以说是寥寥无几。不过，在研究的层面上，利用计算机的计算处理能力作为支援建筑设计思考活动的工具的研究自 20 世纪 60 年代以来从来没有停止过，而且也取得了一定的研究成果。目前主要的研究领域有建筑设计型专家系统、网络协同设计系统、建筑形态生成系统、建筑技术模拟系统等。在建筑设计智能化研究中最具代表性的建筑设计专家系统中又可分为建筑平面布局自动化系统、智能 CAD 系统、三维智能建模系统等几个主要研究方向，我们将在本章的第 4 节中对这些研究方向通过一些具体实例进行介绍。

8.1.2　建筑领域中的专家系统

目前，在建筑设计领域中对计算机技术的利用主要集中在计算机辅助设计（CAD）领域，而且多为把计算机当作绘图工具加以利用。而另一方面，利用计算机来代替或是帮助人类从事更高层次的智能型工作的设想，以人工智能研究的形式得到了相当程度的发展。现在，随着人工智能研究的不断发展，在各个科学研究领域都得到了广泛的运用。以下是其中一些具有代表性的研究与利用类型，如专家系统（Expert System）、图像识别、模式识别、神经元网络、机器人等。

作为人工智能研究的一个重要领域，20 世纪 60 年代出现的专家系统从 20 世纪 80 年代开始在建筑领域得到广泛的关注与研究。由于人们对专家系统抱着极大的期待与热情，因此在对专家系统的研究盛行一时的年代，专家系统几乎成为人工智能的同义词。以下我们就专家系统的构成、专家系统的类型以及在建筑领域中的主要应用进行简要的介绍。

1）专家系统的基本构成

所谓专家系统是指在特定的问题研究领域，运用储存在系统中的专家知识进行推理，以帮助解决问题的智能计算机系统。也就是说，专家系统是一种模拟专家决策能力的计算机系统。专家系统是以逻辑推理为手段，以知识为中心来解决问题的，如图 8-1 所示。专家系统一般来说由以下几个部分构成[①]。

图 8-1　专家系统的构成

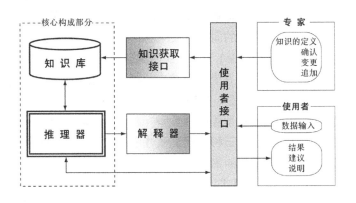

---

① 三云正夫等．技术纲要．建筑与 AI-1/AI 的概要 [J]．日本建筑学会建筑杂志，1987，102（1259）．

- 知识库 (Knowledge Base)：用于储存专家用以解决问题的知识。
- 推理器 (Inference Mechanism)：利用知识库中的知识控制推理过程。
- 使用者接口 (User Interface)：又称为用户界面或人机接口，提供使用者与专家系统的接口。
- 知识获取接口 (Knowledge Acquisition Interface)：提供编辑、增删知识库的功能。
- 解释器 (Explanation Mechanism)：就所得出的结论向使用者提供友善的推理过程的解释说明及咨询功能。

在以上5个部分中，知识库与推理机构是专家系统的最为核心的构成要素。

（1）知识库：知识库的主要任务是储存知识，系统地将知识进行表述或是模型化，使得计算机可以进行推理从而解决问题。知识库中的内容一般包含两种形态：一种是知识本身，即对物质以及概念做出具体的表述、分析，并确认彼此之间的关系；而另一种则是作为专家（人）所特有的经验法则、判断力与直觉。知识库所包含的是可做决策的"知识"，而非未经处理过的"资料"。在知识库中，一般运用"IF：条件，THEN：结论"的形式来表达专家的经验法则与判断规则。下面是一个表述专家经验法则的实例：

IF：某卧室朝南开窗，而且该房间南面无建筑物及其他遮挡

THEN：该卧室可以从南面采光

（2）推理器：推理器是根据算法或者决策策略来进行与知识库内各项专门知识的推论系统，根据使用者的问题来推导出正确的答案。推理器的问题解决的算法可以分为三个层次：第一个层次是一般途径，即利用任意检索随意寻找可能的答案，或利用启发式检索尝试寻找最有可能的答案。第二个层次是控制策略，有前推式、回溯式及双向式三种。前推式是从已知的条件中寻找答案，利用条件逐步推出结论；回溯式则是先行设定目标，再证目标成立。第三个层次是其他一些思考技巧，如用模糊算法来处理知识库内数个概念间的不确定性，用遗传算法来在数量巨大的解答领域中探寻近似最佳解答等。在推论器中采用哪种推论层次一般是根据知识库、使用者的问题以及问题的性质与复杂程度来决定的。

2）专家系统的类型及其在建筑领域中的运用

在专家系统中，根据处理对象、问题性质以及任务类型的不同可分为分析型、控制型、规划设计型、解释型、调试型、维修型、监护型、控制型、教育型等多种类型。以下简单地介绍一下分析预测型、控制型、规划设计型这三种在建筑领域中被广泛研究及运用的专家系统的特征及其在建筑领域中的主要应用形式：

（1）分析型专家系统：分析型专家系统是指根据事先给定的数据进行分析，推断出结果或者原因的系统，根据性质不同又可分为解析系统、诊断系统、预测系统等不同的类型。该类专家系统具有问题探索空间有限以及模型的设定相对容易等特征。

目前，分析型专家系统在建筑领域中的主要应用有：采光、日照、声学、通风、热工环境等方面的解析系统；结构设计中的力学计算、抗震计算等解析系统（图 8-2）；混凝土结构建筑物的裂缝诊断、原因推断系统；建筑防灾预测系统；建筑物中人的行为预测与模拟系统（图 8-3）等，这些专家系统中有相当一部分已经得到了实际应用。

图 8-3 中展示的是英国 Space Syntax 公司运用该公司研发的基于空间句法理论的分析系统对伦敦泰勒美术馆参观者的流线模拟分析，通过实测图与模拟图的比对，证明了该公司的空间句法数学模型的有效性。

图 8-2 分析型专家系统在力学计算中应用的实例
（a）利用有限元方法得出的双曲抛物面屋顶的力学解析图；
（b）双曲抛物面屋顶的结构示意图

图 8-3 分析型专家系统在人的行为预测与模拟中应用的实例[1]
（a）伦敦泰勒美术馆人流密度模拟图；（b）伦敦泰勒美术馆人流密度实测图

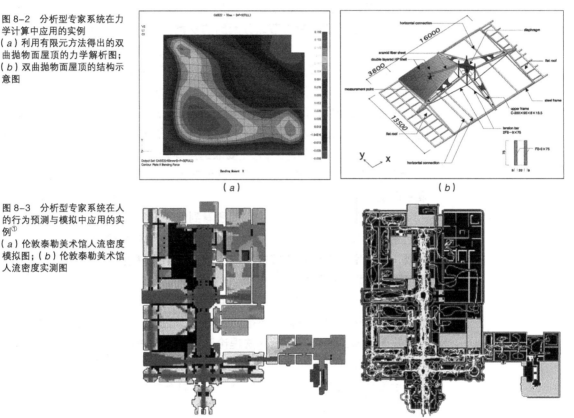

（a）　　　　　　　　　　　　　（b）

空间句法是一种通过对包括建筑、聚落、城市甚至景观在内的人居空间结构的量化描述，来研究空间组织与人类社会之间关系的理论和方法。它是由英国伦敦大学巴利特学院的比尔·希列尔（Bill Hillier）、朱莉安妮·汉森（Julienne Hanson）等人创始于 20 世纪 70 年代的建筑与城市空间形态研究方法与理论的总称。其核心概念是"空间组构"（Spatial Configuration)，即一个空间系统中各空间元素的相互关联[2]。

空间句法是将人们所要研究的人居空间转化为一种通过节点和连线来

① 图片来源：渡边诚. 思考是否跟上了技术 [J]. 建筑杂志（日），2005，120（1538）：14~18.
② Bafna S. Space Syntax: A Brief Introduction to its Logic and Analytical Techniques[J]. Environment and Behavior, 2003, 35 No.1, 17 ~ 29.

描述空间结构关系的图解即关系图解。关系图解是一种拓扑结构图解，它不强调欧氏几何中的距离、形状等概念，而重在表达由节点间的连接关系组成的结构系统。关系图解为空间构形提供了有效的描述方法，同时也是对构形进行量化的重要途径。在关系图解基础之上，发展了一系列基于拓扑计算的形态变量，来定量地描述构形[1]。其中最基本的变量有连接值（connectivity value）、控制值（control value）、深度值（depth value）、集成度（integration value）、可理解度（intelligibility）。

连接值是与某节点邻接的节点个数，在实际空间系统中，一个空间的连接值越高，则表示其空间渗透性越好。

控制值是节点从相邻节点分配到的权重，表现的是节点之间相互控制的程度。

深度值是两个节点间的深度，即从一个节点到另一个节点的最短路程（即最少步数），深度值表达的是节点在拓扑意义上的可达性，即节点在空间系统中的便捷度，深度是空间句法中最重要的概念之一，它蕴涵着重要的社会和文化意义，人们常说的"酒好不怕巷子深"、"庭院深深"，这其中的"深"就有局部深度的含义，它主要表达空间转换的次数，而不是实际距离。

集成度表示节点与一定范围内其他节点或整个系统内所有节点联系的紧密程度。

可理解度就是衡量从一个空间所看到的局部空间结构，是否有助于建立起整个空间系统的图景，即能否作为其看不到的整个空间结构的引导。所以，如果空间系统中连接值高的空间，其集成度也高，那么，这就是一个可理解性好的空间系统。

这些变量定量地描述了节点之间，以及节点与整个结构之间的关系，或者定量描述了整个结构的特征。自1977年空间句法研究略具雏形以来，经过三十余年的发展，空间句法理论已经深入到对建筑和城市的空间本质与功能的细致研究之中，并得到不断完善。由此开发出的一整套计算机软件，可用于建成环境各个尺度的空间分析，并且在建筑设计、城市设计、城市规划得到了广泛的应用。

（2）控制型专家系统：控制型专家系统可以根据连续输入的信息数据进行解释，检测异常状况，进行实时监控，自动报告异常状况并且按照预先设定的对策自动完成实时控制任务。控制型专家系统在核电站中的异常诊断与运行系统、各种发电厂的控制系统、车辆自动驾驶系统、智能机器人等许多领域中都得到了广泛的应用。

在建筑领域中控制型专家系统应用的实例有：用于建筑物振动控制的动态控制系统，空气膜结构建筑管理系统，用于发现建筑物缺陷的建筑设施控制系统等。

（3）规划设计型专家系统：这种专家系统在一定的条件约束的基础上，生成能够满足各种设计要求的设计方案的系统。由于在通常情况下可能的

---

① 张愚，王建国. 再论"空间句法" [J]. 建筑师,2004,109：33～44.

解决方案的解答有很多，因此这种系统必须具备对生成的方案进行优化评价的功能，因而远比分析型专家系统及控制型专家系统要复杂得多。根据使用性质的不同，这种专家系统可分为规划型与设计型两种。规划型是根据给定目标拟订行动计划方案，设计型多为根据给定要求形成所需方案和图样（图8-4、图8-5）。由于设计型专家系统往往以综合优化方案的生成为目标，而综合能力又是当前计算机的弱项之一，因此该种系统想要真正得以实现和应用，要走的路还很漫长。

在建筑领域中，对规划设计型专家系统的研究虽然一直在进行，例如建筑设计的早期阶段的土地利用规划系统、平面自动布局系统、装配式住宅设计支援系统等，基于上述问题的存在，真正得到实际应用的设计型专家系统可以说寥寥无几。

图8-4 设计型专家系统的实例[①]（建筑平面布局自动化系统的用户界面）
(a) 用地环境及建筑层数设定窗口; (b) 用地尺寸设定窗口;
(c) 功能空间设定窗口;
(d) 建筑平面性能设定窗口;
(e) 设计者自定约束条件设定窗口; (f) 生成结果提示窗口

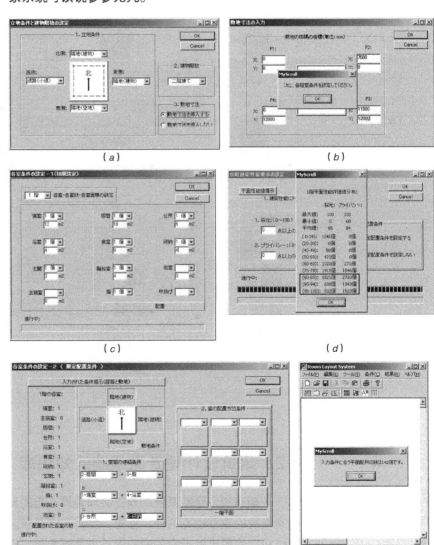

① 图片来源：蘇劍鳴. 周辺環境を重視した3次元室配置手法に関する研究 [D]. 日本：東北大学，2006.

图 8-5 设计型专家系统所生成的建筑平面布局的实例[①]

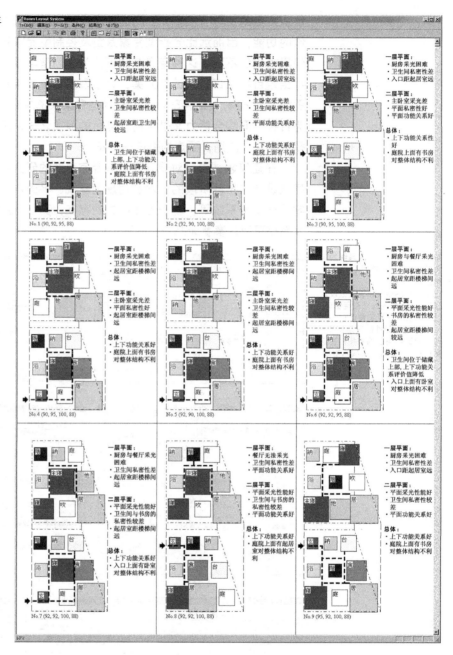

8.2 建筑设计型专家系统的知识库

一般来说，专家系统的建立必须遵循一定的程序来进行，建筑设计型专家系统的建立也不例外。首先，要确定需要解决的问题的类型，再根据这些特定的需求找出相关的知识并将其概念化、模型化，并将这些概念加以组织整理成系统的知识结构，这样就能初步形成一个知识库。接下来必

---

① 图片来源：苏剑鸣，梅小妹. 基于功能与环境关系评价的生成式计算机辅助建筑设计方法研究 [J]. 南方建筑，2011，141：62～71.

须制定一些涵盖上述知识的规则,这其中包含了推论技术与演算法的选择、转译、推理演绎等程序,通过推理器来生成建筑设计方案并进行评价与优化。

8.2.1 建筑设计过程的表述与建筑设计的问题定义

所谓设计可以定义为将某种设计目标加以具体化的作业过程。将这一概念推广到建筑设计领域中加以解释的话,建筑设计可以定义表述为:为实现能够提供满足预期使用要求的建造物(建筑物,城市以及其他构筑物)及其环境,对设计对象(建筑物,城市,环境)的形态、结构进行研究、思考,通过图纸、文字说明等手段将其具体表达出来的行为。因此,建筑设计的过程实际上就是探寻与发现可以满足某种目的和要求条件的建筑的形态与结构的过程。

1)建筑设计过程的表述

如图 8-6 中所示,建筑设计的过程可以表述为由设计问题定义、设计解的生成以及设计解的验证这三部分所构成的问题解决的过程[1]。在建筑设计中,从设计者的设计行为来看,通常是首先运用理性分析的方法来分析设计条件确定设计目标,然后通过直觉与经验迅速构想出大致的解决草案进行评价与验证。如果初期草案看起来大致可行,再运用理性的分析进一步检查确认能否满足各项要求条件及设计目标(如功能、成本、能耗、结构合理性)等具体内容。当发现存在问题时,修改设计方案再行评价。当即使修改设计方案也无法解决问题时,有必要重新审视设计目标,考虑其具体内容的优先满足程度,调整各部分之间的相关关系,修订设计目标后再进行方案调整与评价。通过这样的反复调整修改,逐步设计引导出能够满足设计目标(经过修改能够被接受的目标)的最终方案。

图 8-6 建筑设计过程的示意图

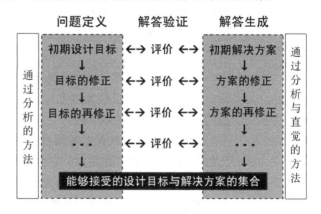

2)建筑设计的问题定义

建筑设计中的问题定义是指对建设项目的委托人、业主、使用者的各种要求(既有具体的、定量的要求,也有抽象的、定性的要求)以及气候、用地、城市、社会等方面的环境条件与法规条件进行整理,将这些要求条件转换成形态、要素、功能、性能等相对具体的、定量的、定性的设计目标,

① Sequin C H, Kalay Y A. Suite of Prototype CAD Tools to Support Early Phases of Architectural Design[J]. Automation in Construction, 1998, 7(6): 449~464.

确定作为设计对象的建筑的基本条件。例如，克里斯多夫·亚历山大在其著作《形式合成纲要》中，将复杂的建筑设计问题表述为 G（M，L）的形式 [2]。其中 M 为形式与环境文脉之间不相吻合的变量集合，L 为这些变量之间相互关联的集合。将建筑设计看作是消除、解决这些与环境文脉不相协调的问题的过程。在具体设计操作中，采用将复杂的建筑设计问题 G 分解为一系列较为简单的次系统，然后将各个次系统所赋予的形式加以合成的方法。

8.2.2 设计语汇与知识的表述

建筑设计既是问题解决的过程，又是一个形式的选择与发现的过程。在建筑设计型专家系统的建立中，无论是从设计问题定义、设计目标的表述以及设计解的表达与验证的角度来看，都需要将建筑设计语汇以及建筑（通常是建筑方案）通过某种形式加以表述，这种表述既要符合建筑设计表达的一般规律又必须采用计算机所能理解和处理的模式。下面以建筑设计型专家系统中具有代表性的建筑平面布局自动化系统（具体内容见本章第4节）为例，对建筑平面构成的记述与描写做一个简单的介绍。

所谓建筑平面布局自动化系统是指运用计算机自动处理建筑的房间、走道的布局，按照房间的关系、日照等条件，自动探索、生成符合这些条件的建筑平面组合类型的系统。由于建筑平面布局自动化系统所处理的是有关平面图形的问题，必须用计算机语言将平面布局问题通过某种表现方法加以表述与描写。在建筑平面构成中，既存在着明确的具体形态、功能方面的关联又隐含着许多潜在的抽象关联，因此在处理平面布局问题时，有必要对建筑平面进行完整而客观的表述。如图 8-7 所示，在对建筑平面进行描写时，以下四个要素，即构成单元、单元关联、环境关联、整体架构是不可缺少的要素。

（1）构成单元

构成单元是平面构成的基本元素，在建筑平面布局自动化系统中以房间为构成单元的情况最为常见，另外也有将由一组相关功能密切的房间组成的功能块作为构成单元的。

构成单元本身包含多种属性，如功能属性（即构成单元的建筑功能，比如住宅中的寝室、起居室、卫生间等）、形态属性（矩形、圆形、三角形、不规则形等）、尺寸属性（构成单元的面积、横向与纵向尺寸及其比例等）、性能属性（构成单元在建筑性能方面的要求，例如对通风、采光、保温隔热、防噪等方面的要求）等一系列属性。

（2）单元关联

即建筑平面中的构成单元之间的相互关系，如构成单元之间的功能关系、位置关系（构成单元相互间的远近、邻接、上下左右等关系）、形态关系（构成单元间的平行、垂直、重叠穿插）等各种关系。

（3）环境关联

环境关联是指构成单元与基地周围环境之间的相互关系，这些关系有位置关系（构成单元在基地中的平面位置、方位及朝向等）、邻接关系（构成单元与基地内部或基地周围的道路、相邻建筑以及其他环境要素之间的远近、邻接等关系）、功能关系（道路出入口、基地外部环境对构成单元在通风、采光、保温隔热、防噪、观景等方面的影响）等。

（4）整体架构

建筑平面并非仅仅由作为个体的构成单元所堆砌而成，轴线、骨架、秩序、整体形态等要素在保证建筑具有良好的整体架构关系中不可或缺。这些要素对于建筑内部简洁明确的功能流线的组织、富有秩序的空间的形成、有效的结构关系的确立以及良好的建筑外部形态的创造等方面起着非常重要的作用。

以上所述的仅是建筑平面布局自动化系统中的一种建筑表述的模型，不同类型的建筑设计专家系统应根据系统的目标以及处理问题的不同，恰当地建立建筑表达的数学模型以及相关建筑知识的信息库。

图 8-7　建筑平面描写的相关要素

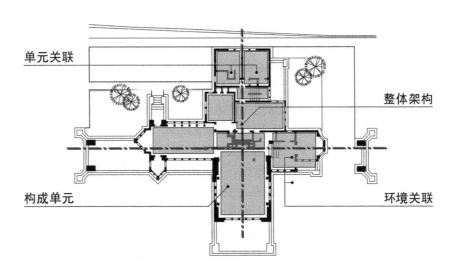

8.2.3　设计目标的表述

前面说过，在开始某项建筑设计时，需要在设计的初期阶段将各种设计要求与条件转化为具体的设计目标，提出并定义设计问题。在建筑设计目标设定中，既需要对综合目标设定，又需要对各相关的单项目标设定与权衡以保证综合目标的实现。例如，在进行住宅建筑设计目标设定时，在设定营造品质优良的住宅这一综合目标的基础上，必须设定建筑的耐久性、安全性、舒适性、高效性、经济性、艺术性等方面的单项目标。

在构筑建筑设计型专家系统时，由于必须通过计算机所能理解的方式进行信息与数据处理，这些设计目标需要以某种数学模型的方式进行转译与表述。例如，用移动成本、流线密度、功能空间的距离权值等数学模型来表述建筑功能流线的高效性这一设计目标，用建筑各功能空间的日照时间权值、房间采光性能综合值来表述舒适性目标中采光要求这部分内容，用建设成本来表述经济性目标，用架构性来衡量建筑结构合理性目标等。

就目前所开发的众多建筑设计型专家系统来看，设计目标的设定与表述中普遍存在以下两个问题：一是由于综合目标设定困难，因此多采用单项目标设定的方式，这对于建筑设计综合最优化不利；二是由于存在像艺术性这样难以用数学模型明确地加以表述的目标，多采用移动成本、日照时间权值等易于表述的数学模型来描述设计目标，而这些设计目标在具体设计中并非总是处于核心目标的地位。这些问题都是在建立实用性的建筑设计型专家系统时所必须解决的问题，遗憾的是对于这些难点问题目前尚未有有效的解决办法。

8.3 建筑设计型专家系统的知识推理器

在建筑设计型专家系统中除了需要建立与建筑相关的知识库之外，还必须建立有效的知识推理器来进行建筑设计解决方案的生成与评价。建筑知识推理器是根据算法或者决策策略来进行与知识库内各项专门知识的推论系统，根据使用者的问题来推导出正确的答案。建筑设计型专家系统的知识推理器建立在知识库与知识推理规则的基础上，运用设计解生成系统生成可能的建筑解决方案，通过设计解的验证与评价系统进行评价与筛选，然后运用各种优化方法来获得满足设计约束条件的优化方案。

8.3.1 知识推理规则

按照推理方法的不同，专家系统的推理机一般采用以下两种形式来进行知识推理：一是基于演绎的推理，其具体应用形式是基于规则的推理系统（Rule-based Reasoning，RBR）；二是基于类比的推理，具体应用形式是基于实例的推理系统（Case-based Reasoning，CBR)[1]。

1）基于规则的推理（Rule-based Reasoning，RBR）

基于规则的推理是将专家的知识用规则的形式（一般为 IF THEN 的形式）加以表现，通过运用规则库中的规则的选择与匹配来进行问题求解的方法。这种方法适用于那些具有较完善的知识和较丰富经验的环境中，专家知识全部由具有因果关系的规则组成，规则间相互独立，信息传递靠上下文（或事实库）实现，系统的性能取决于规则的规模及规则的完备程度。

该推理方法的使用主要受到三方面制约：一是当规则集中的规则数量增多时，规则的一致性及完备性难于检验和保证。二是问题求解过程是通过对综合数据库中的事实进行反复的"匹配——冲突消解——执行"而实现的，由于通常的规则库比较大，匹配的过程又比较费时，因而推理效率低下。三是不太符合人类的初始认知规律，比较适合运用一些因果关系的知识而难以运用那些具有结构关系或层次关系的知识。建立这类 RBR 系统的难点在于知识的获取不容易，而且要在浩繁的知识海洋中获取完备的知识更不容易，特别许多设计问题的知识域是属于复杂多变的"病态结构域（ill-structured domain）"，要想从中抽象出形式化的推理规则难度很大。

---

① 应保胜，高全杰. 实例推理和规则推理在 CAD 中的集成研究 [J]. 武汉科技大学学报（自然科学版），2002，25（1）：61～64.

另外还有一个难点是，开发一个这样的 RBR 系统需要的周期很长。

2）基于实例的推理（Case-based Reasoning，CBR）

基于实例的推理起源于人和机器学习的动态存储理论，其本质是利用旧问题的解（解决方案）来解决新问题。它的原理是，首先由问题（Problem）及其解（Solution）组成一个实例（Case），并将其存储在实例库（Case-base）中；对一个新问题进行求解时，先将新问题按某种特定方式进行描述，然后到实例库中寻找与之相似的旧实例，再按某种算法找出最相似的旧实例作为新问题的匹配，将其解作为新问题的建议解；通过对建议解进行修正、校订，得到新问题的确认解。与此同时，新问题及其确认解又作为一个新的实例存入实例库，供其他新问题的求解使用。因此，基于实例的推理系统具有自学习功能。由于具有自学习功能的特点，当应用一个 CBR 系统完成多个项目后，该系统就会变得"经验丰富"。这也是当前人们对 CBR 感兴趣的原因之一。如何表示实例是该系统的一个重要问题。根据具体问题的不同，实例的表示方法也有所不同。一般要求实例的表示至少应包含两方面的内容，即问题及其目标的描述和问题的解决方案。应用经验来求解问题是 CBR 的标志，符合人类认知过程中的心理学理论，并且提供了人们如何求解问题的一种认知模型。CBR 的流程中的实例重用、实例修改、实例存储的循环过程，与建筑设计中的构思初步方案、修改方案、确定方案的过程十分相似，符合建筑设计人员的设计工作流程的思维模式。

同基于规则的推理系统相比较而言，基于实例的推理系统，对知识、经验及信息的完备程度要求远低于专家系统，且推理效率较高，因而它越来越多的引起人们的重视。例如用于风景设计的 CTCLOPS 系统、用于办公楼建筑设计的 ARCHIE 系统、用于住宅平面设计的 IDIOM 系统等[①]。不过它也有以下几个缺点：一是检索出来的相似实例可能不是满意结果，有时最适合的实例不一定能被选中。二是在相似实例不完全符合新要求时，缺乏好的实例改写机制。

8.3.2　设计解生成系统

建筑设计是一个以满足各种设计条件和设计要求为目的的，逐步确定建筑的功能、空间形式等内容、对于设计解答进行不断探索与评价修正的过程。在该过程中，设计者针对设计要求以自己所具有的专业知识以及经验、常用手法为基础，构思出一系列可能的解决方案，然后进行方案的验证与评价，通过反复修正最终创造性地寻找出在整体上能够满足作为设计对象的建筑物的功能与空间形式的设计方案解答。建筑设计具有求解领域的广泛性与不确定性、正确解答的不明确性以及非惟一性的特点，属于多解性问题。在求解过程中，约束条件越多求解的范围就越小，而在实际的建筑设计中，一般来说约束条件总是不充分的，这样就导致了求解的范围远远超过设计人员所能把握和处理的范围，因此为了缩小解答的探索范围，设计者需要根据自己的经验与判断增加约束条件，在有限的范围内争取寻

---

① 高剑峰，蒋华，张申生. CBD 关键技术研究 [J]. 计算机工程，1998，24（6）：44～52.

图 8-8　建筑设计问题求解空间与条件约束的关系

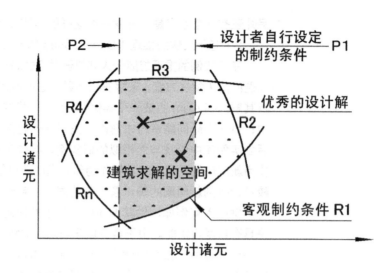

找出优秀的设计解（图 8-8）。

在建筑设计型专家系统中，一般在预先设定的约束条件的基础上，按照某种生成规则与探索方式来寻找潜在的建筑解决方案，然后反复进行解的评价与生成，直到寻找到能满足设定的设计目标的建筑解为止。因此，设计解生成系统的核心是设计解的生成规则与探索方式。至于作为探索的结果所获得的方案是否属于正确的解答，则有赖于恰当地设定目标评价函数来进行验证。

1）设计解的生成规则

设计解的生成规则是系统以何种方式自动形成初始的设计方案（在建筑平面布局自动化系统中通常为建筑平面布置图），其中既有按照某种既定法则（例如按照房间面积大小或重要性依次排列房间等建筑构成单元）来有序生成的方式，也有随机生成的方式。一般有序生成的方式有利于对于设计解领域进行全面探索，缺点是初始的设计方案受既定法则的影响大。随机生成的方式可以不受既定法则的影响，但不利于设计解领域的全面探索，一般多与遗传算法等不需要全面探索求解领域的方法相结合运用。

2）设计解的探索方式

根据对设计解领域探索范围的不同，设计解的探索方式可分为完全探索与不完全探索两种方式。完全探索是指在设定的求解领域范围内对于可能的设计解毫无遗漏地进行穷举搜索，将其进一步细分的话又有广度优先型设计解探索（Breadth First Search）和深度优先型设计解探索（Depth First Search）两种方式。不完全探索是通过一些特殊的搜索方法对求解领域进行局部探索来获得优化或准优化解答的过程。

完全探索的优点是在求解领域范围内不会造成优秀解的遗漏，缺点是计算量大，求解领域必须限制在一定范围内，否则会出现即使理论上存在正确解答也无法探索计算的情况。不完全探索的优点是计算效率高，可以结合遗传算法等优化方法在无限的求解领域进行优秀解的探索，缺点是对于优秀解的探索方向受到目标评价函数的影响过大，往往只能获得满足有限目标的局部优化解答而难以获得能充分满足综合目标的解答。

由于计算机难以像设计者一样自行设定追加特定的约束条件，这导致了所要探索的求解空间过大，面对天文数字级的解答探索，即使是利用现在最先进的计算机也是无法在合理的时间范围内完成。因此，在目前的建筑设计专家系统中，通常规定了非常严格的限制条件与设计解的生成规则以保证系统的效率，这往往导致了得到的结果与实际要求的脱节，大大降低了系统的实用性，这既是建筑设计专家系统难以普及应用的重要原因，又是困扰着建筑设计专家系统的研究者们的难题。针对大规模空间搜索这个难题，有两种基本解决方法，一是开发一个有效的优化方法来处理大的空间（见第 8.3.4 节设计解的优化算法）；二是将求解空间变换成一种更便于管理的形式[①]。例如：可将一个复杂的问题分解为一组相对简单的组成部分，而其中每一个组成部分能分别地加以处理（有可能利用完全探索处理每一部分）。

8.3.3　设计解的验证与评价系统

建筑设计是一个目标与条件分析、解答探寻、解答的验证与评价的反复循环的作业过程。分析是对建筑设计问题进行调查和研究，收集设计条件，提出设计要求的过程；解答探寻是指根据设计要求与条件生成相应的建筑设计解决方案的过程；验证与评价是根据设计要求与条件来检验所生成的设计方案是否满足了设计要求与条件以及完成了设计目标，并为进一步完善设计提供反馈信息。

在建筑设计型专家系统中，设计解的验证与评价系统在保证最终获得的建筑设计解答的正确性与实用性方面具有十分重要的意义，它一般通过建立目标评价函数以及约束满足评价条件的方法来进行设计解的验证与评价。

1）设计解的目标评价函数

目标评价函数的方法是将某个设计目标用函数的形式来表示，通过目标函数对生成的建筑设计解（建筑方案）进行评价，以获得优化的建筑解。在建筑设计专家系统中常用的目标评价函数有移动成本、建设成本、采光性能评价值、私密性能评价值等，一般用数值的形式来表达。在运用目标评价函数进行建筑解的优化时，一种方法是采用通过寻求解决方案的目标函数评价值的最优化（例如移动成本最小、采光性能评价值最大等）来获得一个最优解答（如一个平面布局方案或一个建筑形体布局方案），这在运用遗传算法的系统中十分常见；另一种方法则不是寻求某个具有最佳评价值的最优方案，而是试图通过评价获得目标评价函数值较优的一系列解答提供给设计者进行选择。

目标评价函数的方法是一种优选的策略，即从众多的设计解中挑选出评价成绩优秀的解决方案。它的优点是执行效率较高，不需要进行解答的完全搜索；缺点是对于方案优化的方向性控制太强，容易陷入局部优化的陷阱，有可能造成潜在优秀解的遗漏。

① （美）D.W. 罗尔斯顿. 人工智能与专家系统开发原理 [M]. 沈锦泉，袁天鑫，葛自良，吴修敬译. 上海：上海交通大学出版社，1991.

2）设计解的约束满足评价条件

约束满足评价条件的方法是通过设定一系列的约束条件，用约束条件来评价生成的建筑设计解，从而获得满足这些约束条件的设计解的方法。常用的约束条件有面积约束、功能空间的形状约束、基地限制（保证建筑在用地范围内）、功能空间的相互关系（邻接或远离等）、朝向要求（如住宅中卧室朝南布置的要求）、交通的可达性（如从道路到达建筑的可能性或功能空间之间交通联系的可能性等）、容积率等，它既可以是一个数值，也可以是一个语句或命题，因此与采用数值表达的目标函数相比具有更大的灵活性。运用约束满足评价条件来进行评价的方法获得的设计解一般都不是唯一的，而是一系列满足约束条件的结果的集合。

约束满足评价条件的设定有内藏式与用户设定式两种方式，内藏式是将约束条件埋设到系统内部的方式，一般是一些规范性的或是常理性的条件，如基地限制条件；用户设定式则是由设计者根据具体要求来灵活设定约束条件的方式，如当建筑用地一侧景观好时，可将主要功能空间面向该侧布置作为约束条件加以设定。

约束满足评价条件的方法是一种劣汰的策略，即通过淘汰那些不符合约束条件的设计解来获得优化的解决方案。它的优点是通过约束条件评价方法将不符合要求或有致命缺陷的方案淘汰剔除，可以最大程度地保证设计解的实用性、多样性以及避免局部优化；缺点是往往需要对设计解的全领域进行探索，执行效率低，而且容易遭遇组合性爆炸[①]问题。

在实际的建筑设计过程中，设计的各种要求条件不仅内容繁多，而且随着建筑环境以及建筑类型的不同，各种要求条件的重要程度也各不相同。从建筑评价中重要的项目来看就可以列举出建筑的功能性、结构合理性、施工可行性、经济性、社会性、艺术性等众多评价内容。由于在建筑评价中交织着众多的量的评价与质的评价的内容，在有限的设计约束条件中仅以某种数值评价所获得的最优结果，在真实的环境条件中未必是一个理想的建筑设计方案。因此在设计解的验证与评价系统中，如何恰当地选择真正具有代表性和决定性的目标评价函数以及约束条件，对于最终设计解答的有效性与实用性起着至关重要的作用。

8.3.4　设计解的优化算法

由于计算机与人脑对于信息处理的方式的不同，运用计算机进行建筑设计思考支援时会遇到诸如设计问题明确定义的困难性、具有模糊性和不完全性的草案生成的困难性、解决方案综合评价的困难性等问题，而这些问题中很多都是常规的算法所难以解决的。因此，有很多研究者开始尝试利用人工智能领域中所取得的成果运用到建筑设计型专家系统的研究与开发之中，以寻求更为高效可行的设计解的优化算法，其中较有代表性的方法有模糊算法、遗传算法、神经元网络模型、蚁群算法等。下面我们对这

---

① 组合性爆炸：是指由两个以上的有限多个子系统构成不同类别的大系统时，所构成大系统种类可能的数目，比原有子系统的数量惊人地扩大，故用"爆炸"来形容。例如，由9个不同的子系统按简单排列组合方式构成新的大系统的可能种类数为9!，即362880种。

些优化算法的概念、特征和操作步骤作一个简单的介绍。

1）模糊算法（Fuzzy Algorithm）

模糊算法是指运用数学中的模糊理论来进行概念描述、逻辑演算以及问题求解的一种方法。由于人类的思维具有模糊性与灵活性特征，因此能够处理模糊的概念和模糊的信息，进而能够描述复杂的客观世界以及深奥的主观世界。

建筑设计可以看成是在各种制约条件下寻求具有最佳的经济性、功能性、舒适性、安全性等各种评价值的建筑解决方案的行为。在现实中，存在很多模糊抽象的制约条件以及依赖于人的感觉以及喜好等主观评价要素，难以对其加以精确的定量描述。如果运用通常的方法，由于计算机只能处理精确的信息，对于模糊信息无能为力，往往只能通过人类的思考加以处理。在建筑领域中，经常遇到许多模糊事物和概念，没有分明的数量界限，需要使用一些模糊的词句来形容、描述。比如，简洁、宽广、舒适、漂亮……这些模糊的概念是很难简单地用是或非来表示，也难以用传统的数学方法来描述，因此必须引入新的方法。随着模糊理论的出现与发展，对于具有上述模糊性特征的约束条件，评价函数的数学表达，以及数学模型的建立逐渐变为可能，这就为运用计算机来解答建筑设计问题的研究提供了新的方法与方向。

模糊算法的核心是模糊集合与模糊推理。模糊集合的概念是由美国的扎德（L.A.Zadeh）教授于 1965 年率先提出的，他从集合论的角度采用隶属函数来描述一些模糊和不确定的概念，并创立了模糊集合论，从而对模糊性的定量描述与处理提供了一种新的途径[①]。模糊集合不同于具有清晰边界的普通集合，它采用隶属函数 $\mu_A(x)$ 来描述对象的全体，其取值范围为 [0, 1]。当 $\mu_A(x) = 1$ 时，表示属于的概念；当 $\mu_A(x) = 0$ 时，表示不属于的概念；当 $\mu_A(x)$ 介于 1 和 0 之间时，表述了一种隶属的中间状态，如当 $\mu_A(x) = 0.9$ 时，隶属程度较高，当 $\mu_A(x) = 0.1$ 时，隶属程度较低。由于模糊集合扩展了普通集合的描述范围和能力，因而能够描述那些模糊的、不确定的事物和概念为了更好表达模糊区间中的模糊事物，扎德引入了隶属度的概念，隶属度是反映事物从差异的一个方向另一方过渡时能表现其倾向性的一种属性，而用隶属函数来表达隶属度。

例如，对于"卧室面积大"这一模糊概念可以这样来描述：论域（对象的全体）U 为卧室建筑面积，$U = \{u|u>0\}$；"卧室面积大"为论域 U 上定义的一个模糊集合 A，且对于论域 U 上的任意一个元素 u，都定义了一个数 $\mu_A(u) \in [0, 1]$ 与之相应。如面积为 $10m^2$，$18m^2$ 的两个卧室被认为是"面积大"的程度分别为

$$\mu_A(10) = 0.20$$
$$\mu_A(18) = 0.80$$

以上表明，对于卧室面积的论域 U 上的任一个元素，均有相应的隶属度 μ_A

---

① 夏定纯，徐涛主编. 人工智能技术与方法 [M]. 武汉：华中科技大学出版社，2004.

（ u ），其取值为 [0，1]，反映了该元素隶属于模糊集合 A = "面积大" 的一种程度，即隶属度。

模糊推理是利用模糊性知识进行的一种不确定性推理，其理论基础是模糊集合理论以及在此基础上发展起来的模糊逻辑，它所处理的对象有以下特点：自身具有模糊性，概念本身没有明确的外延，一个对象是否符合这个概念难以明确地确定。模糊推理是对这种不确定性，即模糊性的表示与处理。在人工智能的应用领域中，知识及信息的不确定性大多是由模糊性引起的，因而使得模糊推理的研究显得格外重要。

在模糊推理中牵涉到模糊命题、模糊知识的表示以及模糊匹配等几个概念。

我们一般将含有模糊概念、模糊数据、或带有确信程度的语句称为模糊命题。它的一般表现形式为

$$x \text{ is } A \, (CF)$$

其中，x 是论域上的变量，用以代表所论对象的属性；A 是模糊概念或模糊数，用相应的模糊集合及隶属函数表示；CF 是该模糊命题的确信度或相应事件发生的可能性程度，它既可以是一个确定的数，也可以是一个模糊数或模糊语言值（如大小、长短、快慢、多少等）。

由于因果关系是现实世界中事物间最为常见及常用的一种关系，这里仅在产生式的基础上讨论模糊知识的表示问题。表示模糊知识的产生式规则一般简称为模糊产生式规则，其一般形式是

$$\text{IF } E \text{ THEN } H \, (CF, \lambda)$$

其中，E 是用模糊命题表示的模糊条件，它既可以是单个模糊命题表示的简单条件，也可以是用多个模糊命题构成的复合条件；H 是用模糊命题表示的模糊结论；CF 是该产生式规则所表示的知识的可信度因子，由领域专家在给出知识的同时设定；λ 是阈值，用于指出相应知识在何种情况下可以被应用。另外，推论中所用的证据也是用模糊命题表示的，一般形式为

$$x \text{ is } A' \, (CF)$$

x 是论域上的变量，A' 是论域 U 上的模糊集合，CF 为可信度因子。

在模糊推理中，由于知识的前提条件中的 A 与证据中 A' 的不一定完全相同，因此在决定选用某条知识进行推理时，必须首先考虑该条知识能否近似匹配的问题，即它们的相似程度是否大于某个预先设定的阈值 λ。两个模糊集合所表示的模糊概念的相似程度又称为匹配度，其计算方法主要有贴近度、相似度及语义距离等。另外，当有多条知识同时匹配成功时，一般按照知识的匹配度的高低来确定知识被激活的先后顺序，以达到冲突消解的目的。

简单模糊推理的基本模式及其过程一般如下所示，对于知识

$$\text{IF } x \text{ is } A \text{ THEN } y \text{ is } B$$

首先要构造出 A 和 B 之间的模糊关系 R，然后通过与证据的合成求出结论。如果已知证据是

$$x \text{ is } A'$$

且 A 与 A' 可以模糊匹配，则通过下式合成运算求出 B'

$$B' = A' \text{o} R$$

如果已知证据是

$$y \text{ is } B'$$

且 B 与 B' 可以模糊匹配，则通过下式合成运算求出 A'

$$A' = R \text{o} B'$$

显然，在这种推理方法中，如何构造模糊关系 R 是关键的工作。对此，人们已提出了各种各样的方法，有兴趣的读者可查阅有关文献。目前，模糊算法在城市空间的模拟与分析、火灾监控系统设计、智能建筑控制系统、建筑工程造价估算等领域已有一些应用。

2）元胞自动机（Cellular Automaton）

元胞自动机简称 CA，又称为细胞自动机、点格自动机、分子自动机或单元自动机，是一种利用简单编码与仿细胞繁殖机制的非数值算法空间分析模式。从严格意义上讲，元胞自动机不能归入优化算法中，而属于一种新的生成方法。但它能通过简单的邻域转换规则模拟复杂的城市现象，具有反映空间现象、分散化决策等特点，因此从广义上来看，对于具有复杂条件下设计解答的探索是一个非常有效的工具。

元胞自动机的部件被称作元胞（cell），每个元胞具有一个状态，这个状态只能取某个有限状态集中的一个，例如或生或死，或者是 256 种颜色中的一种等；这些元胞规则地排列在被视为元胞空间的空间网格上（Lattice Grid，可以是 1 维、2 维、3 维甚至更多维）。散布在空间格网中的每一元胞具有有限的离散状态，遵循同样的作用规则，依据确定的局部规则作同步更新，大量元胞通过简单的相互作用而构成动态系统的演化（图 8-9）。

图 8-9　3 维元胞自动机生成的各种不同结果

不同于一般的动力学模型，元胞自动机不是由严格定义的物理方程或函数确定，而是用一系列模型构造的规则构成。凡是满足这些规则的模型都可以算作是元胞自动机模型。因此，元胞自动机是一类模型的总称，或者说是一个方法框架。但通常认为，元胞自动机的最基本的组成单元就是元胞、元胞空间、邻居及规则。元胞自动机可以被视为由一个元胞空间和定义于该空间的变换函数所组成。标准的元胞自动机是一个四元组，可以表示为：

$$A = (L_d, S, N, f)$$

其中 A 代表一个元胞自动机系统；L 表示元胞空间，d 是一正整数，表示元胞自动机内元胞空间的维数；S是元胞的有限的、离散的状态集合，可以是 {0,1} 的二进制形式，或是 $\{S_1, S_2, \cdots S_i\}$ 整数形式的离散集；N 表示一个所有邻域内元胞的集合（包括中心元胞及定义的邻居元胞），即包含 n 个不同元胞状态的一个空间矢量，记为：

$$N=(S_1, S_2, \ldots, S_n)$$

n 是元胞的邻居个数；f 表示根据元胞当前状态及其邻居状况确定下一时刻该元胞状态的动力学函数，简单讲，就是一个状态变换函数，也可以理解为一个元胞的生成及生存规则。所有的元胞规则地布局于 d 维空间上，其位置可用一个 d 元的整数矩阵 Z^d 来确定。

下面，以一个非常著名的初级元胞自动机——"生命游戏"来具体说明其构成及运行特点。生命游戏（Game of Life）是 J. H. Conway 在 20 世纪 60 年代末设计的一种单人玩的计算机游戏。生命游戏中的元胞有 { 生, 死 } 两个状态（用 {0, 1} 表示），位于规则划分的正方形网格内。根据元胞的局部空间构形（即生存规则）来决定其生死。其构成及规则如下：

- 元胞以给定任意的初始状态分布在元胞空间 L_2（即规则划分的 2 维平面正方形网格）上；
- 元胞具有 0，1 两种状态，0 代表"死"，1 代表"生"；
- 元胞以相邻的 8 个元胞为邻居（又称 Moore 邻居形式），共同构成该邻域元胞集合 N；
- 生存规则 f：一个元胞的生死由其在该时刻本身的生死状态和周围 8 个邻居的状态（确切讲是元胞状态集合 S）决定。在当前时刻，如果 1 个元胞状态为"生"，且 8 个相邻元胞中有 2 个或 3 个的状态为"生"，则在下一时刻该元胞继续保持为"生"，否则"死"去；在当前时刻。如果 1 个元胞状态为"死"，且 8 个相邻元胞中正好有 3 个为"生"，则该元胞在下一时刻"复活"，否则保持为"死"。

尽管它的规则看上去很简单，但生命游戏是具有产生动态图案和动态结构能力的元胞自动机模型。它能产生丰富的、有趣的图案。生命游戏的优化与初始元胞状态值的分布有关，给定任意的初始状态分布。经过若干步的运算，有的图案会很快消失。而有的图案则固定不动，有的周而复始重复两个或几个图案，有的蜿蜒而行。生命游戏模型已在多方面得到应用。该演化规则近似地描述了生物群体的生存繁殖规律：在生命密度过小（相邻元胞数为 2）时，由于孤单、缺乏配种繁殖机会、缺乏互助也会出现生命危机，元胞状态值由 1 变为 0；在生命密度过大（相邻元胞数 >3）时，由于环境恶化、资源短缺以及相互竞争而出现生存危机，元胞状态值由 1 变为 0；只有处于个体适中（相邻元胞数为 2 或 3）位置的生物才能生存（保持元胞的状态值为 1）和繁衍后代（元胞状态值由 0 变为 1）。正由于它能够模拟生命活动中的生存、灭绝、竞争等复杂现象，因而得名"生命游戏"（图 8-10）。

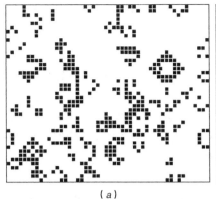

图 8-10　由 Winlife 软件产生的"生命游戏"结果[1]
（a）过程图案；（b）部分常见结果图案

太空舱	驳船	信号灯	蜂巢	双面包
警戒灯	块	小舟	鱼钩	滑翔机
中等船	大船	面包	长驳船	长舟
细长船	长蛇			

（a）　　　　　　（b）

元胞自动机最主要的特点是复杂的系统可以由一些很简单的局部规则来产生，元胞自动机可用来研究很多一般现象。其中包括通信、信息传递、计算、构造、生长（Growth)、复制、竞争与进化等。同时。它为动力学系统理论中有关秩序、紊动、混沌、非对称、分形等系统整体行为与复杂现象的研究提供了一个有效的模型工具。其核心在于元胞空间的选择、元胞集合与状态的定义、尤其是生存与变化规则的制定。

自其产生以来，元胞自动机被广泛地应用到社会、经济、军事和科学研究的各个领域。应用领域涉及社会学、生物学、生态学、信息科学、计算机科学、数学、物理学、化学、地理、环境、军事学等。在建筑相关领域，目前已广泛运用于城市扩张与空间演进、土地利用及景观格局过程模拟、城市交通及安全疏散模型模拟等方面，在村落演进与变化模拟，生成式建筑设计等方面也开始有了一些实验性研究。

3）神经元网络模型（Neural Network Model）

神经元网络（Neural Network）是指采用大量物理性的处理元件（如电子元件）构成的模拟人脑神经系统的结构和功能而建立的网络[2]。在与生物学及神经科学中神经元网络的概念相区别时，又称其为人工神经元网络（Artificial Neural Network）。神经元网络模型泛指通过模拟人脑由神经细胞的连接结构——突触（synapse）所联结成的网络中的神经元（neuron）可以通过学习调节突触的结合强度，具有解决问题的能力的人工网络模型。狭义上有时也指运用误差反向传播法，即 BP（error BackPropagation) 法的多层感知器（perceptron）模型。

根据学习特征的不同，神经元网络模型可分为按照教师信号来进行问题最优化求解的有教师学习的模型与不需要教师信号的无教师学习的模型。一般在有明确的外部学习的模式样本信号的场合多使用有教师学习的模型，如 BP 网络、Hopfield 网络等；而在数据集（data clustering）等无明确的外部提供的期望学习模式样本信号的场合多采用无教师学习的模型，如 Kohonen 算法、自适应谐振理论（ART）等。由于神经元网络模型可以对

① 图片来源：http://www.swarmagents.com/complex/models/ca/ca2.htm
② 马宪民主编. 人工智能的原理与方法 [M]. 西安：西北工业大学出版社，2002.

众多信息作有效的抽象与分析，通过模仿人的神经系统来反复训练学习数据集，从待分析的数据集中发现用于预测和分类的模式，对于复杂情况仍能得到精确的预测结果，具有学习和自适用能力，因此在模式识别、信号处理、图像处理、系统识别以及数据挖掘等方面得到了广泛的运用。在建筑设计专家系统中，常将神经元网络模型与遗传算法相结合使用，利用神经元网络模型的学习能力来提高遗传算法的进化演算效率。

下面我们对应用最广泛的神经元网络模型之一——BP 网络模型的构成与学习过程作简单的介绍。BP 网络模型一般采用有教师方式进行学习，由输入层、中间层和输出层构成，相邻层之间的各神经元相互连接，前一层的输出信号通过连接权值的修正转化为下一层的输入信号，最终由输出层得到输出值。以住宅区住宅采光最佳配置问题为例，BP 网络的学习过程是这样的，首先由对每一种输入模式（住宅区内住栋的布局方式）设定一个期望输出值（如住宅区内住宅的整体采光评价值）作为教师信号，然后将实际输入样本（一般是随机生成的住栋的布局方式）送往 BP 网络输入层，并由中间层到达输出层，此过程称为"模式顺传播"。实际得到的输出值（实际输入样本中住宅的整体采光评价值）与期望输出值之差即是误差，按照误差平方最小的原则，由输出层往中间层逐层修正连接权值，此过程称为"误差反向传播"。随着"模式顺传播"和"误差反向传播"过程的交替反复进行，网络的实际输出值逐渐向各自所对应的期望输出值逼近，网络对输入模式的响应的正确率也不断上升，最后找到优秀的整体采光评价值与住栋的布局方式之间的关系，达到网络学习的预期目标。

BP 网络是一种反向传递并能修正误差的多层网络，具有明确的教学意义和分明的运算步骤，以样本输出值与期望输出值的误差最小来指导网络的学习方向，是一种具有很强的学习和识别能力的神经元网络模型。但是，BP 网络本身也存在诸如学习收效速度慢、学习记忆具有不稳定性以及容易陷入局部极小等局限性。

由于建筑设计具有复杂的指标，20 世纪建筑设计指标的评估采用系数法[1]来进行，简单地以笛卡尔积表达的综合指标显得十分生硬和欠缺。特别是各项系数的权重需要专家根据经验和先验事先加以决定。如果采用神经网络技术实现的模糊推理机，可以通过样本训练以自动或教师指导方式取得知识，从而对具体的问题做出评估。将神经网络和遗传算法结合，可以实现建筑设计的策划过程[2]，指导规划师从错综复杂的设计条件下求得较好的设计方案。目前神经网络算法在建筑照明、暖通空调等建筑物理环境设计的优化和指标评估、建筑工程管理、结构安全分析与预测中已经有一些应用。

4）蚁群算法（Ant Colony Algorithm）

蚁群算法又称蚂蚁算法，简称 ACO，是一种用来在图中寻找优化路径

① 刘先觉. 现代建筑理论 [M]. 北京：中国建筑工业出版社，1999.
② 庄惟敏. 建筑策划导论 [M]. 北京：中国水利水电出版社，2006.

的概率型算法。社会性动物的群集活动往往能产生惊人的自组织行为，如个体行为显得简单、盲目的蚂蚁组成蚁群以后能够发现从蚁巢到食物源的最短路径。生物学家经过仔细研究发现蚂蚁之间通过一种称之为"外激素"的物质进行间接通信、相互协作来发现最短路径。受这种现象启发，意大利学者M.Dorigo、V.Maniezzo和A.Colorni通过模拟蚁群觅食行为提出了一种基于种群的模拟进化算法——蚁群算法。

该算法的基本原理源于蚁群觅食过程中有效的最佳路径探索方法。蚂蚁在觅食过程中不断释放出激素，并能感知其他蚂蚁释放的激素，某点经过的蚂蚁越多激素强度越高，释放出的激素又会以一定的速度减弱消失。一个蚂蚁在能感知到环境中激素存在的条件下倾向于向激素浓度高的地方移动，但也会以小概率犯错误，局部走出新路。当它感知不到激素存在的条件下会以惯性沿原方向运动，并且同样会有小概率的扰动变化。蚂蚁遇到障碍会绕开，同时会记住最近通过的几个点而避开原地绕圈的可能。假设开始有2只蚂蚁从2条不同线路找到食物并返巢，在相同时间内由于较短路径的蚂蚁往返次数较多从而导致该路径上积累信息激素量大，更多的蚂蚁会为激素强度更高的路线所吸引，最终达到集体找寻到最佳路线的结果。

通过研究发现，蚂蚁之所以具有智能行为，完全归功于群体的简单行为规则，而这些规则综合起来具有下面两个方面的特点：多样性（个体行为差异性、小概率错误、小概率扰动）与正反馈（路线越短、信息激素越强，选择该方向的蚂蚁越多）。多样性保证了蚂蚁在觅食的时候不至于走进死胡同而无限循环，正反馈机制则保证了相对优良的信息能够被保存下来。我们可以把多样性看成是一种创造能力，而正反馈是一种学习强化能力。正反馈的力量也可以比喻成权威的意见，而多样性是打破权威体现的创造性，这两点的巧妙结合使得智能行为得以涌现。

以下简单介绍一下蚁群算法的几个主要参数：

- 最大信息素：蚂蚁在一开始拥有的信息素总量，越大表示程序在较长一段时间能够存在信息素。
- 信息素消减的速度：随着时间的流逝，已经存在于世界上的信息素会消减，这个数值越大，那么消减得越快。
- 错误概率：表示这个蚂蚁不往信息素最大的区域走的概率，越大则表示这个蚂蚁越有创新性。
- 活动半径：表示蚂蚁一次能走的最大长度，也表示这个蚂蚁的感知范围。
- 记忆能力：表示蚂蚁能记住多少个刚刚走过点的坐标，这个值避免了蚂蚁在本地打转。而这个值越大那么整个系统运行速度就慢，越小则蚂蚁越容易原地转圈。

蚁群算法之所以能引起相关领域研究者的注意，是因为这种求解模式能将问题求解的快速性、全局优化特征以及有限时间内探寻答案的合理性结合起来。其中，寻优的快速性是通过正反馈式的信息传递和积累来保证的。而算法的早熟性收敛又可以通过其分布式计算特征加以避免，同时，具有启发式搜索特征的蚁群系统又能在搜索过程的早期找到可以接受的问题解答。它具有自组织性（即在没有外界作用下使得系统从无序到有序的变化）、本质上并行性（在问题空间的多点同时开始进行独立的解搜索）、正反馈（引导整个系统向最优解的方向进化）、较强的鲁棒性（求解结果不依赖于初始路线的选择，而且在搜索过程中不需要进行人工的调整）等几个主要特点。

这种优越的问题分布式求解模式经过相关领域研究者的关注和努力，已经在最初的算法模型基础上得到了很大的改进和拓展。该算法的出现引起了学者们的巨大关注，在过去的短短十余年时间内，蚁群算法已经在组合优化、函数优化、系统辨识、网络路由、机器人路径规划、数据挖掘以及大规模集成电路的综合布线设计等领域获得了广泛的应用，并取得了较好的效果。在建筑相关领域，蚁群算法在道路交通模拟分析、安全疏散（包括高层建筑防火的疏散路线研究）仿真以及规划中空间区位选址等方面已有了一定的研究与应用。

8.4 建筑设计型专家系统的实例介绍

在对建筑设计专家系统的研究中，以帮助设计者进行建筑设计思考为目的的研究主要有建筑平面布局自动化系统、智能 CAD 系统、三维智能建模系统等几个主要研究方向。

建筑平面布局自动化系统：指运用计算机自动处理建筑的房间、走道的布局，按照房间的关系、日照、基地约束等条件，自动探索、生成符合这些条件的建筑平面组合类型的系统，其中既有二维平面布局自动化系统也有三维平面布局自动化系统，该领域的研究中以二维平面布局自动化系统居多。

智能 CAD 系统：通过将设计者固有的建筑知识信息导入系统中的方法，用较少的信息输入就可以进行下一步模型类推的 CAD 系统，主要建立在知识工程学、人工智能、专家系统等领域的研究的基础上。

三维智能建模系统：针对当前众多的建模系统中仅以图形作为处理对象的问题，构筑能与设计者的思考活动及思维特征相适应的建模系统。

下面通过一些具体的研究实例对以上几个研究方向的研究内容进行简要的介绍。

8.4.1 建筑平面布局自动化系统

建筑平面布局自动化系统（Automated Architectural Layout System）的研究对象是平面布局问题，它将建筑设计中的平面构成过程还原成必要的功能构成单元集合的组合问题，其目的是根据一系列约束条件自动推导出符合这些条件的功能构成单元的组合类型，将这些组合类型作为建筑平面设计问题的解答方案。建筑设计中，设计者在探求符合各种要求条件的平面布局类型时，仅凭借设计者个人的经验、感觉来进行的话往往会导致对某些可能的解决方案的遗漏。而如果能够利用计算机优越的信息储存、计算与探索能力的话，可以在更为广阔的范围进行建筑设计问题的解答方案的探索，它不但能向设计者提示设计者所未想到的可能的解决方案，还能在更为理性的层次上有效地帮助设计者进行建筑设计思考。建筑平面布局自动化系统正是基于上述的基本思想而开发的智能系统。

平面布局的自动生成系统与平面布局的自动评价系统是建立建筑平面布局自动化系统中最为关键的两个子系统。平面布局的自动生成系统的功能是探索与生成可能的平面布局类型并向设计者提示，这相当于设计者在建筑设计过程中由所做的方案草图构思的工作，其目的在于探索某个设计问题的各种可能的解决方案。平面布局的自动评价系统则根据设计要求对自动生成的各种平面布局类型进行评价，找出满足各项设计目标与设计要求的平面布局，这相当于建筑设计中的方案评价过程，它的作用是验证解决方案是否妥当以筛选出具有价值的最终方案。

1）建筑平面布局自动化系统的类型

由于建筑平面布局自动化系统所研究的是必要的功能构成单元集合的组合问题，在具体的研究中，围绕着建筑平面布局的构成单元与构成单元的布置方式有各式各样的提案。多数研究都是以房间作为最基本的构成单元在平面上进行二维方向的布局，也有在一维以及三维方向进行布局的研究实例。在二维平面布局系统中，按照构成单元的布置方式的不同可分为单元连接型与整体分割型，按照图形的表示方法的不同可分为网格方式与直角坐标方式。

（1）单元连接型与整体分割型：单元连接型是指将功能构成单元通过连接的手法进行平面构成的方法（图8-11a）。运用这种方法进行平面布局时，需要预先明确构成单元的功能、形状与尺寸大小，当含有诸如走道之类形状与面积不太确定的要素时，会带来一系列难以处理的问题。整体分割型是在预先给定的平面布局范围内通过平面分割来获得平面布局类型的方法（图8-11b）。由于分割线的选择方法近于无限，必须预先明确分割与判断的基准。

（2）网格方式与直角坐标方式：网格方式是在平面网格中将平面图形用平面网格的位置矩阵（i, j）来表示的方式。具体来说，将建筑用地分割成具有一定模数尺寸的网格，用数个方格的集合来构成一个个构成单元（如房间），在此基础上进行平面的组合与布局（图8-12a）。直角坐标方式是将图形的内部与外部的边界线用坐标点（x, y）的集合来表达的方式。例如，在由X轴、Y轴构成的平面直角坐标系中，某个与两坐标轴都平行的矩形构成单元可以用该矩形对角线的两个坐标（X_{min}，Y_{min}），（X_{max}，Y_{max}）来表示（图8-12b）。

下面，我们按照上述分类，对运用不同方法所开发的建筑平面布局自动化系统中具有代表性的实例进行简单的介绍。

图8-11 建筑平面布局自动
化系统中构成单元的布置方式
（a）单元连接型；（b）整体
分割型

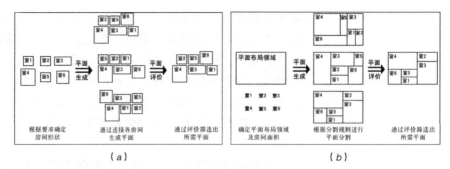

（a） （b）

图8-12 建筑平面布局自动
化系统中图形的表示方法
（a）网格方式；（b）直角坐
标方式

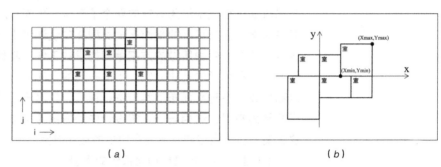

（a） （b）

2）一维平面布局系统

村冈直人、青木义次于 1997 年发表的《基于遗传算法的平面形状的最优化与设计知识的获得》是运用遗传算法来求得平面布局最优化的一维平面布局系统的研究[1]。

该系统以廊式建筑平面为生成对象。在该系统中，平面的信息用染色体[2]来表现，通过交叉、变异的方法进行染色体的进化。图8-13b 中，标有数字的小方格所组成的长列是建筑平面（图8-13a）的染色体表达的例子，小方格称为遗传基因。在该系统中共有 8 种不同功能的房间与 1 个走道，分别用数字 1 ~ 9 表示，当走道 9 的一侧为房间 3 和房间 1，另一侧按照房间 7，6，2，5，8，4 的顺序排列时，该平面的总体布局关系用染色体最前面的 9 个基因（小方格）的数字列 3，1，9，7，6，2，5，8，4 来表示紧跟其后的 6×8 个小方格中的数字分别表示 8 种功能房间的进深与开间的尺寸。染色体最后的 6 个小方格中的数字表示南北两侧房间组的中央坐标的差值。

图8-14 是染色体的基因组成。

在平面布局评价中，用下式中定义的房间之间的移动成本 T_c 与建设成本 C_c 作为目标评价函数，将两者的评价值都小的平面布局作为理想的解答。

房间之间的移动成本：$T_c = \sum a_{ij} \cdot r_{ij}$

① 村冈直人，青木义次. 基于遗传算法的平面形状的最优化与设计知识的获得 [J]. 日本建筑学会计画系论文集，1997，497：111 ~ 115.

② 遗传算法和染色体的概念请参看本书第 3 章。

图 8-13 平面与染色体表达
（a）建筑平面；（b）平面的
染色体表达

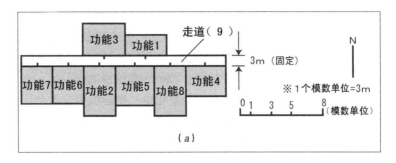

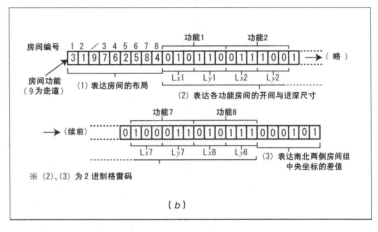

图 8-14 染色体的基因构成
（a）平面布局及染色体编码序
列；（b）功能房间及其染色体
格雷码；（c）房间群中心坐标
差值

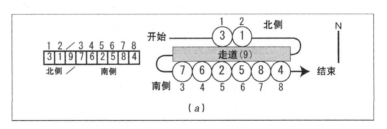

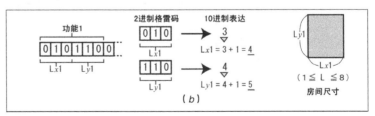

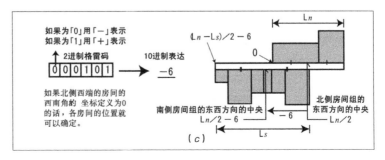

式中（a_{ij}——各房间之间的单位移动成本，r_{ij}——房间中心之间的水平距离）

建设成本 $C_c=C_1\cdot\sum$（建筑面积）$+C_2\cdot\sum$（墙壁数量）$+C_3\cdot\sum$（柱子数量）

式中　C_1，C_2，C_3——单价成本。

平面布局的进化中，先随机生成数个平面作为初期种群，然后将这些种群的染色体通过交叉、变异形成下一代群体，通过不断重复该过程寻找最佳平面。其具体过程如下：先随机生成 N 个平面，将其中评价值优秀的 $N/3$ 个平面通过交叉、变异生成 $2N/3$ 个新平面，将新生成的 $2N/3$ 与原先评价值优秀的 $N/3$ 个平面组成新的群体，通过反复进行这样的群体更新与进化找出最佳的平面布局方案。

3）二维平面布局系统

1982 年冈崎甚幸与伊藤明广所发表的《房间・走道・出入口的最优化布局模型研究》属于运用网格方式的单元连接型二维平面布局系统[①]。该系统中平面布局操作的主要方法与过程如下（图 8-15）：

初期条件的设定与输入：将矩形的各个房间与用地以同样大小网格进行分割，设定各个房间布局的前后优先顺序。

构成单元（房间）的布局：按照预先设定的房间布局的前后顺序依次做成可能的平面布局。先将各个房间布置在用地中央，然后将各房间一格一格地按螺旋状移动直到与紧接该房间前面布置的房间邻接为止。为保证走道空间，各房间之间保留一格宽度的"假想走道"。当所有的房间都布置完毕后，计算任意两房间中心距离与两房间亲近度的乘积值，将该值按垂直于水平两个方向进行向量分解，布局优先顺序较低的房间按向量值大的方向移动到无法移动为止。

走道与出入口的布局：完成上面步骤后，在平面中进行交通路线的探索，寻找最佳的通道与出入口的布局方式。

房间朝向的检查：通过对构成单元的翻转、替换等操作探寻所有的平面布局的可能性，然后按照房间朝向的约束条件（如是否朝南等）进行检查，消除不符合要求条件的平面。

消除不必要的交通空间：检查所获得的平面中交通空间存在的必要性，

图 8-15　平面布局与走道的设置

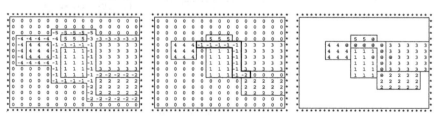

全部房间都布置完毕后，以亲近度为基准进行房间距离综合最小化的状态。在各房间周围保留着"假想走道"，这些走道空间作为一个空间整体加以保留。

确定各房间的出入口，并记录各房间之间的交通对于各走道的使用频率。消除使用频率低的走道空间后，最终得到图中粗线表示范围内的走道空间。

消除不必要的交通空间，再根据需要适当地移动某些房间的位置后获得的最中平面。

图中表示为 @ 的部分为走道与房间出入口。

① 冈崎甚幸，伊藤明广. 房间・走道・出入口的最优化布局模型研究 [J]. 日本建筑学会论文报告集，1982，311：75 ~ 81.

没有必要的情况下将其消除，生成最终的平面布局方案。

1964 年彼得 · 曼宁（Peter Manning）所发表的研究《单层建筑平面布局的最优化方法》是网格方式的单元连接型二维平面布局系统[3]，在该系统中不是采用预先确定好形状大小的单个房间作为构成单元，而是用面积较大的具有一定功能的方格的集合来进行平面布局，这样不仅能生成矩形房间，也可以生成 L 型等形状的空间。

该系统以医院手术部门的布局最优化为目标，目标评价函数为移动成本。移动成本按照所有工作人员的标准移动人数与移动距离的乘积的累计值来计算，寻求该值最小化的平面布局方案。在建立该系统之前，通过对医院手术部门的现场观察与调查，以此为依据计算出各个功能空间之间的人员移动量，确定标准移动人数，而相互之间标准移动人数值较大的功能空间尽可能就近布置的方案为理想方案。图 8–16 的相关联系表中列出了各功能单元之间的标准移动人数。各功能单元的布局按照先将移动成本最大的各功能单元布置在用地中央，接着以移动成本的大小为基准依次布局，然后获得最终的平面方案的方式进行（图 8–17）。

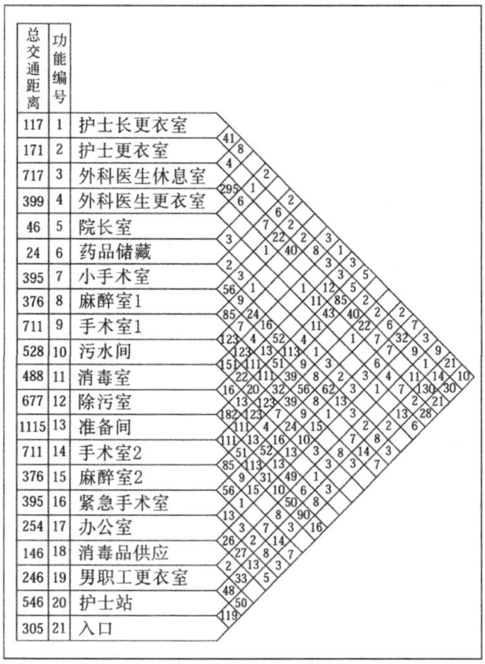

总交通距离
功能编号
117 1 护士长更衣室
171 2 护士更衣室
717 3 外科医生休息室
399 4 外科医生更衣室
46 5 院长室
24 6 药品储藏
395 7 小手术室
376 8 麻醉室1
711 9 手术室1
528 10 污水间
488 11 消毒室
677 12 除污室
1115 13 准备间
711 14 手术室2
376 15 麻醉室2
395 16 紧急手术室
254 17 办公室
146 18 消毒品供应
246 19 男职工更衣室
546 20 护士站
305 21 入口

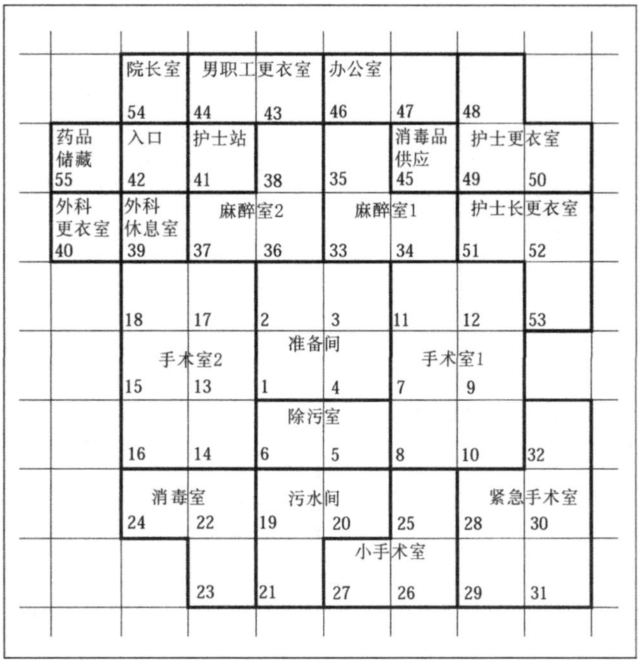

院长室 54
男职工更衣室 44 43
办公室 46
47
48
药品储藏 55
入口 42
护士站 41
38
35
消毒品供应 45
护士更衣室 49 50
外科更衣室 40
外科休息室 39
麻醉室2 37 36
麻醉室1 33 34
护士长更衣室 51 52
18 17 2 3 11 12 53
手术室2 15 13
准备间 1 4
手术室1 7 9
除污室
16 14 6 5 8 10 32
消毒室 24 22
污水间 19 20
25
紧急手术室 28 30
小手术室
23 21 27 26 29 31

图 8–16　功能相关联系表（左）

图 8–17　最终获得的平面布局方案（右）

该系统以客观的评价函数为基础进行平面布局的最优化，从客观性的角度来说具有相当的价值。然而由于该系统将移动成本作为平面布局评价的唯一标准，应用范围不够广泛。同时，由于布局中总是将移动成本最大的功能单元布置在用地中央，难以探索其他可能的布局方式。还有，对于建筑与用地周边环境之间的关系未作考虑等问题都有损于系统的实用性。

作为直角坐标方式的整体分割型平面布局系统的实例，1990 年寺田秀夫的《基于房间邻接关系的长方形分割图的求法》较有代表性①。该研究以给定的房间邻接关系为基本条件，探讨了从抽象的关系表达到具体的平面图形的做成的过程与方法，运用图形学理论，提出了忠实于房间邻接关系的长方形平面的分割型平面布局的方法。平面布局具体的操作顺序如下：

首先设定房间的名称及所需面积，与房间形状相关的尺寸按照平面模数来确定。然后设定各房间的相互关系，将房间之间的功能相关性用值为 -2 ~ 2 的五个阶段的亲近度来表达，两个房间之间需要密切联系时亲近度值设为 2，需要远离时设为 -2。根据房间之间亲近度值，运用主坐标分析法求出各房间在平面上的位置坐标，确定房间在平面上的抽象位置。接着，将需要联系房间的坐标点用直线相连，作出房间邻接图的原型（图 8-18），并将房间邻接图的原型进行若干修正，依次形成最大房间邻接图 mGa（图 8-19）与原始平面图 Gpp（图 8-20）。最后求得长方形平面分割图 bRM 并根据设定条件进行修正形成平面布局图（图 8-21）。

该研究在由抽象关系到具体形态的建筑平面的生成方法以及平面构成的逻辑化等方面具有很高的学术价值。然而就系统的最终生成结果来看，存在外形仅限于矩形，内部各房间的整体构成关系较弱以及对环境缺乏考虑等问题需要进一步改进。

10
-10
-5
5
0
4
6
7
12
3
13
11
8
10
1
5
2

10
0
2
10
13
8
5
3
11
9
1
12
7
6
4

20.0
0
24.0
2
3
13
10
8
5
11
9
1
12
7
6
4

图 8-18　房间邻接图的原型（左）
图 8-19　最大房间邻接图 mGa（中）
图 8-20　原始平面图 Gpp（右）

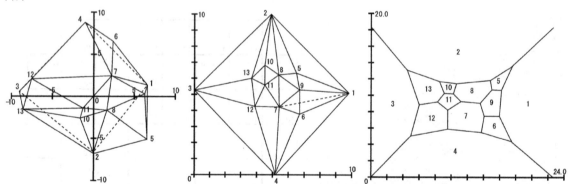

图 8-21　bRM 修正后的生成结果

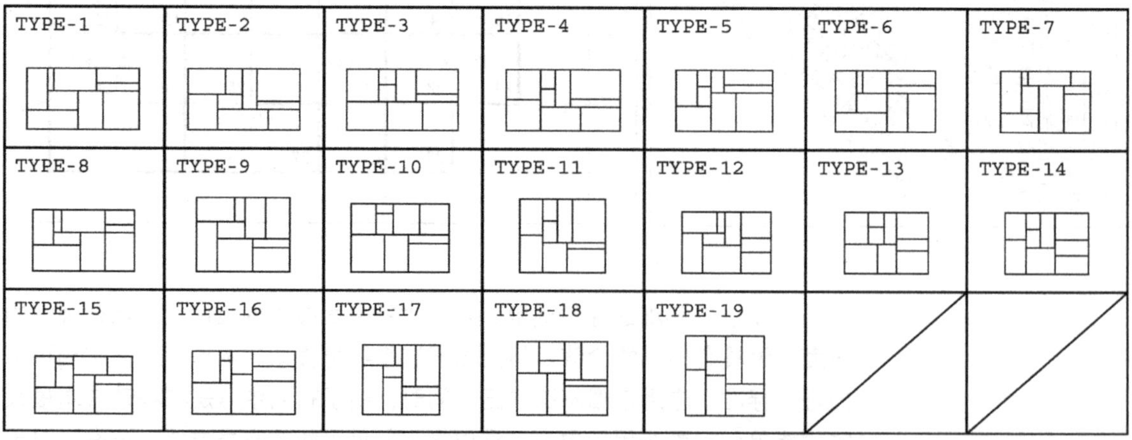

TYPE-1
TYPE-2
TYPE-3
TYPE-4
TYPE-5
TYPE-6
TYPE-7
TYPE-8
TYPE-9
TYPE-10
TYPE-11
TYPE-12
TYPE-13
TYPE-14
TYPE-15
TYPE-16
TYPE-17
TYPE-18
TYPE-19

① 寺田秀夫．基于房间邻接关系的长方形分割图的求法——房间布局规划的分析综合方法的相关研究 [J]. 日本建筑学会计画系论文报告集，1990，414：69 ~ 80.

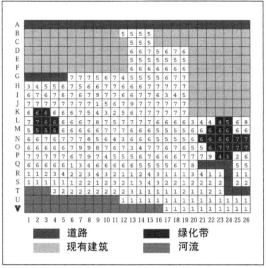

图 8-22 用地网格划分及其
评价图

道路　　绿化带
现有建筑　河流

4）三维平面布局系统

1970 年英国的威尔楼福拜（T.Willoughby）在《计算机辅助设计的生成方法：一种理论性提案》中，对于包含基地条件评价的三维的平面布局自动化系统做出了有益的探索[①]。该系统的平面构成单元不是房间，而采用较大的功能区单元（department units）作为基本构成单位。功能区单元之间的关系用工作联系效率、服务联系等评价指标乘以一定的系数以 1 ~ 10 的亲近度数值来表述（换成模糊数学来表示的话，这个亲近度就是隶属度），功能区单元之间的亲近度数值越大表示应当越就近布置。由于是三维平面布局，不同层功能区单元之间的距离用功能区单元到达垂直交通体（楼梯、电梯）的水平距离加上一定的垂直交通距离的和来计算。系统整体的流程如下：

用地评价：将建筑基地进行平面网格划分，根据用地地形、边界条件、土地性质等条件，从是否适于布置建筑的角度出发，设计者对于各个单个网格进行评价并设定评价值（图 8-22）。

功能区单元的设计条件的输入：设定各功能区单元的形状、面积（占据多少网格）、方位（是否有朝向要求）、位置制约（是否有必要与道路、垂直交通体连接）等要求条件，以及功能区单元之间亲近度关联表。

确定各功能区单元布局的优先顺序：有位置制约并且功能区单元亲近度累计值高的功能区单元优先布置，然后按与业已布置的功能区单元间亲近度累计值的高低，按照从高到低的顺序依次布置。

布置功能区单元：按照既定的优先顺序（A~U）布置功能区单元（图 8-23），首先布置一层平面，当一层平面布置完毕后再布置上层平面。一层平面的布置相对自由，一层以上的平面在一层平面的基础上基本按照一层的平面形状来布置（图 8-24、图 8-25）。

图 8-23　生成的一层平面布局图

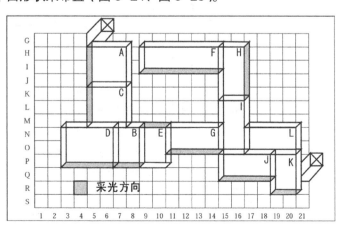

采光方向

①　Willoughby T. A Generative Approach to Computer–aided Planning: a theoretical proposal [J]. Computer Aided Design, 1970, 3（1）: 23 ~ 37.

图 8-24　根据生成平面所作的南立面

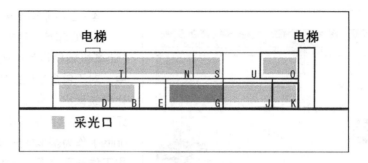

图 8-25　生成的二层平面布局图

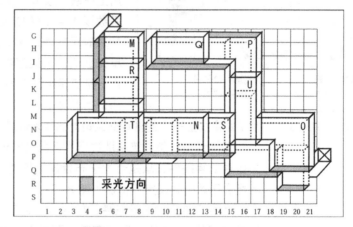

该系统的特点在于在平面布局过程中综合考虑了具体而较为详细的用地条件，是较早研发的三维平面布局系统。不过从实用角度，其中也存在一些问题，如条件输入工作相当麻烦，另外，必须预先设定功能区单元的形状，这从通常的设计方法来看缺乏灵活性与现实性。不过，随着 JAVA、C++ 等面向对象的程序设计语言的出现及广泛应用，尤其是可视化、集成化开发环境的不断发展，在系统设计与条件输入等方面工作的复杂程度已大大简化。

8.4.2　智能 CAD 系统

尽管目前主流的 CAD 系统具有丰富的作图功能以及图形编辑功能，从根本上来说并未跳出作图工具的范畴，作为有效支援设计者的创造性思维以及建筑思考的工具还远未成熟。许多研究者着眼于上述问题，通过将建筑的构成过程信息以及设计操作特征等内容系统地导入 CAD 系统中，以期建立一种能将设计者的建筑设计思考与 CAD 操作相对应、相协调的 CAD 系统，这种 CAD 系统称之为智能 CAD 系统（Intelligent CAD System）。

1988 年青木义次在其论文《基于相关类推法的建筑知识库的生成与类推——建筑 CAD 的基础研究（1）》中对智能 CAD 系统的构成方法进行了研究[①]。在该研究中，作者提出了在建筑设计过程里的设计者与计算机之间的交互活动中，设计者如何将代表自身的设计意图的建筑空间有效传达给

① 青木义次. 基于相关类推法的建筑知识库的生成与类推——建筑 CAD 的基础研究（1）[J]. 日本建筑学会计画系论文报告集，1988，389：62 ~ 71.

计算机的解决方法。

在建筑设计的初期阶段，设计者往往通过草图、模型、语言、文字说明等表达手段来表述头脑中的建筑空间。这些表达手段并非对设计者头脑中的建筑形象进行完全意义上的表达，事实上在设计过程中设计者的表达往往具有模糊性与概略性特征。尽管在实际设计中这种具有模糊性与概略性的表达对于设计者来说是理所当然的，在当前的 CAD 系统中，设计者却不得不运用经过整合过的非常明确的信息、数据来进行建筑表达，向计算机中输入，这很可能对设计者的创作工作与创作过程造成不利影响。因此，在利用计算机进行建筑创作时，理想的 CAD 系统应该是能够同时满足"充分性"与"整合性"这两个条件的系统。这里所说的"充分性"条件是指由输入信息与计算机系统内的逻辑演算来决定完全必要信息的条件。"整合性"条件则是指在运用输入信息进行建筑空间表达时不会发生问题与矛盾的条件。

通常，在设计者之间，信息表达一方运用草图等形式的建筑表达尽管不够完整，由于信息接收一方对于这种不完整的表达形式所表达的建筑空间能够在一定程度上进行想象与推理，因此信息的"充分性"可以得到满足，不会产生问题。这是由于作为信息接收一方的设计者对于建筑信息、结构信息、一般信息以及设计者的信息具有相当程度的掌握，因此可以从信息表达一方的设计者的比较模糊抽象的表现中对其所要表达的形象加以想象与推测。该研究从类似草图这样不完整的表达方法出发，尝试将能够进行较为完整的信息类推的系统组织到 CAD 系统中。在这样的系统中，建筑设计中一些被认为是理所当然的信息被整理成数据库储存到计算机中，同时，如果设计者具有某些惯用手法与设计习惯的话，可以将其加以发现，并将类推过程编入计算机中，这样就不需要设计者将所有的信息——输入，从而能够有效减少繁重的输入工作量。

在该系统中，从能够对设计者设计意图的草图表现 A 进行记述的 a 出发，可以生成输入计算机的具有"充分性"的记述 C。C 作为 a 的函数表达为：

$$C=f(a)$$

从草图表现 A 获得记述 C 的过程 f 在充分考虑建筑设计固有的特征的基础上，以专家系统的形式组织到整个系统中，该过程通过首先将设计者对设计作品的记述以逻辑关系式的形式加以表达，然后将众多逻辑关系式的相关关系加以具体化、明确化的方法加以导出。

8.4.3 三维智能建模系统

目前的 CAD 系统利用的主流是二维的图形处理，直接以三维的形式进行图形操作的建筑 CAD 系统还远远未得到普及。近年来随着计算机小型化、高性能化的发展，研究者开始尝试进行三维 CAD 系统的研究与开发工作。在 1997 年西乡正浩、两角光男等人发表的《三维建筑方案设计工具的空间记述模型的相关研究》一文中，着眼于建筑设计过程中的方案设计阶段，将设计者的思考过程以"空间记述模型"的形式加以整理，通过对该阶段中常见的具有某种特性的抽象模型进行阶段性的记述来把握设计者的思考过程①。

在该系统的建立过程中，一方面从空间记述模型的特征与要求出发，确定三维 CAD 系统所需的基本重要条件、所需的图形集合以及其操作性能与编辑操作功能，建立起空间记述模型。另一方面，对于这些表现要素的类型在实际的设计案例中的具体体现进行调查与研究，分析空间记述模型所需的基本功能。在该系统中，将空间记述模型所需的基本功能按照以下的内容进行了设定。

系统的基本条件：与表现要素的各种类型相对应的图形集合的整体利用的可能性；将不同类型的图形集合由抽象形态转换为具体形态的可能性；将各类型的记述内容传达给其他类型的可能性；将设计者所绘制的图形按步骤地作为对象模型加以识别的可能性等。

各种类型相对应的图形集合及图形操作：将封闭图形作为空间构成单元加以识别的功能；运用鼠标等输入手段将自由模糊的图形转化为具有必要属性的封闭图形的功能等。

与记述内容的传达相对应的功能：将类型所包含的具体内容从前面的阶段到后面的阶段加以继承以及自动生成的功能；不同层次类型间的联动功能等。

通过以上的方法，作者提出了以三维建筑方案设计工具开发为目的的空间记述模型，展示了三维 CAD 系统开发的一个可能的发展方向，并对能够与设计者的思考活动及思维特征相适应的建模系统运用在建筑方案设计阶段的三维 CAD 系统的建构进行了有益的尝试。

8.4.4 建筑设计型专家系统面临的课题与展望

随着计算机的出现与计算机技术的发展，以帮助设计者进行建筑思考为目的的建筑设计型专家系统的相关研究从 20 世纪 60 年代开始受到关注，在建筑平面布局自动化系统、智能 CAD 系统、三维智能建模系统等几个主要研究取得了一定的成果。然而，在建筑设计实践活动中，建筑设计型专家系统至今未能得到真正意义上的实际应用。这是由于建筑设计的思考活动有其固有的特质，因此在开发支援建筑思考活动的建筑设计型专家系统时面临着一系列的困难。

1）建筑设计型专家系统开发中的难点问题

在建立建筑设计型专家系统运用计算机进行建筑辅助设计时，必须运用能充分适应计算机的信息处理特性的方式来进行，需要以一种更为科学、理性、系统、逻辑的方法来处理建筑设计问题。如果将建筑设计看成是对某个建筑问题进行求解的过程的话，我们可以将该过程分解为问题定义，问题求解，解答验证这 3 个部分。对于这 3 个部分来说，运用计算机进行处理时都存在具体的难点问题。

（1）建筑设计问题明确定义的困难性：在设计的初期阶段，将所有要

---

① 西乡正浩，两角光男，位寄和久. 三维建筑方案设计工具的空间记述模型的相关研究 [J]. 日本建筑学会计画系论文集，1997，499：237 ~ 243.

解决的问题、设计目标以及设计条件加以明确化几乎是不可能的。这也是建筑设计问题被称为难以明确定义的问题（ill defined problem）的原因[①]。首先，作为建筑设计前提的要求条件不但内容多样而且非常复杂，设计者必须对各项相关内容进行全面的研究分析。例如，从与某个建筑相关的人的要求来看，就有来自业主、使用者、管理者、附近居民等各个方面的要求。而且这些要求并非总是一致的，有时还会相互产生矛盾。因此，从建筑设计的角度来看，恰当地选择能够满足众多要求的设计制约条件这一过程本身无疑就是对一个相当复杂的问题进行求解的过程。在设计之初参与项目的各个方面（包括业主、各个专业的技术人员、承包商、分包商、监理等）和建筑师在一起进行协同设计，以求尽早发现问题就变得十分重要。现在，新兴的建筑信息模型（Building Information Modeling，BIM）技术和一体化项目交付（Integrated Project Delivery，IPD）模式[②]将在很大程度上改善这种情况。其次，各种要求条件不仅内容繁多，随着具体设计对象的不同其重要程度也各不相同，因此很难以一个具有有限的约束条件的系统来完成具体的非通用性的设计工作。另外，各种要求条件并不一定在设计的初期阶段就能够明确化，在现实的建筑设计过程中，常常是随着设计活动的进行，问题逐渐变得清晰，并且设计条件也不断得到追加。然而，在运用计算机进行设计问题的处理时，各种条件必须十分明确，否则就难以进行。

（2）模糊求解的困难性：设计者在对建筑问题进行求解的过程中，首先对设计要求、目标、条件有个大致的理解与分析后，凭着个人的经验、感觉或者惯用手法迅速构思出可能的解决草案，然后对草案是否能满足设计要求进行粗略的评价。倘若草案看起来可行的话，则仔细对该方案进行进一步的研究。否则的话，就重新构思草案。建筑设计就是这样一个反复进行目标设定、解答探索、解答验证反馈的循环过程。在建筑设计的初期阶段，设计者往往通过草图、模型、语言、文字说明等表达手段来表述建筑空间。这些表达手段并非对设计者头脑中的建筑形象进行完全意义上的表达，往往具有模糊性与概略性特征。这种具有模糊性与概略性特征的初期方案由于具有多种方向发展的可能性，非常适用于对轮廓不够清晰的建筑设计问题进行求解的过程。此外，初期方案的模糊性与概略性中所隐含的丰富的信息在很多时候往往成为启发设计者创造性构思产生的契机。然而，由于计算机的信息处理方式与人脑的思维方式有着巨大的差异，尽管长于高速准确的计算，却无法像人脑一样进行图形及模式的模糊识别，因此让计算机能够像设计者那样构思形成模糊暧昧的建筑草案是十分困难的工作。

（3）方案综合评价的困难性：对设计问题的解进行验证的过程其实也就是对建筑方案的评价过程。对建筑方案进行的科学的评价过程这本身就是一项复杂而艰巨的工作，其复杂性不仅在于评价主体的多元性，而且就

---

① 门内辉行. 作为设计科学的建筑设计方法论的发展 [J]. 建筑杂志（日），2004，119（1525）：18～21.
② 建筑信息模型和一体化项目交付的介绍参看本书第五章。

评价的具体内容来说，就必须对建筑方案的规划、功能、空间造型、环境、结构、经济性等诸多方面进行量的评价与质的评价。其中，像对空间的性质，美学等方面的评价，从根本上来说是目前的计算机所难以完成的。还有，在评价一个建筑方案时，比起各单项项目评价，其总体的综合评价更为重要，综合评价往往在很大程度上决定了某个建筑方案的改进与发展的总体方向。尽管计算机按照既定的某单项评价标准进行方案评价的能力很强，但目前还不具备设计者所特有的整体把握与综合能力，因此利用计算机进行建筑问题的解决方案的综合评价非常困难，这将有赖于多目标评价、模糊判断等新方法的支持。

2）建筑设计型专家系统的展望

由于在运用计算机来支援建筑设计时存在上述的困难性，因此想要利用计算机完全代替设计者来从事设计工作，或者开发出具有普遍适用能力的通用型建筑设计型专家系统至少在目前来看是不现实的。不过，在建筑设计中的某些阶段，利用计算机所具有的信息处理的特长来减轻设计者的工作负担，以及向设计者提示建设性的解决问题方案等方面的设计支援是完全可能的。此外，尽管计算机很难像设计者那样通过直觉经验来提出可能的解决方案，但是按照给定的评价标准，在一定的具体范围之内探寻满足一定给定的要求条件的设计解答是可以做到的，而且按照某些限定条件在解答领域中进行全面搜索的能力远远优于设计者。再有，虽然目前的计算机普遍缺乏对解决方案进行整体综合评价的能力，但是运用计算机进行部分条件的评价，在此评价范围内寻找出一系列成绩优秀的解决方案提供给设计者参考，帮助设计者进行建筑方案设计思考是完全可行的。

从建筑设计型专家系统的产生、发展过程及其目前所存在的难点问题来看，建筑设计型专家系统的进一步发展需要以下3个条件：

（1）将计算机科学以及其他科学领域的新成果、新技术应用到建筑设计型专家系统的实用性开发中。如运用新的数字模拟技术、图像处理技术，以及分形理论（fractal）、模糊理论、拓扑学理论、图形学理论等能在更为抽象的层次上描述人与建筑空间、环境等要素及相互关系的有力工具来进行建筑设计型专家系统的技术开发。

（2）将建筑学自身的知识加以系统化和科学化。这里是指需要将传统的建筑学知识体系以计算机利用为前提加以重新整理，进行更为科学系统的建筑设计的理论与方法的研究，以更好地适应数字化时代的新的建筑创作环境。

（3）加强跨专业的人才培养。在科学飞速发展的今天，在计算机辅助建筑设计领域中，无论是单纯的建筑学专业或是计算机专业的工作者都无法胜任计算机辅助建筑设计方面的研究工作。因此，在建筑学专业的教学中，除了进行建筑空间的把握、创造等传统建筑教育之外，对于计算机科学以及与建筑设计相关的一些工程学、数学方法等方面的教育是十分有必要的。

本章就数字化建筑设计智能化的主要内容、建筑设计型专家系统的基本构成、系统的研究与开发现状进行了简要的叙述。应当说明的是，本章中所介绍的建筑设计型专家系统的开发以及其相关研究都是建立在人类目前所掌握的计算机技术以及建筑设计科学的基础之上的。就目前的科学发展的趋势来看，随着神经元计算机（Neuro Computer）、模糊型计算机（Fuzzy Computer）等全新的计算机技术的发展以及人们对建筑设计科学的方法与体系的认识与研究的不断深入，我们完全有理由相信，作为设计者的"脑的延长"，能够对设计者的设计思维活动进行有效支援的智能化设计系统真正实现的那一天一定会来到。

参考文献

［1］ 渡边仁史. 建筑策划与计算机［M］. 东京：鹿岛出版社，1991.

［2］ Alexander C.Notes on the Synthesis of Form［M］. Boston: Harvard University Press, 1964.

［3］ Manning P.An Approach to the Optimum Layout of Single-storey Buildings［J］.The Architect's Journal Information Library, 1964, 17: 1373 ~ 1380.

［4］ Whitehead B, Eidars M Z. The Planning of Single-Storey Layouts［J］.Building Science, 1965, 1（2）: 127 ~ 139.

［5］ Seehof J M, Evans W O. Automated Layout Design Program［J］.Journal of Industrial Engineering, 1967, 18（12）: 690 ~ 695.

［6］ March L, Steadman P. The Geometry of Environment – An Introduction to Spatial Organization in Design［M］. London: METHUEN & CO. LTD., 1971.

［7］ Steadman P. Architectural Morphology – An Introduction to the Geometry of Building Plans［M］. London: Pion Limited, 1983.

［8］ 吉田胜行. 基于非线性规划法的以立方体分割图为母体的最佳平面作成法的相关研究［J］. 日本建筑学会论文报告集，1982，314: 131 ~ 142.

［9］ Mitchell W J. The Logic of Architecture［M］. Boston: MIT Press, 1989.

［10］ 三云正夫等. 技术纲要·建筑与AI-1/AI 的概要［J］.日本建筑学会建筑杂志，1987，102（1259）.

［11］ Bafna S. Space Syntax: A Brief Introduction to its Logic and Analytical Techniques［J］. Environment and Behavior, 2003, 35 No.1, 17 ~ 29.

［12］ 张愚，王建国. 再论"空间句法"［J］. 建筑师，2004，109: 33 ~ 44.

［13］ Sequin C H, Kalay Y. A Suite of Prototype CAD Tools to Support Early Phases of Architectural Design［J］.Automation in Construction, 1998, 7(6): 449 ~ 464.

［14］ 应保胜，高全杰. 实例推理和规则推理在 CAD 中的集成研究［J］.武汉科技大学学报（自然科学版），2002，25（1）: 61 ~ 64.

［15］ 高剑峰，蒋华，张申生. CBD 关键技术研究［J］. 计算机工程，1998，24(6): 44 ~ 52.

［16］ （美）D.W. 罗尔斯顿. 人工智能与专家系统开发原理［M］. 沈锦泉，袁天鑫，葛自良，吴修敬译. 上海：上海交通大学出版社，1991.

[17] 夏定纯，徐涛主编．人工智能技术与方法［M］．武汉：华中科技大学出版社，2004.

[18] 马宪民主编．人工智能的原理与方法［M］．西安：西北工业大学出版社，2002.

[19] 刘先觉．现代建筑理论［M］．北京：中国建筑工业出版社，1999.

[20] 庄惟敏．建筑策划导论［M］．北京：中国水利水电出版社，2006.

[21] 村冈直人，青木义次．基于遗传算法的平面形状的最优化与设计知识的获得［J］．日本建筑学会计画系论文集，1997，497：111～115.

[22] 冈崎甚幸，伊藤明广．房间·走道·出入口的最优化布局模型研究［J］．日本建筑学会论文报告集，1982，311：75～81.

[23] 寺田秀夫．基于房间邻接关系的长方形分割图的求法——房间布局规划的分析综合方法的相关研究［J］．日本建筑学会计画系论文报告集，1990，414：69～80.

[24] Willoughby T. A Generative Approach to Computer-aided Planning: a theoretical proposal［J］．Computer Aided Design，1970，3(1)：23～37.

[25] 青木义次．基于相关类推法的建筑知识库的生成与类推——建筑CAD的基础研究（1）［J］．日本建筑学会计画系论文报告集，1988，389：62～71.

[26] 西乡正浩，两角光男，位寄和久．三维建筑方案设计工具的空间记述模型的相关研究［J］．日本建筑学会计画系论文集，1997，499：237～243.

[27] 门内辉行．作为设计科学的建筑设计方法论的发展［J］．建筑杂志（日），2004，119（1525）：18～21.